威荣深层页岩气田
富集机理与高效勘探技术

唐建明　熊　亮　魏力民　编著

中国石化出版社

图书在版编目（CIP）数据

威荣深层页岩气田富集机理与高效勘探技术/唐建明，熊亮，魏力民编著.—北京：中国石化出版社，2021.12

ISBN 978-7-5114-6115-5

Ⅰ.①威…　Ⅱ.①唐…②熊…③魏…　Ⅲ.①砂岩油气田-油气聚集-研究-内江②砂岩油气田-油气勘探-研究-内江　Ⅳ.①P618.12

中国版本图书馆 CIP 数据核字（2021）第 252179 号

未经本社书面授权，本书任何部分不得被复制、抄袭，或者以任何形式或任何方式传播。版权所有，侵权必究。

中国石化出版社出版发行

地址:北京市东城区安定门外大街 58 号

邮编:100011　电话:(010)57512500

发行部电话:(010)57512575

http://www.sinopec-press.com

E-mail:press@sinopec.com

北京科信印刷有限公司印刷

全国各地新华书店经销

*

787×1092 毫米 16 开本 18.25 印张 350 千字

2021 年 12 月第 1 版　2021 年 12 月第 1 次印刷

定价:268.00 元

前言

四川盆地作为世界上最早发现和利用天然气能源的地区，页岩气资源十分丰富，五峰组－龙马溪组作为重要页岩层系，资源量高达$39.3\times10^{12}m^3$，其中，埋深小于3500m的中深层页岩气资源有$5.4\times10^{12}m^3$，埋深大于3500m的深层页岩气资源有$26\times10^{12}m^3$，深层页岩气的资源量约为中深层的5倍。开发利用好页岩气资源，有利于能源结构调整和清洁能源战略的实施，保障我国能源安全，促进地方新兴产业发展，满足人民群众生产生活需要，对推动社会经济发展和生态文明建设具有重要意义。为大力推动页岩气勘探开发，缓解供需矛盾，调整能源结构，促进节能减排，国家相继出台了页岩气发展规划(2016—2020年)、页岩气开发利用财政补贴[财建(2015)112号]等一系列鼓励页岩气勘探开发的政策。四川省为大力开发页岩气资源，将页岩气勘探开发列为五大新兴成长型产业之首，成立了川南页岩气勘查开发试验区。

能源是人类活动的能量基础，是一个国家富强、安全的基石，是生态文明建设的重要支撑。页岩气作为清洁的化石能源，已成为全球能源的重要发展方向。美国兴起的页岩气革命使其实现了能源独立，并在全球掀起了页岩气勘探开发、理论研究和技术研发的热潮。2010年以来，中国成功借鉴美国“页岩气革命”的经验率先在四川盆地及周缘取得了重大勘探突破，分别发现了涪陵气田、长宁气田、威远气田等一批埋藏深度小于3500m的中深层大型页岩气田，并相继建成了涪陵页岩气示范区、威远－长宁页岩气示范区和昭通页岩气示范区3个国家级页岩气示范区。前期虽然也对深层页岩气进行了积极的探索，但存在地质认识不清、工程技术适应性差、压后产能低、递减快(第一年递减率常常大于80%)、稳产能力差、评估最终可采储量(EUR)低、储量有效动用程度低、效益开发难度大等问题。实践证明，简单套用中深层页岩气勘探开发的经验，难以指导深层页岩气的高质量勘探和规模效益开发。

威荣深层页岩气田是中国石化在国内勘探发现的第一个深层页岩气田，与中深层页岩气田相比，具有5个显著的特点：①气藏埋深大(3550～3880m)，属于深层页岩气藏，力学可压裂指数低(0.38～0.47)，缝网体积改造难度大；②储层宏观、微观特征(含矿物成分)与中深层页岩气存在明显差异，各向异性明显，储层描述与评价难度大；③优质储层厚度薄(3.5～7.6m)，地震预测难度大，水平井轨迹控制挑战多；④气藏超压(地层压力为68.69～77.48MPa，压力系数为1.94～2.06)，游离气比例高(76%～84%)，页岩气赋存状态及富集机理不清；⑤储层微裂缝不发育，破裂压力高(68.4～73.7MPa)，水平应力差异系数大(约0.25)，导致施工压力、停泵压力高，排量规模受限，压裂效果欠佳，产能不达标。现有经济技术条件下，在实现深层页岩气高质量勘探和商业突破方面，国内没有先例可借鉴，也缺乏相应的理论认识和配套技术，需要针对深层页岩气进行理论创新和技术创新。

深层页岩气勘探突破面临的挑战主要有以下5个方面：①深层页岩气选区评价及"甜点"预测缺乏合适的理论指导；②深层页岩储层精细评价方法及指标体系不完备；③深层页岩气测井定量评价参数计算精度低；④深层页岩气地震"甜点"预测受资料品质和技术手段的限制，难以实现地质－工程－富集品质的有效预测；⑤深层页岩气一体化现场支撑保障技术缺乏，水平井优质储层钻遇率低，压裂分段分簇不合理，改造效果差。

面对这些困难和挑战，中国石化西南油气分公司坚持需求引领、问题导向、创新驱动，组织了深层页岩气高质量勘探系列科技攻关，提出了深层页岩气的一项形成富集新认识，创新形成了深层页岩气四个方面(体系)十项关键技术：

深层页岩气形成富集"三元三控"新认识：盆内深层页岩气普遍超压，大面积连续分布，保存条件已不是其富集与高产的主控因素。通过对深层页岩气赋存状态、形成富集的深入剖析，紧紧抓住深层页岩气形成富集的3个关键要素——相带、演化、储集空间，提出了有利微相是基础，适宜演化是保障，优质储层是关键的深层页岩气"三元三控"(相控源、演控位、储控富)新认识，明确了富集程度是深层页岩气评价的核心，为深层页岩气储层分类、富集分级评价奠定了基础。

四个方面(体系)十项关键技术分别是：

(1)深层页岩气地质评价技术方面：①建立了多尺度(层、小层、微层、纹层)多视域(米、厘米、微米、纳米)页岩储层描述方法，可以精细刻画页岩储层内部微观特征及层间变化特征；②创建了深层页岩储层分类、富集分级评价技术和深层页岩储层评价技术流程，建立了五峰组－龙马溪组深层页岩储层的地质分类方法，形成了页岩储层差异性表征与定量评价技术，实现了页岩储层"好中选优，优中找富"的目标，为页岩气水平井靶窗及轨道位置优选提供了重要依据。

(2)深层页岩气测井定量评价技术方面：①创建了地质约束复杂矿物组分定量评价新技术，该技术基于岩心实验分析数据建立地质定量约束方程，解决了纵向上因矿物分布规律突变导致的矿物组分计算结果失准的问题，为岩石物理骨架模型的建立提供了依据；②创建了基于干黏土骨架的页岩孔隙度校正及评价新技术，该技术基于不同测试条件孔隙度差异及其关系，实现了页岩孔隙度统一平台定量评价；③创建了页岩游离气、吸附气含量测井评价新方法，该方法是基于深层页岩气游离气含量评价新模型，以及修正的吸附气蓝氏方程提出的，实现了原地条件下页岩含气量的定量评价，评价结果更接近实际。页岩气测井定量评价技术的进步大幅提高了测井解释精度(由85%提高到92%以上)，为储层精细评价及地震储层品质预测奠定了坚实基础。

(3)深层页岩气地球物理预测技术方面：①建立了深层页岩气“两宽一高”地震目标采集设计方法，该技术以深层页岩气“甜点”地震综合预测需求为导向，有针对性地设计观测系统并优化采集参数，夯实了地震原始资料基础；②建立了深层页岩气“三保三高”地震资料处理技术流程，以满足高精度页岩储层地震预测为目标，提供了高品质道集数据和成像处理成果；③建立了深层页岩气储层、工程、富集“三品质”地震预测技术体系，包括11种参数的地震预测，实现了深层页岩气“甜点”平面分布预测，为深层页岩气有利目标优选及富集区评价提供了可靠依据，支撑了井网部署、轨道设计及工程实施。

(4)深层页岩气一体化现场支撑保障技术方面：①建立了一体化轨迹实时监控、优化、调整的工作方法和技术流程；②建立了地质-工程一体化压裂分段分簇优化技术，提高了水平井压裂改造的有效覆盖，提高了压裂分段有效性；③形成了页岩气水平井压裂现场监测技术，有效指导了现场压裂和后期压裂方案优化。

深层页岩气高效勘探关键技术的应用与实践，打破了深层页岩气商业突破技术瓶颈，推进了四川盆地深层页岩气高质量勘探。技术应用后，威荣深层页岩气优质储层钻遇率从53%提高到98%，水平段有效改造覆盖率从65%提高到85%，测试无阻产量从$14\times10^4\sim17\times10^4m^3/d$提高到$30\times10^4\sim54.7\times10^4m^3/d$，较前期提高了2~3倍，评估最终可采储量，由前期的$0.34\times10^8m^3$提高到$0.85\times10^8\sim1.3\times10^8m^3$，较前期增长了2~4倍，配产$6\times10^4m^3/d$可稳产2年，达到了现有经济技术条件下的效益开发要求。威荣深层页岩气田通过少井多探，提交探明储量$1246.78\times10^8m^3$，成为中国第一个深层千亿立方米大型页岩气田。威荣深层页岩气田的规模商业发现，对于解放四川盆地及周缘五峰组-龙马溪组埋深大于3500m的深层页岩气资源，保障国家能源安全具有重大示范作用。本书旨在系统总结中国石化西南油气分公司在威荣深层页岩气田高效勘探和商业发现过程中所形成的理论创新和技术创新成果，从而对四川盆地乃至其他盆地(坳陷)的深层页岩气高质量勘探提供有益的借鉴。

全书分为9章，第一章简要介绍了国内外页岩气勘探开发的现状及发展方向、深层页岩气勘探面临的挑战，以及威荣深层页岩气田的发现历程；第二章主要介绍了威荣地区构造特征及五峰组-龙马溪组页岩的沉积背景；第三章详细阐述了威荣深层页岩气田地质特征；第四章探讨了威荣深层页岩气田形成富集机理；第五~第八章重点介绍了地质-工程一体化、科研－生产一体化攻关形成的深层页岩气 4 个方面的勘探关键技术；第九章为勘探成果与启示。

本书的作者主要为中国石化西南油气分公司深层页岩气勘探攻关团队成员，编写过程中收集和参考了诸多国内外页岩气勘探开发研究成果、技术资料、论文与总结材料，结合威荣深层页岩气田高效勘探的研究实践和体会编撰完成。唐建明、熊亮提出了本书的主体框架和思路，前言由唐建明、熊亮、魏力民执笔；第一章由史洪亮、杜伟、魏力民、庞河清执笔；第二章由魏力民、郭卫星、葛忠伟、王同、欧阳嘉穗执笔；第三章由熊亮、董晓霞、张天操、王岩执笔；第四章由熊亮、魏力民、杜伟、温真桃、周桦执笔；第五章由魏力民、庞河清、邓模、王岩、周桦执笔；第六章由魏力民、董晓霞、李军、钟文俊、周静执笔；第七章由唐建明、魏力民、史洪亮、李曙光执笔；第八章由熊亮、魏力民、赵勇、张南希、简万洪执笔；第九章由董晓霞、葛忠伟执笔。全书由魏力民、杜伟统稿，由唐建明、熊亮对全书进行审阅定稿。黎鸿、何显莉、唐荣林、邓正仙、曹海涛、杨建、何春燕、向刘洋、王浩宇、陈林、金鑫、蔡文轩等完成了大量图件清绘与文字排版工作。

中国石化科技发展部、油田事业部领导和专家对深层页岩气勘探给予了长期的支持与指导，中国石化石油勘探开发研究院、中国石化石油物探技术研究院、中国石化勘探分公司、中国石化江汉油田、中国石化华东油气分公司的同行们对本书所涉及的研究过程提出了指导和建议，在此表示衷心的感谢。

目前我国对于深层页岩气勘探的理论和实践还处于不断探索和完善的过程中，加之本书内容涉及专业面广，作者水平有限，一些观点和认识难免存在不足和有待进一步探讨之处，敬请广大读者批评指正。

目 录

第一章　深层页岩气勘探面临的挑战

第一节　国外页岩气勘探开发进展

页岩气是以游离态和吸附态为主，赋存于富有机质泥页岩层系中的非常规天然气，主体上为自生自储的大面积连续型天然气聚集。页岩气勘探开发始于北美地区，已有近200年的历史。美国第一口页岩气井可追溯到1821年，所开发的为纽约州Fredonia小镇泥盆系Dunkirk页岩，钻探深度为8.23m（Curtis，2002）。1981年，Mitchell能源公司在得克萨斯州北部Fort Worth盆地Barnett页岩完钻了第一口取心评价井，大胆地对Barnett页岩段进行了氮气泡沫压裂改造，从而发现了Barnett页岩气田。在2006年以前，美国页岩气产量主要来自密歇根盆地的Antrim页岩和福特沃斯盆地的Barnett页岩；2006年之后，阿巴拉契亚盆地的Ohio页岩，伊利诺伊盆地的New Albany页岩，圣胡安盆地的Lewis页岩，威利斯顿的Bakken页岩、Barnett页岩、Woodford页岩等相继得到商业性开发，尤其是福特沃斯盆地的Barnett页岩，开发速度最为迅猛（Hill等，2000；Curtis等，2002；Warlick等，2006）（表1－1）。

表1－1　美国典型深层页岩气藏参数

参数	Haynesville 气藏	Eagle Ford 气藏	Cana Woodford 气藏	Hilliard－Baxter－Mancos 气藏	Mancos 气藏
深度/m	3200～3900	1200～4500	1828～4500	—	—
平均埋深/m	3658	3600	4115	4496	4648
厚度/m	45～90	90～145	36～150	—	—
平均厚度/m	76	121	61	—	—
地质年代	侏罗纪	白垩纪	二叠纪	白垩纪	白垩纪
岩石类型	层状硅质－钙质页岩	钙质页岩	硅质页岩	灰质页岩	硅质页岩
沉积环境	深水陆棚	浅海－半深海	海相沉积	陆架边缘沉积	陆架边缘沉积
沉积盆地	前陆盆地	Maverick 盆地	阿纳达科盆地、阿德莫盆地、阿卡马盆地	绿河盆地	尤伊塔盆地

续表

参数	Haynesville 气藏	Eagle Ford 气藏	Cana Woodford 气藏	Hilliard－Baxter－Mancos 气藏	Mancos 气藏
成熟度 R_0/%	1.2～2.5	0.5～1.21	0.4～3.36	0.85～1.8	0.78～2.1
TOC/%	3～5	0.5～9	3～12	0.5～4.0	1.36～1.72
孔隙度/%	8～12	3～15	5～8	3～6	—
含气量/（m^3/t）	2.83～9.34			0.85	—
地层压力系数	1.94	1.63	1.58	—	—
地层压力/MPa	55～70	—	—	—	—
地层温度/℃	137～204	66～176	66～121	—	—
脆性矿物	方解石含量为13%、石英含量为21%	方解石含量为61.6%、石英含量为10.9%、	石英长石总含量为50%～81.6%，平均为67.6%	石英总含量为40%	
脆性指数/%	35～55	25～30	55～75	—	—
层理缝发育程度	发育	大量发育	发育	—	—
天然裂缝发育程度	较少	发育	发育	—	—
杨氏模量/GPa	13.78	6.2～7.8	34.45	—	—
泊松比	0.27	0.24～0.26	0.18	—	—
最小水平主应力梯度/（MPa/m）	0.0226	—	0.02	—	—
最大水平主应力梯度/（MPa/m）	0.0237	—	—	—	—
水平应力差/MPa	4（3658m）	—	4.3（3800m）	—	—
单井控制面积/km^2	0.32	0.64	0.64	0.32	0.32
单井产气量/（10^8m^3/d）	8～16	10～70	6～15	3	0.14～2.8
单井平均最终采收量/10^8m^3	1.01	1.56	1.47	0.05（低产）	0.28（低产）
区块技术可采储量/$10^{12}m^3$	2.11	0.59	0.16	0.107	0.59
单井成本/万美元	900～1000	400～650	900～1200	2000	—

注：据 AAPG、Gentzis、陈作、曾义金等研究成果汇编。

2009 年，美国的天然气总产量达 $6240\times10^8m^3$，取代俄罗斯（年产 $5829\times10^8m^3$）成为世界第一大产气国，其中，非常规天然气产量占天然气总量的 51%。之后至 2019 年的十余年是美国页岩气开发的爆发阶段，产量大幅增加，至 2019 年美国页岩气产量约为 $7140\times10^3m^3$，页岩气产量占天然气总产量的比例达到 78%。

参照《天然气藏分类》（GB/T 26979—2011）中按气藏埋藏深度分类的划分（表 1－2），

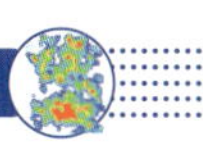

深层页岩气是指埋深 3500 ~ 4500m 的页岩气藏。美国页岩气勘探开发是由中深层向深层逐渐展开的，目前已实现 Haynesville 气藏、Eagle Ford 气藏和 Cana Woodford 气藏 3 个埋深 3500 ~ 4100m 深层页岩气藏的商业开发，正探索 Hilliard – Baxter – Mancos 气藏和 Mancos 气藏深层页岩气藏的开发。美国已开发深层页岩气藏总体具有高孔隙度、高含气量、成熟度适中和高脆性等特点。Haynesville 气藏、Eagle Ford 气藏和 Cana Woodford 气藏等深层页岩气区块水平井分段压裂后单井产气量大于 $5\times10^4 m^3/d$，平均单井 EUR 超过 $1\times10^8 m^3$，实现了经济有效开发，而埋深超过 4500m 的 Hilliard – Baxter – Mancos 气藏和 Mancos 气藏区块，由于埋深过大，在现今技术条件下，平均单井 EUR 低（低于 $2800\times10^4 m^3$），经济效益较差，尚未投入商业开发。

表 1 –2　气藏按埋藏深度分类

类　型	气藏中部埋藏深度/m
浅层气藏	<500
中浅层气藏	500 ~ <2000
中深层气藏	2000 ~ <3500
深层气藏	3500 ~ <4500
超深层气藏	≥4500

Haynesville 页岩气藏热成熟度适中（R_o总体小于 3%），处在烃源岩大量生气早中期阶段，除深层页岩气共有的高温、高压等特征外，还具有双高的特征，即孔隙度高（8% ~ 12%）和含气量高（2.83 ~ 9.34m^3/t），是 3 个实现商业开采的深层页岩气藏中最高的。目前获得商业开发的地区主要在 4000m 以浅地区，深度越大，难度越大。

深层页岩气富集、高产的主控因素主要为优质页岩相、地层超高压和量身定制的工程工艺技术：①优质页岩相是控制页岩气富集高产的物质基础。Haynesville 气藏页岩沉积岩相随着水深的变浅，呈现由硅质页岩到灰质页岩再到黏土质页岩的相变，相应的页岩气产量逐步下降，深层页岩气产量受岩相差异控制明显。②地层超高压是控制页岩气富集高产的关键。Haynesville 气藏页岩的地层压力从 Harison 的 49MPa 到 San Augustine 的超过 70MPa，平均压力梯度为 0.021MPa/m 左右，高压力梯度可以增加页岩的孔隙度和含气量。③量身定制的工程工艺技术及较低的单井综合成本是实现深层页岩气经济开发的关键，主要包括控压钻井技术（MPD）、分段压裂完井参数优化技术和合理的气井生产制度等。

2008 ~ 2009 年，我国越来越多的学者开始关注页岩气，他们开始对比国内外页岩气形成的基本地质条件，探讨我国页岩气发展的潜力和方向。据美国能源信息署（EIA）估算，中国页岩气资源量达 $144.4\times10^{12} m^3$，可采储量为 $36.1\times10^{12} m^3$，也有学者估计可采储量为 30×10^{12} ~ $100\times10^{12} m^3$（邹才能等，2013），约为常规天然气资源量的两倍，资源前景巨大。四川盆地及其周缘具有独特的页岩气形成与富集的地质条件，是我国页岩气勘探研究的重点地区，也是页岩气开发获得突破的先导地区（董大忠等，2010；王世谦等，2009；郭彤楼等，2014）。四川盆地经历了克拉通盆地和前陆盆地2个演化阶段，发育多套烃源层系，古生界有海相富有机质泥页岩下寒武统筇竹寺组、上奥陶统－下志留统五峰组－龙马溪组和海陆过渡相的上二叠统龙潭组，中生界有湖相富有机质泥页岩上三叠统须家河组和中下侏罗统的千佛岩组和自流井组。其中，下寒武统筇竹寺组、上奥陶统－下志留统五峰组－龙马溪组被勘探证实为大型盆地的优质烃源岩，具有厚度大、品质好、生气强度大的特点，是四川盆地页岩气发育的重要层位，为页岩气藏的形成创造了有利地质条件（程克明等，2009；王兰生等，2009）。

2009年，中国钻探了第一口页岩气调查井——渝页1井（张金川等，2010）；2010年，中国石油西南油气田分公司部署的国内第一口页岩气评价井威201井（始钻于2009年）在下古生界寒武系筇竹寺组黑色页岩段获得日产$1\times10^4m^3$的工业气流；2012年中国石化在四川盆地之外的湘鄂西隔槽式褶皱带桑柘坪向斜彭页HF－1井经过压裂获得日均$2.5\times10^4m^3$的工业气流，在井研－犍为地区部署的金石1井在筇竹寺组直井压裂日产气$2.88\times10^4m^3$；2012年11月底，中国石化勘探分公司在四川盆地涪陵区块南部焦石坝构造部署的焦页1HF井针对五峰组－龙马溪组开展水平井分段压裂测试，获日产气$20.3\times10^4m^3$，从而发现了涪陵页岩气田；其后，中国石油西南油气田分公司、浙江分公司先后在威远、长宁、昭通发现了埋藏深度小于3500m的中深层、中浅层页岩气田，并分别建成了涪陵页岩气示范区、威远－长宁页岩气示范区和昭通页岩气示范区3个国家级页岩气示范区，截至2019年年底，五峰组－龙马溪组页岩累计新增探明地质储量约$1.8\times10^8m^3$，产量约为$154\times10^8m^3$，成为继北美地区后，第二个成功开发的页岩气区。

四川盆地五峰组－龙马溪组一段（龙一段）深层页岩气资源丰富。据中国石化西南油气分公司研究评价，四川盆地及周缘五峰组－龙一段地质资源为$39.3\times10^{12}m^3$，其中，埋深大于3500m的深层页岩气占57%，为$26\times10^{12}m^3$，勘探开发潜力巨大。

中国石化在深层页岩气勘探开发方面进行了积极的探索，中国石化西南油气分公司对深层页岩气的勘探始于2009年，通过开展资源摸底、选区评价、与北美地区开发成熟页岩气区块的类比，优选了包括威远、永川在内的一批深层页岩气区块，并先后部署实施了一批钻井，2015年，在威荣地区部署实施的威页1HF井（埋深3622m，1005m水平段），测试获产天然气$17.5/10^4m^3/d$，发现了威荣五峰组－龙马溪组深层页岩气藏。2016年，在永川地区部署实施的永页1HF井（埋深3990m），测试获产天然气$14.12\times10^4m^3/d$，发现了永川五峰组－龙马溪组深层页岩气藏，实现了川南威荣和永川地区埋深大于3500m的深层页岩气勘探突破，获得较高的天然气初始产量，展示了深层页岩气良好的勘探前景（表1－3）。

表 1-3 四川盆地主要深层页岩气勘探效果统计表

井型	井号	时间（年）	井深/m	垂深/m	水平段长/m	无阻流量/10^4m^3
水平井	来 101 井	2012	4700	3982.6	637	8.6
	古 205-H1 井	2013	5043	3569.1	1408	16
	丁页 2HF 井		5700	4300	1034.2	10.5
	坛 101H 井	2014	4172	3546.5	650	3.6
	古 202-H1 井		5200	3852.3	1242	16
	南页 1HF 井		5720	4420	1102	0.2
	威页 1HF 井	2015	4788	3622	1004.9	17.5
	焦页 69-2HF 井		5642	3502.2	1507	14.3
	永页 1HF 井	2016	5578	3990	1502	14.12
	焦页 87-3HF 井		5585	3910	1645	15
	威页 23-1HF 井	2017	5555	3820	1500	26.01
	威页 29-1HF 井		5416	3722	1500	23.82
	丁页 4HF 井		5322	4095.5	1234	13.8
	丁页 5HF 井		5685	4145.1	1520	15
	足 201-H1 井		5636	3925.5	1526	45.67
	永页 1-4HF 井	2018	5640	3821.2	1503	10.3
	东页深 1 井	2019	6062	4219	1500	31
	泸 203 井		5600	3866.7	1500	137.9

第二节 深层页岩气勘探面临的挑战

四川盆地及周缘上奥陶统五峰组-下志留统龙马溪组经历的最大古埋深差别不大，现今埋深差异主要受后期构造抬升幅度所控制（何治亮等，2017）。由于抬升幅度小，后期改造相对较弱，深层页岩气藏具有页岩储层埋藏深度大和保存条件复杂等特点。要实现高温、高压、高地应力条件下的深层页岩储层的有效改造，通过体积压裂形成类似于中深层页岩中的网状缝非常困难（蒋廷学等，2017）。深层页岩气井通常具有较高的初始产量，但递减速度很快（第一年递减率常常大于80%）、EUR 低，存在单井稳产能力差、储量有效动用程度低、商业开发难度大等难题，要实现规模化商业开发面临极大挑战。把这些挑战简单地归为压裂改造工程工艺问题显然是不够全面的，简单套用中深层页岩气开发的经验，难以实现深层页岩气勘探开发的实质性突破。

目前深层页岩气研究存在的主要科学问题如下：

（1）深层优质页岩发育情况和储层特征尚不明确。

前期大量的勘探开发实践表明，页岩品质是控制页岩气富集高产的重要因素，深水陆棚亚相是页岩气的富集的有利相带（郭旭升，2014）。五峰组－龙马溪组底部硅质页岩是最有利的水平井穿行层段。长宁－威远示范区的海相页岩气井水平段在3小层钻遇的长度，是决定气井是否高产的关键地质因素（马新华、谢军，2018；谢军等，2017）。根据中国石化优质页岩划分标准（TOC≥2），川南五峰组－龙一段第1～第5小层均为富有机质页岩，厚度大，以威荣地区为例，厚35.5～46.6m；依据中国石化储层分类评价标准，①～③小层为Ⅰ类储层，厚18～34m，但发育于龙一段底部高伽马段，各项评价指标总体最优（TOC>4%、孔隙度>6%、含气量>4%）的优质储层却较薄，如在威荣地区仅厚3.5～7.6m。因沉积微相的差异，导致探区内部及不同地区之间的优质页岩矿物组成存在一定差异。如威荣地区表现为中硅（含量约为47.4%）、高碳酸盐（含量约为16.35%）、低黏土（含量约为30.2%）的特点。

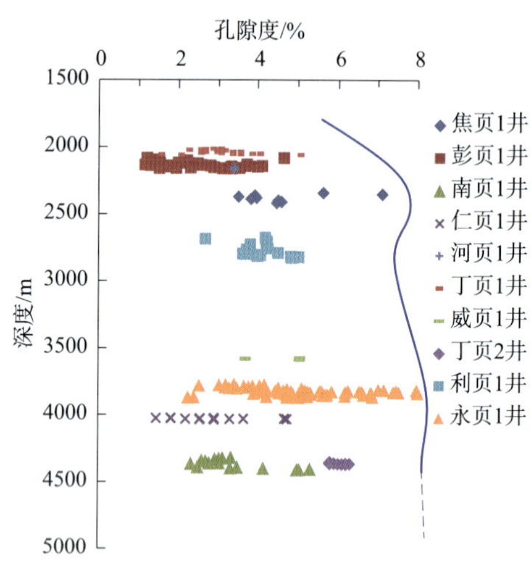

图1－1　四川盆地主要页岩气井孔隙度和深度关系图

从地面静态测试的页岩孔隙度数据来看，深层页岩储层同样具有较高的孔隙度。威页1井（埋深超过3500m）、永页1井（埋深约3980m）、丁页2井（埋深约4500m）的孔隙度与焦页1井（埋深约2400m）大体相当，主体分布在5%～6%之间（图1－1），但页岩气井的无阻流量和EUR差异较大。如威页1HF井和焦页1HF井的EUR分别为$0.3\times10^{8}m^{3}$和$1.14\times10^{8}m^{3}$。进一步分析发现，威荣与焦石坝地区页岩储层在孔隙类型、组合及特征上存在明显差异，如焦页1井页岩储集空间以各种有机质孔和微裂缝为主，而威页1井除有机质孔外，还发育了相当比例的溶蚀孔隙。

不同孔隙类型页岩储层覆压条件下的物性变化特征显示，裂隙型储层应力敏感性极强。相比于基质孔隙，以层理缝为主的裂缝型储层在30MPa覆压条件下孔隙体积已降为无覆压条件下孔隙体积的41.7%。基质孔隙应力敏感性远远弱于裂缝孔隙，30～50MPa压力条件下孔隙度普遍保持在初始孔隙度的85%以上，硅质页岩的孔隙度保持程度略高于黏土质页岩［图1－2（a）］。焦石坝地区目前有效应力为30MPa左右，地层条件下层理缝等微裂缝体积较小，在储集空间中占比较低，但对渗透性产生的影响可能非常大。

裂缝渗透率与基质孔隙渗透率均具有强应力敏感性，随有效应力的增大渗透率急剧降低，30MPa压力条件下渗透率已降至初始渗透率的10%以下。通过对比可以发现，基质孔隙渗透率在压力升至15MPa之前已快速降至10%左右，压力再增加，降速明显变缓，且

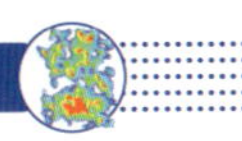

硅质页岩的渗透率降速略低于黏土质页岩。裂缝渗透率在压力升至35MPa之前，降速显然低于基质孔隙渗透率降速，裂缝渗透率普遍高于基质孔隙渗透率［可能与微裂缝细微滑移有关，图1－2（b）］。在40MPa压力下，裂缝渗透率与基质孔隙渗透率压缩比接近，裂缝对渗透率的贡献趋于消失。在地层压力系数为1.5的条件下，52.5MPa有效应力等效于3500m埋深附近，正好与深浅层页岩气埋深界线相对应。因此，尽管微裂缝对储层孔隙度贡献较少，但对中深层页岩气渗流的贡献至关重要。深层条件下裂缝渗透率与基质孔隙渗透率相当，对页岩渗透性的贡献显著下降，这也是深层页岩难以实现高产稳产的重要原因。

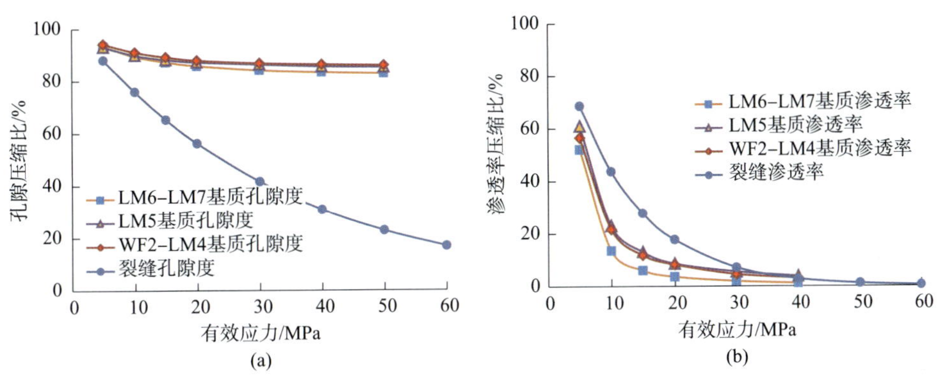

图1－2 不同孔隙类型页岩储层覆压条件下孔隙度（a）和渗透率（b）变化特征

综上所述，与中深层页岩气储层相比，深层页岩气储层的孔隙度降低不超过20%，渗透率降低则高达90%～95%。深层页岩储层的孔隙度与浅层相当（图1－1），说明深层页岩气藏的赋存能力与中深层页岩气具有可比性。由于深层页岩储层的渗透率明显比中深层低，如何提高深层页岩储层的渗流能力就成为页岩气勘探突破的重点攻关内容。

（2）对深层页岩的保存条件与含气性认识不够清晰。

页岩气形成与富集在整个地质历史时期可以分为沉积、深埋和抬升三大阶段。沉积阶段，页岩所处的沉积相带决定了其先天的品质和矿物成分；深埋阶段，页岩经历的生烃、孔隙、成岩和早期构造演化决定了页岩的生气能力和储气能力；抬升阶段，页岩层上覆压力的降低，将会形成卸载缝，若抬升幅度超过一定限度就会造成页岩气的逸散，此时，保存条件就显得非常关键，只有保存条件好的才有利于页岩气的富集，才能形成地质“甜点”。勘探实践表明，中深层或盆缘页岩气受构造形态、断裂距离、断层性质、埋深等影响巨大，盐志1井、天页1井、仁页1井等井钻遇深大断裂，保存条件复杂，含气量非常低（何治亮等，2016）。郭旭升结合盆缘焦石坝地区前期认识和勘探开发成果，发现深水陆棚相带和保存条件是复杂构造区页岩气富集的主要矛盾，在分析总结的基础上，提出了四川盆地南方海相复杂构造区页岩气“二元（相带、保存）富集”规律，有效指导了四川盆地川东南盆缘地区的勘探实践。然而对于深层页岩气，由于其主要分布于盆地内部的川南、赤水、重庆等广大地区，盆内构造作用以滑脱变形和整体隆升为主，对页岩气顶、底板的破坏有限，深层页岩气普遍超高压，大面积连续分布，保存条件已不是页岩气富集的主要控制因素，但在盆内某些高陡背斜上，由于小断层（断距10m级）发育，出现了地层压力系数降低的情况（表1－4），表明页岩层内天然裂缝和断层的发育在某种程度上降低了页岩气的富集程度。因此，部分地区深层页岩气的保存条件还需要根据构造位置、构造活动期次、断裂特征、流体活动等的深入分析来进行系统评价。

表1－4　永川地区深层页岩气优质储层含气量与地层压力系数

井　号	埋深/m	含气量/m^3/t	地层压力系数	构造位置
永页1井	3862	9.2	1.77	向斜
永页2井	4089	8.5	1.83	向斜
永页3－1井	4099	10.5	1.99	向斜
永页6井	3876	8.7	1.56	断块
永页7井	3128	7.7	1.6	高陡背斜顶部
永页9井	2926	8.2	1.82	高陡背斜顶部

现有资料表明，四川盆地及周缘不同地区五峰组－龙马溪组深层含气量有一定差异，但总体上与已投入开发的中深层页岩差别不大，甚至高于中深层页岩的含气量（表1－5），含气量主要受原始沉积条件和后期保存条件联合控制。

表1－5　四川盆地五峰组－龙马溪组主要深层与中深层页岩气井参数对比

参　数	丁页2井	永页1井	威页1井	焦页1井
深度/m	4363	3845－3872	3570~3587	2390~2415
TOC/%	3.0	1.29~7.83/2.71	1.39~3.21/2.79	0.55~5.89
R_o/%	1.85~2.23	2.17~2.5	2.41~2.64	2.5~2.65
孔隙度/%	5.8	2.21~10.34/5.69	1.68~7.03/4.11	4.2~6.1
优质层段含气量/（m^3/t）	2~4.5	2.4~5.2	1.5~3.69	0.89~5.19
地层压力系数	1.4~1.5	1.85	1.94	1.55
硅质矿物含量/%	46.8	31.88~48.5	37.21	50.5~70
碳酸盐岩含量/%	10.8	9.24	20.51	3.5－6.0
黏土含量/%	35.8	37.74－52.25/46.58	36.91	16~41
累计EUR/10^8m^3	0.24	0.46	0.35	1.57

值得指出的是，深层页岩含气量准确测定是一个很复杂的技术难题。体积法等温吸附实验的结果表明，随着温度和压力升高，页岩孔隙会出现负吸附的现象（聂海宽等，2013），即随着温度和压力增大，页岩的吸附量会下降；深层页岩气储层的微孔隙和表面积的显著增加（吉利明等，2016），可以弥补随温度和压力升高引起的页岩吸附能力的下

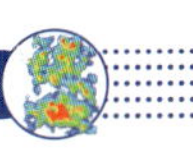

降，从而使深层页岩仍然具有较高的页岩气赋存能力。重量法是通过测量暴露于气体中的固体试样的质量增加情况来直接测定被吸附气体的含量，采用重量法能部分避免负吸附现象所导致的测试误差，更能客观地反应深层页岩的吸附能力（俞凌杰等，2015；周尚文等，2017）。根据等温吸附实验结果分析，尽管随着温度升高，页岩的吸附能力降低，吸附气含量有所下降，但是由于深层页岩气藏的压力更大，根据 *PVT* 方程可知，游离气赋存能力增大，游离气含量增大。页岩由最大埋深逐渐抬升的过程中，由于生烃停止和缺少天然气的补充，受各种地质因素的影响，含气能力和含气量是逐渐降低的。因此，只要深层页岩气藏的保存条件不遭受破坏，深层页岩不存在含气量低的问题，含气量一般会大于中深层页岩。由此可见，深层页岩气保存条件认识和含气性评价是研究的重要内容。

（3）深层页岩气体积改造工程工艺难度大。

由于埋深较大，深层页岩具有温度高、地层压力高、地应力高且应力差值大等特点。这会导致页岩塑性明显增强，裂缝起裂及延伸困难。川南盆内页岩气藏以高压、超压为主，威荣地区地层压力为68.69～76.95MPa，地层压力系数为1.94～2.05，永川地区地层压力为52.02～78.76MPa，地层压力系数为1.56～1.91，均为高－超压页岩气藏。

前人研究认为，川南五峰组－龙马溪组页岩纵向上存在脆性、塑性的分带性，自上而下呈现为脆性带、脆－延转化带、延性带（表1－6）。随着埋深的增加，静岩压力增加，垂向有效应力增加，围压也增加，岩石脆性降低、延性增加。总体来说，处于脆－延转化带内的钻井，既具有较好的可压性，又可以形成一定的天然裂缝且保存条件好。

表1－6　川南五峰组－龙马溪组脆性带、脆－延转化带、延性带特征表

分　带	可压裂性	变形特征	代表井
脆性带	易压裂，保存条件较差	拉张破裂，裂缝贯通，渗透率显著增大	河页1井
脆－延转化带	压裂效果好，保存条件好	剪切破裂，裂而不通	焦页1井
延性带	难压裂，裂缝易闭合	流变，裂缝覆压闭合	永页2井

超固结比（OCR）为泥页岩在地质历史时期所经受的最大垂直有效压力与现今垂直有效压力之比，一般OCR越大，则脆性越大。当OCR达到某一门限值时，泥页岩完全转变为脆性。实验结果表明，对于川南龙马溪组页岩，OCR门限值为2.6，当OCR达到门限值的埋深，即脆性带底界深度时，该深度随最大古埋深的变化而变化，最大古埋深越大，脆性带的底界深度也越大。根据公式推算可知，威荣地区脆性带的底界深度约为2230m，永川地区相对略深，为2500m左右（表1－7）。通过实验分析、数据拟合研究可以得出川南五峰组－龙马溪组的脆－延转化临界围压约为71MPa，对应计算得典型井脆－延转化的临界埋深为4400m左右。

表1-7 川南五峰组-龙马溪组脆性带、脆-延转化带、延性带分布深度表

泥页岩脆-延转化带确定方法	井号	现今埋深/m	脆性带底界埋深/m	延性带顶界深度/m
抬升 脆性带(BZ) 脆-延转化带(BDTZ) 延性带(DZ) 前期固结压力 脆性带底界 OCR门限值 延性带顶界 临界围压	焦页1井	2415.5	约2190	约4460
	河页1井	2162	约2480	约4420
	丁页2井	4367.5	约2440	约4430
	威页1井	3587.5	约2230	约4450
	永页2井	4098	约2500	约4430

利用页岩的超固结比（OCR）和典型页岩的三轴应力实验，可以定量确定页岩气“甜窗”的顶、底界。四川盆地五峰组-龙马溪组页岩“甜窗”顶界的深度范围2000~2700m，底界的深度范围4200~4400m。在构造稳定、地应力差较低的地区，页岩气易于保存，“甜窗”顶界可以浅于基于OCR所确定的脆性底界深度，2000m以浅的页岩气也有可能有效保存并获得较高产能。构造应力差大，变形强烈，保存条件变差，可导致“甜窗”顶界埋深增大。页岩中自生石英等脆性矿物含量高、地应力差较大的地区，页岩中易于形成天然裂缝，“甜窗”底界可能延伸到4500~5000m。五峰组和龙马溪组底部硅质页岩生物成因石英含量高、抗压实作用强，有利于有效储层的形成和保存，且由于脆性大，天然裂缝更发育，因而页岩“甜窗”的底界可能超过5000m。

从前述评价来看，埋深增大对储层有机质丰度、物性、含气性等品质无明显影响，深层页岩气仍具高TOC、高孔隙度、高含气量的特征。但埋深增大对页岩力学脆性有重要影响，随着埋深增大，泥页岩在围压和温度都增加的条件下，岩石力学性质会发生较大变化，主要表现为页岩脆性的降低，水平应力差异增大，因而给压裂改造带来更大难度。相比于涪陵地区，威荣、永川地区总体表现为应力高、水平应力差异大、杨氏模量偏低（表1-8），相对于中深层页岩气，深层页岩气可压性有所降低，起裂更难，且难以形成复杂缝网，改造效果相对较差（图1-3）。

表1-8 川南龙马溪组页岩岩石力学参数特征表

参 数	永川地区	威远地区	涪陵地区
埋深/m	3700~4150	3550~3880	2400~3500
垂向应力/MPa	100.6	92.7	51.9
最大水平主应力/MPa	109.1	98.6	54.2
最小水平主应力/MPa	94.9	87.9	49
水平应力差异系数	0.14	0.10	0.11
水平应力差值/MPa	13.6	8.6	5.2
杨氏模量/GPa	24.0	26.6	38.4
泊松比	0.23	0.22	0.19

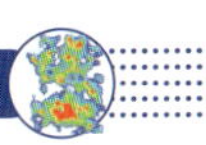

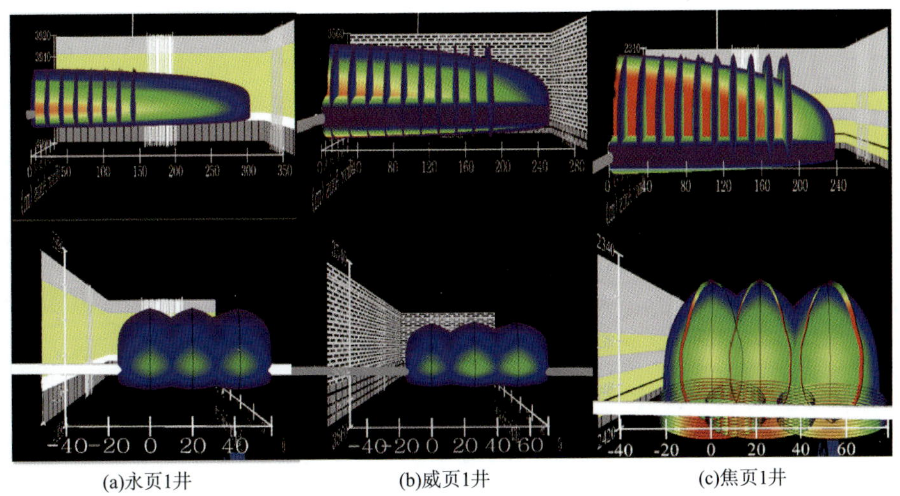

(a)永页1井　　(b)威页1井　　(c)焦页1井

图1-3　川南地区压力改造规模模拟图

基于对大量页岩气生产井的统计分析和典型解剖，何治亮等（2019）认为，页岩气的富集与高产存在明显的深度效应——“甜窗”。页岩气“甜窗”是指更易于形成页岩气富集高产的优势深度范围，在此深度范围内，页岩气开发效果明显好于更浅或更深的页岩。页岩上覆地层遭受适度的抬升剥蚀对页岩气藏维持超压、重新开启先期生烃增压形成的微裂缝和吸附气解析等均具有重要的建设性作用（何治亮等，2017）。李双建等（2011）认为，页岩在抬升过程中，在达到一定深度时会集中产生裂缝，这主要与受到的不均匀侧向挤压力有关。因此，抬升产生微裂缝但没有出现大的穿层裂缝或断裂，即表现为一种“裂而不破”的状态才是最理想的（何治亮等，2016）。川东焦石坝地区和川南长宁地区埋藏3500m以浅的页岩气开发区均属于此类情况。而由于深层页岩气抬升幅度小，页岩储层的天然改造作用弱，天然裂缝少且开启程度低，导致人工改造难度较大。

（4）深层页岩气的富集与高产主控因素不明。

深层页岩气的高产问题是一个更复杂的问题，既与地质及资源条件有关，也与工程技术和生产制度有关。以美国Haynesville页岩气藏为例，Haynesville页岩游离气含量很高，气藏早期生产能量靠气体膨胀驱动生产，日产气量高，当游离气开采殆尽后，则靠吸附气解吸驱动生产，气藏压力和产量随之降低，总体具有初期产量高、产量递减快的特点，第一年产量递减率为71%～80%（Fan等，2010）。早期开发的Haynesville气藏页岩气井产量递减过快，主要原因是气藏异常高压且页岩硬度不够（杨氏模量为10～35GPa），由于气体采出速度过快，造成应力敏感，部分人造缝网闭合，渗透率下降，影响了单井EUR和产量。后来通过合理控压生产，有效减轻了支撑剂嵌入、破损及堵塞等因素对储层的伤害，进而最大限度地保持了网状缝的渗流能力（Fan等，2010）。通过使用较小尺寸的井下节流阀控制压降，2010～2013年投产气井的初始产量虽然略低，但相比于采取敞喷方式生产的2008年、2009年投产气井，日产气量递减速率明显降低（图1-4）。实践证明，合

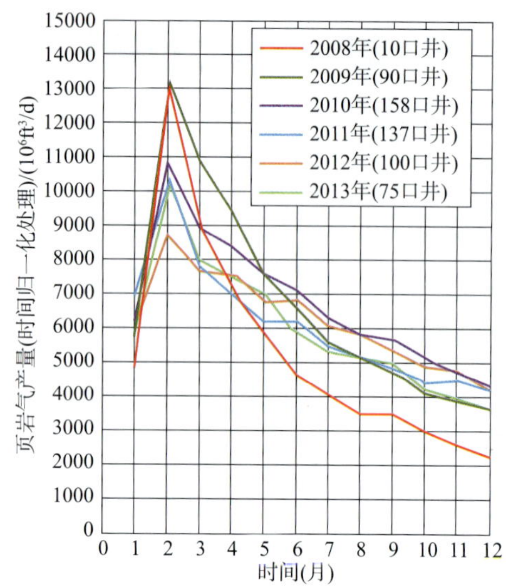

图1-4　Haynesville 气藏页岩气单井第一年平均日产量（据 Baihly 等）

$1ft^3=0.028m^3$

理控压生产能够将第一年产量递减速率降低50%~80%，使页岩气产量稳步增长，明显提高了页岩气井的最终采收率，抵消了页岩气井生产前期控压对于净现值的不利影响。

综上所述，深层页岩气的高质量勘探和效益开发是一个牵涉面众多的复杂问题，需要跨学科的密切合作。首先，要优选出优越的沉积、成岩条件，经历适度构造抬升改造、保存条件良好的目标区，确保页岩储层具备高脆性、高孔渗性、高压力系数、高含气量等物质基础，通过针对性的地球物理“甜点”储层预测，找准“甜点”；其次，要针对不同地质条件下深层页岩的品质差异，建立与之相适应的钻完井和体积压裂改造方式，提供规模化的资源动用工程技术保障；进而通过制定先进合理的开发经济技术政策，不断优化生产制度，才能最大限度地采出页岩气，实现深层页岩气的高质量勘探及规模效益开发。

第三节　威荣深层页岩气田商业发现历程

威荣深层页岩气田位于四川省内江市和自贡市境内，该地区的地质调查研究工作始于20世纪50年代，包括：1958年，四川地质局石油普查大队开展的简阳幅、威远幅1∶20万石油地质综合性调查，1980年四川地矿局航调队进行的1∶20万自贡幅区域地质调查；1994~1995年，第二地质大队完成的1∶5万贡井幅、自贡幅区域地质调查；1960年，中国石油完成的1∶5万地震连片详查，1965年的1∶5万复查和1∶10万地震普查，1979年的单次连片测量，1988年的自流井构造(东段)-黄家场构造(西段)及自流井构造西端地震详查，1990年的四川盆地川中-川南过渡带西部至威远构造东端地震连片详查，1992年的四川盆地威远构造(东段)二维地震详查工作；等等。通过上述工作，查清了该区地层及构造特征。

2004年，中国石化西南油气分公司针对该区开展油气勘探工作，大致可分为6个阶段：

(1)常规油气勘探阶段(2004~2009年)。

在充分利用区内外已有钻井、测井、地震及前期综合研究成果基础上，开展了探区海相、陆相层系的基本地质特征，生、储、盖组合，主要圈闭类型，资源等油气成藏条件及勘探前景的研究和类比分析，认为探区内主要烃源岩为海相碳酸盐领域烃源岩，储层为嘉

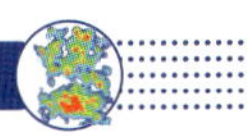

陵江组和茅口组，由于断裂不发育，油气运移条件有限，勘探目标只能寄希望于岩性圈闭，资源量小。

(2)页岩气选区评价阶段(2009～2013年)。

受美国页岩气勘探开发热潮的启示，为摸清页岩气资源"家底"，指导页岩气资源勘探开发，在中国石化页岩油气资源评价及选区技术方案的指导下，以页岩气目标层系地质特征研究为基础，以资源计算评价为主线，依托页岩气目标层系的野外剖面调查、已钻井、兼探井等资料，系统研究各烃源层系地层、沉积、储层、地化、含气量等特征，采用体积法进行资源量计算。期间，2011年，在威荣、永川、井研－犍为、资阳东峰场等川南地区部署实施了满覆盖二维地震(覆盖次数60次)；2013年末，提出志留系龙马溪组及寒武系筇竹寺组为页岩气重点的、优先的勘探层系，优选了威荣、永川、井研－犍为3个海相页岩气的有利目标区。

(3)勘探突破阶段(2014～2015年)。

2014年9月，在威荣地区部署实施以龙马溪组优质页岩为目的层的探井威页1井，2015年3月，导眼井完钻，完钻井深3662m，该井针对龙马溪组页岩开展了系统取心(7回次、累计心长92.91m)、元素录井(XRF)、常规标准与特殊测井(Litho Scanner岩性扫描、成像、偶极声波)、实验分析(6大类19项666件)等工作，取全取准了龙马溪组所有地质资料；5月18日，在威页1井基础上侧钻水平井威页1HF井完钻，水平段长度1004.92m，优质页岩钻遇率100%(第1～第3层)；6月19日，水平井压裂方案通过总部审查；8月3～18日，完成16段42簇泵送桥塞分段压裂施工，入井总液量29045.4m^3，入地总砂量765.11m^3；2015年10月，在10mm×26mm工作制度、套压26.2MPa的条件下，试获15.71×$10^4m^3/d$工业气流，实现了威荣地区页岩气勘探重大突破。

(4)整体评价(探明)阶段(2016～2018年)。

为加快威荣地区的页岩气勘探开发评价，中国石化西南油气分公司以威页1HF井实钻资料为基础，依托三维地震开展了综合研究与目标评价，以商业发现为目标，按照"整体部署、分步实施、评探结合、落实资源、优化工艺、评价产能"的原则，编制完成了威荣5台10井(含1个评价井组)的整体评价方案(图1－5)。

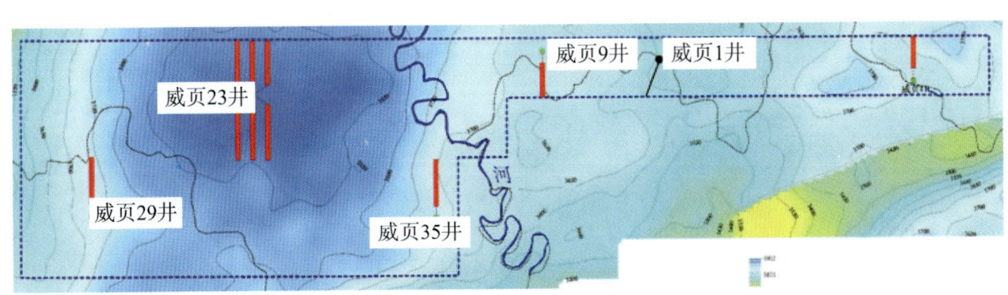

图1－5 威荣5台10井整体评价方案

2016 年 6 月，中国石化油田勘探开发事业部组织专家组审查通过该方案。实施过程中，西南油气分公司坚持思路创新、技术创新，狠抓储层精细评价、科学优选水平井靶窗、多学科协同精确控制水平井轨迹、以提高有效改造体积为核心强化压裂工艺攻关，整体评价取得重大成果。至 2017 年年底，该方案先期实施的 5 台 5 井已全部完成压裂，3 口井完成系统测试，2 口井开展排采测试。其中，威页 23－1H 在井口压力 35.4MPa 条件下，测试产气 $26.01\times10^4m^3/d$，威页 29－1HF 井在井口压力 22.2MPa 条件下，测试产气 $23.82\times10^4m^3/d$，实现了负向构造带深层页岩气商业产能突破。2018 年 3 月，向自然资源部提交 $1246.78\times10^8m^3$ 探明储量并通过审查，成为中国第一个深层千亿方页岩气田。

(5)规模开发阶段(2018 年至今)。

2018 年 8 月，中国石化股份公司批复同意实施威荣页岩气田产能建设项目。按照“整体部署、分步实施、统筹考虑”的原则，先期实施 $10\times10^8m^3/a$ 产能建设；共部署 8 台 56 井，进尺 29.83×10^4m；批复后，中国石油西南油气分公司加强组织运行管理，全力推进一期实施，至 2020 年 2 月，总进尺 25.86×10^4m，完钻井 40 口，平均井深 5554m，水平段平均长 1532m；完成压裂 14 口，测试 12 口，建成产能 $2.62\times10^8m^3/a$，受管线制约日产气量 $60\times10^4m^3$，累计产气 $1.7\times10^8m^3$。

第二章 川南地区构造与沉积特征

第一节 构造特征

四川盆地南部地区(川南)为西到荣县、宜宾，北到资中、合川，东到重庆、綦江，南到叙永、习水的广大区域，历经了多期、多旋回构造演化——震旦系桐湾运动、寒武系-志留系加里东运动、二叠系东吴运动、三叠系印支运动，以及后期的燕山运动和喜山运动的叠加改造，其中，以燕山期作用影响最为强烈。该区页岩气目的层为上奥陶统五峰组-下志留统龙马溪组，埋深绝大部分为3500~4500m，属于深层页岩气范畴。

一、区域构造特征

1. 构造区划

基于构造差异机制及构造展布特征(图2-1)，可得川南地区划分为3个一级构造单元，其中，川东南断褶带可进一步细分为4个二级构造单元，在二级构造单元中，基于叠加方式的差异，泸州-赤水构造叠加带可再分为4个三级构造单元(表2-1)。

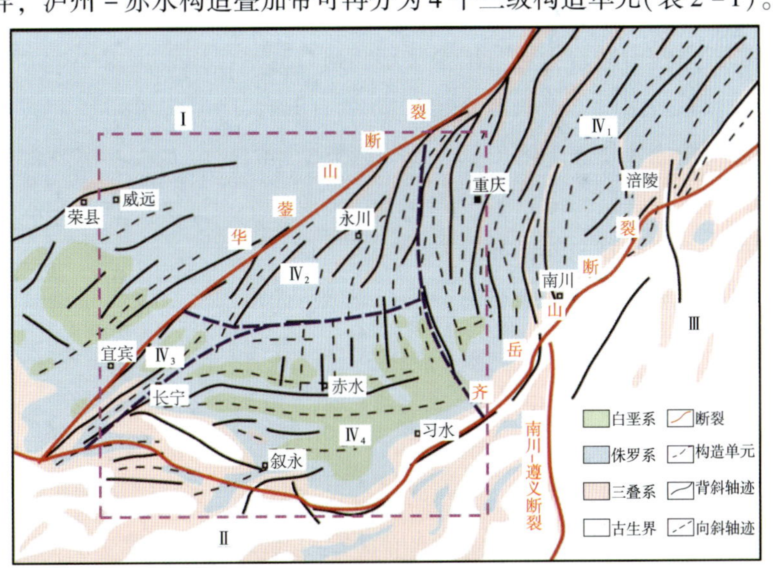

图2-1 四川盆地南部构造区划图(图中紫框内为本书内容涉及的川南地区)

表 2－1　川南地区构造单元划分表

一级构造单元	二级构造单元	三级构造单元
川中平缓构造带（Ⅰ）		
黔北断褶带（Ⅱ）		
川东南断褶带（Ⅳ）	川东断褶带（$Ⅳ_1$）	
	永川帚状断褶带（$Ⅳ_2$）	
	华蓥山南断褶带（$Ⅳ_3$）	
	泸州－赤水构造叠加带（$Ⅳ_4$）	合江构造叠加带
		泸州构造叠加带
		长宁－习水西构造叠加带
		习水冲断带

基于齐岳山断层、华蓥山断层以及南川－遵义断层，将川南地分为川东南断褶带、黔北断褶带和川中平缓构造带等一级构造单元。基于构造的差异性复合和叠加特征，将川东南断褶带进行二级构造单元的划分，其中，川东断褶带与永川帚状断褶带和泸州－赤水构造叠加带以盆地基底断层綦江断层为分界线。泸州－赤水构造叠加带则基于构造叠加将其单独作为一个二级构造单元划分出来，并根据构造叠加的差异性，将其细分为合江构造叠加带、泸州构造叠加带、长宁－习水西构造叠加带和习水冲断带。

黔北断褶带以齐岳山－习水断层与四川盆地分隔，位于金沙－赫章断裂以北、华鉴山断裂以东、南川遵义断层以西。地表出露下古生界－侏罗系，缺失泥盆系和大部分石炭系，普遍是二叠系和志留系平行不整合接触。主要为隔槽式厚皮构造，向斜中的断层向南逆冲，这些断层在古生界前是正断层，控制了南华系－震旦系的沉积，其后在由南向北的逆冲推覆过程中，重新活动，被动逆冲。

川东断褶带以华蓥山断裂为界与川中平缓构造带分割，地表出露中生界，其中，北段出露三叠系和侏罗系，南段出露侏罗系和白垩系，即南段隆升幅度小于北段。褶皱表现为背斜狭窄、陡峻，构成狭长高陡的山脉，背斜两翼常不对称，其中一翼陡倾甚至倒转，背斜核部常伴有纵向逆冲断层，向斜则十分宽缓，地层几乎成水平产状，构成低丘地貌，向斜内部构造简单，局部呈复向斜特征。

永川帚状断褶带为以北东向华蓥山背斜为主体，向南逐渐分支，呈帚状撒开的低背斜群。背斜构造呈雁列式排列，各个构造带北高南低，北半段褶皱强，断层发育，为狭长梳状构造。

泸州－赤水构造叠加带为受盆地南缘东西向娄山断褶带影响，与北南向帚状延伸复合叠加的构造带，具有多期叠加特征。东西向构造自北向南主要有纳溪构造带、长垣坝构造带、高木顶构造带等构造带，构造形态为短轴状，多具高点，其伴生断裂多沿南翼展布，且平行于轴线。其中，以长垣坝构造带为突出代表，是由一系列呈串珠状排列的穹隆背斜

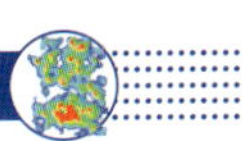

构造组成的；近北南向构造自东向西有塘河－官渡构造带、雪柏坪－西门构造带、宝元－龙爪构造带，其褶皱强度由东向西减弱，构造形态多为线状、短轴状，一般东陡西缓，断裂多沿东翼陡带分布。

川中平缓构造带位于龙泉山和华蓥山断裂带之间的川中隆起区，地层平缓，变形很弱，以低幅的褶皱构造为主，断层较少。南部自贡地区发育一组平行于华蓥山断裂的北东向褶皱，以短轴褶皱为主，卷入的最新地层包括侏罗系及白垩系。

2. 构造体系与构造样式

基于基底、沉积盖层、受力方式和边界条件等构造发育的主控因素，川南地区可划分3种主要的构造样式：推覆构造样式、滑脱“三变形”构造样式和整体抬升构造样式。根据构造发育强度、变形特征和构造样式，川南地区可划分为3个构造体系：基底逆冲体系、盆内滑脱构造体系和盆内稳定基底体系(图2－2、图2－3)。

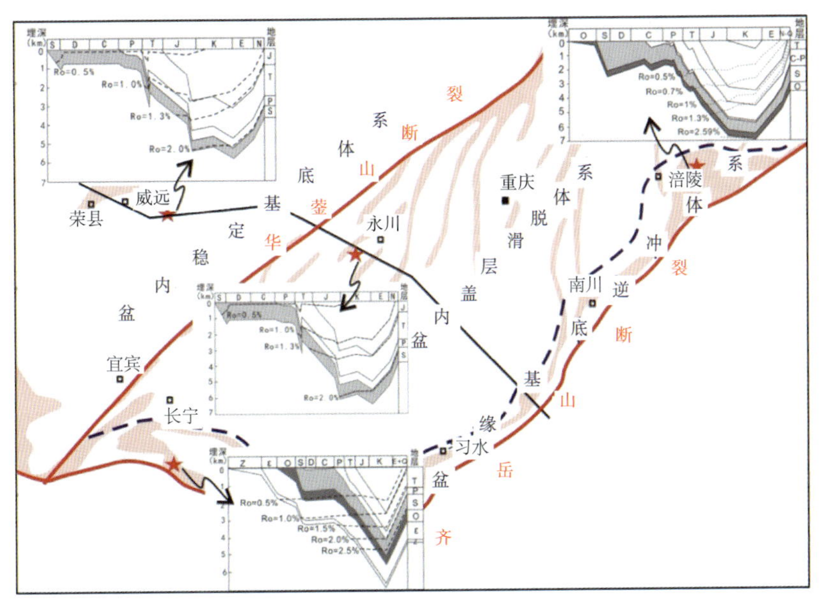

图2－2 川南区域构造体系划分图

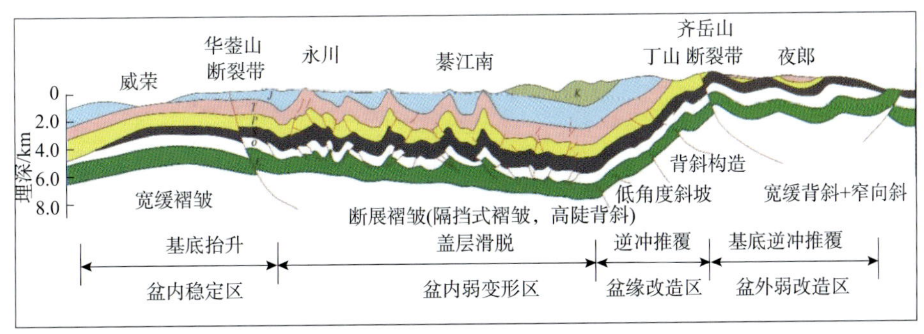

图2－3 区域地震解释成果图(剖面位置见图2－2)

1）盆缘山前带体系——推覆构造样式

盆缘山前带体系包括四川盆地东南缘和南缘受齐岳山基底逆冲断层控制的广大地区，包括焦石坝、丁山和林滩场等构造。齐岳山作为中、上扬子的传统分界线，是以东隔槽式褶皱和以西隔挡式褶皱的转换部位，也是以东基底卷入构造和以西盖层滑脱构造的转换部位，因此，构造变形特征反映隆升和挤压双重作用的影响。

林滩场地区构造平面上呈短轴背斜，主体构造呈北东向展布。地震资料解释结果显示（表2-2），该构造具有典型的挤压推覆构造特征；源于基底的逆冲断层多数为南东倾向，基底断层在向上扩展过程中，部分在中寒武统膏岩滑脱，而控制主体构造的基底断层则突破中寒武统，断续向上扩展，最终在下三叠统嘉陵江组膏岩滑脱（关于断层的分级详见本章构造差异对保存条件的影响中的断裂与裂缝部分）。

表2-2 川南地区典型构造特征表

构造体系	局部构造	变形模式	构造形态		地层倾角/(°)	断层发育情况	裂缝发育程度	埋深/m
盆内稳定基底体系	威荣构造	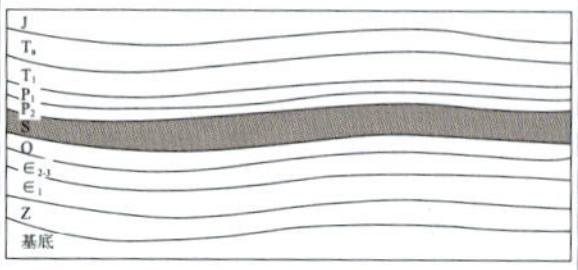	两凹夹一凸，整体为一宽缓向斜	西部完整向斜	1~4	不发育	欠发育	3550~3880
				东部鞍部	1~4	不发育	欠发育	3600~3700
				东部斜坡	1~4	不发育	欠发育	3700~3820
盆内盖层滑脱体系	永川构造	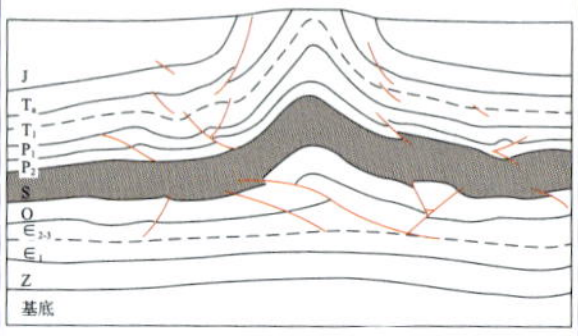	两凹夹一隆，为盖层滑脱形成的隔挡式褶皱、断弯背斜，可细分为5个区	北部向斜：完整的宽缓向斜	≤3	不发育	欠发育	3850~4200
				夹持断块：相向逆冲断层下盘单斜	≤6	不发育	欠发育	3950~4150
				抬升断块区：逆断层上盘单斜	15	IV_4级断层发育	发育	3800~4050
				中部背斜：东部断弯背斜、西部反冲背斜	≤30	Ⅲ级、Ⅳ级断层均发育	发育	3100~3800
				南部向斜：受次级断层分隔的复式向斜	≤8	IV_4级断层较发育	较发育	3700~4150
盆缘基底逆冲体系	林滩场构造	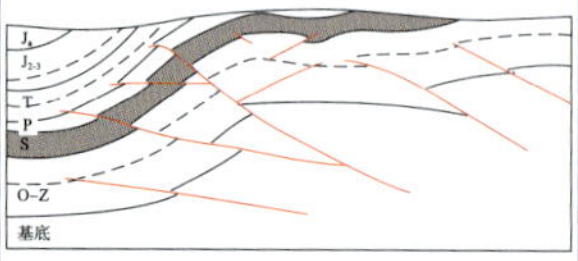	基底逆冲式断背斜	背斜北东倾没端	30	北西翼不发育，南东翼A级断层发育	较发育	2500~4000
				背斜中部主体	10~35	Ⅱ级、Ⅲ级、Ⅳ级断层均发育	发育	700~2500

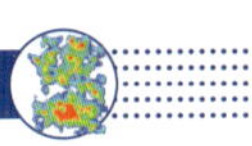

焦石坝构造和林滩场构造虽同处于盆缘齐岳山前，但表现出迥异的特征：焦石坝以隆升作用为主，故变形弱，保存条件好；林滩场以挤压推覆作用为主，故变形强，保存条件相对较差。

2）盆内滑脱构造体系——滑脱"三变形"构造样式

盆内滑脱构造体系是指盆缘山前带以西、华蓥山以东的广大区域内的构造。从盆缘向盆内随着基底断层的消失，盆缘齐岳山构造挤压作用使盆内中寒武统膏岩之上的沉积盖层发生收缩变形，纵向上形成盖层滑脱－分层变形结构特征，横向上形成盆内隔挡式褶皱，包括川东高陡构造、川南帚状构造和泸州－赤水构造叠加带构造。在近水平挤压推覆作用下，不同塑性的地层表现出不同变形方式，脆性地层中发育的断层往往沿塑性地层滑脱；中寒武统膏岩（ϵ_2）、志留系泥岩（S）和下三叠统嘉陵江组膏盐（T_1j），是控制盆内盖层滑脱变形的主要因素，从而使垂向上具有明显的分层变形特征，每个构造层是独立的流体压力封存箱，形成单独的成藏系统。因此，受中寒武统膏岩（ϵ_2）和志留系泥岩（S）封闭，志留系龙马溪组页岩气保存条件优越。

永川地区位于川南帚状构造带，纵向上"三变形层结构"明显（表2－2）；三套滑脱层为中寒武统膏岩（ϵ_2）、志留系泥岩（S）和下三叠统嘉陵江组膏盐（T_1j）；地表新店子背斜南东翼陡、北西翼缓，北西翼发育北西倾向的逆冲断层，断层向下在三叠系滑脱；目的层龙马溪组发育的主断层倾向南东，断层向上在志留系内滑脱，向下在寒武系滑脱。

3）盆内稳定基底体系——整体抬升构造样式

盆内稳定基底体系是指华蓥山以西的川中地区，该体系主要特点是构造变形弱、断裂欠发育、以基底缓慢隆升或沉降为主。威荣深层页岩气田和中国石油的威远页岩气田均位于该构造体系内。

该区位于四川盆地威远背斜的东南缘，构造简单，地层平缓，倾角为1°～6°，表现为低幅凹隆，断层不发育，平面可见完整宽缓向斜、背斜，纵向上深浅（Z－J）地层变形形态基本一致，表现为整体隆升、凹陷。

3. 断裂体系与龙马溪组断层模式

1）断裂体系

区域调查资料及地震解释成果显示，川南地区存在齐岳山断层、华蓥山断层、綦江断层、荣县－威远断层等多条主干断层及盆地基底断层（图2－4），这些主干断层作为边界控制了区内断裂体系的分布，川南地区断裂体系展布主体为北东向，其次为近东西向、北西向和近南北向，基于断层的展布方向，将其分为北东向断裂体系、近东西断裂体系和近南北向断裂体系等。

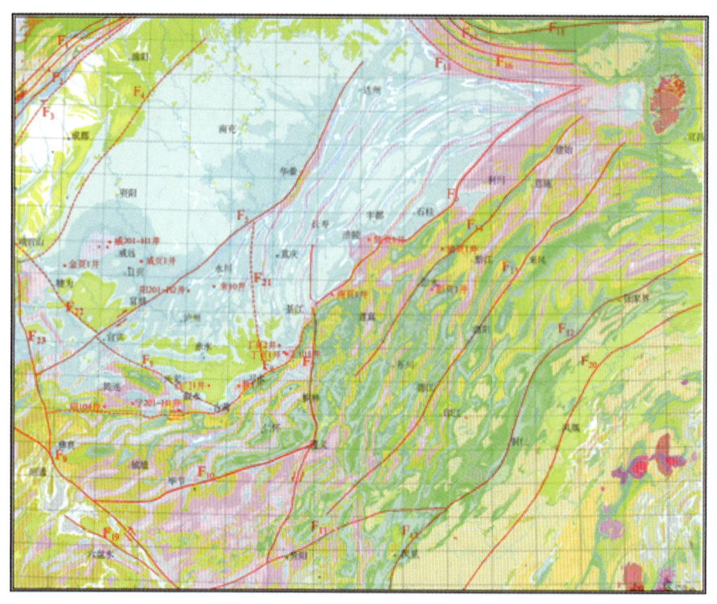

图2-4　川南及邻区主干断裂分布图

注：F_1：青川-茂汶断层；F_2：北川-映秀断层；F_3：安县-灌县断层；F_4：龙泉山断层；F_5：华蓥山断层；F_6：齐岳山断层；F_7：遵义-贵阳断层；F_8：兴文-古蔺断层；F_9：垭都-紫云-罗甸断层；F_{10}：赫章-金沙断层；F_{11}：贵阳-施秉断层；F_{12}：慈利-大庸-保靖断层；F_{13}：来凤-假浪口断层；F_{14}：建始-彭水断层；F_{15}：铁溪-固军断层；F_{16}：万源-巫溪断层；F_{17}：镇巴断层；F_{18}：城口-房县断层；F_{19}：六盘水断层；F_{20}：桃源-辰溪-怀化断层；F_{21}：綦江断层；F_{22}：犍为-宜宾断层；F_{23}：荥县-峨边断层

(1)北东向断裂体系。

北东向断裂体系主要分布于齐岳山断层西侧、华蓥山断裂带西侧及永川帚状构造带。

齐岳山断层西侧主要受主干齐岳山断层的逆冲作用，从而在其前缘发育斜列次级隐伏逆冲断层和少许反向断层，断层主体倾向南东，断层多断至基底。

永川帚状构造带中断层整体向北收敛，向南发散，断层倾向多变，即存在北西向和南东向两类倾向。受多层系滑脱作用，在志留系滑脱层之下，断层主要受南东向北西向的挤压作用而形成，主干逆冲断层倾向南东，同时在主干断层之上发育次级反向断层。志留系之上的主干逆冲断层倾向北西，且斜歪褶皱轴面倾向北西，反映受北西向、南东向的挤压所形成。

(2)东西向断裂体系。

东西向断裂体系主要分布于长宁-习水西构造叠加带，断层主体断至盆地基底，均为逆断层，其中，在长垣坝南断层以南，断层主体倾向南，体现为有南向北的逆冲作用。长垣坝南断层以北，断层主体倾向北，反映受到由北向南的挤压，如长垣坝断层北倾南冲。但是结合区域构造环境来看，其北倾断层可能为反冲断层，即在南侧大娄山的作用下，赤水地区受到来自南缘的挤压作用，形成系列南倾北冲断层，而在逆冲的前缘，可能受泸州古隆起的阻挡作用，发生反冲，从而形成北倾南冲的断层。

(3)近南北向断裂体系。

近南北向断层主要分布于长宁-习水西构造叠加带及合江构造叠加带。

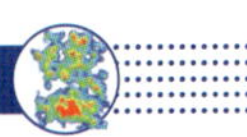

赤水地区近南北向断层形成时间晚，为喜马拉雅期产物，即三江造山带的活动引发的该区近东西向的挤压而成。断层的连续性较差，为早期的东西断层所限制，断层倾向东或者西，断距不大。

綦江－合江地区近南北向断层位于川东弧形构造南段，受弧形构造的控制，该区断层呈近南北向展布。断层多呈右阶雁列式展布，且倾向西或者东，其中倾向西断层较倾向东断层多，即表现为成因为由西向东的挤压作用。

2）龙马溪组断层模式

由于岩性和构造变形强度的差异，川南地区龙马溪组断层可表现为3种形态（图2－5）：①铲式逆断层，源自奥陶系（或基底）的断层，向上切穿多套地层，这类断层会增强页岩气纵向运移扩散，对保存条件影响较大；②反S形逆断层，源自奥陶系（或基底）的断层，向上切穿部分志留系，并在志留系泥岩内尖灭，对保存条件影响较小；③坡坪式逆断层，源自奥陶系的断层，向上在龙马溪组底部滑脱，对保存条件影响小。

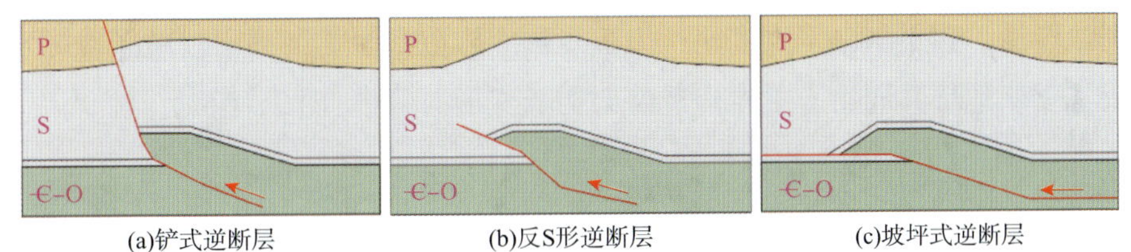

图2－5 川南地区龙马溪组断层发育模式

二、构造演化

川南地区与四川盆地一样，都经历了多期或多旋回的构造沉积演化过程。川南构造演化直接受控于齐岳山和大娄山，更远则受控于雪峰陆内造山带，呈现出由盆缘向盆内递进变形的特点。根据构造应力场演化，结合区域变形，可划分为早白垩世及之前（晚侏罗世燕山早期）、晚白垩世（燕山晚期）、新生代喜山期3个阶段。其中，盆缘山前带主体构造定型于晚燕山期，喜山期进一步加强；盆内盖层滑脱构造发育于晚燕山期，发展定型于喜山期；盆内稳定基底体系在喜山期前主要表现为受基底古地貌及古隆起控制的沉积－剥蚀；北东向褶皱定形于喜山期。

1. 早白垩世及之前

早震旦世以来，海侵覆盖整个上扬子，上扬子地台开始海相碳酸盐岩台地沉积，沉积了稳定地台型的碳酸盐岩和碎屑岩。在加里东早中期，川西南地区、黔中地区为水下隆起，乐山－龙女寺古隆起已具雏形；加里东晚期志留纪沉积后，由于差异升降，上扬子地台西缘川西地区整体抬升遭受剥蚀形成古陆，自加里东晚期以来隆升剥蚀一直持续到海西早中期，导致四川盆地大面积缺失泥盆系－石炭系，乐山－龙女寺古隆起及周缘震旦系－志留系遭受不同程度剥蚀或完全剥蚀，剥蚀沉积间断大于120Ma，乐山－龙女寺古隆起形成。这个时期，威荣页岩气田处于乐山－龙女寺古隆起东南古斜坡带。

海西晚期中二叠世海侵，上扬子西缘整体为碳酸盐台地及碳酸盐大缓坡相沉积，晚二叠世由台地及大缓坡相沉积演变为开阔台地、局限台地沉积格局。海西期的东吴运动后－印支运动前，泸州古隆起形成，这个时期威荣地区处于乐山－龙女寺古隆起东南古斜坡与泸州古隆起西北古斜坡叠合部位。中三叠世末，印支早期运动后，结束了大规模的海相沉积，四川盆地西北缘整体沉降，东南整体抬升形成大型单斜地貌。燕山期威荣地区在加里东期、印支期形成的叠合古隆起进一步加强并得到改造。

晚三叠世以来，华南大陆板块内雪峰陆内造山系统由南东向北西的穿时扩展陆内变形构造活动控制了扬子板块内构造变形格架，多层次滑脱变形控制着区域主体构造变形组合样式。穿时扩展至晚白垩世已经强烈控制川东齐岳山构造带区域，导致区域前白垩系褶皱变形，与上覆上白垩统角度不整合接触。低温热年代学证据反映了该期构造事件导致山前坳陷逐渐由早期构造沉降转变为抬升剥蚀，同时，热史模拟也揭示了区域发生过一定程度的抬升剥蚀作用。直至早白垩世末期，川东齐岳山构造格架基本奠定，局部地区残留的下白垩统及其下伏地层共同卷入主体构造格架构造变形向斜中[图2－6(a)]。

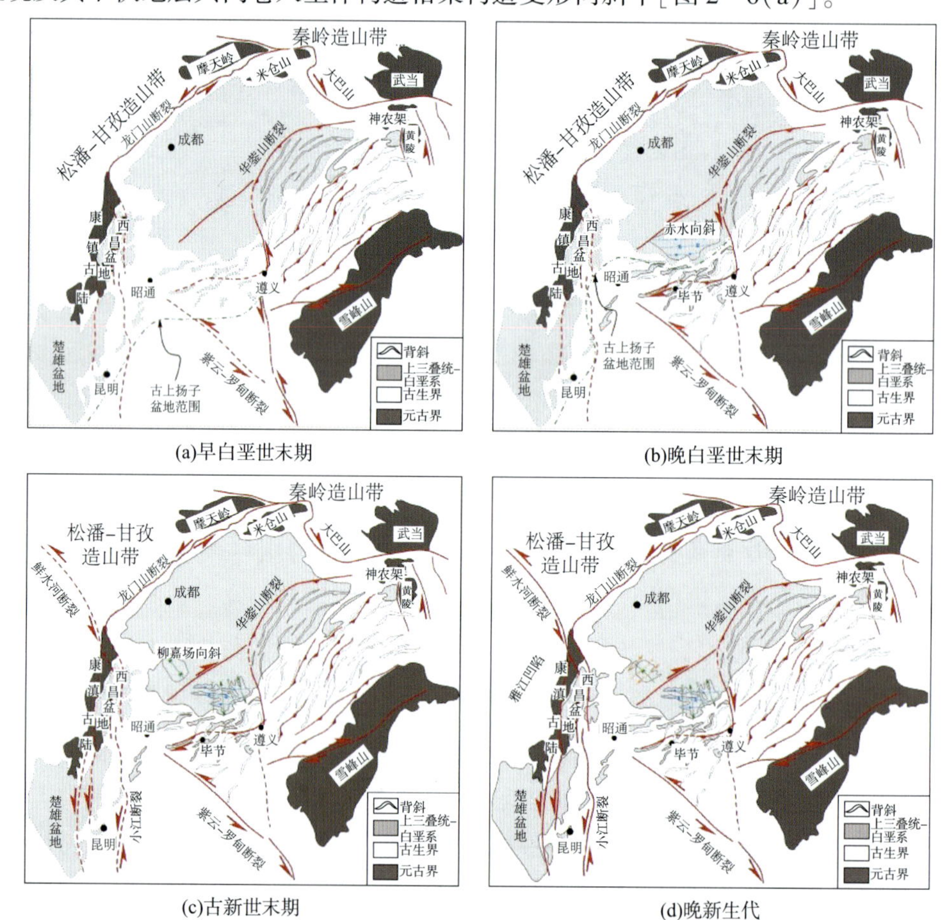

图2－6　川南区域构造演化示意图(据邓宾，2013)

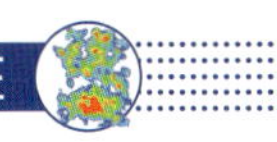

大娄山地区近南北向南川 – 遵义断裂早期为张性断裂，控制和影响大娄山地区古生代 – 早新生代的沉积特征。早白垩世受雪峰陆内造山系统南东 – 北西向挤压应力场控制，逐步发生构造反转，形成逆冲走滑变形。挤压应力场特征表明其具有左旋走滑逆冲构造变形特征，形成了大娄山东段第一期近南北向构造线理。盆缘有限强度的构造变形，导致白垩系与下伏地层区域呈假整合接触。此时，南川 – 遵义断裂构造活动可能与紫云 – 罗甸断裂早期活动性相关，它和扬子板块北缘神农架。黄陵古隆起带近南北向断裂有效地调节了雪峰陆内造山系统北西向扩展变形构造活动的不同步或非均一性变形，并可能与川东地区八面山弧形构造系统的形成具有成因联系。同时，北西向扩展变形过程，导致早 – 中侏罗世四川盆地、西昌盆地、楚雄盆地及中扬子盆地相连所构建的古上扬子沉积盆地逐渐向北西萎缩。根据变形特征推测，早白垩世末期古盆地南边缘应该仍在遵义 – 昭通一线以南，而南川 – 遵义断裂早期形成的第一期近南北走向构造，可能形成了古盆地的东边界。

2. 晚白垩世

晚白垩世，雪峰陆内造山系统仍处于北西向扩展变形构造活动阶段，紫云 – 罗甸断裂发生强烈左旋走滑构造运动，形成大量牵引构造变形[图 2 – 6(b)]。由于黔中地区沿紫云 – 罗甸断裂带北西向强烈楔入大娄山一带，同时受四川盆地刚性基底的强烈阻挡，导致大娄山构造带发生近南北向挤压褶皱变形，同时伴随强烈的右旋剪切变形，近东西向遵义 – 毕节断裂带发生右旋走滑逆冲变形，大致形成了大娄山构造带东 – 西段构造格架。紫云 – 罗甸断裂和盆内华蓥山断裂西南分支可能发生不同剪切性质走滑运动，有效地调节盆缘北西向扩展变形的不同步或非均一性变形。晚白垩世近南北向挤压褶皱变形形成了大娄山地区广泛分布的第二期近东西向线理，同时，右旋走滑剪切作用控制了大娄山构造带大量的 S 形向、背斜及其不对称的右旋牵引褶皱。盆内大娄山前缘上白垩统发生了近东西走向褶皱变形，形成了赤水向斜；南部白马侏罗系向斜地区古近系近水平展布与下伏地层角度不整合接触，预示着川南大娄山构造带晚白垩世末期构造格架基本形成。低温年代学证据也揭示川南晚白垩世发生了由早期构造沉降阶段向后期抬升剥蚀逐渐转换的过程。低温热年代学模拟也表明，大娄山地区具有由南向北逐渐抬升剥蚀的过程(李双建等，2011)；与此同时，四川盆地西缘逐渐发生由古特提斯构造域向新特提斯构造域构造转换的过程。此时，古上扬子盆地北西向逐渐萎缩至昭通 – 遵义一线以北(现今四川盆地南缘)区域，四川盆地与其西缘残存的古上扬子盆地逐渐分开，川中威荣地区主要表现为受基底古地貌及古隆起控制的沉积、剥蚀。

3. 新生代喜山期

该阶段又可分为新生代早期和新生代晚期两个时期。新生代早期，大凉山构造带古新世开始逐步发生构造变形，印 – 亚板块碰撞远程响应在该地区形成了东西向挤压褶皱变形近南北向褶皱(如甘洛背斜、喜德背斜等)。南北向小江断裂、大凉山断裂、安宁河断裂等边界主断裂前新生代以张性构造特征为主，受此影响可能逐步开始发生走滑逆冲变形作用。大凉山西部地区锦屏逆冲推覆断裂带 K－Ar 年龄测试为 52～38Ma(廖忠礼等，2003)。四川盆地西南缘大凉山前缘地区古近系与下伏白垩系整合接触，共同卷入北西－北北西走向宽缓向斜构造，如川南柳嘉场向斜[图 2－6(c)]。大娄山构造带形成第三期近北西走向至近南北走向的构造线理，其前缘盆内赤水向斜早期近东西走向褶皱后期叠加变形形成近南北走向褶皱，呈现出典型的叠加样式，最终形成了四川盆地南缘大娄山－川南褶皱区渐变型盆－山结构。古新世末期，四川盆地现今盆地与古上扬子盆地(西昌－楚雄盆地)分开，盆地由早期外流盆地转变为后期内流盆地或封闭的内陆盐盆。

伴随持续的新生代晚期大规模青藏高原地壳物质向东扩展，沿东构造节非均匀穿时性顺时针旋转，鲜水河－安宁河－小江断裂系大致为其顺时针走滑主边界，发生大规模左旋走滑，同时，雅江坳陷沿边界断裂东向位移大于 140km，伴随近东西走向大渡河背斜的形成，大凉山－川西南渐变型盆－山结构区快速隆升剥露。平衡剖面研究揭示了晚新生代大凉山平均缩短率和缩短量分别为 17.8% 和 11km(陈长云等，2008)。同时，大凉山前缘盆内发生最晚一期构造变形——柳嘉场向斜[图 2－6(d)]，其背斜低温热年代学特征反映出了晚新生代的快速抬升剥蚀，奠定了盆地西南大凉山构造带构造格架，最终导致古上扬子盆地完全萎缩、分隔成现今的四川盆地、西昌盆地和楚雄盆地。

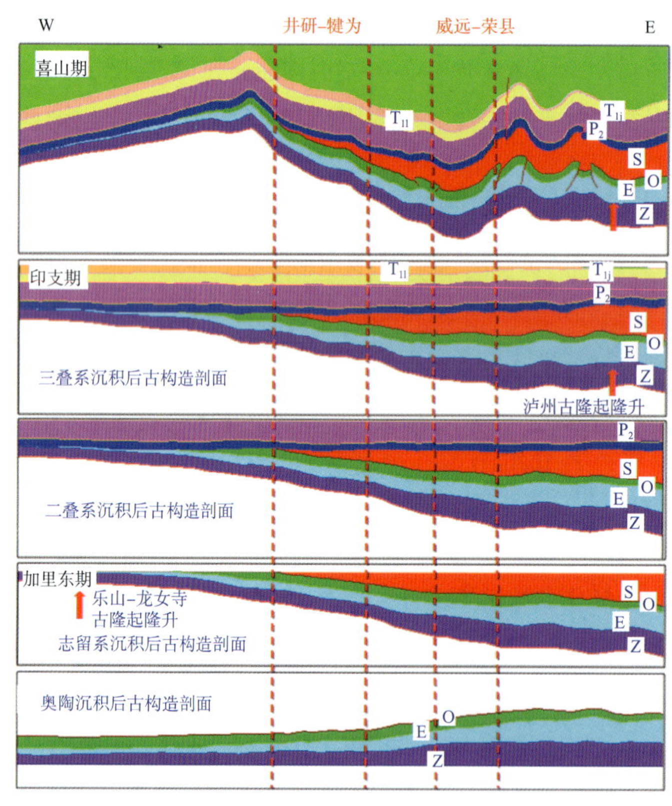

图 2－7　井研－威荣地区 PQ92－D1 测线平衡演化剖面

埋藏史及热演化史分析表明，川南龙马溪组在燕山中晚期，进入高－过成熟阶段，进入生气高峰，埋深达到最大(5000～6800m)。从盆缘向盆内，龙马溪组大规模抬升时间逐渐变新，抬升幅度逐渐减小。位于盆缘基底逆冲体系的涪陵及长宁地区，大规模抬升始于晚白垩世燕山晚期，抬升幅度分别为 3700m、2800m；位于盆内盖层滑脱体系的永川地区，大规模抬升始于古近纪喜山期，抬升幅度为 2800m；位于盆内稳定基底体系的威荣地区，大规模抬升始于古近纪喜山期，抬升幅度为 2000m(图 2－7)。

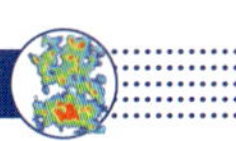

根据对盆缘基底逆冲体系的赤水林滩场地区、盆内永川地区平衡剖面分析(图2-8、表2-3)可知：盆缘林滩场构造于燕山早期开始发育，晚燕山期构造形态基本形成，喜山期进一步加强，龙马溪组地层总收缩率为11.3%，燕山期收缩量略大于喜山期；盆内永川地区构造于晚燕山期开始发育，发展定型于喜山期，龙马溪组地层总收缩率为9.2%，基本均为喜山期收缩量。

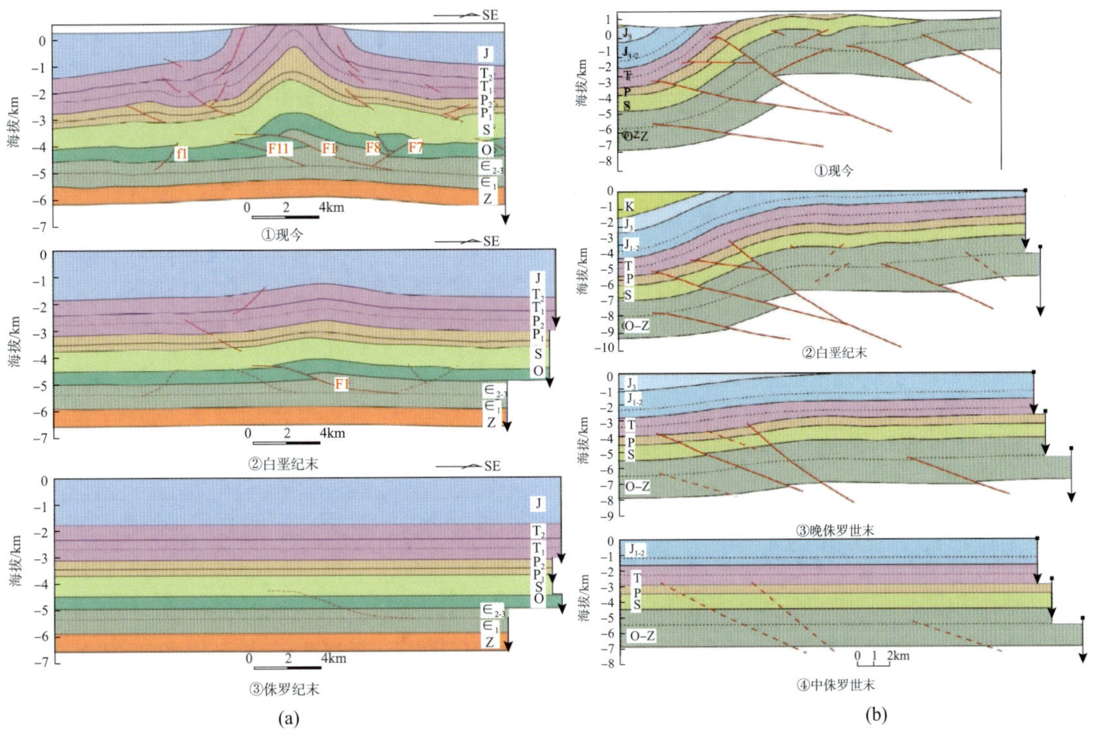

图2-8　永川(a)、赤水林滩场(b)平衡演化剖面
(永川三维任意线、林滩场TTBLI-03-610线)

表2-3　赤水林滩场、永川地区地层收缩量统计表

地区	地层	原长/m	早燕山期收缩量/m	晚燕山期收缩量/m	喜山期收缩量/m	总收缩量/m	收缩率/%
赤水林滩场(TTBLI-03-610线)	三叠系及之上	25990	138	521	1486	2145	8.3
	二叠系、志留系和奥陶系	26877	289	1257	1486	3032	11.3
	震旦系	28802	660	1933	2364	4957	17.2
永川(三维任意线)	三叠系及以上	30613	—	251	3020	3271	10.7
	志留系及二叠系	30110	—	84	2684	2768	9.2
	奥陶系	30708	—	684	2684	3368	10.9
	下寒武统-震旦系	27424	—	0	89	89	0.3

总体来说，盆缘基底逆冲体系构造发育时间早、抬升幅度大，燕山期、喜山期经历了同等程度的收缩变形，总收缩量大；盆内盖层滑脱体系构造发育时间晚、抬升幅度较小，主要为喜山期收缩变形，总收缩量较小；盆内稳定基底体系构造发育晚、变形弱、抬升幅度小，主要为喜山期收缩变形，收缩量最小(表2－4)。

表2－4　川南地区差异构造变形及构造演化特征表

构造划分		构造主控因素		变形方式		构造演化	变形量	
构造体系	局部构造	受力方式	滑脱层	构造样式	断层特征	构造演化	水平收缩率/%	剥蚀量/m
盆缘基底逆冲体系	林滩场构造	水平挤压兼垂向隆升	主滑脱层+ ϵ_2	基底逆冲式断背斜	反S形逆断层、铲式逆断层	早白垩世、晚白垩世、新生代	8～17	3000
盆内盖层滑脱体系	永川构造	水平挤压	滑脱层T_1 j、S、ϵ_2	盖层滑脱式隔挡式褶皱、断弯背斜	坡坪式逆断层、反S形逆断层	晚白垩世、新生代	9～11	2800
盆内稳定基底体系	威荣构造	基底缓慢升降	滑脱作用不明显	低缓向斜与斜坡	不发育	加里东期弱伸展、喜山期弱挤压	3	2100

由此可见，因各体系内构造主控因素及变形方式的差异，各区内构造样式、目的层埋深等各不相同。位于盆内稳定基底体系的威荣地区构造简单，地层仅轻微挠曲，断层不发育；位于盆内盖层滑脱体系的永川地区分层滑脱特征明显，五峰组－龙马溪组页岩本身作为一套重要的滑脱层系，构造变形复杂、断层密度较大但规模较小；位于盆缘基底逆冲体系的林滩场地区为基底逆断层控制的断背斜，龙马溪组页岩滑脱作用小，构造复杂，断层密度较大且规模大。

三、构造差异对保存条件的影响

1. 构造样式

四川盆地及周缘地区白垩纪以来发生了强烈构造运用，不同期次、不同强度构造运动造成地层褶皱变形，形成了不同的构造样式，不同的构造样式因横向渗流和扩散作用的差异导致了保存条件的不同。

沿层理面发育的层理缝和纹层缝使页岩的水平渗透率增大。相关分析表明，五峰组－龙马溪组页岩的水平渗透率一般是垂直渗透率的数倍。由于垂直渗透率极低，页岩气很难通过垂向运移而迅速逸散，因而有利于页岩气的保存。永页1井岩心水平渗透率平均为 $0.02\times10^{-3}\mu m^2$，垂直渗透率为 $0.0005\times10^{-3}\mu m^2$，水平渗透率是垂直渗透率的40倍，这种页岩水平渗透率远大于垂直渗透率的特点，决定了页岩气以侧向破坏为主。

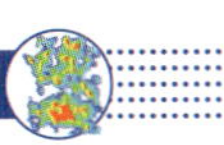

不同的构造样式对页岩气的保存有不同程度的影响，川南地区页岩气保存有利的构造样式有3种：①构造简单，表现为低幅凹隆，地层平缓，区内断层不发育，如威荣地区、富顺地区、泸州地区，平面可分为完整向斜、鞍部及斜坡；②构造变形弱，地层产状平缓，如合江－綦江构造带背斜构造；③虽然构造变形较强，但构造完整，断层也主要位于地层下倾方向，对保存影响有限，如永川新店子背斜，位于背斜之上的永页7井，岩心实测含气量与向斜内的永页1井基本相当；平面上页岩气保存有利的构造样式多位于盆地边界内缘和盆地内部，即多处于齐岳山断裂带西侧的隔挡转换过渡带和远离盆缘的华蓥山断裂的东西两侧。

2. 滑脱层影响

滑脱层是构造变形中变形层系的分隔层，断层往往沿滑脱层水平滑脱；滑脱层也是垂向不同成藏体系的分界，可以形成不同的流体压力封存箱。

川南地区发育三大滑脱层：①中下寒武统膏岩下滑脱层，为一套以膏岩、膏质云岩为主的蒸发岩系，该滑脱层是盆内形成隔挡式褶皱最重要的滑脱层，其下部地层及基底均未发生变形；②以下志留统泥页岩为主，包括罗惹坪组、韩家店组等的中滑脱层，岩性主要为泥页岩、粉砂质泥岩，厚达684～830m；③下三叠统嘉陵江组膏岩上滑脱层，其具有纵向连续分布、厚度大，对比性和连续性好等特点，川南地区厚度为70～100m。

川南地区因所处位置的不同，导致滑脱层对构造变形影响不同：①盆内滑脱变形体系3套滑脱层发育，垂向上可分为上、中、下3个变形层和不变形的基底，不同变形层之间的断层无直接联系(均终止于滑脱层)，从奥陶系延伸至龙马溪的大型断层(断距达600m以上)表现为沿龙马溪组底部滑脱，页岩气保存条件好；②盆缘基底逆冲体系主要发育寒武系膏盐岩和三叠系膏盐岩两套滑脱层，志留系泥岩因埋藏变浅，滑脱性变差，断层往往直接从寒武系膏盐岩滑脱层断至三叠系膏盐岩，断层与裂缝的发育易导致页岩气保存条件变差。

3. 构造抬升与剥蚀

总体上，四川盆及其周缘燕山晚期到喜山期，由盆外到盆内构造递进扩展，表明从盆外到盆内龙马溪组页岩气逸散的时间由长变短。

基于低温热年代学等研究可知，晚白垩世以来，川南地区整体上进入隆升改造阶段，尤其是喜马拉雅期盆地及周缘地区普遍发生了强烈隆升运动。总体上，晚白垩世以来隆升剥蚀可分为3个阶段。第一阶段：晚白垩世－古近纪，差异隆升阶段，大部分地区处于隆升状态，但隆升的速率有差异。第二阶段：整体隆升阶段，隆升幅度大，速率一般大于40m/Ma，隆升幅度超过1000m。第三阶段：快速隆升阶段，速率均大于100m/Ma，隆升幅度超过1500m。川南地区剥蚀量见图2－9。

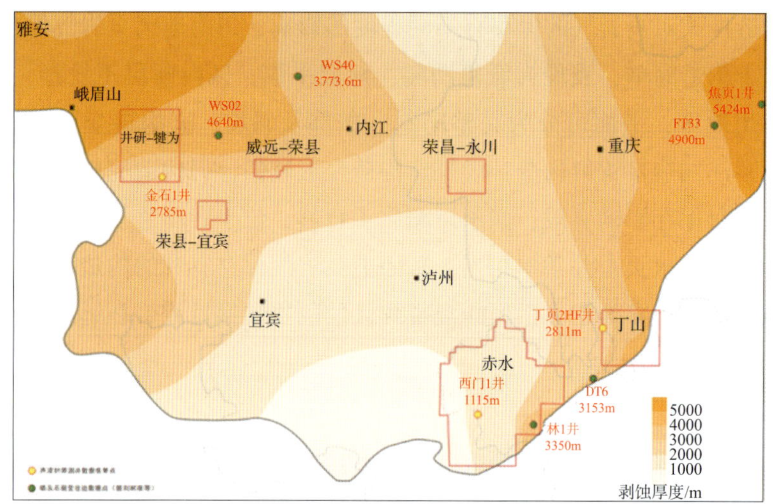

图 2-9　川南地区剥蚀量等值线图

4. 断裂与裂缝

断层是构造运动积累的应力释放而破裂的直接结果，断层与裂缝相伴而生，也就是说，断层附近裂缝也比较发育。断层对页岩气保存条件的影响一方面在于断层本身的破坏性；另一方面在于断裂对上覆岩层造成的破裂。断层的破坏等构造作用对页岩异常高压的影响不是毁灭性的，这和泥页岩的自封闭性密切相关。但是，若页岩产层被断层穿过，或一端暴露在地表，而页岩排烃生气或挤压产生的网状裂缝系统又与暴露处连通，则会造成气体的逸失，导致异常高压的破坏；同时，靠近剥蚀线时液态烃与气体都会因为浓度差而大规模逸散、渗透直至逃逸，导致页岩气异常高压的破坏。

根据断层对构造、沉积的控制作用以及构造发育史，通常将断层分为 4 个级别：

Ⅰ级断裂，控制盆地沉积，断穿基底，在剖面上上、下盘断距非常大，断层可能从深层一直断到浅层，平面上延伸很长，规模较大，从浅到深都会存在；Ⅱ级断裂，控制构造带，是构造带的分界线，剖面特征也很明显，断距比较大平面延伸较长；Ⅲ级断裂，控制局部构造，如形成鼻状构造的两翼断层，剖面特征上断距不是很大，延伸较短；Ⅳ级断裂，也就是那些伴生断层、小断层等，其中又按断距大小分为 4 级(表 2-5)。

表 2-5　断层分级表

断层级别		特　征	
Ⅰ级		区域构造单元主控断层，如控盆断层	
Ⅱ级		构造带展布主控断层	
Ⅲ级		局部构造主控断层	
Ⅳ级	$Ⅳ_1$ 级	伴生断层、小断层	断距大于 150m
	$Ⅳ_2$ 级		断距为 50～150m
	$Ⅳ_3$ 级		断距为 20～50m
	$Ⅳ_4$ 级		断距小于 20m

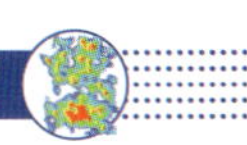

龙马溪组断层按断穿层位的差异及影响，可以划分为3类(表2-6)：①通天断层，即断层切穿龙马溪组并断至地表；②穿层断层，即断层切穿龙马溪组，向上终止于三叠系或二叠系；③层内断层，即来自奥陶系的断层，向上在龙马溪组内尖灭。

表2-6 龙马溪组断层影响及评价表

断层类型	断层规模	影响范围	保存条件	布井限制	备注
通天断层	长度大于15km	5km以上	影响大	距离断层大于5km	根据构造复杂程度和地层倾角等情况，适当调整
穿层断层	长度大于10km，断距大于150m	1.4km	影响较大	1.7km	
	长度为3~10km，断距为50~150m	0.8km	有一定影响	距离断层大于1.1km	
	长度小于3km，断距小于50m	0.4km	影响小	距离断层大于0.7km	
层内断层	长度大于10km，断距大于150m	0.7km	有一定影响	距离断层大于1km	
	长度为3~10km，断距50~150m	0.5km	影响小	距离断层大于0.8km	
	长度小于3km，断距小于50m	0.2km	无影响	距离断层大于0.5km	

(1)通天断层即大型断层，通常位于齐岳山前，对构造的发育与演化具有控制性作用。这类断层不仅规模大，而且常是多期活动，封闭性差；不同构造条件下，断层影响范围不同，但通常均大于5km。

(2)穿层断层向上在三叠系或二叠系内尖灭，断层封闭性相对较好，断层影响范围约为0.4~1.4km。

(3)由于龙马溪组泥页自身良好的封闭性，层内断层页岩气不易向上散失；断层会导致原本致密的奥陶系灰岩发育裂缝，导致部分页岩气向下运移；断层的影响范围比穿层断层小，约0.2~0.7km。

根据上述分析，结合页岩气水平井压裂造缝波及范围，对川南地区龙马溪组断层进行保存条件分级评价，在应用中结合具体情况可以进行适当调整。

断层的发育往往伴生相应的裂缝系统(图2-10)。断层伴生裂缝的密度，与距断层的距离和断层的规模关系密切，断层附近裂缝密度大，远离断层处裂缝密度减小；延伸长度大的断层，比

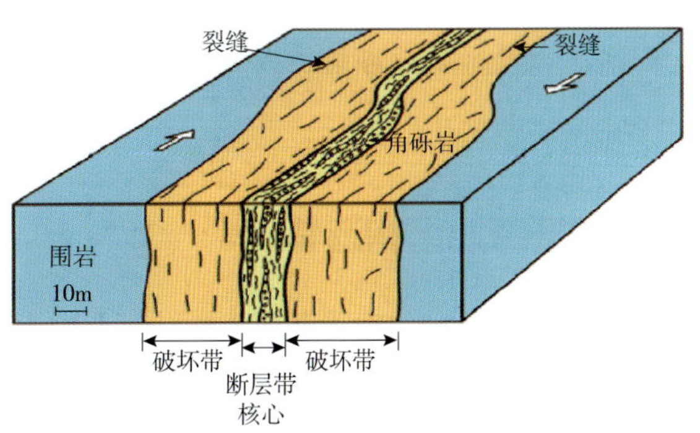

图2-10 断裂破坏范围模式图

延伸长度小的断层对裂缝发育控制范围更大。裂缝发育情况与断层关系的统计显示(邓虎成，2009)，大断层相关裂缝影响范围约为达 1km，小断层相关裂缝影响范围约为 0.4km(图 2－11、图 2－12)。

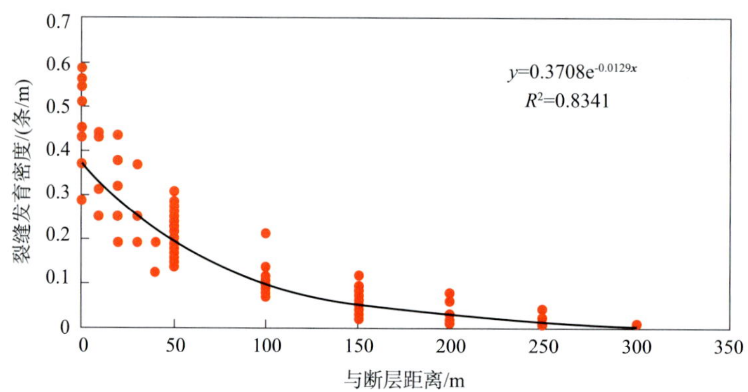

图 2－11　小断层(长度小于 1km)附近裂缝发育密度函数图

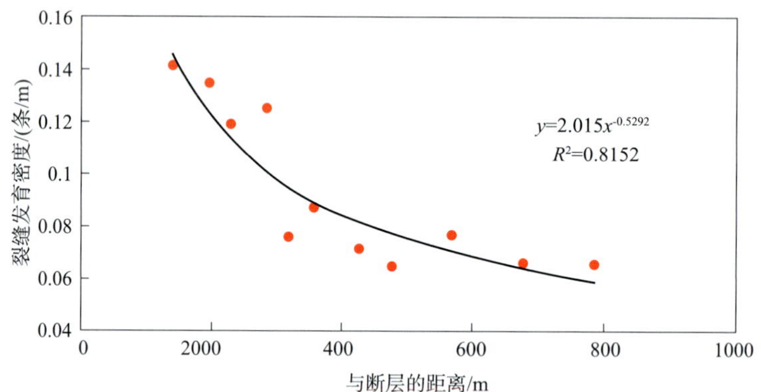

图 2－12　大断层(长度大于 3km)附近裂缝发育密度函数图

总之，构造变形是制约复杂构造页岩气保存的基础，也是控制页岩气差异保存条件与富集的关键。盆地内外构造类型不同导致页岩气保存条件的差异性十分明显，其中，构造类型差异是根本，不同的构造演化是关键。对于盆内广大的川南地区，深层页岩气总体构造变形小，除个别地区断裂较发育外，整体断层规模小，伴生的裂缝系统发育有限，保存条件好。

四、威荣地区构造特征

威荣地区位于盆内稳定基底体系，局部构造较简单，整体为一轴向北东－南西向的宽缓向斜(白马镇向斜)。龙马溪组构造略有起伏，区内表现为“两洼一凸”特点，西部洼陷区构造深度较大，最深位置位于威页 23－1 井东侧(海拔－3530m)，中部有一局部凸起，构造变浅(最浅位置海拔－3250m)，东部洼陷区构造较西部洼陷略浅(最深位置海拔－

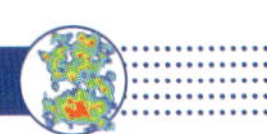

3450m)。区内构造深度范围为海拔 -3200 ~ 3530m，对应埋深 3550 ~ 3880m。地层形态整体较平缓，地层倾角为 0.5° ~4°(图 2 -13 ~ 图 2 -15)。

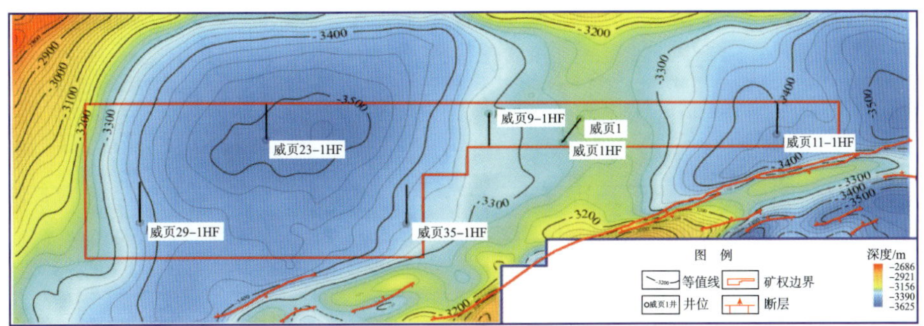

图 2 -13　威荣页岩气田五峰组底面构造图

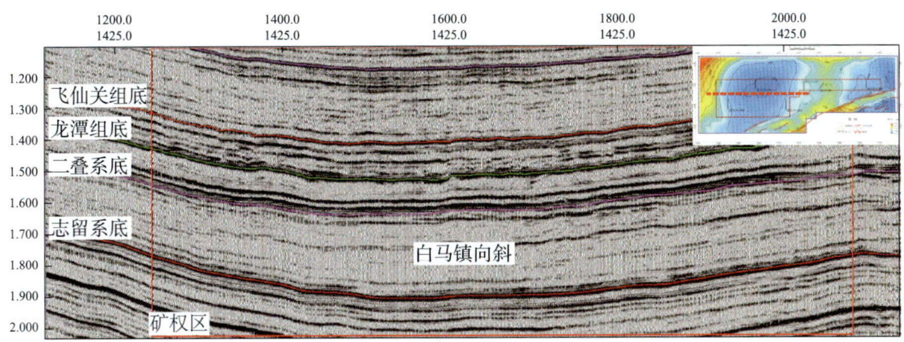

图 2 -14　威荣地区过白马镇向斜东西向地震剖面

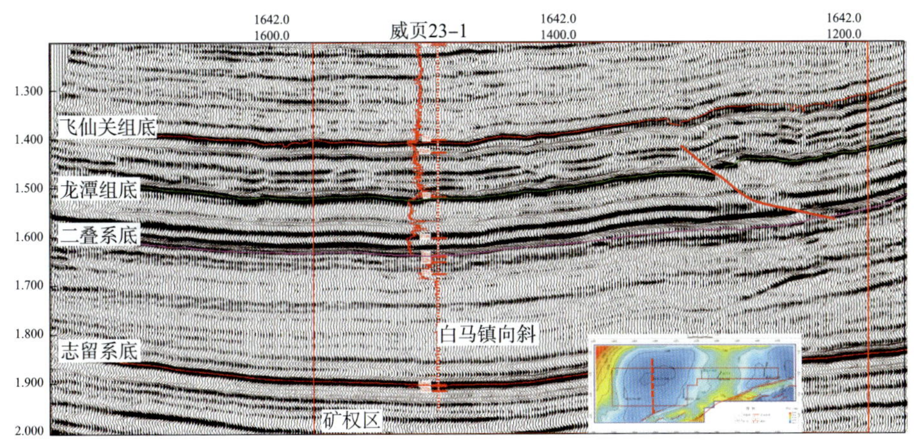

图 2 -15　威荣地区过白马镇向斜南北向地震剖面

威荣地区变形弱，断裂发育程度总体较低，通过三维地震精细解释，龙马溪组解释断层 11 条(表 2 -7)，包括自流井背斜大断裂及其伴生的一系列小断层，主要分布在东侧和南侧。其中，自留井大断裂在威页 11 -1 井东侧，离气田最近处距离 1.4km(图 2 -16)。

表 2-7 威荣地区龙马溪组底断层要素表

层号	断层性质	走向	倾向	(各层垂直断距/m)/(延伸长度/km)		落实程度
				T_s	T_o	
F_1	逆断层	北东－南西	北西	30/0.7		可靠
F_2	逆断层	北东－南西	南东	20/1.1		可靠
F_3	逆断层	北东－南西	北西	40/0.8	30/0.8	可靠
F_4	逆断层	北东－南西	北西	60/1.6	50/1.6	可靠
F_5	逆断层	北东－南西	北西	20/1.4		可靠
F_6	逆断层	北东－南西	南东	50/2.3		可靠
F_7	逆断层	北东－南西	南东	50/2.4		可靠
F_8	逆断层	北东－南西	南东	60/11.4	50/11.4	可靠
F_9	逆断层	北东－南西	北西	20/2.9	20/2.9	可靠
F_{10}	逆断层	北东－南西	北西	20/0.8	20/0.8	可靠
F_{11}	逆断层	北东－南西	南东	60/3.4	50/3.4	可靠

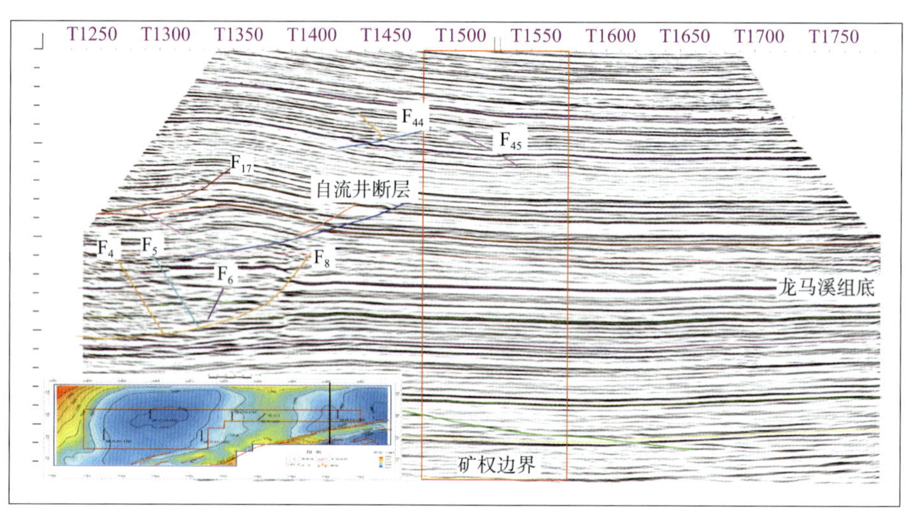

图 2-16 过主要断层三维地震剖面特征(Line2680)

通过精细构造解释，龙马溪组底部没有发现相位错断超过半个相位、延伸长度超过10个CDP道的断层，反射波相干属性也无明显的低相干条带显示，表明区内断距大于10m的断层不发育。但解释中发现，在中部凸起两侧及东南部靠近自流井背斜一侧，反射波组有挠曲变形特征，不排除龙马溪组底部发育有小尺度断层或裂缝的可能。按照《四川盆地盆内弱变形区断层分级评价标准》，这些小尺度断层或裂缝均属于D类断层(断距小于25m，水平井轨迹不受影响)，这些疑似的小尺度断层或裂缝不影响页岩气保存，对页岩气选区评价和井台部署基本无影响。

区块整体埋深为3550～3880m（图2－17），埋深特征同构造特征类似。向斜区威页23－1井区埋深为3880m左右，向斜两侧威页29－1井区和威页35－1井区埋深为3700m左右，东胜乡背斜区威页1井区埋深为3600m左右，过渡构造带威页9井区埋深为3650m左右，东部向斜威页11－1井区埋深为3750m左右。

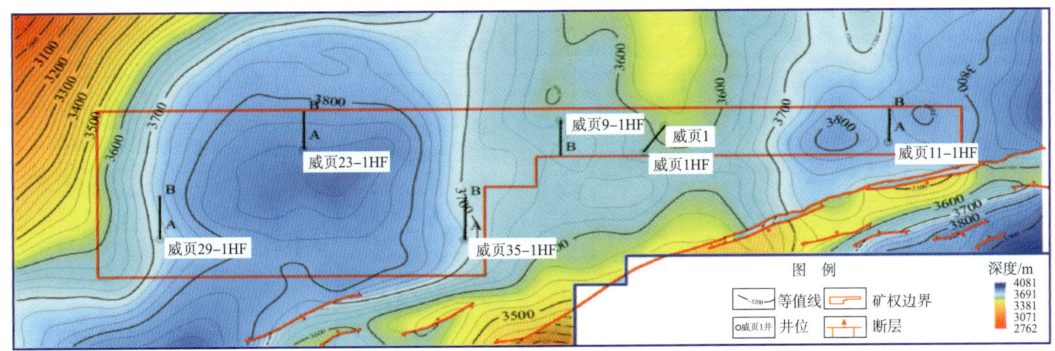

图2－17　威荣页岩气田五峰组底面埋深图

第二节　地层与沉积

一、地层特征

四川盆地志留系主要出露于盆地边缘的川东南、大巴山、米仓山、龙门山及康滇古陆东侧。盆地内仅在华蓥山有出露，威远、泸州和川东地区少数深井钻穿志留系，一般埋深在2000～4000m。乐山、成都及川中龙女寺一带受加里东运动影响抬升遭受剥蚀形成乐山－龙女寺古隆起，导致志留系大范围缺失。沿隆起向凹陷区，志留系缺失地层逐渐变新，即由龙马溪组、石牛栏组至韩家店组。从剥蚀区向南、向东地层厚度逐渐增厚，向南往黔中古隆起方向地层又逐渐减薄。

钻井揭示，区内自上而下地层依次为侏罗系遂宁组、上沙溪庙组、下沙溪庙组、新田沟组、自流井组，三叠系须家河组、雷口坡组、嘉陵江组、飞仙关组，二叠系长兴组、龙潭组、茅口组、栖霞组、梁山组，志留系韩家店组、石牛栏组、龙马溪组，奥陶系五峰组、临湘组、宝塔组，缺失石炭系、泥盆系。其中，上奥陶统五峰组－下志留统龙马溪组富有机质泥页岩厚30～120m，是川南地区页岩气勘探的主要目标层系（图2－18）。

界	系	统	组	符号	厚度/m	柱状图	岩性描述	资料来源
中生界		上	遂宁组	J_3sn	0~90		紫红色泥岩夹中、薄层状粉砂岩、细砂岩	根据区域地质调查报告及威页23-1HF井资料修编
	侏罗系	中	上沙溪庙组	J_2s	400~660		暗紫红色泥岩、砂质泥岩与灰绿、紫红色长石石英砂岩构成的韵律层	
			下沙溪庙组	J_2x	140~210		紫红色泥岩、砂质泥岩为主,夹细砂岩、粉砂岩,底部为一具大型斜层理的中粒砂岩	
			新田沟组	J_2xt	0~10		黄灰色长石石英砂岩、石英砂岩为主	
		下	自流井组	J_1z	200~230		由下而上分4段,珍珠冲段为紫红、浅灰、灰绿色泥岩夹砂岩;东岳庙段下部为灰、深灰色、灰黑色灰岩，介壳灰岩、泥灰岩,上部为灰、深灰、灰绿色泥页岩;马鞍山段为紫红、灰紫、灰色泥页岩夹少量粉砂岩、细砂岩和薄层或透镜状泥灰岩，介壳灰岩;大安寨段为一套灰、深灰色介壳灰岩与黑色页岩呈不等厚互层	
	三叠系	上	须家河组	T_3x	510~576		分为6段,其中第一、第三、第五段为含煤碎屑岩系，第二、第四、第六段岩性为砂岩夹薄层泥岩	
		中	雷口坡组	T_2l	210~290		灰岩、白云岩及石膏大套韵律互层，分为4段，雷四段缺失	
		下	嘉陵江组	T_1j	420~570		根据岩性可划分为5段： 第一段为灰、深灰色薄-中层状灰岩夹少量泥灰岩、鲕状灰岩及生物灰岩；第二段为灰-深灰色薄-中层状白云岩与硬石膏互层；第三段以灰色中厚层状灰岩为主；第四段为白云岩与石膏互层或白云岩夹角砾岩；第五段底部为灰岩、鲕粒灰岩，顶部为灰质白云岩、白云岩	
			飞仙关组	T_1f	350~480		该组分4段： 第四段为深灰色泥-细粉晶灰岩及紫色泥岩;第三段为深灰色泥灰岩、泥晶灰岩夹紫色泥岩、灰色鲕粒灰岩;第二段为暗紫色泥岩、紫灰色泥灰岩夹灰褐色泥灰岩;第一段为深灰色泥-细粉晶灰岩、泥灰岩、灰质泥岩。	
古生界	二叠系	上	长兴组	P_2ch	55~95		深灰、灰色泥晶灰岩及泥灰岩	
			龙潭组	P_3l	55~165		灰、深灰色粉砂质泥岩、泥岩为主,夹煤层或煤线	
		中	茅口组	P_2m	55~240		二分:下段主要为深灰-灰黑色中-厚层状含生物碎屑泥质微晶灰岩、瘤状灰岩:上段为灰黑色薄层状硅质岩夹碳质页岩,地层中含较多的团块状灰岩	
			栖霞组	P_2q	85~120		二分:下段颜色深、单层薄，为深灰色中-厚层状含沥青质、泥质微晶灰岩夹瘤状灰岩:上段颜色浅，单层厚，以浅灰色厚层亮晶砂屑灰岩为主	
			梁山组	P_2l	5~20		黑色含煤碎屑岩，岩性为灰、黄灰色薄-中层状石英砂岩、粉砂岩、黏土岩及灰黑色碳质页岩，夹绿泥石岩，铝土岩，局部见煤线	
	志留系	中	韩家店组	S_2h	0~20		黄灰、灰绿色中薄层状粉砂质页岩，偶夹粉砂岩及灰岩透镜体	
		下	石牛栏组	S_1s	45~100		灰绿色泥岩、粉砂质泥岩夹灰褐-灰黑色灰岩、生屑灰岩	
			龙马溪组	S_1l	410~500		该组分3段：第三段为灰绿色页岩夹粉砂质条带;第二段以灰色、深灰色页岩为主,偶夹粉砂质条带;第一段以灰黑色碳质笔石页岩、碳质放射虫笔石页岩为主	
	奥陶系	上	五峰组	Q_3w	0.4~4.3		分为两段,上段为灰黑-黑灰色含生屑含碳灰质页岩;下段为灰黑色含放射虫碳质笔石页岩，局部层段夹钾质斑脱岩薄层或条带	
			临湘组	Q_3l	2.3~4.2		浅灰色中-厚层状泥晶灰岩夹瘤状灰岩	
		中	宝塔组	Q_2b	(未穿)		浅灰、灰色中-厚层状泥晶生物灰岩夹瘤状灰岩	

图2-18　川南地区地层柱状图

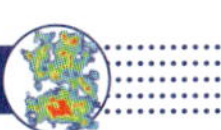

1. 奥陶系

奥陶系分为下、中、上三统，威荣页岩气田内钻井仅钻至中统宝塔组；向川中古隆起，奥陶系厚度减薄直至缺失。

1）中奥陶统

宝塔组（O_2b）。宝塔组在四川盆地大面积分布，为开阔台地沉积，岩性为浅灰、灰色中－厚层状泥晶生物灰岩夹瘤状灰岩。目前没有钻井钻穿该套地层。

2）上奥陶统

上奥陶统包括临湘组和五峰组。川中及川西地区缺失五峰组，其他地区则广泛分布。

（1）临湘组（O_3l）。岩性为浅灰色中－厚层泥晶灰岩夹瘤状灰岩，台地边缘斜坡沉积。

（2）五峰组（O_3w）。五峰组根据电性和岩性可以分为两段：下段发育灰黑色含放射虫碳质笔石页岩，局部层段夹钾质斑脱岩薄层或条带；上段为灰黑－黑灰色含生屑含碳灰质页岩。

2. 志留系

志留系由中统及下统组成，缺失上统，与下伏奥陶系整合接触，与上覆地层平行不整合接触。志留系向川中古隆起区逐渐尖灭至全部缺失。

1）下志留统

（1）龙马溪组（S_1l）。岩性以灰黑色、黑色碳质笔石页岩、碳质放射虫笔石页岩为主。向上砂质含量增多，渐变为灰绿色页岩夹粉砂质条带、深灰色泥岩，自下而上构成变粗沉积序列。龙马溪组下部黑色碳质页岩，发育丰富的笔石化石，有机质丰富，区内分布稳定。

（2）石牛栏组（S_1s）。岩性为灰绿色泥岩、粉砂质泥岩夹灰褐－灰黑色灰岩、生屑灰岩，陆棚边缘缓斜坡沉积。

2）中志留统

韩家店组（S_2h）。中志留统仅残留中统下部韩家店组，为浅水陆棚－滨岸潮坪环境，岩性为黄灰、灰绿色中薄层状粉砂质页岩，偶夹粉砂岩及灰岩透镜体。

3. 二叠系

二叠系三分，缺失下二叠统，中、上二叠统之间为平行不整合接触，与三叠系整合接触。

1）中二叠统

（1）梁山组（P_2l）。主要为一套滨岸沼泽相黑色含煤碎屑岩，岩性为灰、黄灰色薄－中层状石英砂岩、粉砂岩、黏土岩及灰黑色碳质页岩，夹绿泥石岩、铝土岩，局部见煤线。

（2）栖霞组（P_2q）。沉积于开阔台地，二分。下段颜色深、单层薄，为深灰色中－厚层状含沥青质、泥质微晶灰岩夹瘤状灰岩，为缓坡沉积；上段颜色浅，单层厚，以浅灰色厚层亮晶砂屑灰岩为主，为砂屑滩沉积。

（3）茅口组（P_2m）。沉积于开阔台地，二分。下段主要为深灰－灰黑色中－厚层状含生物碎屑泥质微晶灰岩、瘤状灰岩；上段为灰黑色薄层状硅质岩夹碳质页岩，地层中含较多的团块状灰岩。

2）上二叠统

（1）龙潭组（P_3l）。为一套海陆交互相含煤碎屑岩系，岩性以灰、深灰色粉砂质泥岩、泥岩为主，夹煤层或煤线。

（2）长兴组（P_3ch）。为深灰、灰色泥晶灰岩及泥灰岩。

4. 三叠系

三叠系三分，中、下三叠统为海相碳酸盐岩沉积地层，上三叠统主要由海陆过渡相、陆相碎屑岩及含煤层系组成。整体上，三叠系与下伏二叠系呈整合接触，与上覆侏罗系为假整合接触，局部为角度不整合接触。

1）下三叠统

（1）飞仙关组（T_1f）。以碳酸盐台地、台地边缘浅滩、台地边缘斜坡沉积为主。

（2）嘉陵江组（T_1j）。根据岩性可划分为5段。嘉一段为灰、深灰色薄－中层状灰岩夹少量泥灰岩、鲕状灰岩及生物灰岩；嘉二段为灰－深灰色薄－中层状白云岩与硬石膏互层；嘉三段以灰色中厚层状灰岩为主；嘉四段为白云岩与石膏互层或白云岩夹角砾岩；嘉五段底部为灰岩、鲕粒灰岩，顶部为灰质白云岩、白云岩。

2）中三叠统

雷口坡组（T_2l）。为灰岩、白云岩及石膏大套韵律互层。

3）上三叠统

须家河组（T_3x）。分为6段，其中，第一、第三、第五段为含煤碎屑岩系，第二、第四、第六段岩性为砂岩夹薄层泥岩。

5. 侏罗系

1）下侏罗统

自流井组（J_1z）。由下而上分为4段，珍珠冲段为紫红、浅灰、灰绿色泥岩夹砂岩；东岳庙段下部为灰、深灰色、灰黑色灰岩，介壳灰岩，泥灰岩，上部为灰、深灰、灰绿色泥页岩；马鞍山段为紫红、灰紫、灰色泥页岩夹少量粉砂岩、细砂岩和薄层或透镜状泥灰岩、介壳灰岩；大安寨段为一套灰、深灰色介壳灰岩与黑色页岩呈不等厚互层。

2）中侏罗统

（1）下新田沟组（J_2xt）。为灰、灰黑、灰绿、紫红色砂页岩。

（2）沙溪庙组（J_2x）。以紫红色泥岩、砂质泥岩为主，夹细砂岩、粉砂岩，底部为一具大型斜层理的中粒砂岩。

（3）上沙溪庙组（J_2s）。为暗紫红色泥岩、砂质泥岩与灰绿、紫红色长石石英砂岩构成的韵律层。

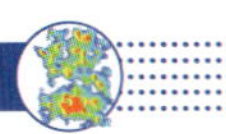

3）上侏罗统

遂宁组（J_3sn）。为紫红色泥岩夹中、薄层状粉砂岩、细砂岩。

二、层序地层特征

川南地区上奥陶统五峰组之下的临湘组和宝塔组沉积时水体较浅，沉积了一套浅灰、深灰色灰岩。随着五峰期大规模的海侵，水体逐渐加深，在五峰组下段沉积了一套黑色硅质碳质笔石页岩；赫南特冰期，全球海平面下降，五峰组上段（观音桥段）沉积了一层厚度较薄，但区域稳定分布的灰黑－黑灰色含生屑含碳灰质页岩（其他地区相变为灰岩）。下志留统龙马溪组沉积早期，继承和发展了五峰期深水陆棚环境，海侵幅度不断加剧，水体进一步加深，岩性以黑色含放射虫硅质碳质笔石页岩、黑色硅质页岩为主。龙马溪组沉积中后期水体逐渐变浅，岩性以灰黑、深灰、灰色页岩，灰、浅绿灰色灰质粉砂质页岩为主，砂质含量相对较高，生物化石欠发育。

1. 层序地层识别与划分

川南地区五峰组－龙马溪组可以识别出4个主要的层序界面，可以划分出2个Ⅲ级层序（长期）SQ_1、SQ_2和4个Ⅳ级层序（中期）sq_1 ~ sq_4。

1）主要层序界面识别

（1）层序界面。

五峰组－龙马溪组4个主要的层序界面特征如下（图2－19）：

(a)上奥陶统五峰组–下志留统龙马溪组

(b)下志留统龙马溪组–下志留统石牛栏组

图2－19 上奥陶统五峰组－下志留统龙马溪组Ⅲ级层序界面野外露头

①SB_1：五峰组与临湘组之间的岩相转换面。

五峰组下覆地层为临湘组－宝塔组，整合接触，以灰色的泥晶灰岩、瘤状灰岩为特征，临湘组伽马表现为低值，五峰组伽马值迅速抬高，电阻率曲线表现为高值，五峰组电阻率相对较低。该界面在岩心和测井曲线上均易于识别，该界面可以认为是一个区域性的层序边界。

②SB_2：龙马溪组与五峰组之间的岩相转换面。

五峰组观音桥段灰黑－黑灰色含生屑灰质页岩与上覆龙马溪组一段底部黑色硅质、碳质笔石页岩之间的岩性差异明显。五峰组观音桥段电测曲线表现为低自然伽马和高电阻率，而龙马溪底部则表现为高自然伽马和偏低电阻率的特点。

③SB_3：龙马溪组与石牛栏组之间的岩相转换面。

界面之下为龙三段沉积的浅绿灰、浅灰、灰色粉砂质页岩，界面之上为石牛栏组底界浅灰色泥质灰岩，二者具有明显的岩性变化。

④龙马溪组一段与二段之间的层序界面

该界面为沉积转换面，为一中期基准面旋回层序界面。界面之下龙一段岩性为黑色硅质碳质笔石页岩夹灰质成分，界面之上岩性为深灰色页岩、粉砂质页岩，界面处测井曲线具有明显的阶梯式变化特征。

(2)最大海泛面。

凝缩层是指沉积速率很慢、厚度很薄、富含有机质的半深海和深海沉积物，是在海平面相对上升到最大、海侵最大时期，在陆棚、陆坡和盆地平原地区沉积形成的。岩性为黑色泥岩或黑色页岩，呈中厚层或块状构造，生物化石丰富，测井表现为自然伽马极高值，电阻率、声波时差高值，TOC 及全烃含量高值的特点。

川南地区五峰组－龙马溪组沉积期具有 2 个长期基准面旋回的最大海泛面。分别对应于五峰组下段碳质笔石页岩沉积期(观音桥段底界)和龙一 1 亚段的生物硅质页岩沉积期(最大自然伽马尖峰处)，在测井曲线上表现为较高电阻、高伽马、高声波时差的特征。

中期旋回界面的划分重点在于初次海泛面和最大海泛面的识别。因为海泛面表示水深的突然增加，以沉积细粒沉积物为主，测井上表现为自然伽马曲线的突然增大，自然电位的降低。海泛面为基准面从上升到下降的转换面，海泛面之上反旋回顶部作为与之对应的基准面由下降到再次上升的转换面，为Ⅳ级层序边界界面。据此，在川南地区可以识别出 4 个中期基准面旋回的最大海泛面。

2)层序地层划分及特征

根据以上主要界面的识别，五峰组－龙马溪组可以划分出 2 个Ⅲ级层序(长期)，分别对应于五峰组、龙马溪组(图 2－20)。

(1)五峰组。

SQ_1 层序对应于五峰组，亦为Ⅳ级层序 1(sq_1)，由海侵体系域(TST)与高位体系域(HST)组成，海侵体系域厚度大于高位体系域厚度，呈现一个下厚上薄不对称的海平面升降旋回。层序顶底均为岩性、岩相转换Ⅱ级层序界面。海侵体系域对应于五峰组下段；高位体系域对应于五峰组上段(观音桥段)。

(2)龙马溪组。

SQ_2 层序对应于龙马溪组，由海侵体系域(TST)与高位体系域(HST)组成，海侵体系域厚度小于高位体系域厚度，呈现一个下薄上厚的不对称的海平面升降旋回。层序顶、底均为岩性、岩相转换Ⅱ级层序界面。海侵体系域岩性为黑色含放射虫硅质碳质笔石页岩；

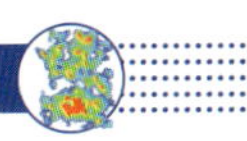

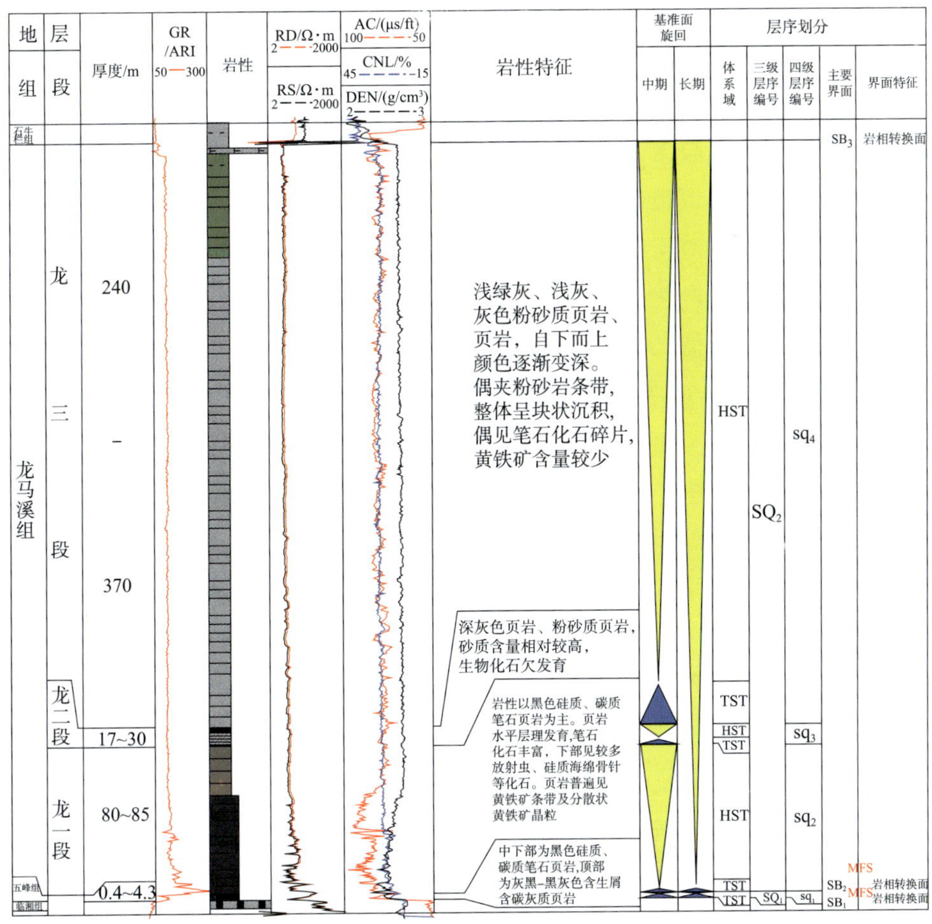

图2-20 威荣地区龙马溪组层序地层划分

高位体系域岩性为深灰色含碳质笔石页岩、深灰色粉砂质页岩、含碳粉砂质泥岩夹粉砂岩条带等。龙马溪一段为该Ⅲ级层序的一部分，由海侵体系域(TST)与高位体系域(HST)的一部分组成。龙马溪二段和三段，为 SQ_2 下降半旋回中、上部，由高位体系域(HST)组成。

在Ⅲ级旋回划分的基础上，对威荣地区五峰组-龙马溪组进行Ⅳ级层序(相当于中期)划分。划分出 sq_1 - sq_4 共4个中期层序旋回。其中 sq_1 对应 SQ_1，为五峰组；sq_2 对应龙马溪组龙一段；sq_3 对应龙马溪组龙二段、sq_4 对应龙马溪组龙三段。

①龙马溪组一段：Ⅳ级层序2(sq_2)

龙马溪组一段与二段之间的岩相转换面为一明显的Ⅳ级层序界面，可以有效地将龙一段和上覆龙二段及以上地层进行划分。岩性以黑色含放射虫硅质碳质笔石页岩为主，与下伏上奥陶统观音桥段灰黑色-黑灰色含生屑含碳灰质泥岩差异明显。海侵体系域厚度明显小于高位体系域厚度，呈现为一个下薄上厚的不对称的海平面升降旋回，厚79.5~83m。页岩水平层理发育，笔石化石丰富，普遍见黄铁矿条带及分散状黄铁矿晶粒。电测曲线总体表现为高自然伽马、低电阻率的特征。

②龙马溪组二段：Ⅳ级层序 3(sq_3)

龙二段厚 17 ~ 30m，岩性为深灰色页岩、粉砂质页岩，砂质含量相对较高，生物化石欠发育。其底部具有高电阻率、低自然伽马、高密度电性特征，与龙一段分界特征明显。顶界与龙三段在岩性上可以很好地区分开来。

③龙马溪组三段：Ⅳ级层序 4(sq_4)

该层厚 240 ~ 370m，岩性为浅绿灰、浅灰、灰色粉砂质页岩。测井曲线上龙三段相对于龙二段自然伽马明显降低。

2. 五峰组 - 龙马溪组层序地层格架

利用丰富的实钻资料，建立了川南地区五峰组 - 龙马溪组的层序地层格架。

SQ_1 仅包含了一个Ⅳ级层序(sq_1)，对应于五峰组，以威荣地区为例(下同)，该区五峰组厚度较薄(小于 5m)，横向分布较稳定，厚 0.4 ~ 4.3m，在威页 29 - 1 井、威页 23 - 1 井、威页 35 - 1 井、威页 11 - 1 井发育完整，横向对比性好。高位体系域为观音桥段灰黑 - 黑灰色含生屑含碳灰质页岩，厚度最大达 0.78m。五峰组沉积西厚东薄，西部(威页 29 - 1井 ~ 威页 35 - 1 井)厚 0.73 ~ 4.3m，东部(威页 9 - 1 井 ~ 威页 11 - 1 井)厚 0.4 ~ 1.2m。岩性以灰黑 - 黑灰色硅质碳质笔石页岩为主，测井曲线表现为高伽马、低电阻、低密度特征，因地层中黄铁矿及微裂缝较为发育等，电阻率曲线表现为低阻特征。其与下伏临湘组瘤状灰岩之间岩性界面清晰，差异明显。按生物群特征和岩石类型，分为上、下 2 个岩性段：

五峰组下段(笔石页岩段)，厚 0.4 ~ 4.3m，岩性主要为灰黑色硅质碳质笔石页岩，含放射虫、笔石化石，局部层段夹钾质斑脱岩薄层或条带。区域上较稳定，是五峰组的岩性标志之一。水平纹层发育，常见黄铁矿薄层、条带或条纹及分散状黄铁矿颗粒。

五峰组上段(观音桥段)，厚度最大达 0.78m。岩性为灰黑 - 黑灰色含生屑含碳灰质页岩，富含赫南特贝，与区域稳定分布的灰岩有所差别。所含生屑以腕足类碎片为主，次为海百合茎碎屑。该层是中上扬子地区奥陶系与志留系划分的区域性标志层。

SQ_2 对应于龙马溪组，包含了 3 个Ⅳ级层序(sq_2、sq_3、sq_4)，厚 418 ~ 485.5m，威荣地区在两个凹陷处的威页 35 井(478.5m)和威页 11 井(486.7m)沉积较厚，其余厚 418 ~ 430.5m，差异不大。纵向上分为 3 个岩性段：

龙一段厚度稳定(厚 79.5 ~ 83m)，相差不大。岩性为黑色硅质碳质笔石页岩。

龙二段和龙三段在威页 11 - 1 井(403.8m)、威页 35 - 1 井(394.5m)处较厚，其他井厚度度稳定(330 ~ 349m)。

sq_2 横向上对比性好，岩性相似，主要为黑色硅质碳质笔石页岩，厚 79.5 ~ 83m，横向厚度基本相当。sq_3 对应于龙二段，厚 17 ~ 30m，深灰色页岩、粉砂质页岩、砂质含量相对较高，生物化石欠发育；sq_4 对应于龙三段，横向上可对比性好，厚 240 ~ 370m，主

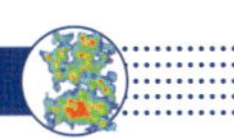

要为浅绿灰、浅灰、灰色粉砂质页岩、页岩，横向整体变化不大。

3. 五峰组 – 龙马溪组笔石带分布

由于笔石化石演变快，已作为用于五峰组 – 龙马溪组页岩对比的全球公认的标尺，进而可用于研究页岩特征随时间推移的渐进规律。特定的笔石类型只能发育在一定时期的沉积环境中，这一特定时期亦有一定的沉积环境和沉积的页岩与之对应。五峰组和龙马溪组沉积历史时期，页岩厚度和有机碳含量随着笔石带分布的变化而变化。

通过川南地区大量的岩心观察、实验分析、地层对比工作发现，笔石带与 TOC、页岩岩石类型具有良好的对应关系(图 2 – 21)。川南地区五峰组下部页岩段主要发育 WF_2 ~ WF_3 笔石带，厚度为 5 ~ 15m，有机碳含量为 2% ~ 4%，岩石类型为黏土 – 硅质、硅 – 黏土质页岩。靠近川中古隆起、黔中古隆起和江南 – 雪峰古隆起的位置沉积厚度变薄，甚至缺失。

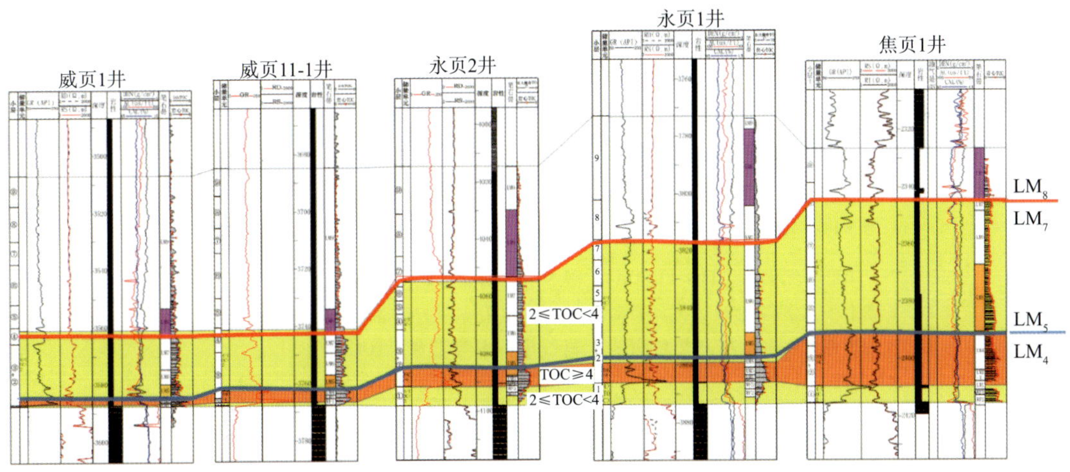

图 2 – 21 川南五峰组 – 龙马溪组一段 TOC 与笔石带分布图

LM_1 ~ LM_4 笔石带发育的位置位于龙马溪组底部，对应于 TOC≥4% 层段，页岩岩石类型主要为生物硅质页岩，平面上在焦石坝地区最厚，其他地区厚度基本相当，表明沉积时焦石坝地区水体较深，为沉积中心。LM_5 ~ LM_7 笔石带发育的位置位于龙马溪组下部，对应于 2% ≤TOC≤4% 层段，页岩岩石类型主要为黏土 – 硅质、硅 – 黏土质页岩，钙质含量相对高，该段平面上焦石坝地区最厚，永川地区次之，在威荣地区沉积最薄。

LM_7/LM_8 笔石页岩分界线的位置为龙马溪组富有机质页岩段(TOC≥2%)顶界，该界限之下岩石类型为硅—黏土质页岩，界限之上为黏土质页岩。LM_8 ~ LM_9 笔石带沉积厚度发生反转，威荣地区最厚，永川地区次之，焦石坝地区较薄，这一认识与陈旭院士 2017 年在黔渝地区研究得出的 LM_1 ~ LM_5 的海侵渐进阶段和 LM_5 之后的均衡扩展阶段结论一致。

前人研究亦认为五峰组 – 龙马溪组一段底部页岩(即 WF_2 ~ LM_4 笔石页岩段)具有较好

的页岩气富集条件和勘探开发潜力。在川南地区基于笔石带对比进行的 TOC 分段可以实现在等时地层格架下进行储层特征对比，预测有利区分布。

4. 五峰组－龙马溪组一段小层划分

根据岩性、电性（GR－DEN、GR－CNL 等相互叠合关系见第六章）、笔石带分布规律、TOC 含量变化、以及含气性等，川南地区上奥陶统五峰组－下志留统龙马溪组一段在亚段划分的基础上再细分为 9 个层，各层划分特征及对应关系见表 2－8，以威荣地区为例，纵向上五峰组－龙一段 1－9 号划分见图 2－22。

表 2－8　川南地区五峰组－龙马溪组一段小层划分表

<table>
<tr><th>组</th><th>段</th><th>层</th><th>特　征</th><th>厚度范围/m</th><th>笔石带</th></tr>
<tr><td rowspan="8">龙马溪组</td><td rowspan="8">龙一段</td><td>9</td><td>中低自然伽马（104～118API），中等声波，高中子，高密度（2.65～2.69g/cm³），低电阻率；为深灰色页岩夹薄层黑灰色页岩，笔石化石欠发育，TOC<1%</td><td>9.7～31.0</td><td></td></tr>
<tr><td>8</td><td>中低自然伽马（101～117API），中等声波，高中子，高密度（2.63～2.68g/cm³），低电阻率；为黑灰色页岩夹薄层灰黑色页岩，笔石化石欠发育，TOC<1%</td><td>9.7～31.0</td><td></td></tr>
<tr><td>7</td><td>中低自然伽马（99～120API），中等声波，高中子，高密度（2.59～2.67g/cm³），低电阻率；为灰黑色页岩夹深灰色页岩，笔石化石欠发育，TOC<1%</td><td>6.2～17.1</td><td rowspan="2">LM_7～LM_8</td></tr>
<tr><td>6</td><td>中低自然伽马（111～130API），较 5 号层明显降低，高声波，高中子，中高密度（2.58～2.62g/cm³），电阻率较上部略增大；为黑色页岩夹薄层灰黑色页岩，笔石化石中等发育，TOC 为 0.96%～1.46%</td><td>5.0～15.5</td></tr>
<tr><td>5</td><td>中低自然伽马（112～134API），高声波，高中子，中高密度（2.54～2.61g/cm³），电阻率较上部略增大；为黑色页岩，笔石化石中等发育，TOC 为 1.26%～1.62%</td><td>4.5～15.5</td><td rowspan="2">LM_6</td></tr>
<tr><td>4</td><td>中高自然伽马（125～144API），低中子，低密度（2.52～2.57g/cm³），电阻略增大，声波幅度变化较大；为黑色碳质笔石页岩，见大量笔石化石，TOC 为 1.94%～2.41%</td><td>4.8～8.6</td></tr>
<tr><td>3</td><td>中高自然伽马（126～147API），中高声波，中等中子，低密度（2.49～2.53g/cm³），电阻率曲线呈低频齿化特征；为黑色硅质碳质笔石页岩，见大量笔石化石；TOC 为 2.39%～2.84%</td><td>15.3～30.1</td><td>LM_2～LM_5</td></tr>
<tr><td>2</td><td>高自然伽马（180～320API），中高声波，中低中子，低密度（2.43～2.56g/cm³），电阻率曲线呈高频齿化特征；为黑色硅质、碳质笔石页岩，见大量笔石化石；TOC 为 3.25%～4.97%</td><td>1.2～3.7</td><td>LM_1</td></tr>
<tr><td colspan="2">五峰组</td><td>1</td><td>中低自然伽马（54～135API），中等声波，中低中子，中低密度（2.47～2.66g/cm³），高电阻率；为黑色硅质、碳质笔石页岩，见大量笔石化石，TOC 为 3.03%～4.22%</td><td>0.4～7.5</td><td>WF_2～WF_3</td></tr>
</table>

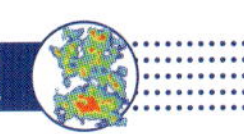

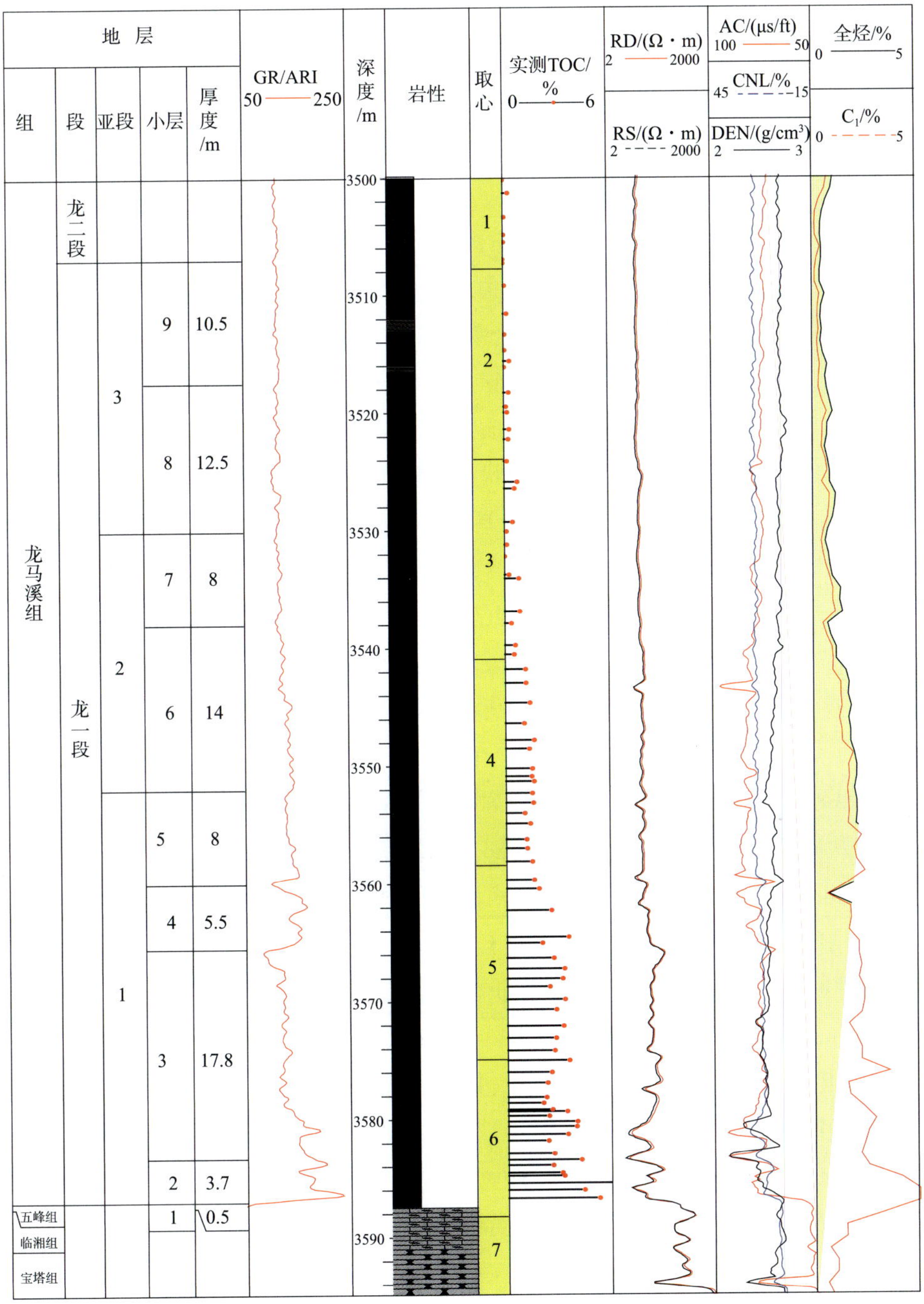

组	段	亚段	小层	厚度/m
龙马溪组	龙二段			
	龙一段	3	9	10.5
			8	12.5
		2	7	8
			6	14
		1	5	8
			4	5.5
			3	17.8
			2	3.7
五峰组			1	0.5
临湘组				
宝塔组				

GR/ARI 50—250
深度/m
岩性
取心 1 2 3 4 5 6 7
实测TOC/% 0—6
RD/(Ω·m) 2—2000
RS/(Ω·m) 2—2000
AC/(μs/ft) 100—50
CNL/% 45—15
DEN/(g/cm³) 2—3
全烃/% 0—5
C_1/% 0—5
3500 3510 3520 3530 3540 3550 3560 3570 3580 3590

图2-22　威页1井五峰组-龙马溪组一段小层划分柱状图

1号层厚0.4~4.3m，为黑色硅质碳质页岩，顶部为灰黑-黑灰色含生屑含碳灰质页岩，富含放射虫、笔石(WF_2)化石，页理发育，黄铁矿极发育，以条带状为主，局部呈星散状、斑块状，见次生方解石。以威页1井为例，厚0.5m，具有中低伽马、中等声波、相对高电阻率、中低中子值、中低密度特征。

2号层厚1.2~3.7m，黑色硅质页岩、碳质笔石页岩，含灰质，富含笔石(LM_1)与放射虫化石，页理发育，见黄铁矿条带、斑块状黄铁矿、次生方解石。以威页1井为例，厚8m，具有高伽马、相对高声波时差、低电阻率、中低中子、低密度特征。该层化石富集，种类较多；硅质含量普遍较高(48%)；有机碳含量均值为4.68%；含气量均值为4.29m^3/t。

3号层厚16.2~27.8m，黑色硅质碳质页岩，含灰质，富含笔石(LM_2~LM_8)化石，页理发育，见黄铁矿条带、斑块状黄铁矿、次生方解石。以威页1井为例，厚21.5m，具有中高伽马、相对高声波时差、相对低电阻率、低密度、中低中子特征。该层笔石化石富集，种类较多，硅质含量普遍较高，有机碳含量均值为2.73%，含气量均值为3.13m^3/t。

4号层厚4.8~8.6m，岩性为黑色碳质笔石页岩，富含笔石(LM_8)化石，页理发育，黄铁矿发育，以条带状为主，局部呈星散状、斑块状，裂缝较发育。以威页1井为例，厚6.5m，电性具有中高伽马、相对高声波时差、低电阻率、中低中子、低密度特征。该层笔石化石富集，硅质含量普遍较高，有机碳含量均值为2.03%，含气量均值为2.59m^3/t。

5号层厚7.7m~10.3m，岩性为黑色页岩，含笔石(LM_8)化石，页理发育，黄铁矿极发育，以条带状为主，局部呈星散状、斑块状，见次生方解石。以威页1井为例，厚8.0m，电性具有中低伽马、相对高声波时差、低电阻率、高中子、中高密度特征。有机碳含量均值为1.41%，含气量均值为1.94m^3/t。

6号层厚8.7~15.7m，岩性为黑色页岩夹薄层灰黑色页岩，含笔石(LM_9)化石，页理较发育，黄铁矿发育，以条带状为主，局部呈星散状、斑块状，见次生方解石。以威页1井为例，厚14.0m，电性具中低伽马、高声波、低电阻率、高中子、中高密度特征。该层有机碳含量均值为1.23%，含气量均值为1.69m^3/t。

7号层厚6.2~8.6m，岩性以灰黑色页岩夹深灰色页岩，页理发育，黄铁矿较发育，以条带状为主，局部呈星散状、斑块状，裂缝较发育，含粉砂增多。以威页1井为例，厚10.5m，该段电性特征与该井6号层相似，具有中低伽马、相对中等声波、低电阻率、高中子、高密度特征。有机碳含量<1%。

8号层厚11.0~12.5m，岩性为黑灰色页岩夹深灰色页岩薄互层，深灰色页岩、黑色页岩互层，含少量笔石化石，页理发育，黄铁矿较发育，见斑点状黄铁矿。以威页1井为例，厚12.5m，具有中低伽马、相对中等声波时差、低电阻率、高中子、高密度特征。有机碳含量<1%。

9号层厚9.74~11.7m，岩性深灰色页岩夹薄层黑灰色页岩互层，含少量笔石化石，页理发育，黄铁矿较发育。以威页1井为例，厚10.5m，电性具相对中低伽马、中等声波、低电阻、高中子、高密度特征。有机碳含量<1%。

横向上，威荣地区1~9号层厚度稳定，厚80.5~85.7m(表2-9、图2-23)。

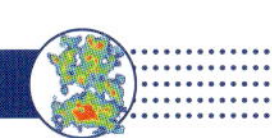

表 2-9　威荣地区五峰组-龙一段 1~9 号层厚度统计表

组(段)	层	威页29-1井 厚度/m	威页23-1井 厚度/m	威页35-1井 厚度/m	威页9-1井 厚度/m	威页1井 厚度/m	威页11-1井 厚度/m	岩性
龙一段	9	11.7	10.8	10.3	10.9	10.5	9.7	深灰色页岩夹薄层灰质页岩
	8	11	11.5	11.4	11.7	12.5	11.2	黑灰色页岩夹深灰色粉砂质页岩
	7	6.2	6.8	7.2	7.6	8	8.6	灰黑色页岩夹深灰色页岩
	6	9.7	10	8.7	11.2	14	15.7	黑色页岩夹薄层灰黑色页岩互层
	5	8.2	7.9	7.7	9.9	8	10.3	黑色页岩
	4	4.8	5.3	6.8	5.5	5.5	8.6	黑色碳质笔石页岩
	3	24.2	26.3	27.8	23.4	20.3	16.2	黑色硅质碳质笔石页岩
	2	3.7	3.7	2.4	1.6	1.2	1.4	黑色硅质碳质笔石页岩
五峰组	1	4.3	3.4	0.74	0.4	0.5	1.2	顶部为灰黑-黑灰色含生屑含碳灰质页岩，中下部为黑色页岩，顶部为黑色含钙含介壳页岩
合计		83.8	85.7	83.0	82.2	80.5	82.9	

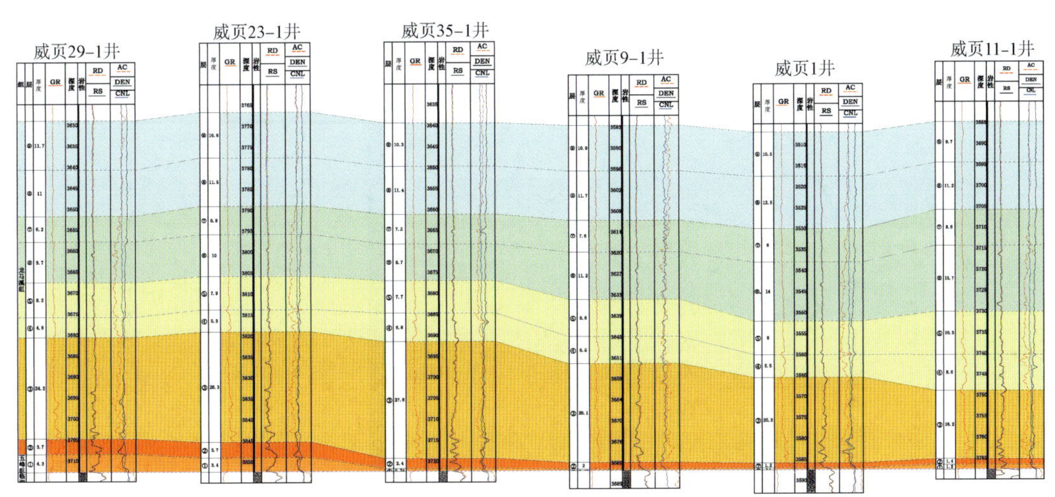

图 2-23　威荣地区五峰组-龙一段 1~9 号层对比图

厚度单位：m；深度单位：m

威远地区龙马溪组小层划分与威荣地区略有差异，其龙一段划分为龙一$_1$和龙一$_2$两个亚段，其中，龙一$_1$亚段对应于威荣气田 2~5 号小层，而威荣气田五峰-龙马溪组一段对应于其龙一$_1$亚段~龙一$_2$亚段下部(表 2-10、图 2-24)。

表 2-10　威荣页岩气田地层划分与邻区威运地区地层对应关系表

威荣地区地层划分	威远地区地层划分
龙三段	龙一$_2$ 亚段(龙一$_2^3$)+龙二段
龙二段	龙一$_2$ 亚段中上部(龙一$_2^2$ 上部)
龙一段	龙一$_1$ 亚段+龙一$_2$ 亚段下部(龙一$_2^1$+龙一$_2^2$ 下部)

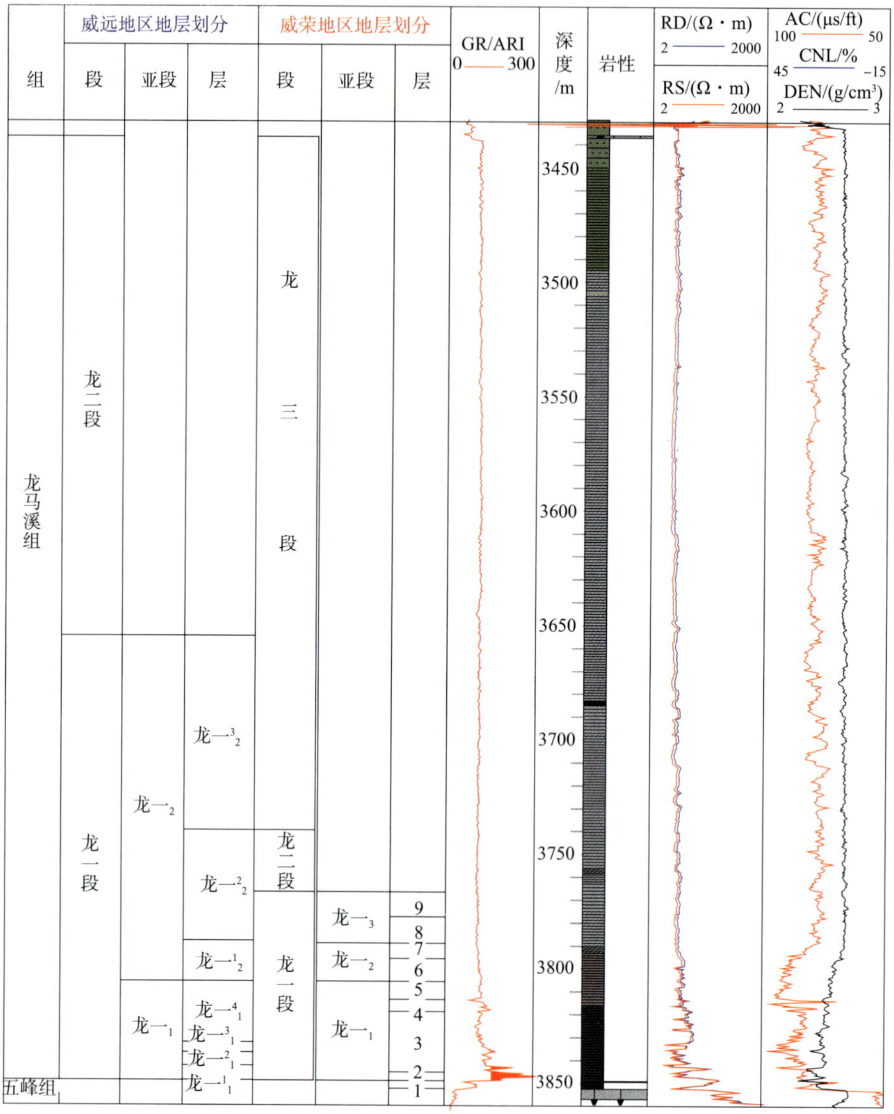

图 2-24　威远与威荣地区五峰组-龙马溪组地层对比关系图

三、沉积特征

1. 区域沉积特征

四川盆地位于上扬子台地西北缘，自震旦纪以来经历了多期构造运动，晚奥陶世五峰

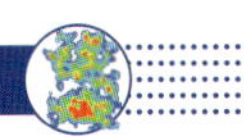

期－早志留世龙马溪期为中国南方挤压强烈的时期。晚奥陶世，盆地以西在古特提斯洋持续俯冲作用下使龙门山以西发生张裂，盆地以北的南秦岭洋向北俯冲消减，扬子陆块与华北陆块靠近，以东的华夏陆块进一步向北西推挤，黔中隆起出露水面，四川盆地所在的上扬子克拉通盆地范围随之进一步缩小，使得早－中奥陶世具有广海特征的海域转变为被(水下)隆起所围限的局限海域，沉积基底表现为东南高西北低特征，海域自东南向北逐渐变深。到早志留世龙马溪期，黔中隆起进一步扩大，以西与康滇古陆相连，以东雪峰水下古隆起雏形初现，加之川中水下古隆起进一步隆升，使得四川盆地及其周缘沉积环境成为古隆起带半包围的陆棚环境，水体相对安静，在该时期，四川盆地沉积环境安宁，沉积了一套暗色的含笔石页岩，分布稳定，代表还原条件下的产物，随着古陆的抬升，区域上岩性分异现象明显，如川东南地区小河坝组以细砂岩为主，向西向南为罗惹坪组的粉砂岩和石灰岩，或石牛栏组的生物灰岩、泥灰岩夹页岩。中志留统韩家店组主要为灰绿、灰色砂质页岩、砂岩，底部常有紫红色页岩，反映了海盆面貌总的趋势是处于海退阶段。

根据单井沉积相及海平面升降变化的分析，并结合区域地质资料研究可知，研究区龙马溪期海平面相对上升，水体变深，在三级海平面旋回变化的基础上，出现多次次级海平面的周期旋回变化。早志留世龙马溪期大致经历了两次海平面的升降变化，且每次海平面变化从快速海侵开始到缓慢海退结束，早志留世龙马溪期主要沉积一套陆源碎屑沉积体系，为浅海陆棚相分布区，物源主要来自周边古陆。

五峰组－龙马溪组一段：第一次次级相对海平面变化旋回，海水由川东方向入侵，川南地区水体逐渐加深，沉积了一套厚度在50m左右的深水碳质硅质页岩，沉积构造主要以水平层理、块状层理和韵律层理为主，见定向沙纹层理和冲刷侵蚀面构造，结核状和侵染状黄铁矿较发育，笔石化石含量丰富，见海绵骨针、介形虫和棘皮类等生物碎片。

龙马溪组二段－三段：海平面下降、水体变浅，沉积物颗粒相对较粗，主要以灰色块状(页片状)泥质粉砂岩、灰色块状灰岩为主，局部夹薄层深灰色粉砂质泥岩相和灰色风暴岩相，沉积构造主要以水平层理、块状层理为主，见定向沙纹层理和冲刷侵蚀面构造，结核状和侵染状黄铁矿较发育，笔石化石含量相对较少，沉积构造主要以水平层理、块状层理和韵律层理为主。

2. 沉积相划分方案

川南地区五峰组－龙马溪组整体为陆棚相沉积。依据岩相组合特征、古生物特征、地球化学特征、测井特征等，可分为2类沉积亚相，即深水陆棚亚相及浅水陆棚亚相(表2－11)。浅水陆棚发育在龙马溪组二段及三段，为贫有机质的灰色泥页岩、粉砂质泥岩。深水陆棚亚相发育在五峰组－龙马溪组一段，为富含有机质的灰黑、黑色页岩。微相因各区岩性变化而略有差异。

表 2-11 川南地区沉积相划分表

<table>
<tr><th colspan="3">地 层</th><th colspan="4">沉积相</th><th rowspan="3">识别标志</th></tr>
<tr><th rowspan="2">组</th><th rowspan="2">段</th><th rowspan="2">层</th><th rowspan="2">相</th><th rowspan="2">亚相</th><th colspan="2">微 相</th></tr>
<tr><th>威荣、威远、长宁</th><th>永川</th></tr>
<tr><td rowspan="10">龙马溪组</td><td>龙三段</td><td rowspan="2"></td><td rowspan="11">陆棚</td><td rowspan="2">浅水陆棚</td><td rowspan="2"></td><td rowspan="2"></td><td rowspan="2"></td></tr>
<tr><td>龙二段</td></tr>
<tr><td rowspan="8">龙一段</td><td>9</td><td rowspan="9">深水陆棚</td><td rowspan="3">黏土页岩深水陆棚微相</td><td rowspan="2">黏土页岩深水陆棚微相</td><td rowspan="3">黑色页岩夹 1~3cm 灰色页岩薄层，偶见螺旋笔石</td></tr>
<tr><td>8</td></tr>
<tr><td>7</td><td>含钙黏土质页岩深水陆棚微相</td></tr>
<tr><td>6</td><td rowspan="2">含钙黏土质页岩深水陆棚微相</td><td rowspan="3">硅质黏土质页岩深水陆棚微相</td><td rowspan="2">粗纹层，见少量螺旋笔石</td></tr>
<tr><td>5</td></tr>
<tr><td>4</td><td>钙质黏土质页岩深水陆棚微相</td><td>细纹层，大量半耙-耙笔石、帚形笔石</td></tr>
<tr><td>3</td><td>硅质黏土质页岩深水陆棚微相</td><td>黏土质硅质页岩深水陆棚微相</td><td>粗纹层，大量半耙-耙笔石</td></tr>
<tr><td>2</td><td>生物硅质页岩深水陆棚微相</td><td rowspan="2">生物硅质页岩深水陆棚微相</td><td>细纹层无纹层及二者互层，富集叉笔石、硅质放射虫</td></tr>
<tr><td>五峰组</td><td></td><td>1</td><td>黏土质硅质页岩深水陆棚微相</td><td>粗纹层为主，富集共轭双笔石</td></tr>
</table>

以威荣地区为例，自下而上可将深水陆棚亚相进一步划分为 6 类沉积微相：黏土质硅质页岩深水陆棚微相、生物硅质页岩深水陆棚微相、硅质黏土质页岩深水陆棚微相、钙质黏土质页岩深水陆棚微相、含钙黏土质页岩深水陆棚微相、黏土页岩深水陆棚微相。

3. 沉积微相特征

页岩的粒度分类和矿物成分分类是两种不同成因类型的分类方案(图 2-25)。五峰组龙马溪组按粒度分类主要为粉砂质页岩、含粉砂页岩及黏土页岩偶夹灰质结核，但黏土粒级矿物包括微晶石英、方解石和黏土矿物等，此粒度分类对于页岩的脆性特征及沉积环境分析的指导作用并不突出。以矿物成分、有机质丰度、测井特征、纹层类型相结合的方法对各类沉积微相进行划分。以硅质、碳酸盐矿物、黏土矿物三端元作为矿物成分命名原则。按三级命名法，以三端元含量不小于 50% 的确定为主名，含量介于 50% ~25% 的矿物以“××质”的形式写在主名之前；碳酸盐岩矿物含量在 25% ~10% 的以“含钙”的形式写在最前面；含量小于 10% 的粒级一般不反映在页岩岩相的名称中；三端元含量均小于 50% 时，以含量在 25% ~50% 之间，含量较多的二者进行命名。如碳酸盐矿物含量 45%，黏土矿物含量 48%，硅质矿物含量 7%，命名为钙质黏土质页岩。本小节以威荣地区为例进行分析。

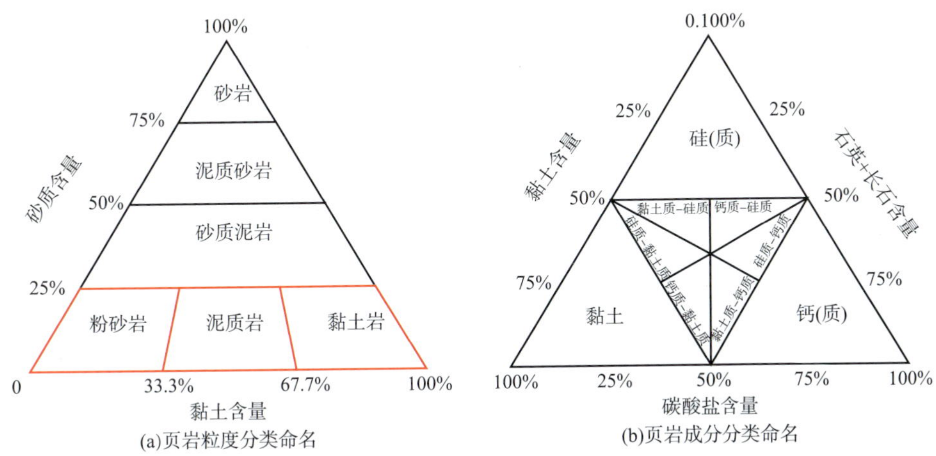

(a)页岩粒度分类命名 (b)页岩成分分类命名

图2－25 页岩成分与粒度分类命名原则

1)黏土质硅质页岩深水陆棚微相

(1)岩相特征。

黏土质硅质页岩主要发育在1号层。石英与长石含量之和介于23%～45%，黏土矿物含量较低，为15%～45%，碳酸盐矿物含量为17%～51%。呈现出高脆性矿物低黏土的特征。粉砂颗粒以半自形－自形白云石为主，含少量方解石、长石。石英以纳米－微米级为主。富含共轭双笔石、硅质放射虫、尖笔石、直笔石。多以细纹层及无纹层为主，粗纹层成分为碳酸盐矿物(图2－26)。

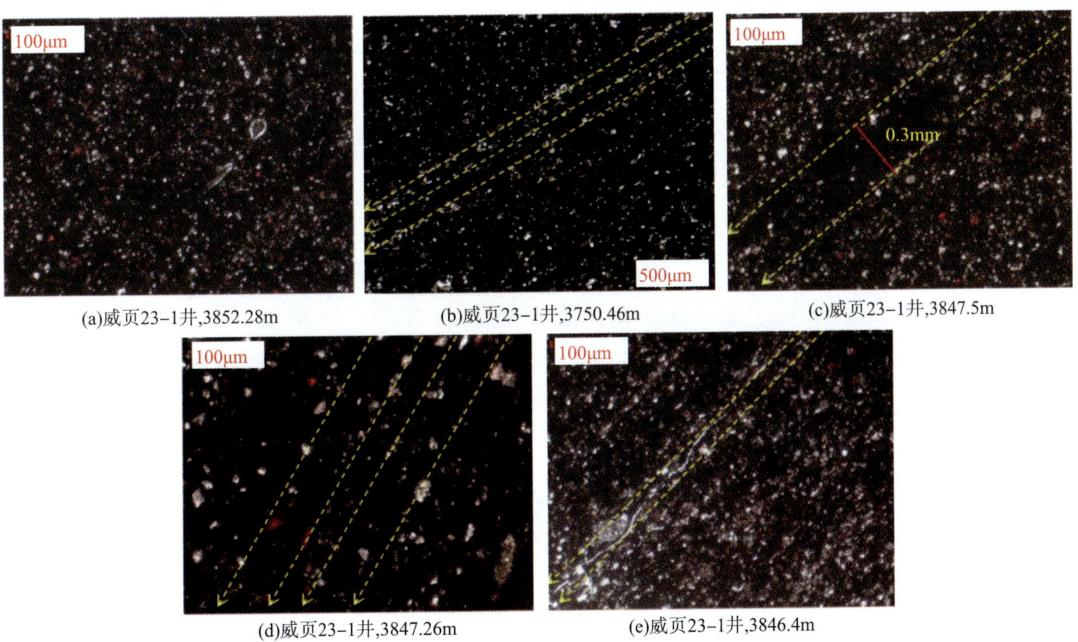

(a)威页23-1井,3852.28m (b)威页23-1井,3750.46m (c)威页23-1井,3847.5m

(d)威页23-1井,3847.26m (e)威页23-1井,3846.4m

图2－26 黏土质硅质页岩深水陆棚沉积微相微观特征

(2)测井特征。

自然伽马为73.71～322.98API，平均值为185.21API，曲线呈高值尖峰特征。密度为2.42～2.67g/cm^3，平均值为2.49g/cm^3。TOC为2.22%～4.89%，平均值为4.29%。

2)生物硅质页岩深水陆棚微相

(1)岩相特征。

生物硅质页岩发育在2号层及3号层下部。石英与长石含量之和为50%～70%，黏土矿物含量较低，为19%～34%，碳酸盐矿物含量为5.5%～18.9%，呈现出高硅质、低黏土的特征。粉砂颗粒以陆源石英及半自形－自形白云石为主，含少量方解石、长石，富含叉笔石，双角笔石、硅质反射虫、尖笔石；多以细纹层及无纹层为主，细纹层以黄铁矿纹层为主，粗纹层以碳酸盐矿物纹层为主(图2－27)。

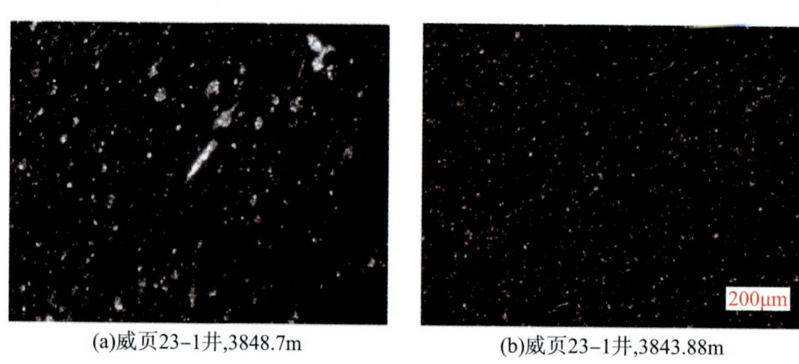

(a)威页23-1井,3848.7m　　(b)威页23-1井,3843.88m

图2－27　生物硅质页岩深水陆棚沉积微相微观特征

(2)测井特征。

自然伽马为185.7～201.5API，平均值为191.4API，曲线呈高值尖峰特征。密度为2.3～2.4g/cm^3，平均值为2.35g/cm^3。TOC为3.81%～7.2%，平均值为4.18%。

3)硅质黏土质页岩深水陆棚微相

(1)岩相特征。

硅质黏土质页岩发育在3号层中部。石英与长石含量之和为32%～50.5%，黏土矿物含量较低，为35%～49%，碳酸盐矿物含量为5.6%～23%，呈现出较低硅质、较高黏土的特征。粉砂颗粒以半自形－自形白云石为主，少量陆源石英碎屑，含半耙笔石、耙笔石、帚形笔石；主要发育粗纹层。

(2)测井特征。

自然伽马为126.26～171.49API，平均值为141.9API，曲线呈尖峰特征。密度为2.47～2.53g/cm^3，平均值为2.51g/cm^3。TOC为3.53%～4.29%，平均值为3.81%。

4)钙质黏土质页岩深水陆棚微相

(1)岩相特征。

钙质黏土质页岩发育在3号层上部及4号层。石英与长石含量之和为21%～41%，黏土矿物含量较低，为32%～57%，碳酸盐矿物含量为10%～35%，呈现出高钙、较高黏

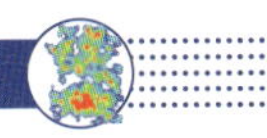

土的特征。粉砂颗粒以半自形－自形白云石为主；主要发育粗纹层，笔石少见，含少量螺旋笔石(图2－28)。

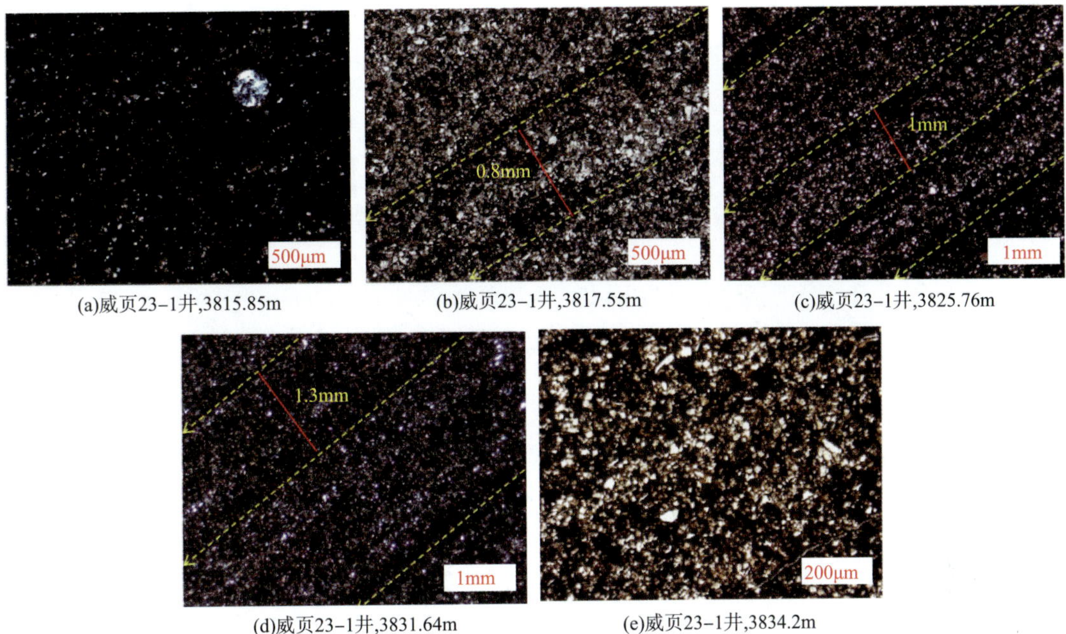

(a)威页23－1井,3815.85m (b)威页23－1井,3817.55m (c)威页23－1井,3825.76m
(d)威页23－1井,3831.64m (e)威页23－1井,3834.2m

图2－28 钙质黏土质页岩深水陆棚沉积微相微观特征

(2)测井特征。

自然伽马为102.13～179.69API，平均值为125.54API，曲线呈漏斗形－钟形。密度为2.39～2.55g/cm^3，平均值为2.5g/cm^3。TOC为2.95%～5.17%，平均值为3.79%。

5)含钙黏土质页岩深水陆棚微相

(1)岩相特征。

含钙黏土质页岩发育在5号及6号层。石英与长石含量之和为31%～51%，黏土矿物含量较低，为32%～54.55%，碳酸盐矿物含量为1.0%～25.0%。粉砂颗粒以陆源石英碎屑为主，含少量半自形－自形白云石呈星散状不均匀分布，笔石少见，为螺旋笔石；主要发育灰色粗纹层(图2－29)。

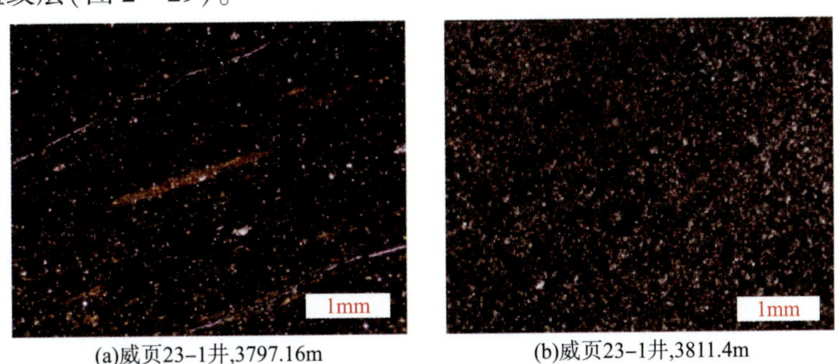

(a)威页23－1井,3797.16m (b)威页23－1井,3811.4m

图2－29 含钙黏土质页岩深水陆棚沉积微相微观特征

(2)测井特征。

自然伽马为83.4～126.25API，平均值为117.07API，曲线呈平直形。密度为2.49～2.62g/cm^3，平均值为2.56g/cm^3。TOC为1.79%～3.68%，平均值为2.52%。

6)黏土页岩深水陆棚微相

(1)岩相特征。

黏土页岩发育在7号8号及9号层。石英与长石含量之和为32%～43%，黏土矿物含量较低为37.5%～61%，碳酸盐矿物含量为0～8%。粉砂颗粒以半自形－自形白云石为主，笔石少见，含少量螺旋笔石；主要发育粗纹层。

(2)测井特征。

自然伽马为103.47～147.34API，平均值为119.84API，曲线呈平直形。密度为2.61～2.77g/cm^3，平均值为2.675g/cm^3。

4. 沉积相展布特征

纵向上，自下而上沉积微相演化序列为黏土质硅质页岩深水陆棚微相(1号层底部)、生物硅质页岩深水陆棚微相(2号层～3号层底)、硅质黏土质页岩深水陆棚微相(3号层中部)、钙质黏土质页岩深水陆棚微相(3号层顶～4号层)、含钙黏土质页岩深水陆棚微相(5号、6号层)、黏土页岩深水陆棚微相(7号～9号层)，见图2－30。

威荣地区6类微相展布稳定，其中，1～6号层的黏土质硅质页岩深水陆棚微相、生物硅质页岩深水陆棚微相、硅质黏土质页岩深水陆棚微相、含钙黏土质页岩深水陆棚微相由西至东厚度略有减薄，由威页29－1井的54.92m减薄至威页11－1井的53.4m(图2－31)，7～9号黏土页岩深水陆棚微相由西至东略有增厚，由威页29－1井的28.9m增厚至威页1井的29.5m。

横向上，整个川南地区五峰组－龙马溪组一段整体位于深水陆棚相沉积区，五峰组沉积时期(图2－32)，川南地区大部分发育深水陆棚沉积亚相，呈条带状沿北东南西方向展布，深水陆棚北西侧由于后期改造剥蚀，仅沿剥蚀区边缘发育浅水陆棚沉积亚相，而南东侧则发育较广泛较平缓的浅水陆棚亚相沉积。在龙马溪组龙一段沉积时期(图2－33)，川南大部分地区仍然发育呈条带状沿北东南西方向展布的深水陆棚沉积亚相，且范围较五峰组沉积时期更为广泛，其中，大足－永川－丁山以西为含钙硅质深水陆棚微相，以东为硅质深水陆棚微相，同时，深水陆棚发育区北西侧由于后期改造剥蚀，发育浅水陆棚沉积亚相的范围较五峰组时期缩小，而南东侧依次发育浅水陆棚亚相沉积、潮坪相沉积。

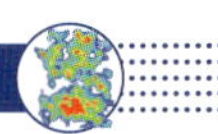

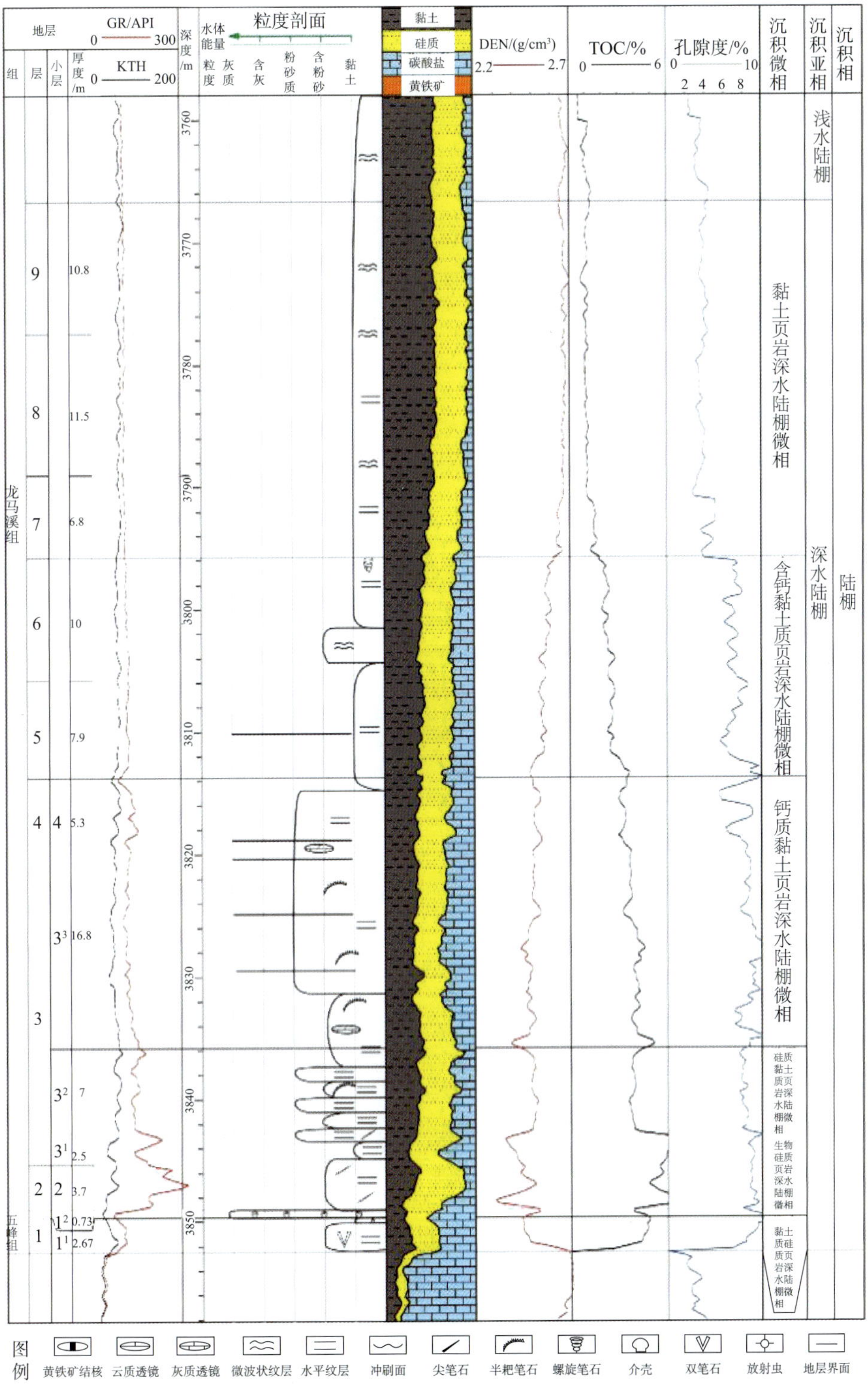

图2－30 威荣地区沉积微相柱状图

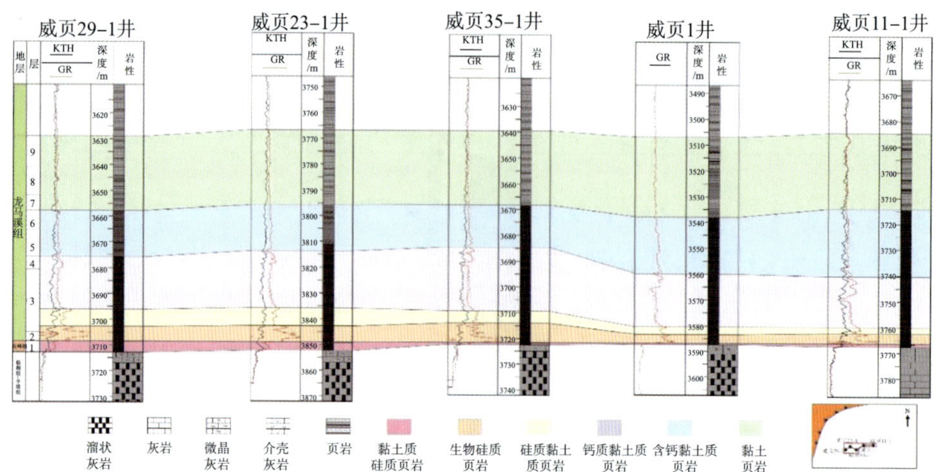

图2-31　威荣页岩气田沉积微相对比图

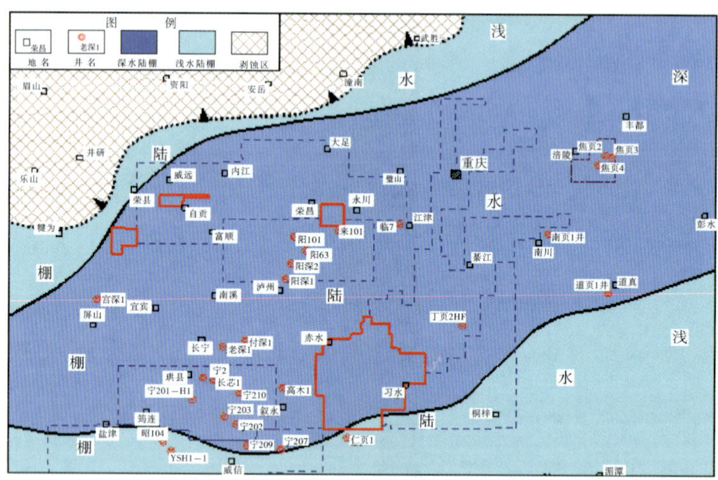

图2-32　川南地区五峰组沉积相平面图

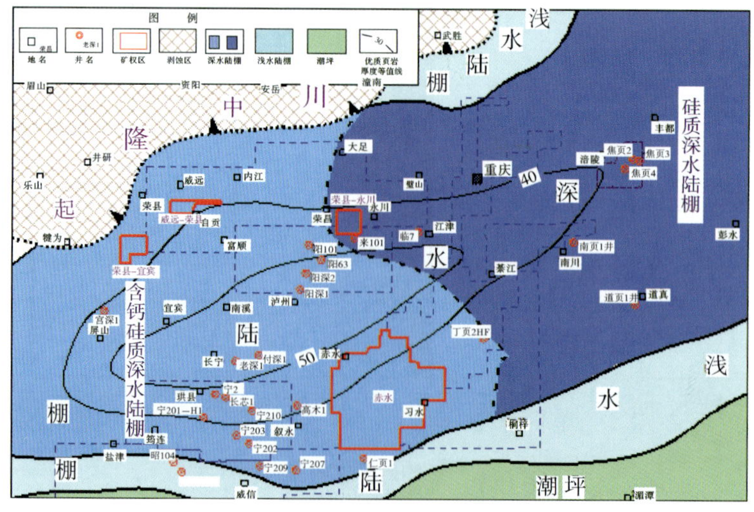

图2-33　川南地区龙一段沉积相平面图

四、沉积模式及控制因素

沉积相模式是对某一沉积相组合全面的概括，在运用其进行相分析时可以起到4个方面作用：①可以作为沉积相对比的标准；②可以作为进一步观察的提纲和指南；③可以对新的地区起预测作用；④可以作为解释沉积环境和系统的水动力基础。

中奥陶世以后，受加里东运动的影响，四川盆地古地理格局表现为隆起区的扩大，黔中隆起、川中隆起不断扩张，导致相对海平面上升，沉积水体加深，早奥陶世碳酸盐台地被淹没而停止发育。在晚奥陶世边缘，古隆起已经形成，特别是雪峰隆起、川中隆起和黔中隆起露出水面，四川盆地整体处于被隆起所围限的构造背景下(图2－34)。五峰组－龙马溪组页岩沉积时，水体与外海连通性较差，沉积物以泥质为主，缺乏生物扰动，表明这套页岩主要形成于风暴浪基面之下，相对深水的陆棚环境。沉积作用主要包括悬浮沉积、生物沉积、风暴沉积和底流沉积过程。

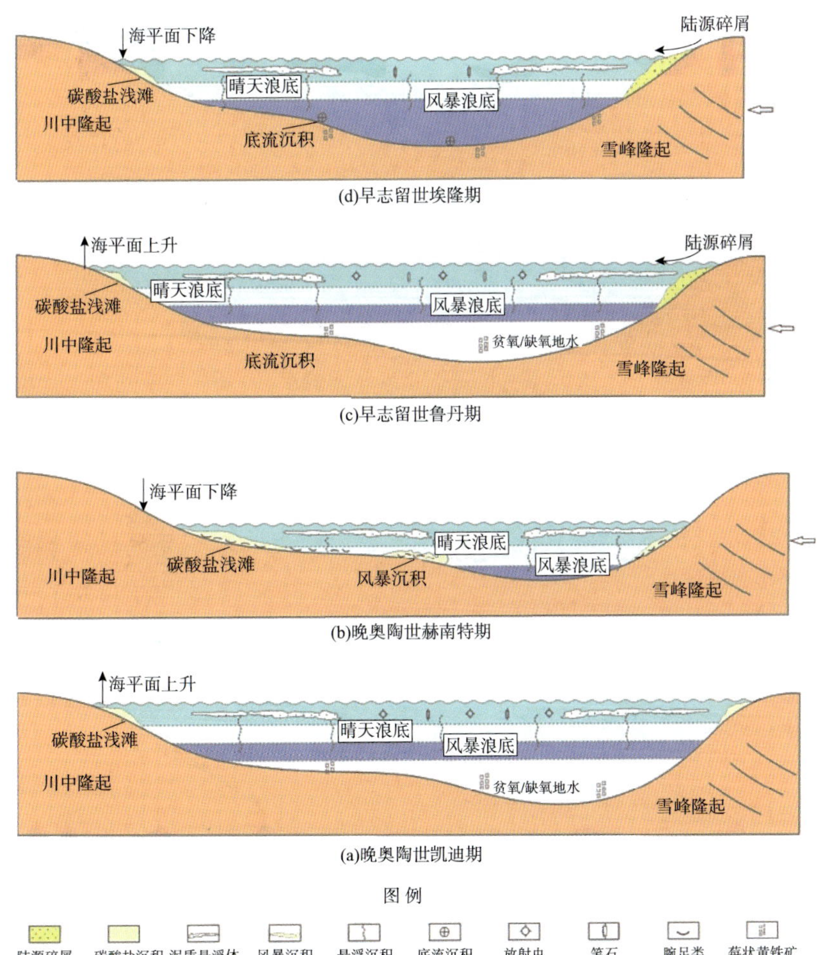

图2－34 四川盆地五峰组－龙马溪组页岩沉积模式(据赵建华等，2016)

川南五峰组－龙马溪组沉积主要受控于加里东运动影响的川中古隆起、黔中古隆起、康滇古陆。震旦纪加里东早期运动时，川中地区整体构造掀斜，形成川中古隆起雏形。扬子板块东南缘被动大陆边缘盆地持续沉降，盆缘发生构造扰曲，形成黔中水下低隆，并与康滇古陆连为一体。晚奥陶世凯迪期温室效应导致海平面上升，海水底部滞流，沉积五峰组黑色页岩。晚奥陶世赫南特早期－早志留世鲁丹期，受都匀运动影响，川中地区构造隆升，黔中水下低隆迅速上升形成古陆，与康滇古陆形成闭塞海湾沉积格局。由于五峰组－龙马溪组沉积期构造稳定，并未将大量的陆源碎屑注入。同时与全球缺氧事件相耦合，形成了一套厚层的深水陆棚黑色笔石页岩。陆棚相主要受浪基面控制，最大风暴浪基面以下为深水陆棚相，风暴浪基面－最大风暴浪基面之间为浅水陆棚相。综合上述沉积特征，建立了川南龙马溪组－五峰组沉积相模式(图2－35)。研究区的沉积相模式属于深水陆棚－浅水陆棚组合的沉积模式。纵向相序演化主要受控于相对海平面的升降及上升洋流所携带的营养物质，在相序演化序列中，黏土含量逐渐增加，硅质含量逐渐减少，碳酸盐矿物含量呈2个增大－减小的旋回，有机质含量、孔隙度呈逐渐降低的趋势，密度逐渐增加。平面上主要受不同沉积部位的影响，沉积微相略有差异。

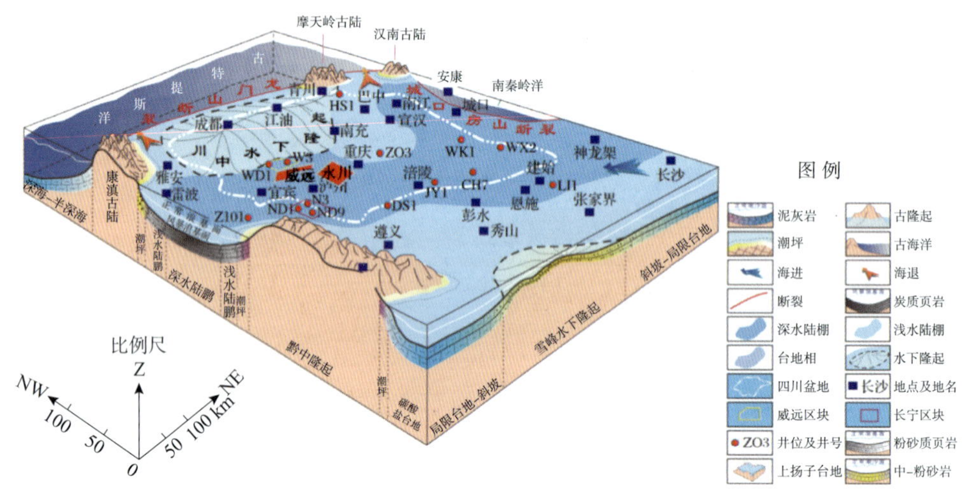

图2－35　川南五峰组－龙马溪组沉积相模式图(据赵圣贤，2016)

第三章　深层页岩气特征

页岩气藏作为一种非常规气藏，具有源储一体、连续聚集、原位饱和成藏的特点，是一种集烃源体、输导体和圈闭体等所有关键的成藏体系要素于同一套页岩层的天然气聚集。因此，对页岩气特征研究的内容可以概括为有机地球化学特征、岩石学特征、储层物性特征、储集空间及微观特征、含气性特征、可压性特征、气藏特征等7个方面。

四川盆地经历了多期构造演化，页岩气地质条件复杂、热演化程度较高、成岩作用强，川南地域广阔，各地区岩相类型、孔隙微观发育特征、页岩气赋存状态等存在较大差异性。相比于川东南涪陵地区，川南地区大部五峰组－龙马溪组页岩气均为埋深超过3500m的深层页岩气，页岩储层地质、工程品质影响因素更为复杂。

第一节　有机地化特征

一、有机质类型

川南地区五峰组－龙一段深层页岩干酪根镜检实验分析结果表明，有机质以无定形、藻类体的腐泥组为主(表3－1、图3－1)。其中，威荣地区腐泥组占比在95%以上，干酪根指数达89%～90%，为典型Ⅰ型干酪根；永川地区有部分样品含有壳质组，腐泥组占比87%，干酪根指数为76%～96%，属于生烃能力极强的Ⅰ型干酪根及较强的$Ⅱ_1$型干酪根。川南地区有机质类型与焦石坝地区略有差异，干酪根指数为92%～100%，为Ⅰ型干酪根。

表3－1　川南地区五峰组－龙一段深层页岩显微组分特征统计表

地区	腐泥组含量/%	镜质组含量/%	壳质组含量/%	类型指数	类型
威荣	75.7～100/95.8	0.6～24.3/5.6	0.23	87.9～100/95.5	Ⅰ
永川	52～98/87.2	—	11.2	76～96/88.1	Ⅰ、$Ⅱ_1$
焦石坝	92.84～100	—	—	92～100/96	Ⅰ

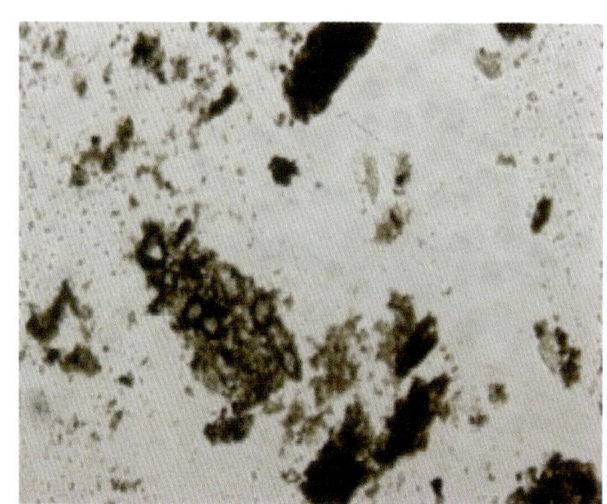
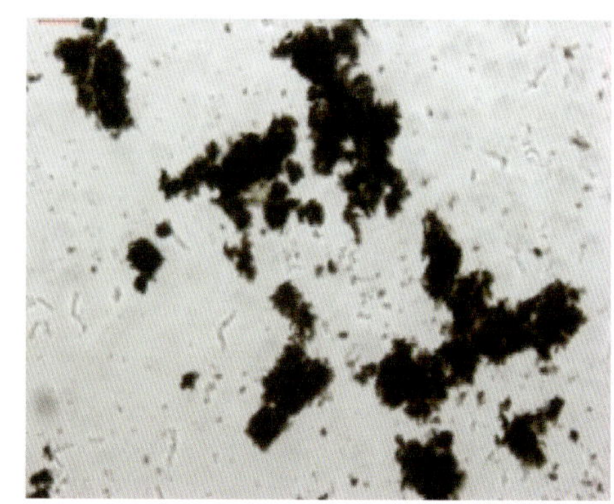

图 3－1　川南地区龙马溪组干酪根显微组分照片

二、有机质丰度

岩心实测表明，川南地区五峰组－龙一段 TOC 主体介于 0.5%～3.5%，占比为 73.7%，威荣、永川地区相当，比焦石坝地区略低。纵向上表现为自上而下呈增加的趋势，并具有明显的分段性(表 3－2、图 3－2)，按《页岩气资源量/储量估算规范》(DZ/T 0254—2014)中关于总有机碳含量的分类分段标准，可将五峰组－龙一段页岩进一步划分为 3 类：TOC＜2%，为中有机质页岩；2%≤TOC＜4%，为高有机质页岩(或称富有机质页岩)；TOC≥4%，为特高有机质页岩(或称优质页岩)。龙一段上部中有机质页岩 TOC 平均值为 0.6%～1.3%，中下部富有机质页岩 TOC 平均值为 2.3%～2.7%，底部优质页岩 TOC 平均值为 4.0%～4.9%。五峰组 TOC 平均值为 2.4%～3.6%，为富有机质页岩。

表 3－2　川南地区岩心实测 TOC 分段统计表

层位	页岩类型	TOC/%		
		威荣地区	永川地区	焦石坝地区
龙马溪组	中有机质页岩	1.15	0.84	1.97
	富有机质页岩	2.45	2.41	2.90
	优质页岩	4.2	4.71	4.14
五峰组	富有机质页岩	3.39	2.46	4.00
算术平均值		2.34	2.22	3.57

三、有机质成熟度

川南地区龙马溪组页岩处于高成熟阶段，对于高成熟、高演化条件下的页岩，一些传统的测试方法存在不适应性，笔石等动物有机碎屑的反射率演化规律研究表明，这些动物有机碎屑的反射率可以作为早古生代海相烃源岩有机质成熟度的评价指标。研究中采用测试笔石碎屑反射率(R_b)的方法来间接求取五峰组－龙马溪组页岩 R_o。

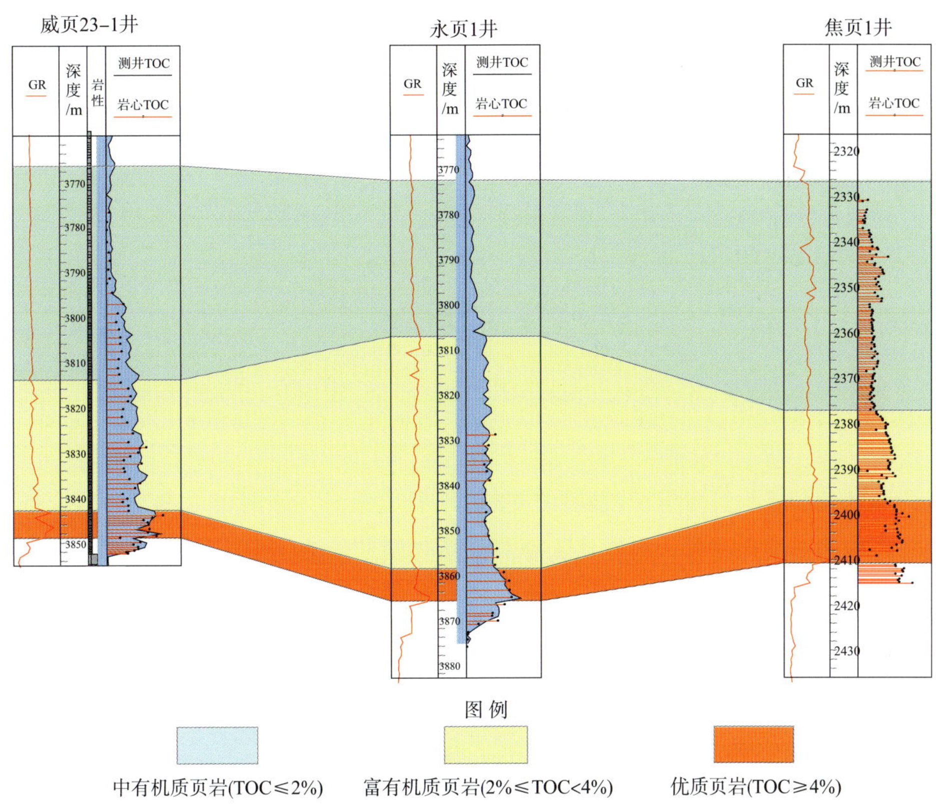

图3-2 威荣与领区五峰组-龙马溪组典型井页岩段TOC横向对比图

以威荣地区为例，五峰组-龙一段均匀采集了21个岩心样品开展 R_b 测定，采用换算公式 $R_o=0.346+0.668R_b$ 计算得到 R_o，结果表明，威荣地区 R_o 为1.93%~2.43%，平均为2.26%（表3-3）。总体而言，川南地区五峰组-龙一段页岩处于高成熟阶段，页岩生烃以干气为主，演化程度适中。

表3-3 川南地区龙马溪组页岩沥青反射率测定结果及其对应的成熟度统计表

地区	R_b/%	R_o/%	样品数
威荣	2.15~3.12/2.84	1.93~2.43/2.26	21
永川	2.12~3.39/2.67	1.71~2.43/2.38	26

四、天然气碳同位素

稳定的碳同位素组成是常用的判别天然气成因类型的有效指标之一，川南地区龙马溪组页岩气碳同位素数据统计结果显示（表3-4），均存在明显的 $^{13}C_1>\delta^{13}C_2>\delta^{13}C_3$ 的碳同位素值倒转现象，但其值在不同地区存在明显差异，并具有随深度增加碳同位素变轻的趋势。

表 3-4 四川盆地川南及邻区地区五峰组-龙马溪组一段天然气碳同位素

地区	深度/m/样品数	$\delta^{13}C_{VPDB}$/‰		
		CH_4	C_2H_6	C_3H_8
威荣	3520~3587/6	-32.9~-28.7	-40.3~-35.3	—
永川	3772~3871/5	-37.7~-34.8	-38.2~-35.8	—
威远	1520~3161/5	-37.3~-35.1	-42.8~-38.2	-43.5
长宁	2002~2790/6	-31.3~-26.7	-34.2~-31.6	-36.2~-33.1
富顺	—	-33.8	-36	-39.4
涪陵	2646	-29.57	-34.59	-36.12
彭水	2283	-29.3	-33.6	—

威荣地区龙马溪组页岩气甲烷碳同位素可以分成两组，分别在-29.0‰、-35.0‰左右。结合区域构造演化背景，可以认为至少经历过两期的油气生成和聚集。另外，无论盆外的彭页1井、盆缘的焦页1井、宁201井等井，还是盆内的威页1井，都有一组甲烷碳同位素值为-29.0‰左右，为已发现志留系气藏中最重，反映了油型裂解气高演化特征。关于有机成因烷烃碳同位素的倒转原因，戴金星(2010年)、Tilley B(2011年)等认为，同源不同期气的混合以及封闭体系内的干酪根、油、气的同时热变是乙烷碳同位素变轻、甲烷碳同位素组成变重的原因。

五、地化参数展布特征

综合来看，川南地区优质页岩厚度主体为30~40m，TOC为2%~3%，R_o为2.2%~2.35%，厚度较大，TOC含量高、演化适中，页岩生烃条件好。

按照TOC大于2.0%的标准，基于川南及邻区典型井和剖面数据，如威页1井(27.36m)、永页1井(57.5m)、雷波芭蕉滩(44.3m)、宁201井(32m)、丁页2井(35.5m)、焦页1井(38m)等，编制川南地区五峰组-龙马溪组优质页岩厚度展布图(图3-3)。可见，TOC>2%的页岩主要分布在川中、黔中古隆起所围限的深水陆棚相区，最厚达到50m以上，以长宁-泸州到重庆江津一线为最厚，往川中、黔中方向逐渐减薄为20~30m。

TOC>2%页岩段TOC展布同样受古隆起控制(图3-4)，深水陆棚相区有机质丰度高，如富顺、泸州、赤水、宜宾一带平均大于3.0%，靠近浅水陆棚相区，有机碳逐渐降低至2.0%以下。

R_o相对高值区位于川东的合川-仁怀-重庆一带，R_o大于2.6%，如西门1井岩屑平均R_o为2.7%，仁页1井平均R_o为2.7%，焦页1井岩心R_o平均为2.65%；马边-雷波一带演化程度较高，民页1井平均R_o为3.37%；往隆起方向演化程度逐渐降低至

2.0%左右。川南威荣－永川、宜宾－长宁一带演化程度较为适中(图3－5)，R_o 为2.2%～2.35%。

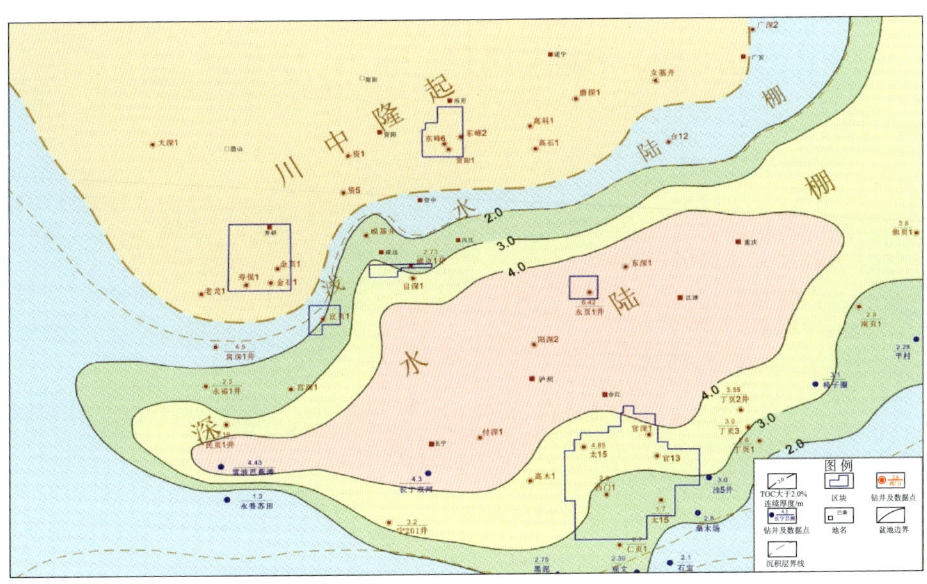

图3－3 川南地区五峰组－龙马溪组一段优质页岩厚度展布图
(TOC大于2.0%的连续厚度)

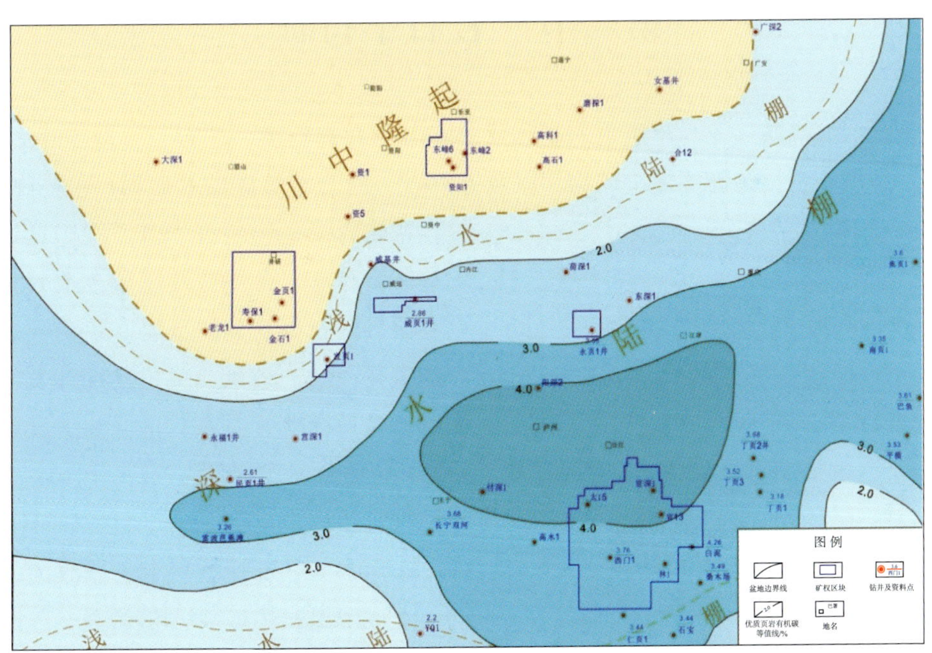

图3－4 川南地区五峰组－龙马溪组一段优质页岩TOC等值线图

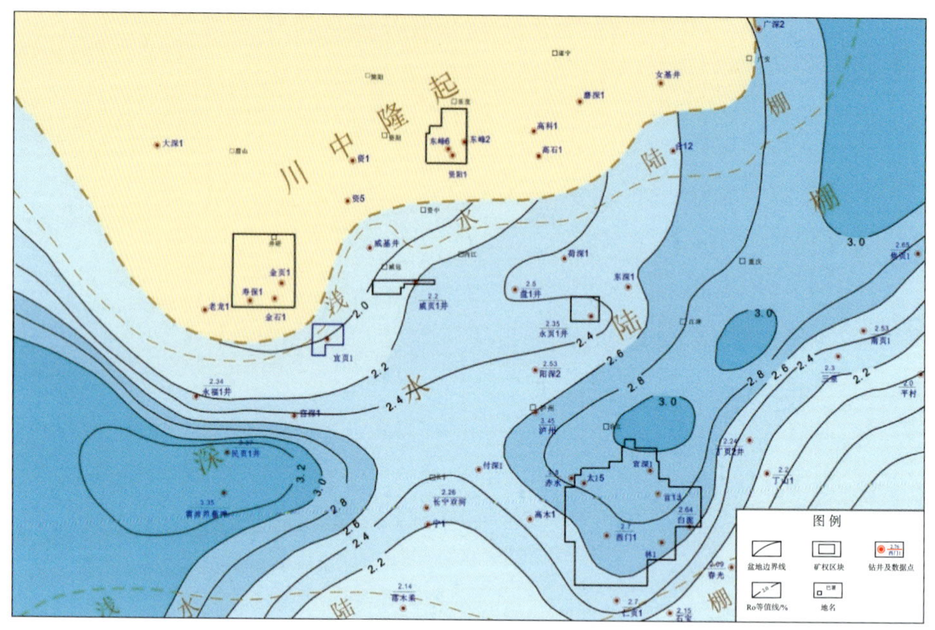

图 3 – 5　川南地区五峰组 – 龙马溪组一段页岩 R_o 等值线图

第二节　岩石学特征

川南地区五峰组 – 龙马溪组页岩矿物成分复杂，含有石英、长石、云母等碎屑矿物，伊利石、绿泥石、高岭石等黏土矿物，以及方解石、白云石等碳酸盐矿物（图 3 – 6）。脆性矿物含量是影响页岩基质孔隙度和微裂缝发育程度、含气性及压裂改造效果的重要因素。石英富集的页岩产生诱导裂缝的能力强，增产效果明显。勘探开发实践表明，具备商业开发条件的页岩，其脆性矿物（主要为石英）含量一般高于 40%，黏土矿物含量小于 30%。

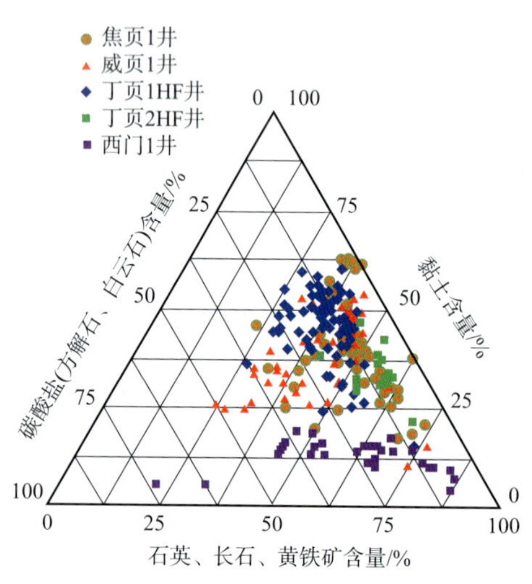

图 3 – 6　川南地区龙马溪组页岩矿物三角图

川南地区五峰组 – 龙一段纵向上自上而下呈现出脆性矿物含量增高、黏土含量降低的趋势（图 3 – 7），底部优质页岩矿物组成整体上表现出中 – 高脆性矿物、中 – 低黏土矿物的特征。

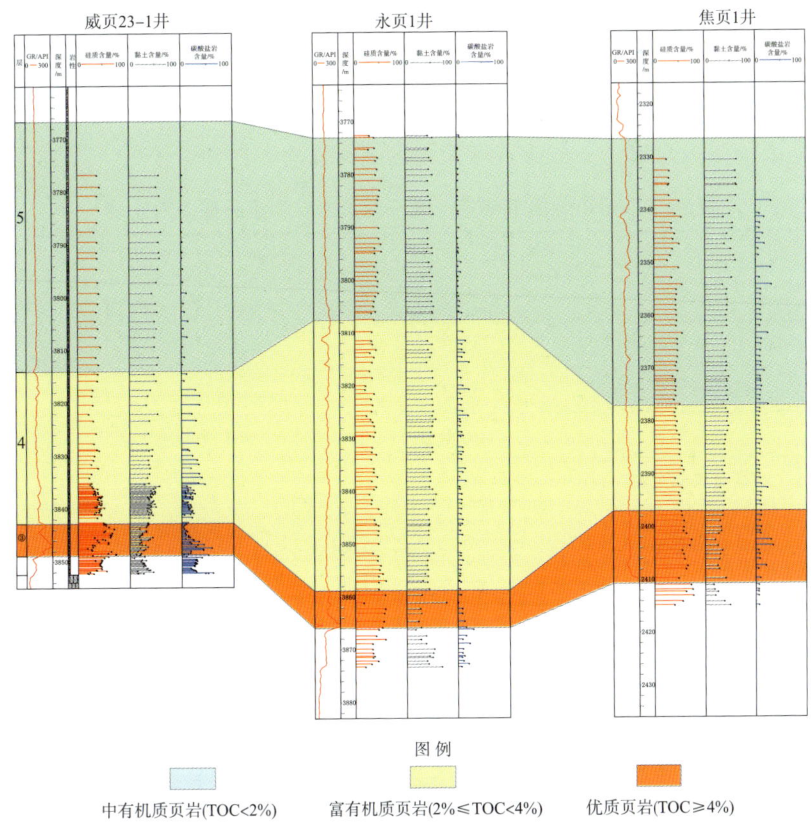

图3-7　川南地区龙马溪组岩心实测矿物组成对比剖面图

一、脆性矿物

1. 脆性矿物分布特征

根据X衍射全岩分析数据统计(图3-8)，川南地区五峰组-龙一段脆性矿物含量介于22.7%～84.1%，平均为53.7%。其中，硅质含量介于12.6%～73.8%，平均为41.02%；碳酸盐矿物含量小于59.4%，平均为12.7%。

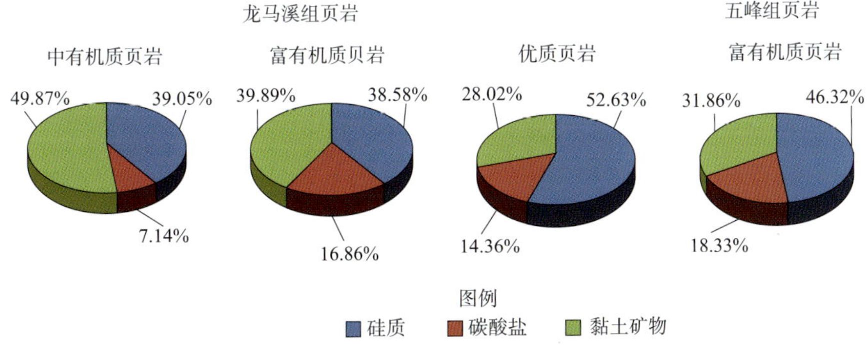

图3-8　川南地区不同页岩矿物成分饼图

平面上，威荣地区表现为中硅(47.4%)、高碳酸盐(16.35%)、低黏土(30.2%)的特点(表3－5)，永川地区表现为高硅(57.6%)、低碳酸盐(11.8%)、低黏土(25.7%)的特点，焦石坝地区表现出高硅(58.9%)、低碳酸盐(10.1%)、低黏土(28.2%)的特点。硅质含量方面，焦石坝地区较高，为55%～62%；威荣地区的碳酸盐矿物含量较高，为18.5%。

表3－5　川南地区五峰组－龙一段页岩矿物组分横向对比表

层位	页岩类型	硅质矿物含量/%		
		威荣地区	永川地区	焦石坝地区
龙马溪组	中有机质页岩	38.7	38.6	43.6
	富有机质页岩	33.7	43	48.2
	优质页岩	46.7	60.6	55.8
五峰组	富有机质页岩	41.6	54.6	61.9
层位	页岩类型	黏土矿物含量/%		
		威荣地区	永川地区	焦石坝地区
龙马溪组	中有机质页岩	50.8	51.4	41.7
	富有机质页岩	36.8	40.6	38.8
	优质页岩	29.5	21.6	27.9
五峰组	富有机质页岩	29.7	29.8	29.6
层位	页岩类型	碳酸盐岩/%		
		威荣地区	永川地区	焦石坝地区
龙马溪组	中有机质页岩	6.3	6.9	11.4
	富有机质页岩	25.5	11.9	8.9
	优质页岩	18.5	13.3	13.7
五峰组	富有机质页岩	25.2	12.6	5.7
层位	页岩类型	脆性矿物/%		
		威荣地区	永川地区	焦石坝地区
龙马溪组	中有机质页岩	45.1	45.5	55.0
	富有机质页岩	59.2	54.9	57.1
	优质页岩	65.3	73.9	69.5
五峰组	富有机质页岩	66.8	67.2	67.6

2. 硅质的成因

硅质主要来源于生物硅，通过约150余个页岩薄片的观察，在五峰组－龙马溪组页岩中发现了大量微体生物化石，主要有海绵骨针、放射虫等(图3－9)，同时还发现了蛋白石(硅球)，电镜下生物体多为25～1000μm，呈星点状散布在页岩中，含量约为0.1%～0.5%。放射虫呈球形，可见同心圆和放射状结构，内部多被黏土与有机质充填，发育有纳米孔。TOC >4% 的优质页岩段，硅质放射虫大量发育，导致硅质含量较高。

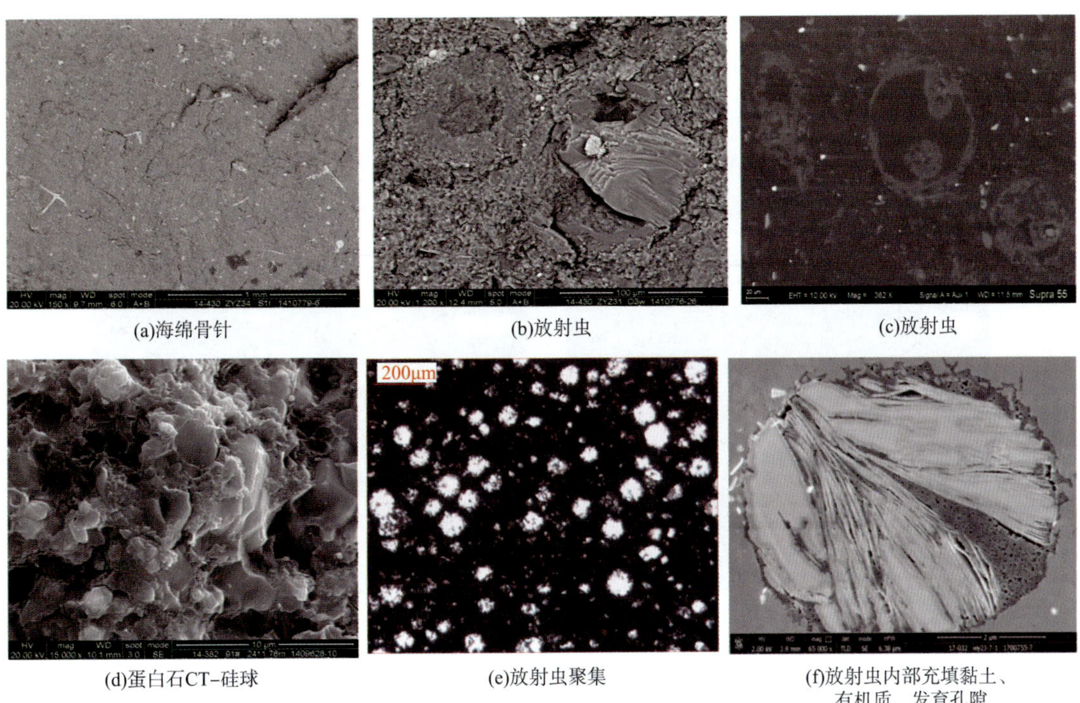

(a)海绵骨针　(b)放射虫　(c)放射虫

(d)蛋白石CT–硅球　(e)放射虫聚集　(f)放射虫内部充填黏土、有机质，发育孔隙

图 3－9　川南地区龙马溪组生物化石

3. 高碳酸盐矿物富集原因

1)闭塞、水体相对较浅的沉积环境是碳酸盐矿物富集的主要原因

碳酸盐矿物的化学性质活泼，对环境的酸碱性敏感，容易发生溶解和沉淀。威荣地区五峰组－龙马溪组碳酸盐矿物相对富集段显示其为闭塞环境特征，闭塞环境主要体现为古盐度 Sr、Ba 含量比相对较高、Mo/TOC 低于 4.5(厌氧强滞留环境)等。相对闭塞的环境是有利于碳酸盐矿物富集的，水体古盐度(Sr、Ba 含量比)与碳酸盐矿物含量、CaO 含量呈良好正相关关系(图 3－10)，表明水体相对较浅的闭塞环境，更容易造成碳酸盐矿物浓缩富集，是川南地区龙马溪组碳酸盐含量偏高的主要原因。

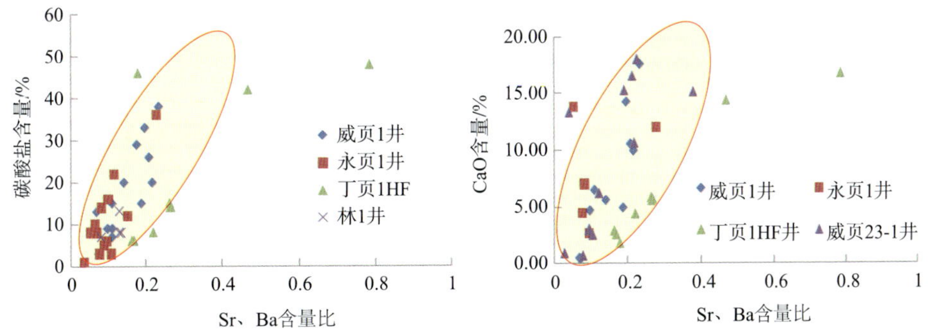

图 3－10　川南地区典型井五峰组－龙马溪组 Sr、Ba 含量比与碳酸盐矿物和 CaO 含量关系图

2)底栖生物发育(有孔虫)是碳酸盐矿物富集的另一重要原因

川南地区龙马溪组页岩碳酸盐矿物富集层段的碳酸盐矿物含量一般介于20%~30%之间，最高可达35%以上，薄片显示，页岩中普遍发育有底栖有孔虫(图3-11)，底栖有孔虫的空腔中被泥质充填，通过泥质矿物与结晶矿物的分布形态可以大致辨认出有孔虫的骨骼形态。底栖有孔虫是寒武纪以来的一种海洋生物，生活于潮间带至深海区的广大范围内，它的骨骼主要由钙质组成。它的存在会为成岩作用中方解石胶结物析出提供所需的晶核，从而导致碳酸盐矿物的富集。

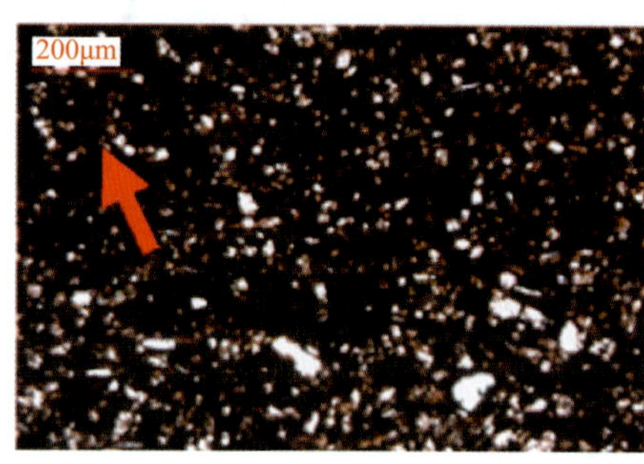

(a)3564.8m, TOC=2.58%

200μm

(b)3575.6m, TOC=3.06%

图3-11 威页1井龙马溪组页岩显微照片

钙质作为脆性矿物的重要组成部分，其骨架对有机孔具有良好的支撑作用，有利于有机孔保存。同时，方解石内普遍发育溶蚀孔，增加了储集空间，但由于钙质溶蚀孔通常连通性不好，因而对储集空间的贡献作用不大。

3)后期成岩作用钙质胶结、交代也是碳酸盐矿物富集的重要原因

页岩在成岩演化过程中会释放出大量的层间水、吸附水和结构水，同时伴随着黏土矿物的转化，而蒙皂石或伊/蒙混层向伊利石转化的过程中，可以产生大量的Ca^{2+}、Fe^{3+}和Mg^{2+}。有机质在成熟过程中会释放出有机酸、CO_2和烃类，同时也会释放出上述阳离子，这些阳离子通过微裂缝随着地层水向页岩储层运移时，Ca^{2+}也随之进入页岩储层内部并沉淀下来。目前在川南地区，通过大量的页岩气储层岩石薄片和扫描电镜照片可看到两期的钙质胶结、交代的成岩作用：一是早期的方解石胶结物充填孔隙、裂缝或交代长石颗粒；二是白云石胶结物呈自形-半自形晶分散状产出交代早期方解石胶结物或黏土矿物，可见后期成岩作用钙质胶结、交代也是碳酸盐矿物富集的重要原因。

二、黏土矿物

根据X衍射黏土分析数据统计，川南地区五峰组-龙一段黏土矿物主要由伊利石(平均含量为49.5%)、伊蒙混层(平均含量为36.7%)、绿泥石(平均含量为13.1%)、高岭石(平均含量为0.8%)组成。其中，蒙脱石部分或完全转化成伊利石和过渡阶段的产物——伊蒙混层矿物，且自上而下伊蒙混层含量和伊利石含量均增加，绿泥石含量相对减少(图3-12)。

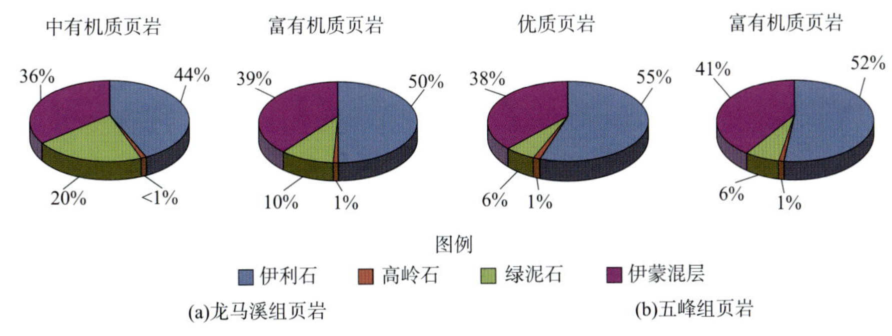

图 3－12 川南地区不同页岩黏土成分饼图

平面上，因成岩作用的差异，导致不同地区之间的优质页岩黏土矿物组成上存在一定差异：焦石坝伊利石含量最低(11.9%)，整体上威荣伊利石含量最高(59.8%)，永川次之(44.8%)，详见表 3－6。

表 3－6 川南地区五峰组－龙一段页岩黏土矿物横向对比表

层位	页岩类型	伊利石含量/%		
		威荣地区	永川地区	焦石坝地区
龙马溪组	中有机质页岩	48.5	37.5	19.0
	富有机质页岩	58.3	43	21.2
	优质页岩	59.9	52.6	5.4
五峰组	富有机质页岩	55.6	50.9	8.9
地层	页岩类型	伊蒙混层含量/%		
		威荣地区	永川地区	焦石坝地区
龙马溪组	中有机质页岩	30.3	40.9	19.0
	富有机质页岩	31.2	48.4	21.0
	优质页岩	33.1	43.1	21.7
五峰组	富有机质页岩	36.8	42.2	19.2
地层	页岩类型	绿泥石含量/%		
		威荣地区	永川地区	焦石坝地区
龙马溪组	中有机质页岩	20.7	21.5	3.8
	富有机质页岩	10	8.6	3.0
	优质页岩	6.3	4.3	0.8
五峰组	富有机质页岩	6.5	6.9	1.0
地层	页岩类型	高岭石含量/%		
		威荣地区	永川地区	焦石坝地区
龙马溪组	中有机质页岩	0.4	0	0
	富有机质页岩	0.55	0	0
	优质页岩	0.7	0	0
五峰组	富有机质页岩	1.1	0	0.3

整体上，永川地区伊蒙混层含量最高(47.9%)，威荣地区次之(31.2%)，焦石坝地区伊蒙混层含量最低(21%)。其中，永川地区各层段均高于其他地区。

各地区均在上部地层发育绿泥石，向下绿泥石含量逐渐减少，威荣地区绿泥石含量(6.3%)在各个层段上均高于永川(4.3%)焦石坝(0.8%)。

正常黏土矿物随着埋藏深度增大(成岩演化作用增强)存在蒙脱石转化为伊利石和绿泥石，以及高岭石转化为伊利石和绿泥石两个转化系列，当孔隙水偏碱性、富 K^+ 时，随埋深增加，蒙脱石向伊利石转化，伴随体积减小而产生微孔隙，从而造成孔隙度增加。该区高岭石多来自长石的溶解。

第三节　储层物性及储集空间特征

川南地区五峰组-龙马溪组目的层页岩整体孔隙度普遍小于8%，平均孔隙度为4.6%；渗透率普遍小于 $0.01\times10^{-3}\mu m^2$，总体上属于低孔、特低渗储层，且不同地区间存在差异：如威荣地区的孔隙度、渗透率明显较永川地区略高。受层理缝发育程度不同的影响，页岩纵横向渗透率存在明显差异，表现为横向渗透率高，两者相差20~200倍不等。储集空间以发育有机孔为重要特征，川南威荣及邻区深层五峰组-龙一段相对优质储层的孔隙发育主要来源于有机质演化所生成的有机孔，纵向上有机孔发育向下逐渐增加，底部有机孔占比为60%~80%。

一、储层物性

川南地区五峰组-龙马溪组页岩储层孔隙发育，矿权属中国石油的长宁地区孔隙度为3.0%~5.2%，威远地区孔隙度为1.7%~5.8%。据川南地区的威荣、永川与邻区的焦石坝地区岩心实测(表3-7)可知，平均孔隙度为4.6%，最高为10.34%，主体为2%~8%，表现为随埋藏深度增加孔隙度逐渐变高的特征(图3-13)，优质页岩段(TOC>4%)孔隙度最高，个别井部分层段(永页1井3815~3840m)因碳酸盐溶蚀孔发育而导致局部孔隙偏高。由于层理缝发育，横向渗透率远大于纵向渗透率(图3-14)。

表3-7　川南地区五峰组-龙一段物性数据统计表

地层	页岩类型	孔隙度/%		
		威荣地区	永川地区	焦石坝地区
龙马溪组	中有机质页岩	5.77	4.06	4.67
	富有机质页岩	6.52	5.98	4.87
	优质页岩	6.61	4.49	4.83
五峰组	富有机质页岩	5.03	4.22	5.10

续表

地层	页岩类型	渗透率/$10^{-3}\mu m^2$		
		威荣地区	永川地区	焦石坝地区
龙马溪组	中有机质页岩	0.105	—	0.45
	富有机质页岩	0.06	0.115	0.78
	优质页岩	0.11	0.11	1.02
五峰组	富有机质页岩	0.125	0.038	1.18

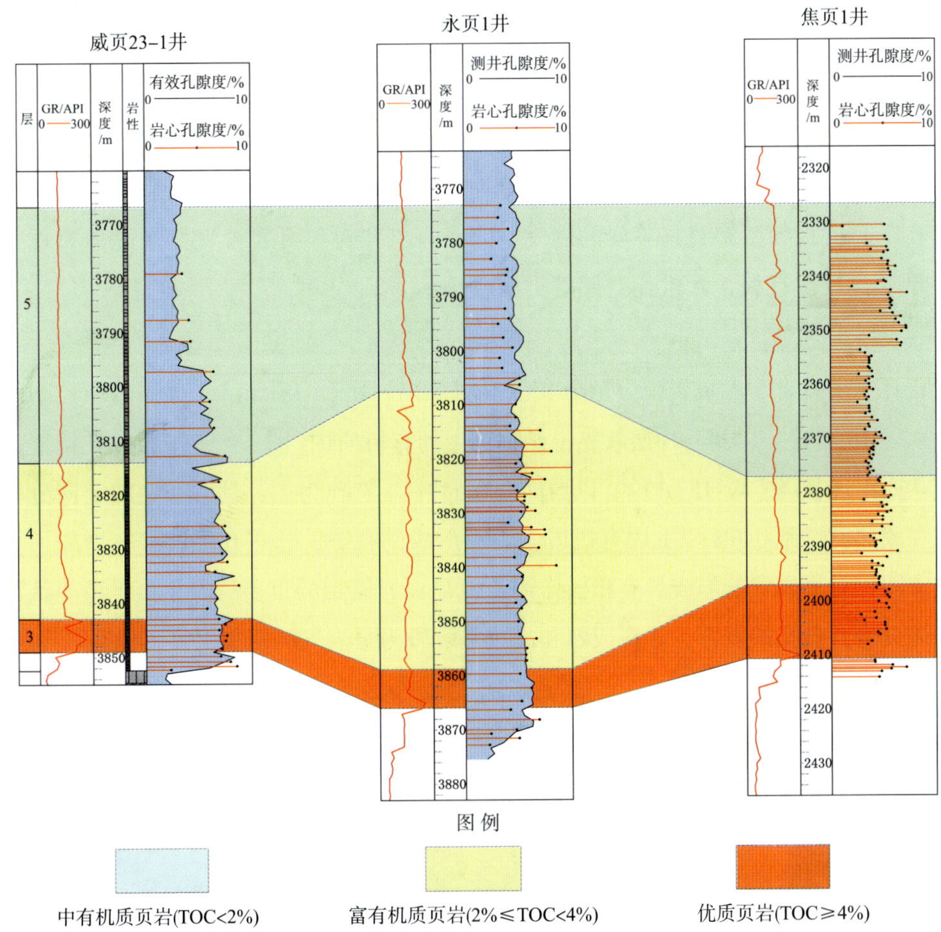

图3-13 川南地区龙马溪组典型钻井页岩段孔隙度横向对比图

与常规储层不同的是，页岩储层孔隙度、渗透率之间无相关性。不同地区物性分布特征也存在不同，孔隙度的平面变化趋势与TOC的变化趋势一致，威荣地区物性整体好于永川地区。

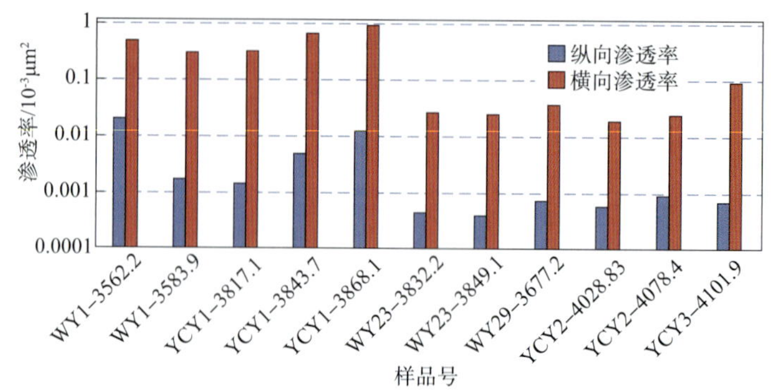

图3-14　威荣、永川地区五峰组-龙马溪组岩心纵、横向渗透率对比图

二、储集空间类型

川南地区龙马溪组页岩储集空间可以分为基质孔和裂缝两大类，基质孔又分为有机孔和无机孔。有机孔和微裂缝是主要的储气空间，有机孔对于页岩含气性来说最为重要，适度的裂缝对含气性有利，无机孔对储气贡献较小。

1. 基质孔

有机孔主要发育于泥页岩中分散分布的有机质内[图3-15(a)]，黄铁矿颗粒间的有机质内[图3-15(b)]，以及与片层状黏土矿物伴生的有机质内[图3-15(c)]，在镜下呈蜂窝状、线状或串珠状[图3-15(d)]。以50~200nm中-宏孔为主，具有一定的定向分布。有机孔是在成熟度达到0.6%以上因有机质生烃而形成的孔隙，这些孔隙的存在增加了页岩气的储集空间，对页岩气的形成具有积极作用，也是页岩储层的重要特点。贾承造等认为，正是由于泥页岩有机孔的发育，才在成熟和高成熟阶段为页岩气的富集提供了机遇。

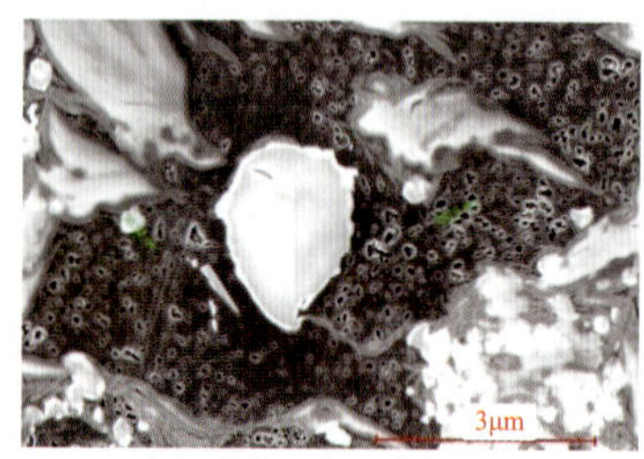

(a)有机质内，有机质孔极发育

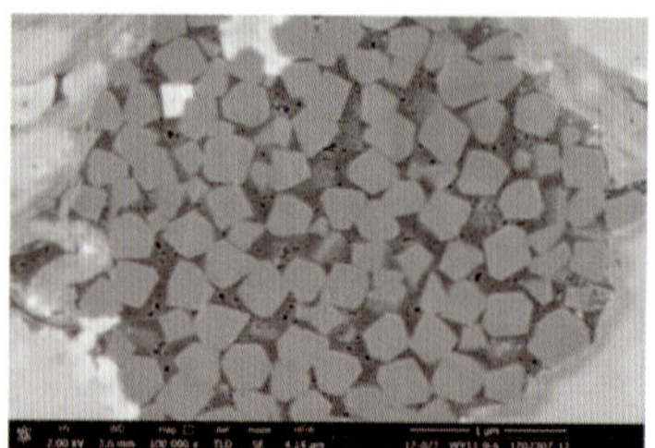
(b)草莓状黄铁矿晶间孔隙内充填有机质，有机质内微孔隙发育较好

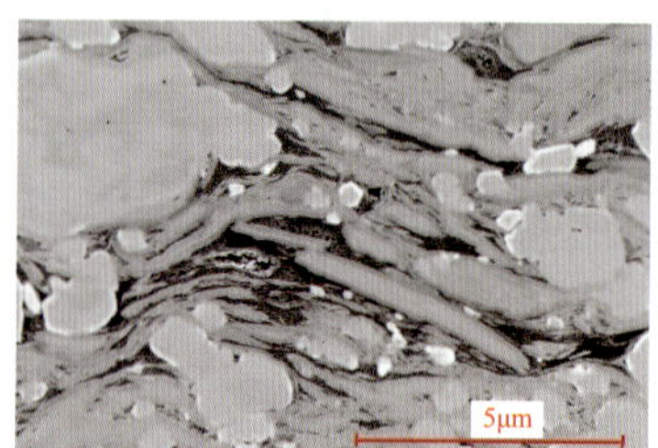

(c)黏土矿物层片间填充的有机质

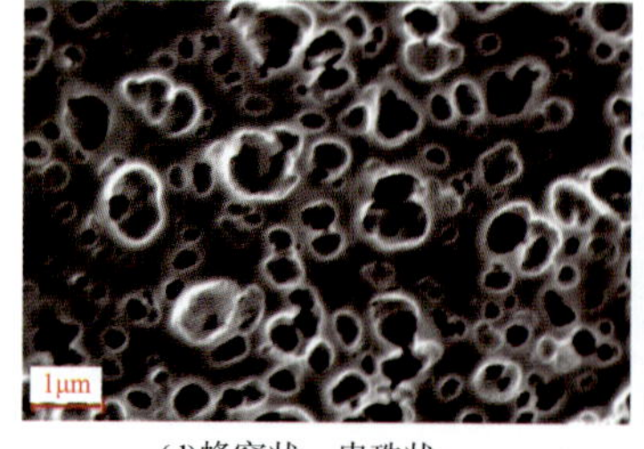

(d)蜂窝状、串珠状

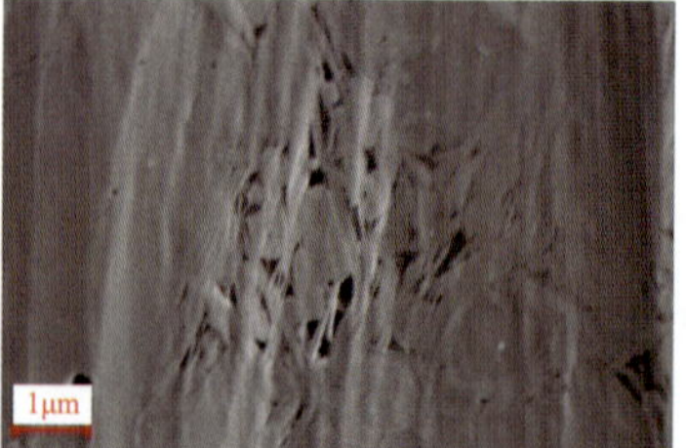

(e)黏土矿物晶间孔

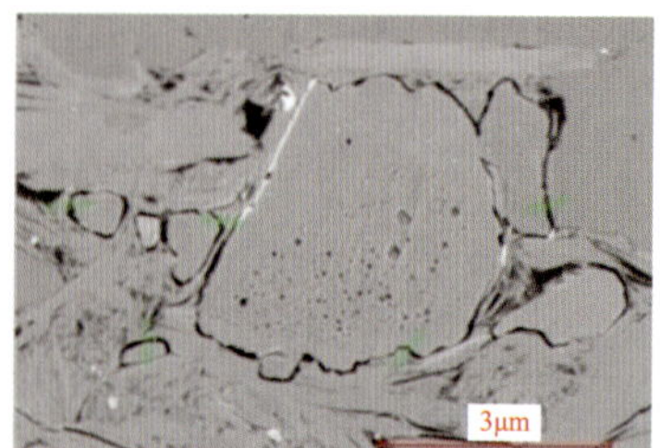

(f)方解石颗粒，边缘缝、粒内溶孔

图3-15　川南威荣及邻区龙马溪组页岩有机孔和无机孔扫描电镜照片

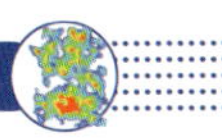

无机孔包括黏土矿物晶间孔，以及方解石或白云石粒内、粒间溶蚀孔等。黏土矿物晶间孔多呈三角形或条带形，部分孔隙处于开放状态[图3－15(e)]，因黏土矿物具有吸附甲烷的能力，在北美发现黏土矿物高的页岩气储层有较高的页岩气含气量，表明黏土矿物对页岩气的储气能力有着重要影响。碳酸盐岩溶蚀孔多呈孤立的或蜂窝状的矩形小孔[图3－15(f)]，Meshri认为其是烃源岩热演化过程中释放的有机酸对碳酸盐岩矿物溶蚀的结果，它和黏土矿物晶间孔一起为页岩储层提供了规模性的无机孔隙。

结合王玉满(2014)等建立的龙马溪组页岩三层岩石物理模型，对威荣威页1井、永川永页1井基质孔隙进行测算(图3－16)，结果表明，孔隙构成以有机质孔隙、黏土矿物孔隙为主，并发育一定的脆性矿物孔隙。纵向上，自上而下，有机质孔逐渐增加，黏土矿物孔逐渐降低。

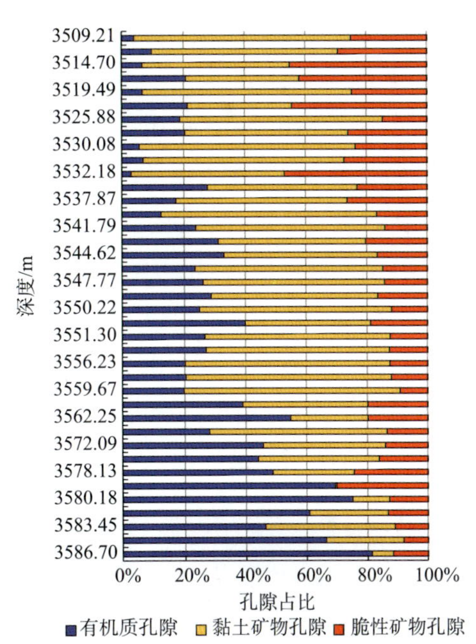

图3－16　川南威荣地区五峰组－龙马溪组页岩孔隙构成图

威荣地区威页23－1HF井优质页岩储层总孔隙度平均为7.2%，其中，有机质孔平均为4.4%，有机孔占比达62.0%；永川地区永页1井优质页岩段储层总孔隙度平均为5.6%，其中，有机质孔平均为2.97%，有机孔占比达69.3%；焦石坝地区焦页1井优质页岩段储层总孔隙度平均为4.7%，其中，有机质孔平均为2.6%，有机孔占比达55.0%。整体上，川南地区龙马溪组从上到下有机质孔逐渐增加，无机孔逐渐降低，有机孔是页岩储层最主要的储集空间。

有机质孔隙度与含气量正相关(图3－17)，有机质孔隙具有亲油(气)性、疏水性，是

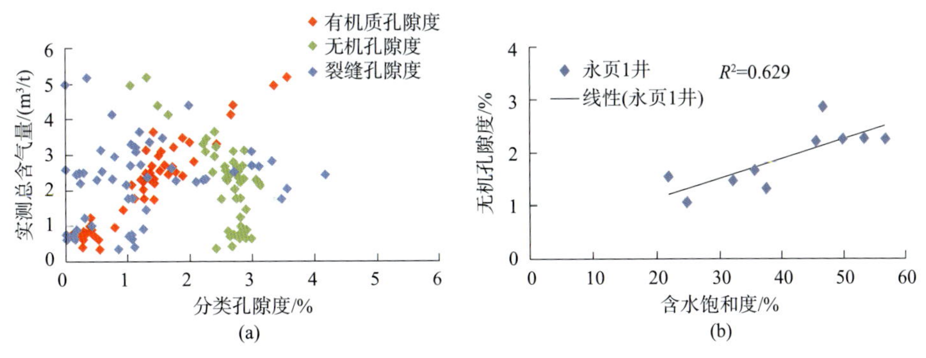

图3－17　典型井分类孔隙度与总含气量关系(a)、含水饱和度与无机孔孔隙度关系(b)

对页岩气赋存最有利的孔隙类型；无机孔和含气性表现出一定的负相关趋势，无机孔增加对含气性影响较为复杂(无机孔可以为沥青等有机质提供充填空间，对有机孔的形成具有重要贡献)，同时，无机孔孔隙度与含水饱和度具有一定的正相关关系，表明无机孔具有一定的亲水性，在地层条件下，无机孔的储气能力可能有所降低。

2. 裂缝

依据成因，龙马溪组页岩裂缝可以分为构造缝和非构造缝。构造缝是最常见和最主要的裂缝类型，包括张性缝、剪性缝、低角度滑脱缝等，岩心及镜下可见，破裂面不平整，产状变化大，具有一定倾角，多数被完全充填和部分充填[图3－18(a)～(c)]。非构造缝主要为在成岩作用、超压作用、矿物相变作用等形成的应力差异性微裂缝、解理缝、缝合线、晶间缝等，镜下应力差异性微裂缝、解理缝、晶间缝较发育[图3－18(d)～(f)]。

层理缝发育是页岩的重要特征，目前一般认为，其是在晚期地层隆升过程中，由于上覆岩层压力卸载地层内部应力释放过程中所形成的。层理缝产状多近水平，横向延伸具备组构选择特征，沿上、下岩层应力差异性界面附近发育[图3－18(d)]。纵向上，层理缝发育程度与有机质含量具有相关性，底部TOC >4%的优质页岩段内层理缝最发育。在天然裂缝存在的泥页岩中，适度的裂缝不仅为烃类富集提供了一定空间，同时，对人工压裂诱导缝的产生具有积极作用。

(a)构造缝，立缝(X形裂缝充填方解石)

(b)构造缝，斜交缝

(c)构造缝

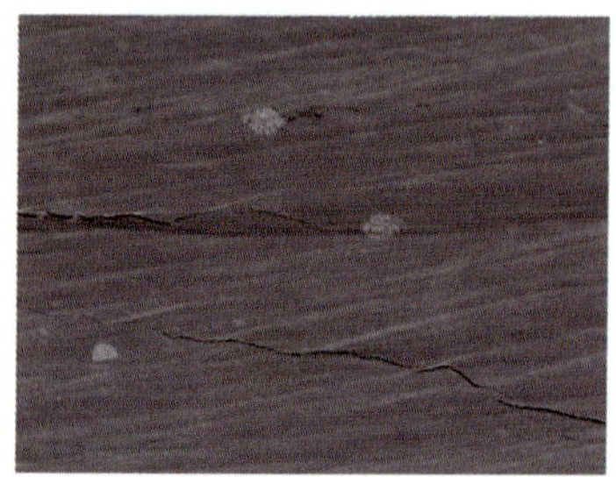
(d)应力差异性微裂缝(发育于页岩内部应力差异性界面处，产状多近水平)

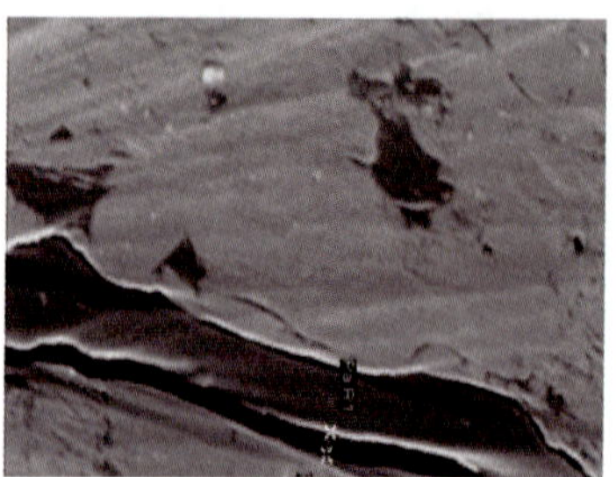
(e)解理缝(发育于云母等片状矿物间，产状多水平)

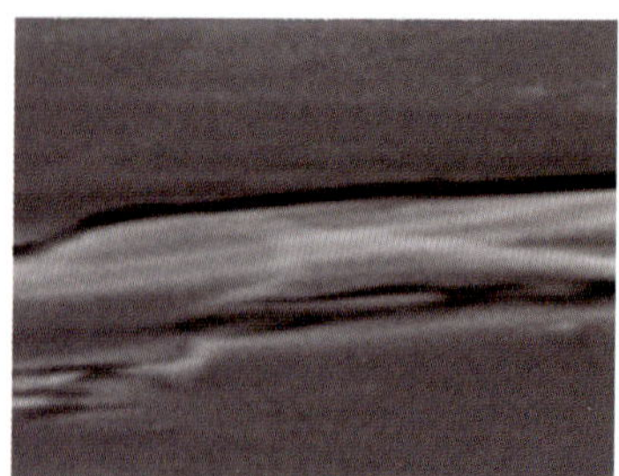
(f)晶间缝(发育于黏土晶间，产状多水平)

图3－18　川南地区龙马溪组页岩岩心及镜下裂缝照片

三、孔隙结构特征

1. 孔隙形态

川南地区五峰组－龙马溪组页岩中主要发育微米－纳米孔隙，孔隙形态多样。目前微观孔隙分型多采用 J H de Boer 等(1968)提出的划分方案，不同的曲线类型代表了不同单一孔隙结构的形状、大小和分布，但实际页岩样品往往呈现复杂的曲线形态，一般是不同类型曲线的叠加或复合(降文萍等，2011)。川南威荣、永川地区龙马溪组优质页岩段氮气吸附－脱附实验曲线表明(图 3－19)，孔隙形态较为相似，以狭缝状孔为主，含有少量的墨水瓶形孔，主要有 3 个特点：①脱附曲线在相对压力小于 0.4MPa 的范围内很小，几乎与吸附曲线重合；②在相对压力 0.4～0.5MPa 之间出现明显拐点，吸附体积大，反应以平行壁的狭缝状孔和墨水瓶状孔为主，含有少量的圆柱形孔；③在相对压力小于 0.05MPa 时，页岩具有较高的氮气吸附量，反映该套页岩具有较多的微孔，随着压力的增加，氮气吸附量表现出先行缓慢增加的现象，说明页岩中含有一定的中孔和大孔，但孔隙分布相对较为均匀，以微中孔为主。

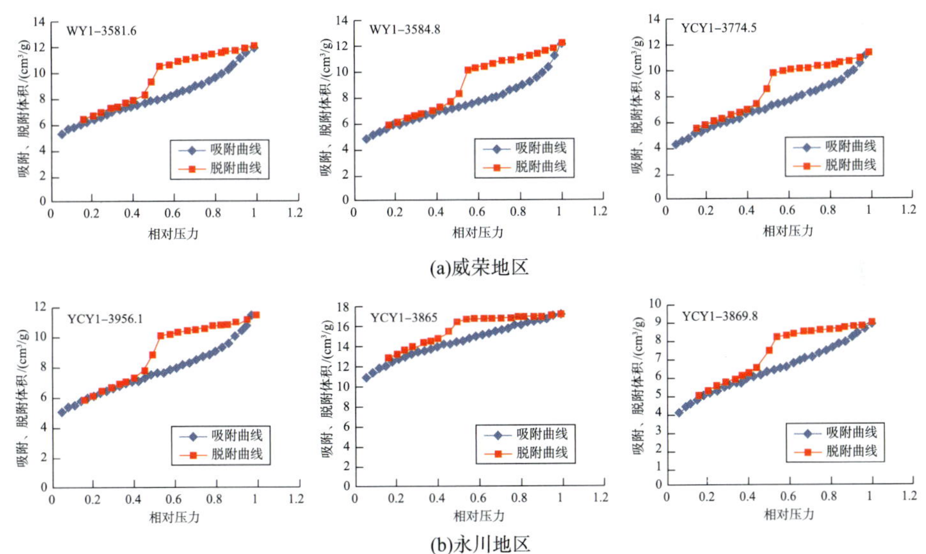

图 3－19　川南威荣、永川地区龙马溪组氮气吸附－脱附实验曲线

2. 孔隙结构

目前页岩孔隙结构表征较为成熟的方法为，利用不同物理性质的注入流体(氮气、二氧化碳、汞等)对不同孔径区间的孔径分布(PSD)、比表面积(SSA)和孔体积(PV)进行定量化表征(图 3－20)，以明确不同孔径孔隙对页岩储集能力的贡献。通常通过低压二氧化碳吸附表征 0.3～2nm 的微孔，通过低压氮气吸附表征 2～50 nm 的介孔，通过压压汞表征大于 50nm 的宏孔。

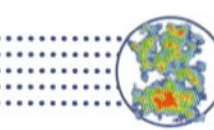

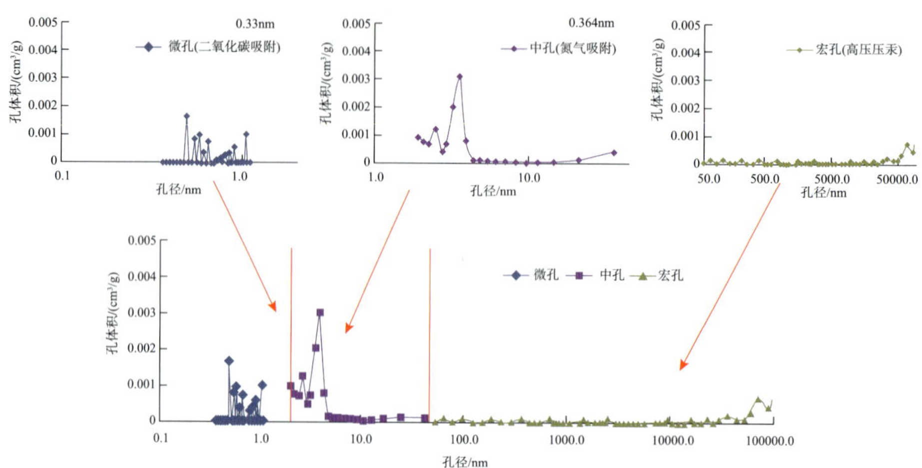

图 3-20 页岩全孔径表征方法示意图

全孔径表征结果表明，川南地区五峰组-龙马溪组一段页岩孔隙以微孔和中孔为主（图 3-21、图 3-22），占比近 90%（表 3-8）。总孔体积为 0.005 ~0.046 cm^3/g，贡献的孔体积中微孔为 0.0013 ~0.0184cm^3/g，中孔为 0.002 ~0.003cm^3/g。

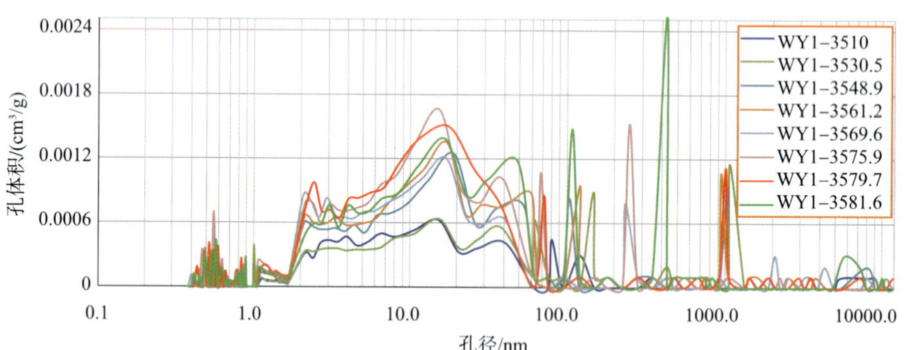

图 3-21 威荣地区威页 1 井龙马溪组页岩孔体积全孔径表征结果

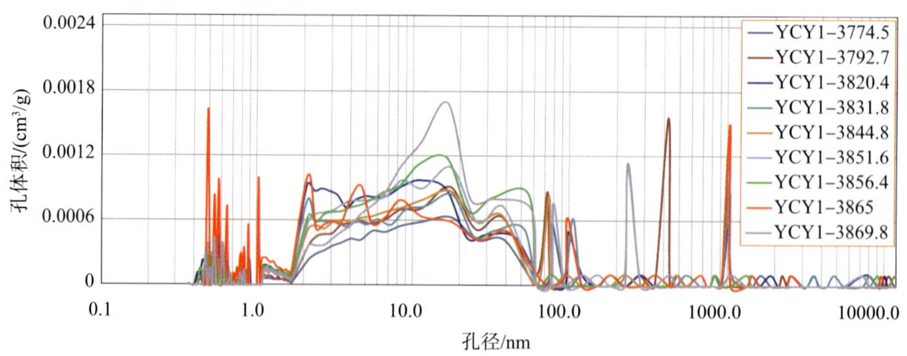

图 3-22 永川地区永页 1 井龙马溪组页岩孔体积全孔径表征结果

表3-8 川南地区五峰组-龙一段页岩不同孔径孔体积统计表

孔体积统计	微孔	中孔	大孔	总孔容
最小值/(cm^3/g)	0.0013	0.002	0.0000	0.005
最大值/(cm^3/g)	0.0184	0.003	0.0006	0.046
平均值/(cm^3/g)	0.007	0.012	0.002	0.021
体积占比/%	32.4	56.1	11.2	

不同层段、不同地区的孔体积、比表面积存在差异性。总孔容纵向上表现为自上而下逐渐增大，优质页岩段总孔容最大，其次为微孔和中孔。横向上，威荣地区的总孔容、微孔和中孔的孔体积均大于永川地区，焦石坝地区焦页1井优质页岩段孔隙同样以总孔溶、微孔和中孔为主，大孔相对不发育，大孔占孔隙总体积的1.52%~2.56%。比表面积方面，威荣、永川地区均表现为以微孔(集中分布在0.3~1nm)为主，其次为中孔(集中分布在2~10nm)，宏孔较少。纵向上，优质页岩段比表面积要优于其他层段；横向上，威荣地区比表面积大于永川地区(图3-23)。焦页1井同样以微孔为主，中孔次之，但微孔集中分布在0.3~2nm，中孔集中分布在2~50nm，远大于威荣和永川地区。

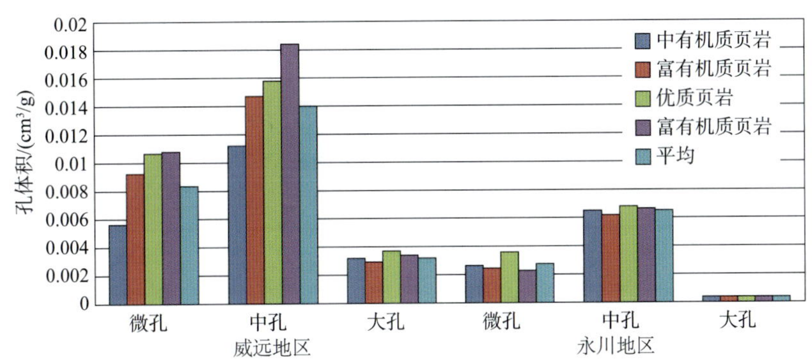

图3-23 川南地区五峰组-龙一段不同区、不同层段比表面积统计直方图

第四节 成岩特征

一、成岩作用类型

在岩心观察描述、岩石薄片鉴定、阴极发光、扫描电镜、大面积氩离子抛光电镜和配套全矿物自动分析Amics工作等实验分析的基础上，对川南威远、永川地区五峰组-龙马溪组组页岩开展了成岩作用的研究，识别出了龙马溪组页岩经历的多种成岩变化，包括压实作用、胶结作用、黏土矿物转化作用、交代作用、溶蚀作用、有机质热成熟作用及构造破裂作用。其中，压实作用和胶结作用可减小储层孔隙度，为破坏性成岩作用；溶蚀作

用、有机质热成熟作用及构造破裂作用可增大储层孔隙度，为建设性成岩作用；而交代作用和黏土矿物转化作用对储层孔隙度影响较小，为保持性成岩作用(表3-9)。

表3-9 川南龙马溪组页岩储层常见成岩作用类型及其对孔隙度的影响

成岩作用类型		主要成岩变化	对孔隙度的影响
压实作用		颗粒紧密接触，挤压破碎，黏土矿物与有机质挤压变形，黏土矿物定向排列，等等	降低
胶结作用	硅质	碎屑石英次生加大与自生石英	降低
	碳酸盐	主要为方解石与白云石、白云石铁白云石化	降低
	硫化物	生成草莓状黄铁矿与自生黄铁矿晶体	降低
黏土矿物转化作用		蒙脱石经伊/蒙混层向伊利石转化	影响较小
交代作用		方解石交代长石，长石向黏土矿物转化，白云石生成铁白云石环边，白云石交代方解石	影响较小
溶蚀作用		长石、方解石、白云石、石英的溶蚀	增加
有机质热成熟作用		生烃，并形成有机质内纳米级孔隙	增加
构造破裂作用		形成裂缝与微裂缝，为有机质或方解石充填	增加

1. 压实作用

压实作用是川南地区龙马溪组页岩致密化的最主要原因。扫描电镜下，页岩储层表现出强烈压实的特征，主要包括：碎屑颗粒常见线接触，部分凹凸接触[图3-24(a)]；碎屑颗粒受到强烈挤压而破碎[图3-24(b)]；黏土矿物受到刚性矿物挤压而扭曲[图3-24(c)(d)]；黏土矿物定向排列[图3-24(e)]，以及有机质受到挤压而形变[图3-24(f)]；等等。

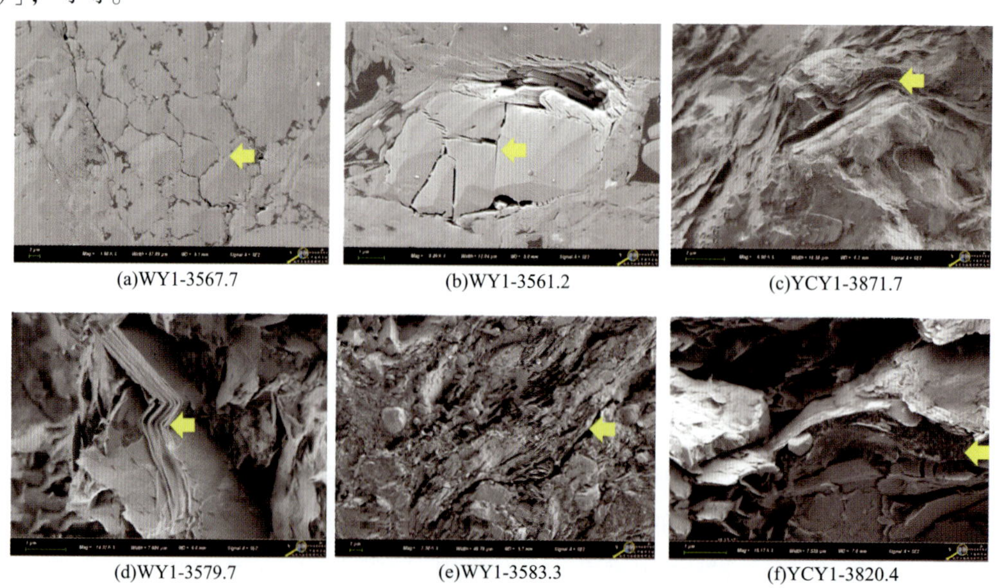

图3-24 川南地区龙马溪组页岩压实作用特征

2. 胶结作用

胶结作用是泥页岩中最主要的成岩作用类型之一。龙马溪组页岩储层中常见的胶结物有硅质、碳酸盐和硫化物。无论哪种胶结物类型，均会充填孔隙空间，使得岩石致密化，这是龙马溪组页岩孔隙度较低的又一重要原因。

龙马溪组页岩中的硅质胶结物主要为石英。石英主要以次生加大和自生石英两种形式产出[图 3－25(a)～(c)]。硅质胶结物的物质来源主要包括 4 个方面：①长石溶蚀或者被黏土矿物所交代产生的游离硅；②蒙脱石在向伊利石转化过程中产生的硅质；③生物成因的硅质；④斑脱岩在蚀变过程中产生的硅质。碳酸盐胶结物包括方解石和白云石，部分白云石发育铁白云石环边[图 3－25(d)～(f)]。方解石胶结物充填孔隙、裂缝或交代长石颗粒，形成时间较早，白云石胶结物呈自形－半自形晶分散状产出，交代早期方解石胶结物或黏土矿物，其含量与原始沉积物中是否含有钙质组分密切相关。黄铁矿胶结物主要以草莓状黄铁矿及自生黄铁矿晶体两种形式存在。其中，草莓状黄铁矿为同生成因，而自生黄铁矿为成岩成因[图 3－25(g)～(i)]。成岩黄铁矿不能指示沉积环境，颗粒通常较大，多发育于泥页岩孔隙较大的部位，与热液流体活动有关。

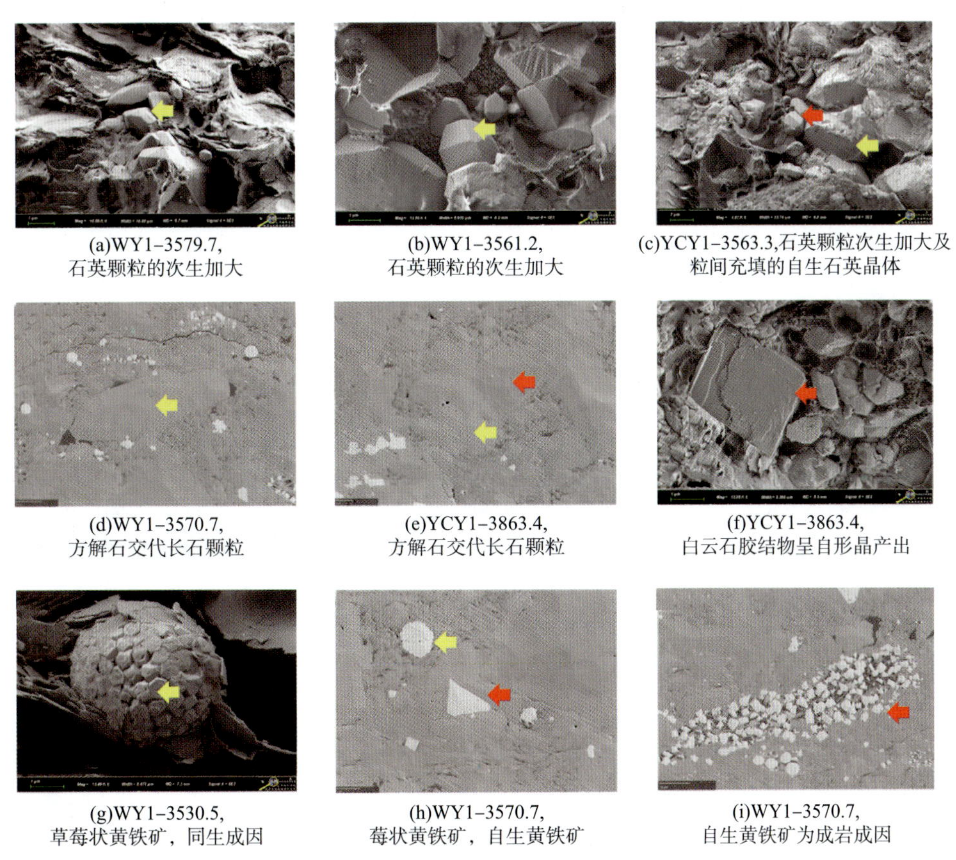

(a)WY1-3579.7,
石英颗粒的次生加大

(b)WY1-3561.2,
石英颗粒的次生加大

(c)YCY1-3563.3,石英颗粒次生加大及
粒间充填的自生石英晶体

(d)WY1-3570.7,
方解石交代长石颗粒

(e)YCY1-3863.4,
方解石交代长石颗粒

(f)YCY1-3863.4,
白云石胶结物呈自形晶产出

(g)WY1-3530.5,
草莓状黄铁矿，同生成因

(h)WY1-3570.7,
莓状黄铁矿，自生黄铁矿

(i)WY1-3570.7,
自生黄铁矿为成岩成因

图 3－25　川南地区龙马溪组页岩硅质胶结作用

3. 黏土矿物转化作用

随着埋深增大、温度增加，泥页岩中的蒙皂石将逐渐向伊/蒙混层或绿/蒙混层转变，在早成岩 A 期常见分散状蒙皂石，到早成岩 B 期开始明显向无序混层转化。在中成岩 A_1 期混层属于部分有序，到中成岩 A_2 期为有序混层，在中成岩 B 期为卡尔克博格式有序，到晚成岩混层逐渐消失转变为片状伊利石或片状绿泥石。川南威荣及邻区五峰组－龙马溪组以伊利石为主[图 3－26(a)～(c)]，含少量伊/蒙混层[图 3－26(d)]，混层占 10%，表明遭受了强烈的成岩作用改造，成岩作用可达中成岩 B 期－晚成岩阶段。

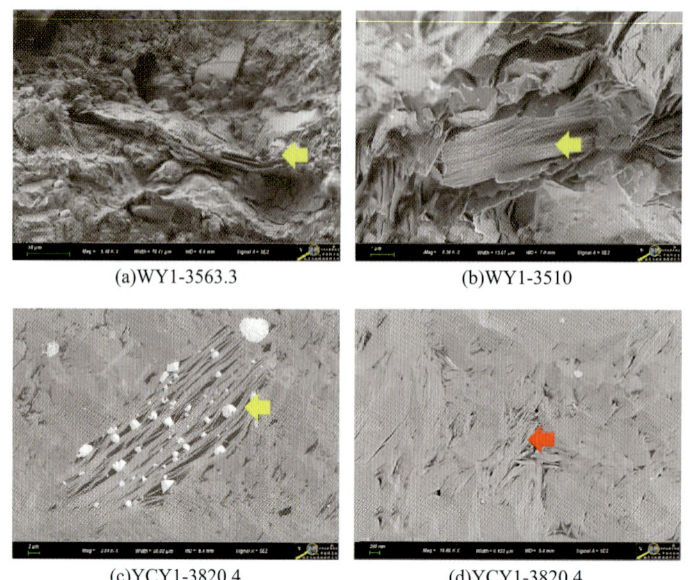
(a)WY1-3563.3　(b)WY1-3510　(c)YCY1-3820.4　(d)YCY1-3820.4

图 3－26　川南地区龙马溪组页岩黏土矿物转化作用

4. 交代作用

交代作用指的是一种矿物为另一种矿物所替换。在威远、永川地区五峰组－龙马溪组页岩储层中常见的交代作用有方解石交代长石[图 3－27(a)]、黏土矿物交代长石[图 3－27(b)]、白云石交代早期形成的方解石[图 3－27(c)]及铁白云石交代白云石的环边[图 3－27(d)]等。交代作用对孔隙度的影响较小。

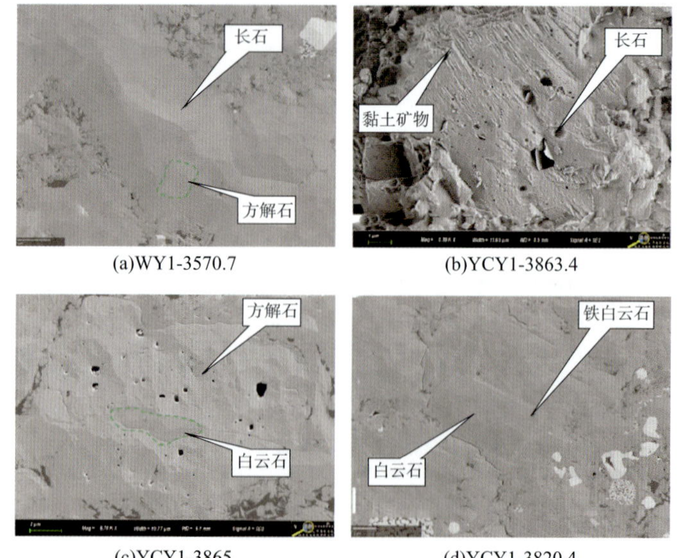

(a)WY1-3570.7　(b)YCY1-3863.4　(c)YCY1-3865　(d)YCY1-3820.4

图 3－27　川南地区龙马溪组页岩交代作用

5. 有机质热成熟作用

川南地区五峰组－龙马溪组有机质热演化程度分布与隆坳格局有关，坳陷内热演化程度较高，R_o 一般在 2.4%～2.8%之间，靠近隆起处，R_o 逐渐降低至 2.0%左右，总体处于高成熟－过成熟阶段。有机质热演化作用可以形成大量

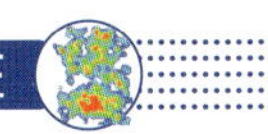

有机质内的纳米孔，其为页岩储层孔隙空间的主要来源，同时，有机质在成熟过程中会导致成岩环境逐渐变为酸性，从而促使溶蚀作用和交代作用的发生，形成的溶蚀与交代孔隙是页岩储层孔隙空间的重要补充。

6. 溶蚀作用

溶蚀作用与有机质成熟过程中产生的酸性流体或有机酸有关。川南地区五峰组－龙马溪组的溶蚀作用主要包括了长石［图3－28(a)～(c)］、碳酸盐矿物（方解石和白云石）的溶蚀［图3－28(d)(e)］，表明在页岩这个相对封闭的成岩体系中，有机质生烃过程中会产生酸性流体，造成不稳定矿物的溶解，在颗粒内部形成有机质孔。

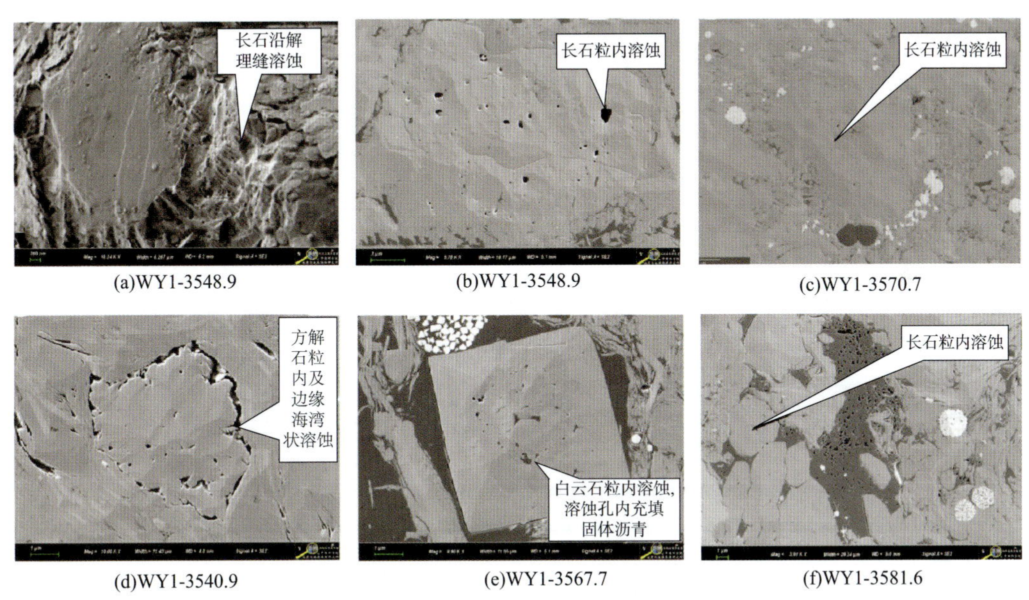

图3－28　川南地区龙马溪组页岩溶蚀作用

二、成岩作用阶段及序列

泥页岩成岩阶段识别标志主要包括矿物学及有机质成熟度两个方面。对于川南地区五峰组－龙马溪组一段页岩来说，其黏土矿物组合主要为伊利石、伊/蒙混层、少量绿泥石。其中，伊/蒙混层的间层比很低，为10%，属于超点阵有序混层带－伊利石带，对应成岩阶段为中成岩阶段B期－晚成岩阶段。五峰组－龙马溪组页岩储层中方解石胶结物形成于早成岩阶段，其孔隙式－基底式的产出形式表明其形成于严重压实之前。具雾心亮边的自形白云石胶结物交代前期形成的方解石胶结物，其形成时间较晚，通常为中成岩－晚成岩阶段。粒状黄铁矿充填各类孔隙，同时可见交代早期碳酸盐胶结物，为中成岩阶段产物。同时，体现成岩阶段的有机质热成熟度指标有机质镜质体反射率在2.0%～2.8%之间，也处于中成岩阶段B期－晚成岩阶段。

在此基础上，编制了川南地区五峰组－龙马溪组页岩储层成岩作用与孔隙演化关系图（图3－29），川南地区五峰组－龙马溪组优质页岩成岩作用演化适中，形成了孔隙发育好、储集能力强、微裂隙发育、脆性较好的优质储集层，是龙马溪组勘探开发的最佳目标层段。

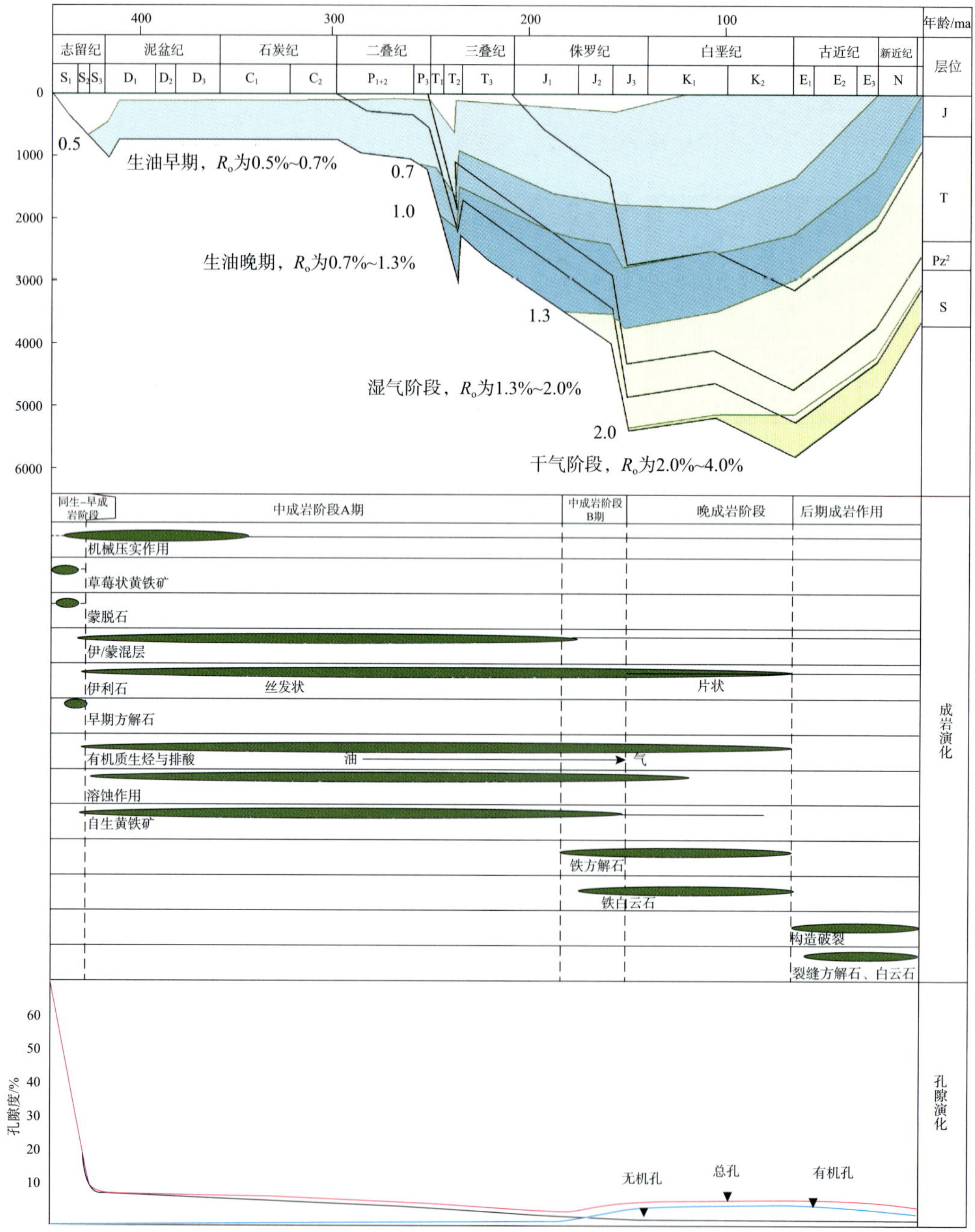

图3－29　川南地区龙马溪组页岩储层成岩作用与孔隙演化关系图

第五节　含气性特征

一、岩心实测含气量

川南地区五峰组－龙一段495个岩心含气量数据统计(表3－10)表明，现场含气量为0.23～8.78cm³/g，平均为2.81cm³/g。纵向上，自上而下含气量逐渐升高，TOC≥4%的优质页岩岩心实测含气量最高，平均为4.89cm³/g；平面上，威荣、永川地区含气量相当，焦石坝地区含气量最高(图3－30)，页岩含气性与TOC分布趋势较一致。

表3－10　川南五峰组－龙一段分区、分层段岩心实测含气量对比表

层位	页岩类型	含气量/(cm/g³)		
		威荣地区	永川地区	焦石坝地区
龙马溪组	中有机质页岩	1.87	1.15	3.62
	富有机质页岩	3.37	2.61	5.14
	优质页岩	4.80	4.59	6.19
五峰组	富有机质页岩	3.72	2.82	4.89

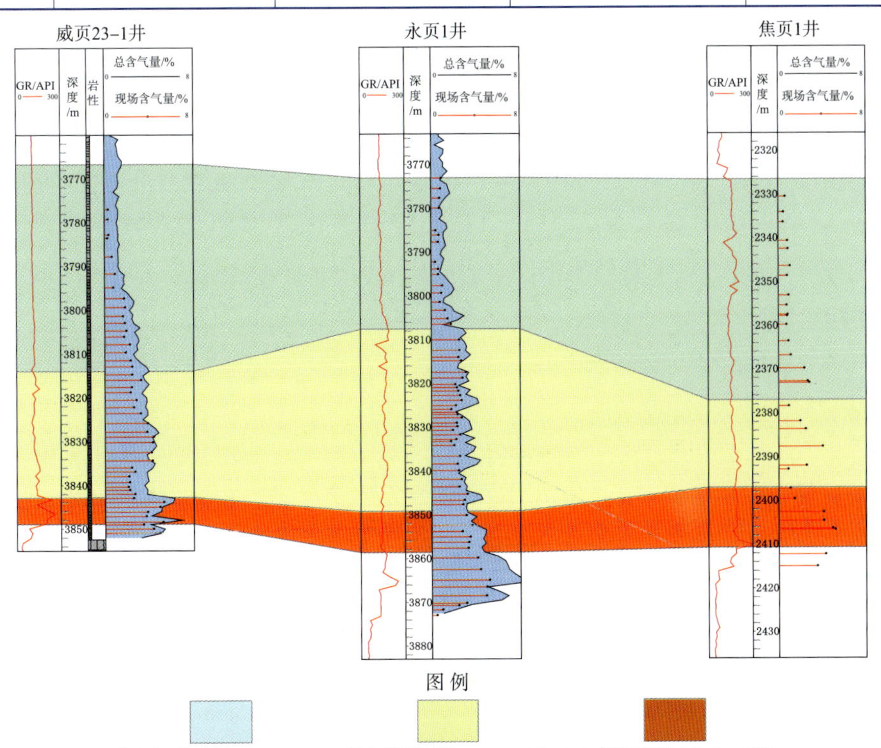

图3－30　川南地区五峰组－龙一段分区、分层段岩心实测含气量对比图

二、等温吸附

川南地区五峰组－龙马溪组页岩的兰氏压力为4.79～11.24MPa，平均为7.27MPa；兰氏体积为0.79～5.54m³/t，平均为3.33m³/t，干样吸附气量为0.72～5.0m³/t，平均为3.04m³/t。纵向上，自上而下，随着TOC含量的增高，吸附气量呈增大趋势（表3－11），TOC≥4%的优质页岩附气量平均最高。

表3－11 川南地区五峰组－龙一段分区、分层段等温吸附对比表

层位	页岩类型	威远地区			永川地区		
		吸附气量/(m³/t)	兰氏体积/(m³/t)	兰氏压力/MPa	吸附气量/(m³/t)	兰氏体积/(m³/t)	兰氏压力/MPa
龙马溪组	中有机质页岩	2.09	2.66	9.26	1.97	2.2	8.6
	富有机质页岩	2.23	3.37	8.72	2.68	2.94	6.87
	优质页岩	2.92	3.96	6.08	3.38	3.61	4.85
五峰组	富有机质页岩	2.59	2.88	6.74	2.97	3.33	8.66

三、页岩气赋存状态

1. 页岩甲烷吸附能力及影响因素

页岩吸附气量主要受内因和外因共同控制，其中，内因包括页岩的孔隙结构、矿物组成、TOC、热演化程度、含水率等；外因则主要与温度和压力有关。

川南地区五峰组－龙马溪组页岩的孔隙结构与页岩的吸附能力关系较为密切。威荣和永页地区甲烷最大吸附量与页岩中－微孔孔体积及比表面积呈现较好的正相关关系（图3－31、图3－32），对于龙马溪组，页岩的比表面积同样是决定页岩甲烷吸附能力大小的最直接因素。

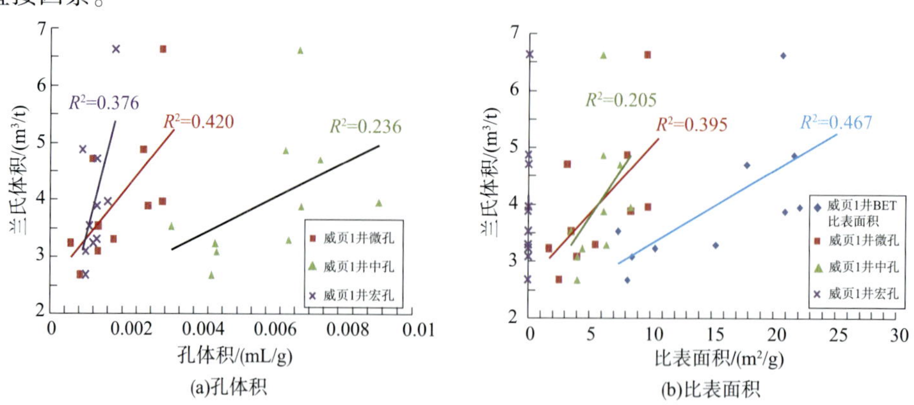

图3－31 威荣地区龙马溪组孔隙结构与吸附能力关系

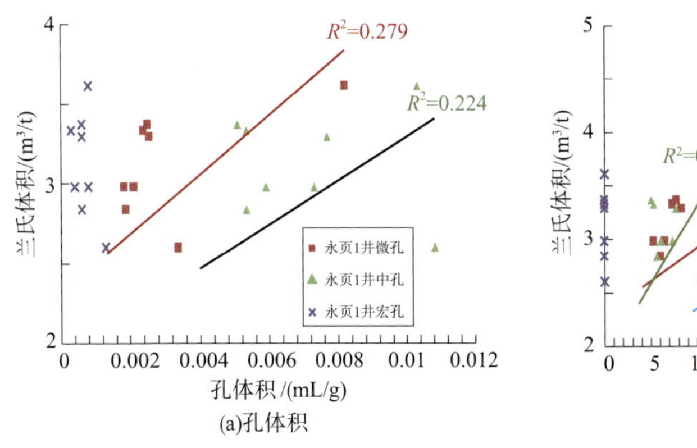

(a)孔体积

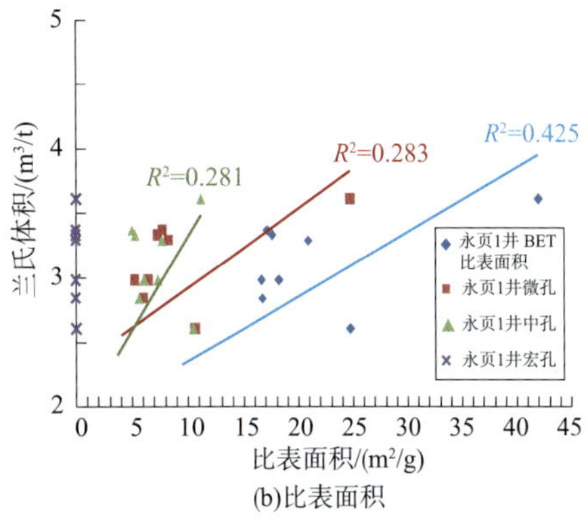

(b)比表面积

图3-32 永川地区龙马溪组孔隙结构与吸附能力关系

TOC含量对页岩的吸附能力同样有较大影响。永页1井、威页1井和金页1井TOC与比表面积均呈现良好的正相关关系。TOC含量的高低反映了有机质中微孔的发育程度；TOC与比表面积正相关关系良好，反应有机质中微孔为页岩气提供了足够的吸附表面和空间(图3-33)。

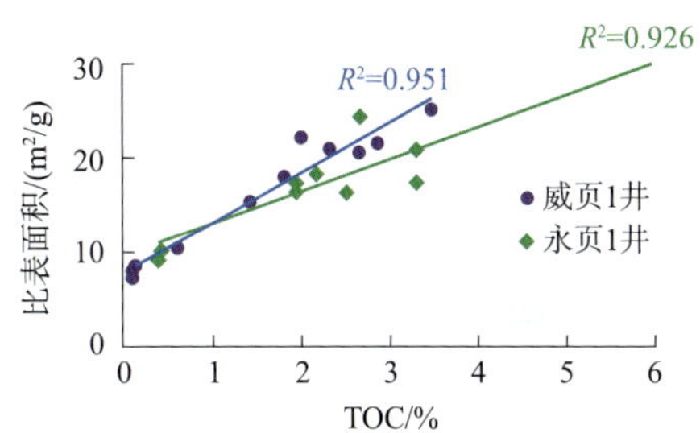

图3-33 川南地区TOC与比表面积关系

页岩中所含水分比甲烷更容易占据黏土矿物微孔隙提供的吸附表面，从而可降低页岩甲烷吸附能力，平衡水及干燥条件下的等温吸附实验分析表明：兰氏体积下降率为14%~20%不等(表3-12)。

表3-12 川南地区典型井平衡水及干燥条件下等温吸附参数对比表

井名	干样兰氏体积/(m^3/t)	平衡水分兰氏体积/(m^3/t)	兰氏压力/MPa	平衡水分兰氏压力/MPa	下降率/%	平衡水/%
威页1井	4.41	3.52	1.75	1.76	20	1.89
永页1井	1.96	1.68	1.72	1.71	14	1.91

压力对吸附气量的影响可以通过高压等温吸附试验反应：在低压区(0~5MPa)，最大吸附气量随着压力的增加以较大的增长率呈现近似线性增大；压力大于5MPa后，最大吸附气量的增长率逐渐变小，直至最大吸附气量不再增加(图3-34)。

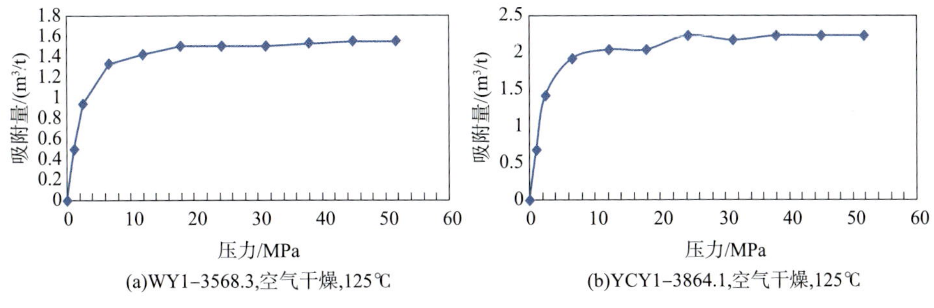

(a)WY1-3568.3,空气干燥,125℃

(b)YCY1-3864.1,空气干燥,125℃

图3-34 川南地区龙马溪组高压等温吸附曲线

温度对页岩气吸附也有较大影响，随着实验温度逐渐升高，吸附能力逐渐下降。试验温度从30℃升温至125℃，甲烷最大吸附量分别减小约52%和44%（图3－35）。威荣地区和永川地区钻井资料显示，龙马溪组地层温度分别约为126℃和136℃。由此可见，在高温高压情况下，温度对于龙马溪组页岩甲烷吸附能力的抑制作用较为明显。

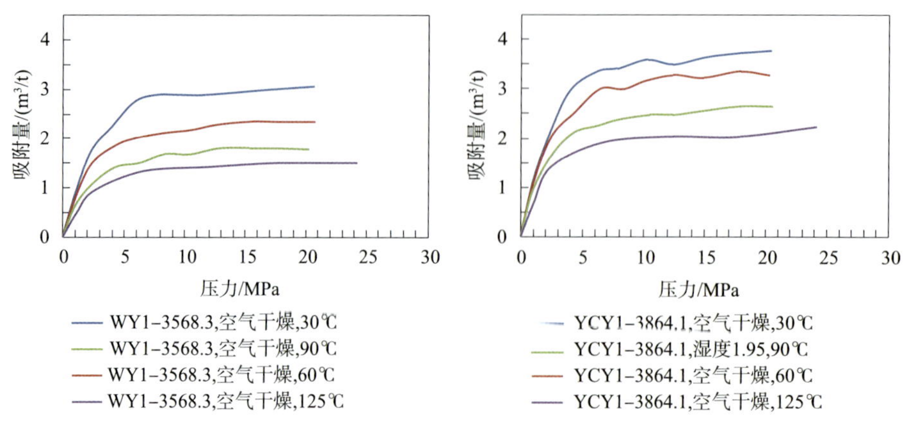

图3－35　川南地区不同温度下等温吸附曲线对比图

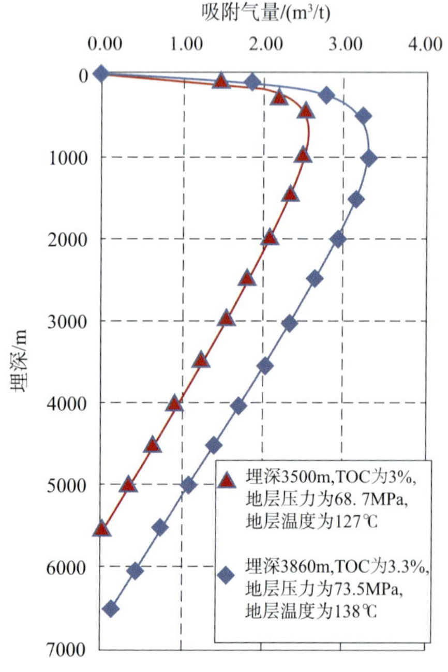

图3－36　川南地区深层龙马溪组页岩吸附气量随埋深变化曲线

2. 龙马溪组页岩吸附能力随埋深变化规律

采用川南威荣和永川地区岩心样品，考虑不同TOC、不同深度，并结合钻井的实际情况（地层压力、温度），考虑含水影响，基于兰氏扩展模型，可以计算得到吸附气量随埋深的变化曲线（图3－36）。从曲线上可以看到，川南地区深层龙马溪组页岩随着埋深逐渐增大，吸附气量先逐渐增大，达到临界埋深（1000m）时，吸附气量达到最大值；埋深大于1000m后，吸附气量随埋深的增加量是逐渐降低的。

3. 深层（地层）条件下页岩气赋存状态

分别采用威荣地区和永川地区龙马溪组优质页岩的边界条件，开展地层埋深条件下页岩气赋存状态研究，相关结果表明，深层页岩气在地层埋深条件下（埋深＞3500m），游离气吸附气量比例分别为72%～74%和24%～28%，页岩气主体赋存方式以游离气为主（图3－37、图3－38）。

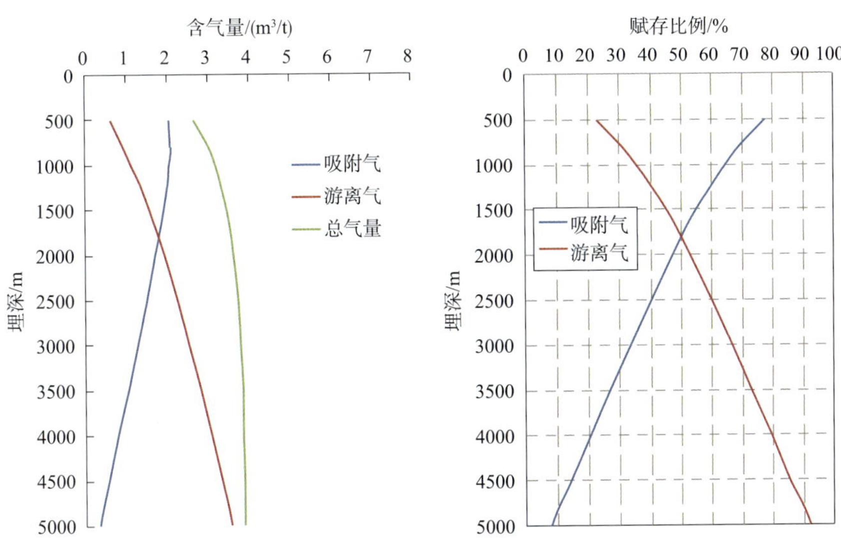

图3-37 威荣地区龙马溪组优质页岩地层条件下页岩气赋存形式

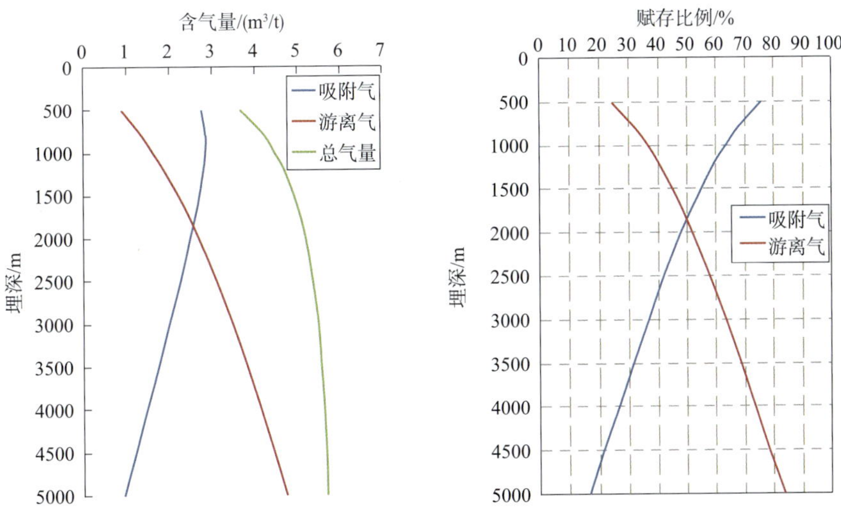

图3-38 永川地区龙马溪组优质页岩地层条件下页岩气赋存形式

威荣深层页岩地层条件：TOC平均为3.07%，孔隙度平均为4.14%，含水饱和度平均为44.7%，压力系数为1.91，视密度为2.53g/mL，地温梯度为3.0℃/100m，埋深为3572m，游离气吸附气量比例分别为74%、26%。

永川深层页岩地层条件：TOC平均为3.3%，孔隙度平均为5.84%，含水饱和度平均为42%，压力系数为1.89，视密度为2.49g/mL，地温梯度为3.0℃/100m，埋深为3864m，游离气吸附气量比例分别为72%、28%。

第六节　可压性特征

页岩的脆性特征是决定储层是否易于改造的重要参数。目前，国内外学者研究页岩脆性参数的方法主要有4种：①在实验室对矿物含量进行实测；②用地球物理方法及测井资料求取弹性力学参数，其中，杨氏模量和泊松比最常被用来作为表征岩石脆性的参数；③在实验室进行岩石力学实验，通过应力－应变特征进行评价；④采用常规压裂试验手段进行研究。目前使用最多的是采用矿物成分检测和实验室力学实测方法来评价储层的脆性。

一、脆性指数

1. 岩石矿物脆性指数

根据古生界海相页岩的矿物组成特征，我国学者往往把石英、长石、方解石、白云石作为脆性矿物，因此，页岩的脆性指数通常按如下公式计算：

脆性指数＝(石英含量＋长石含量＋方解石含量＋白云石含量)/(石英含量＋长石含量＋方解石含量＋白云石含量＋黏土矿物含量)

计算结果表明，川南地区下古生界龙马溪组页岩样品的脆性指数均较高，分布在0.29～0.78之间，平均为0.64，说明川南地区海相页岩均有较高的脆性指数(平均大于0.6)。因此，川南地区下古生界页岩整体具有良好的脆性和可压性，有利于海相页岩气的压裂改造。

2. 岩石力学参数特征

川南地区五峰组－龙一段页岩整体具有低泊松比、高杨氏模量的特征。纵向上，泊松比、最小主应力从上往下逐渐降低，可压性由上而下具有变好的趋势。三轴岩石力学测试结果统计(表3－13)表明，在围压为60MPa时，威荣地区的泊松比低，但杨氏模量偏低。

表3－13　川南地区五峰组－龙一段泊松比、杨氏模量参数表

	威荣地区		永川地区	
	泊松比	杨氏模量/GPa	泊松比	杨氏模量/GPa
最小值	0.185	13.9	0.3	34.5
最大值	0.421	31.4	0.34	44.3
平均值	0.303	21.8	0.323	39.6

3. 可压裂指数(FI)

偶极横波测井解释可以提供连续的泊松比和杨氏模量结果，可以通过归一化的泊松比和杨氏模量计算页岩的可压裂指数(FI)。以威荣地区威页11－1井为例，1～3层泊松比

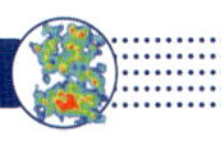

为0.19～0.30，平均为0.215；杨氏模量为26.50～62.65GPa，平均为34.04GPa。反映出总体上1～3层段页岩具有低泊松比－高杨氏模量的特征，可压裂指数较高，可压性好，永川地区也可见同样的特征(表3－14)。

表3－14 川南地区可压裂指数评价表

		8～9号层	6～7号层	4～5号层	1～3号层
泊松比	威页11－1井	0.289	0.247	0.211	0.215
	永页2井	0.27	0.229	0.22	0.22
	永页3－1井	0.27	0.23	0.22	0.21
	永页1井	0.28	0.26	0.25	0.25
杨氏模量/GPa	威页11－1井	33.719	33.003	32.670	34.04
	永页2井	35.487	33.3	30.0	40.5
	永页3－1井	32.8	31.6	31.1	37.8
	永页1井	32.2	31.2	30.9	36.38
可压裂指数(FI)	威页11－1井	0.241	0.306	0.365	0.372
	永页2井	0.31	0.41	0.42	0.527
	永页3－1井	0.24	0.36	0.38	0.48
	永页1井	0.38	0.419	0.42	0.48
脆性指数(BI)	威页11－1井	0.450	0.486	0.581	0.679
	永页2井	0.4	0.55	0.57	0.65
	永页3－1井	0.4	0.49	0.51	0.65
	永页1井	0.41	0.54	0.52	0.67

二、水平应力值及系数

水平两向应力差是沟通天然裂缝与人工裂缝的主控因素之一，两向应力差较小，则有利于裂缝转向、弯曲等，较易形成复杂裂缝；反之，则较难形成复杂裂缝。水平两向主应力差异系数(DHSR)用于表征水平两向应力差，为最大水平主应力与最小水平主应力之差与最小水平主应力的比值，是目前评价压裂改造能否形成复杂裂缝的主要参数。

根据中国石化石油工程技术研究院的室内数值模拟结果，裂缝的复杂程度随着水平应力差异系数的增加而快速减小。水平应力差异系数为0～0.13时，水力压裂能够形成非常充分的裂缝网络；水平应力差异系数为0.13～0.25时，水力压裂只有在高净压力下(裂缝延伸净压力大于水平主应力差)才能够形成相对较复杂的裂缝网络；水平应力差异系数大于0.25时，水力压裂不能形成裂缝网络。并且，相应的室内真三轴实验也获得了类似的结果(图3－39)。

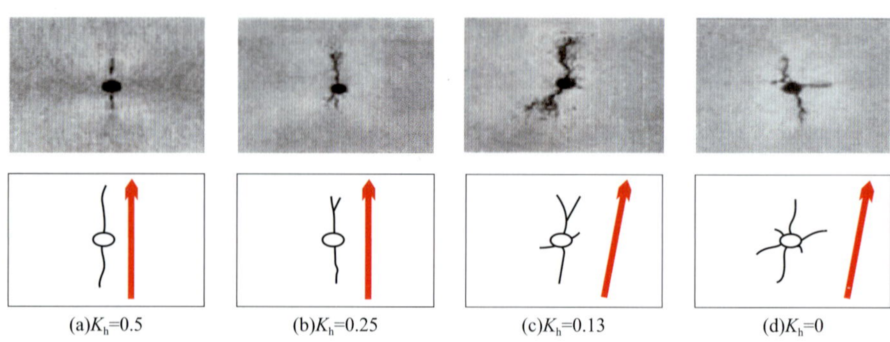

(a)K_h=0.5　(b)K_h=0.25　(c)K_h=0.13　(d)K_h=0

图 3－39　不同差应力系数下的裂缝形态

表 3－15 列举了川南深层页岩气威荣、永川地区与焦石坝地区中深层页岩气的龙马溪组应力条件，比较可见，随着埋深的增加，五峰组－龙马溪组目的层段最大水平主应力增加，地应力梯度增加，水平应力差异系数增加，两向应力差异值增加，深层页岩气无论是水平应力差异系数还是水平应力差值都远远高于中深层页岩气。这表明在同等压裂工艺水平条件下，页岩压裂难度增加，可压性变差，页岩形成非常充分的裂缝复杂网络的难度增加，需要通过地质评价找到在深层条件下可以形成裂缝复杂网络的页岩优质储层（“甜点”）段。

表 3－15　川南地区龙马溪组应力大小及与邻区对比表

井号	井段/m	最大水平主应力/MPa	最小水平主应力/MPa	水平应力差异系数	水平应力差值/MPa
永页 3－1 井	4079.71～4104.96	107.0～121.7	95.9～100.5/97.8（梯度 2.39）	0.09～0.26/0.2	8.4～25.4/15.8
永页 1 井	3812.22～3868.25	99.1～101.2	82.3～92.0（梯度 2.31）	0.09～0.23/0.15	8.1～18.7/11.1
威页 23－1 井	3841.3～3851.6	97.1～98.2	88.7～91.6（梯度 2.34）	0.17～0.28/0.22	8.0～17.6/13.0
焦页 1 井	2330.6～2417.19	52.2～55.5	48.6～49.9（梯度 2.06）	0.06～0.14/0.11	3.0～6.9/5.2

第七节　深层页岩气藏特征

截至 2019 年年底，威荣深层页岩气田取得了大量的试气、试采资料，包括 12 口井的产能试井资料、3 口井的压力恢复试井资料、9 口井的流温流压测试资料、8 口井的天然气样品、9 口井的 27 个水样。

一、气藏流体性质

1. 天然气组分

威荣深层页岩气田 5 口井的天然气分析资料统计表明（表 3－16），天然气主要成分甲

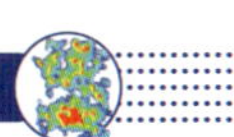

烷含量为95.75%～97.67%，平均为96.99%；乙烷含量为0.28%～1.35%，平均为0.66%，重烃含量少；CO_2含量为1.54%～2.33%，平均为1.76%；氮气含量为0.1%～1%，平均为0.54%。干燥系数(C_1/C_2)为171.38～348.82，平均为201.1，天然气成熟度高。气藏属于高甲烷、低重烃、低二氧化碳、低氮的优质干气气藏。

表3－16 威荣深层页岩气田龙马溪组页岩气组分数据表

井号	天然气组分/%								相对密度	干燥系数(C_1/C_2)
	CH_4	C_2H_6	C^{3+}	CO_2	N_2	He	H_2	H_2S		
威页1HF井	97.53	0.37	0.01	1.14	0.87	0.03	0.00	0	0.57	263.59
威页35－1HF井	95.75	0.84	0.00	2.33	1.00	0.04	0.00	0	0.57	113.99
威页11－1HF井	97.67	0.28	0.00	1.84	0.20	0.03	0.00	0	0.57	348.82
威页29－1HF井	96.36	1.35	0.03	2.29	0.10	0.03	0.00	0	0.57	171.38
威页23－1HF井	97.63	0.47	0.02	1.21	0.55	0.02	0.00	0	0.57	207.72
平均值	96.99	0.66	0.01	1.76	0.54	0.03	0.00	0	0.57	201.10

邻区中国石油威远页岩气田的天然气分析资料(表3－17)表明，气体组分总体与威荣深层页岩气田一致。

表3－17 威远页岩气田龙马溪组页岩气组分数据表

井号	天然气组分/%								相对密度	干燥系数(C_1/C_2)
	CH_4	C_2H_6	C^{3+}	CO_2	N_2	He	H_2	H_2S		
威201井	98.69	0.46	0.02	0.24	0.24	0.06	0.01	0	0.56	214.54
威201－H1井	97.65	0.54	0.02	0.22	1.54	0.03	0.00	0	0.57	180.83
威202井	98.33	0.68	0.03	0.70	0.22	0.03	0.00	0	0.57	144.60
威203井	97.76	0.55	0.03	0.99	0.62	0.03	0.00	0	0.57	177.75
威204井	97.48	0.49	0.02	1.32	0.64	0.05	0.00	0	0.57	198.94
威205井	97.38	0.41	0.03	1.50	0.63	0.05	0.00	0	0.57	237.51
平均值	97.88	0.52	0.03	0.83	0.65	0.04	0.00	0	0.57	192.36

2. 产出液性质

威荣深层页岩气田水样分析表明(表3－18)，水型为$CaCl_2$型，总矿化度前期较低，随着试采时间的增加，总矿化度增加，并最终稳定在28293～28329mg/L；Cl^-含量为14927.9～17243.2mg/L；pH值为6.53～6.64。水样中含有Ca^{2+}、Mg^{2+}、HCO^{3-}等易沉淀结垢的阳离子和阴离子。

表 3－18 威荣深层页岩气田试采井产出液分析结果统计表

井号	取样时间	pH 值	离子含量/(mg/L)						总矿化度/(mg/L)	水型
			$Na^+ + K^+$	Ca^{2+}	Mg^{2+}	Fe^{2+} + Fe^{3+}	Cl^-	HCO_3^-		
威页 1 井	2016.4.22	6.99	9348.7	328.20	31.30	20.73	14927.9	461.85	25118.68	$CaCl_2$
	2016.6.20	6.55	9484.05	356.45	31.90	37.62	15291.8	378.16	25580.58	$CaCl_2$
	2016.8.15	6.2	10548.4	433.10	36.75	185.37	16491.2	598.24	28293.06	$CaCl_2$
	2017.4.17	6.82	10449	440.10	35.70	39.03	17243.20	313.07	28329.50	$CaCl_2$
	平均值	6.64	9957.54	389.46	33.91	70.69	15988.53	437.83	26830.46	$CaCl_2$
威页 23－1HF 井	2017.11.25	6.3	6276.1	—	—	6.74	10511.2	—	17923.37	$CaCl_2$
	2017.12.21	6.75	6714.6	—	—	9.18	11099.0	—	18673.62	$CaCl_2$
	平均值	6.53	6495.35	/	/	7.96	10805.10	/	18298.50	$CaCl_2$

3. 气体系数

采用天然气组分法计算。根据气体组分分析资料，计算单元拟对比压力和拟对比温度，应用 Standing－Katz 图版得到五峰组－龙马溪组一段气藏平均天然气偏差系数为 1.406(表 3－19)。

表 3－19 威荣页岩气田五峰组－龙马溪组一段气藏天然气偏差系数表

层位	气层组	地层温度/K	地层压力/MPa	组分法					
				拟临界温度/K	拟临界压力/MPa	拟对比温度/K	拟对比压力/MPa	气体偏差系数	
								计算值	选值
五峰组－龙马溪组一段	1～6	403.09	71.82	192.23	4.632	2.10	15.505	1.4061	1.406

根据天然气体积系数公式，将单元气藏动态参数代入，即可求得单元的体积系数：

$$B_{gi} = p_{SC} \cdot z_i \cdot T/(p_i \cdot T_{SC}) \tag{3-1}$$

式中，B_{gi}为原始天然气体积系数；p_{SC}为地面标准压力，取 0.101MPa；p_i为原始地层压力，MPa；z_i为原始地层压力下的天然气偏差因子；T 为气藏温度，K；T_{SC}为地面标准温度，取 293.15K。

威荣页岩气田五峰组－龙马溪组气藏天然气体积系数为 0.00273。邻区中国石油威远页岩气田的偏差系数范围为 1.296～1.340，平均为 1.314；天然气体积系数为 0.00259～0.00269，平均为 0.00264。

二、地层压力与温度

威荣深层页岩气田实测原始地层压力、地层温度资料(表 3－20)表明，气藏原始地层

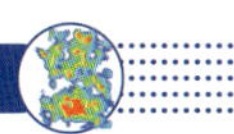

压力为68.69～77.48MPa，气藏原始地层压力系数为1.94～2.06，属于异常高压气藏；气藏地层温度为127.43～134.97℃，地温梯度为2.80～3.00℃/100m，属于正常地温。

表3－20　威荣页岩气田五峰组－龙马溪组一段地层温度数据表

井号	测点井深/m	原始地层压力/MPa	地压系数	地层温度/℃	地温梯度/(℃/100m)	备注
威页1HF井	3607.49	68.69	1.94	127.43	3	实测
威页23－1HF井	3831.7	77.48	2.06	134.97	2.8	实测
平均值	3719.6	73.09	2	131.2	2.9	—

分析对比与邻区中国石油威远页岩气田的实测地层压力、地层温度(表3－21)可知，地层压力、温度略低，气藏同样属于常温高压气藏。

表3－21　中石油威远五峰组－龙马溪组一段地层压力、温度测试成果统计表

井号	测点深度/m	地层压力/MPa	地层温度/℃	压力系数
威204井	3494	67.27	118.65	1.96

三、气藏类型

1. 气藏驱动方式

威荣深层页岩气田五峰组－龙马溪组底埋深3500～3850m，气藏中部深度为3680m。录井、测井解释成果和试采中均未见水。结合地质研究及试采成果认为，气藏表现为大面积含气连续性分布的无边界水弹性气驱方式的特征。

2. 气藏类型

依据《页岩气资源/储量计算与评价技术规范》(DZ/T 0254—2014)，威荣深层页岩气田五峰组－龙马溪组一段天然气符合页岩气的定义，属于自生自储式连续性页岩气藏，具体特征表现为：

(1)页岩气层为连续沉积的富有机质页岩，威荣深层页岩气田五峰组－龙马溪组地层具有深水陆棚相沉积特征，自下而上可分为五峰组、龙马溪组一段和龙马溪组二段，五峰组－龙马溪组一段又可分为1～9层，其下部岩性主要为灰黑、黑色页岩，上部岩性以粉砂质泥岩与泥质粉砂岩为主。纵向上连续，除五峰组顶部20～40cm观音桥段外无隔层；1～4层页岩TOC普遍大于2%，为优质页岩。

(2)气源来自暗色富有机质页岩，自生自储。气源对比显示，威荣深层页岩气田五峰组－龙马溪组页岩气来源于自身页岩层系烃源岩，具有储源一体的特征。

(3)页岩储层发育大量纳米级孔隙，储层孔隙度较高，横向展布稳定。储集空间以1.5～50nm的纳米级孔隙为主，微裂缝较为发育；储层物性较好，纳米级孔隙中有机质孔

发育，有利于页岩气的赋存，页岩孔隙度基本大于5%。

(4)威页1井、威页23-1HF井地质品质、工程品质、测试产量存在一定差异，但试采压力、产量稳定，表明储层具有一定的非均质性。

(5)气藏储层具有大面积层状分布、整体含气的特点：①钻井揭示，各井页岩气岩性及电性等可对比性强；②页岩气层横向展布稳定，纵向上连续，中间无隔层；③试采井测试、试采均未见地层水，测井解释均无水层，未见到明显的含气边界和气水边界；④页岩气层的分布明显受有利沉积相带页岩展布的控制。

以上特征显示，威荣页岩气田五峰组-龙马溪组一段天然气藏为深层、常温、超压、弹性气驱、超低渗、干气、自生自储式连续型页岩气藏。

第四章　深层页岩气田形成富集机理

第一节　典型页岩气(藏)解剖

四川盆地典型的页岩气田按照埋藏深度可以划分为3类：①中浅层页岩气田，以太阳页岩气田为代表；②中深层页岩气田，以涪陵页岩气田、长宁页岩气田为代表；③深层页岩气田，以威荣页岩气田、永川南页岩气田为代表。本章通过分析不同埋深条件下页岩气的形成条件和形成过程，明确气藏之间的差异，阐明深层页岩气富集的主控因素，建立深层页岩气富集模式。

一、中浅层太阳页岩气田

中浅层太阳页岩气田处于四川盆地川南低陡褶皱带与滇黔北坳陷(北部)过渡部位，2017～2018年，该区在埋深700～2000m处获得了中浅层页岩气的勘探突破(梁兴、徐政语、张朝，2020)，位于构造顶部的阳102H1－1井(埋深795m，水平段长745.4m)测试产量$6.3\times10^4m^3/d$；2019年提交探明地质储量$1359.5\times10^8m^3$，截至2019年年底，太阳页岩气田建成年产页岩气$5.43\times10^8m^3$能力。

1. 形成条件要素

1)构造及埋深

太阳地区在构造区域上处于四川盆地川南低陡褶皱带与滇黔北坳陷(北部)过渡部位，属于盆内构造体系，为近东西向展布的背斜构造(图4－1)。该构造发育始于加里东期，其后受南北向挤压应力作用影响形成近东西向背斜，喜山期受青藏高原向东的挤压，形成了近南北向的压扭性走滑断层，将完整的东西向背斜分割成两块，但背斜构造形态仍保持完整。背斜南翼较缓，地层倾角为10°～15°，北翼较陡，地层倾角为15°～40°，发育3个级别的断裂共23条，主要分布在北、南两翼。主体埋深600～1700m，属于中浅层页岩气田。

2)有利的沉积微相及优势岩相

太阳页岩气田五峰组－龙马溪组一段主要为深水陆棚沉积，其优势沉积微相为富有机质硅质泥棚微相和富有机质粉砂质泥棚，其主要目的层(相当于威荣地区龙马溪组的1～6

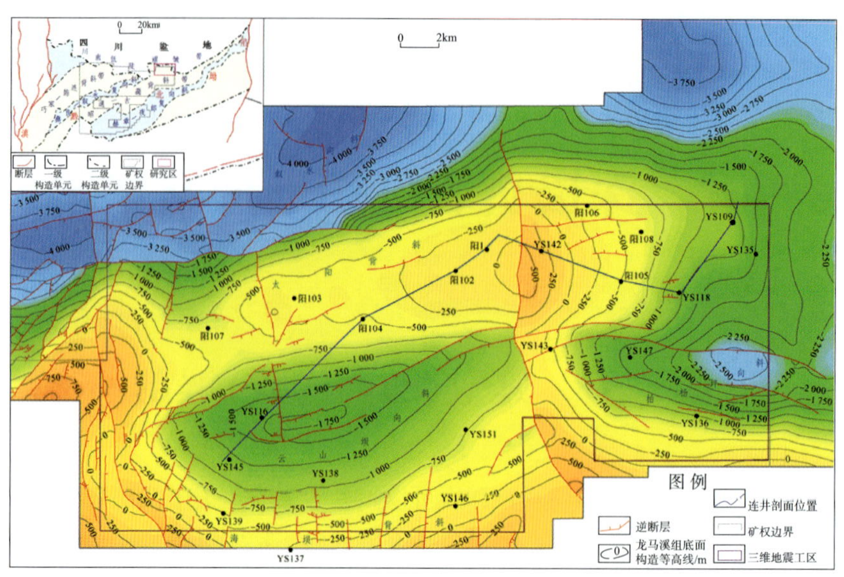

图 4－1　太阳背斜区龙马溪组底面构造图及其浅层页岩气评价井分布图

小层）以黑色硅质页岩与炭质页岩为主，富含黄铁矿和笔石化石，厚 25.0 ~ 40.0m，从下往上可以划分为 4 个小层。其中，优质储层为富硅富炭的黑色碳质笔石页岩，厚度为 2.0 ~ 3.0m，相当于威荣地区龙马溪组的 2 ~ 3^1 小层。

3）储层品质

该区干酪根显微组分镜下鉴定结果表明，以腐泥组为主，含量一般在 70% 以上，；其次为惰质组，含量一般在 15% ~25% 左右，酪根类型以 II_1 型为主；镜质体反射率 R_o 为 1.65% ~3.11%，平均为 2.54%，处于过成熟阶段。有机碳含量测定表明，五峰组－龙马溪组一段具有自上而下逐渐变好的特点。TOC 值主要分布在 0.2% ~9.0% 范围之内，平均为 2.61%。总体为中－特高有机碳含量，提供了良好的物质基础。

储渗空间可以划分为孔隙和裂缝两大类。其中，孔隙以有机孔为主，发育粒间孔、晶内溶孔等。脆性矿物含量为 49.1% ~84%，平均为 63.88%；以硅质矿物为主，平均占 40%；其次是钙质矿物，平均含量约 25%。脆性矿物和硅质矿物含量总体都具有自上而下逐渐增高的特征，优质段硅质矿物含量最高达 84.4%。岩心孔隙度主要分布在 2.04% ~ 10.06% 之间，平均为 5.63%；基质渗透率为 0.000017×10^{-3} ~ $0.044\times10^{-3}\mu m^2$，裂缝渗透率为 0.015×10^{-3} ~ $6.17\times10^{-3}\mu m^2$，分布区间相对较分散。

含气量从上到下有增高趋势，总含气量为 1.79 ~ 11.51m^3/t，平均值为 4.3m^3/t；吸附气含量为 2.11 ~2.4m^3/t，平均为 2.14m^3/t，占比达 50%，吸附气含量明显偏高。

4）顶、底板与保存条件

顶、底板与气层页岩连续沉积，顶、底板岩性致密，厚度大，分布稳定，封隔性能好。顶板为龙马溪组龙二段发育的灰－深灰色中－厚层灰质泥岩、泥质灰岩或粉砂岩、泥

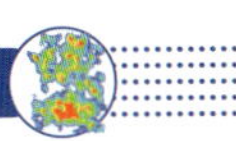

质粉砂岩夹薄层粉砂质泥页岩，孔隙度平均为3.8%，渗透率平均为$0.0769\times10^{-6}\mu m^2$。底板为奥陶系临湘组和宝塔组连续沉积的灰色瘤状泥灰岩、隐晶、泥晶质灰岩等，平均孔隙度为1.58%，平均渗透率为$0.017\times10^{-6}\mu m^2$。顶、底板均属于低孔特低渗致密地层。此外，该区实测压力系数为1.2~1.6，也体现了良好的保存条件，有利于页岩气的富集与留存。

2. 形成过程分析

长宁地区五峰组－龙马溪组页岩气藏形成过程可分为3个阶段(图4－2)。

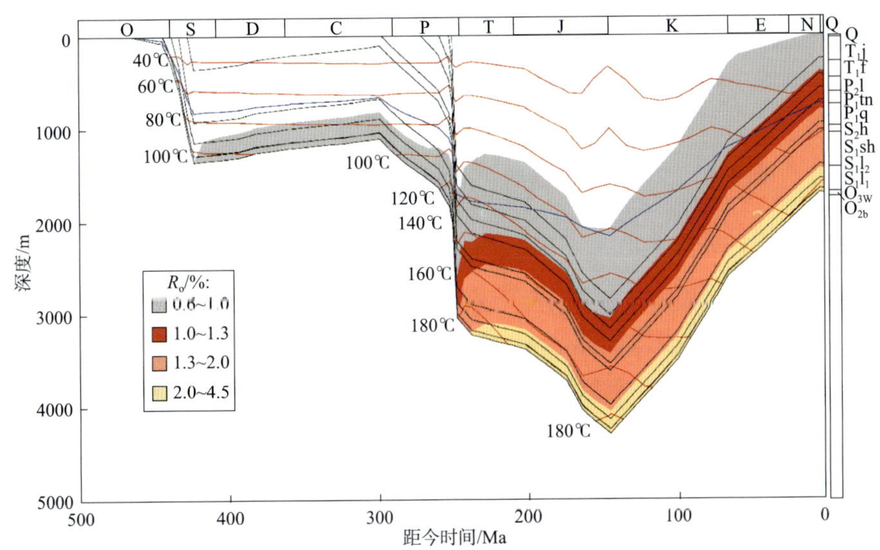

图4－2 太阳背斜区Y105井五峰组－龙马溪组烃源岩热埋藏生烃史图(据中国石油)

第一阶段：在海西到印支期，埋深快速增加，最大约3000m左右。有机质进入成熟期，生产出大量液态烃类，同时受上覆岩层压实作用影响，无机孔明显减小，有机孔随热演化程度的增高而逐渐发育，生成的液态烃类在页岩层内大面积、连续储集，从而形成连续性的页岩油藏。

第二阶段：在燕山早－中期，五峰组－龙马溪组页岩埋深继续增大，最大埋深4200m左右，有机质演化至高－过成熟阶段，页岩气相继经历了湿气高峰和干气高峰阶段。在此阶段，页岩层的生烃量要远高于页岩气排烃量，同时页岩气层的储集能力也迅速提高，页岩气层的含气性处于饱和状态。

第三阶段：燕山晚期－喜山期，该区处于持续构造抬升阶段，地层深度由4200m左右抬升到目前的1700m左右。受到构造抬升作用及断层的调整作用影响，部分游离气发生了部分散失，地压系数降低，但由于背斜主体部位断层少、地层平缓，背斜整体封闭性能良好，导致生成的页岩气仍有较大部分滞留在了烃源岩内部，形成了自生自储的原生页岩气藏(图4－3)。

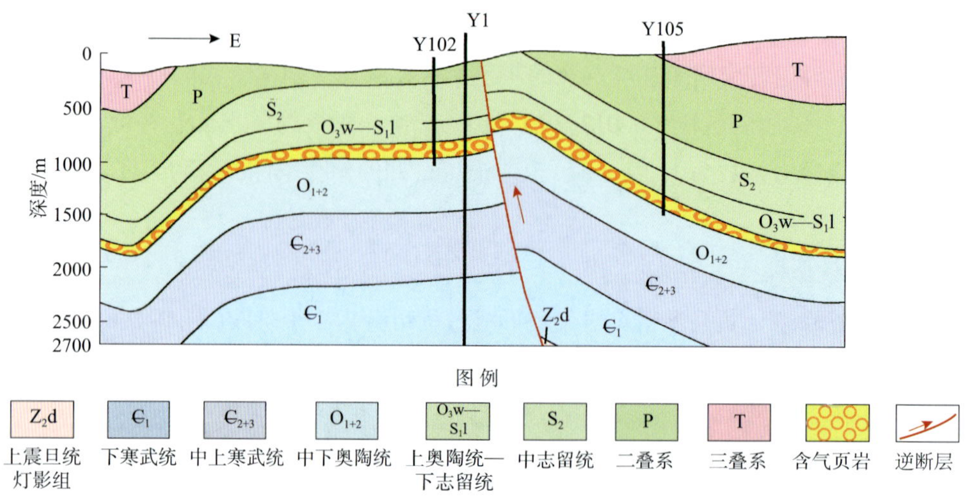

图 4-3　太阳背斜中浅层页岩气成藏赋存模式图(据中国石油)

3. 富集主控因素分析

1)区域盖层发育，顶底板完整，后期构造改造弱，页岩气保存良好

太阳背斜构造顶部核心区出露志留系，主要目的层上覆地层残余厚度仅500m左右，为一套灰色－深灰色泥灰岩、灰绿色与绿灰色泥岩、灰质泥岩以及褐灰色灰岩的低孔特低渗致密地层(石牛栏组＋韩家店组)。同时，该构造在形成过程中，以继承性叠加褶皱变形、多期次弱断裂改造为特征，虽然历经抬升变浅，但切顶的走滑－逆冲断层持续呈挤压状态，两侧致密岩性对接封堵性好，断层的封闭性良好，目的层背斜形态整体保存完整，表明整体封闭性能良好，为页岩气富集提供了保障。

2)相带有利，富有机质页岩发育，储集条件较好

该区于早志留世早期进入前陆闭塞海湾盆地深水陆棚相沉积阶段(徐政语、蒋恕，2015)，水体相对平静，为滞留贫氧－缺氧环境，浮游笔石动物群发育，有利于有机质富集与烃源岩形成。富有机质页岩(TOC≥2%)集中于五峰组－龙马溪组底部，厚度较大，储层品质良好，有机孔与微裂隙发育，储集层物性良好，以发育Ⅰ类储集层为主，具备良好的页岩气存储空间与富集场所，为页岩气富集奠定了坚实的物质基础。

3)裂缝发育，水平应力差值较小，具备人造气藏高产条件

在持续挤压状态下，背斜构造高部位普遍发育较密集的微裂缝体系，其既降低了页岩地层的水平应力差，又在后期的储集层压裂改造过程中沟通了微(纳)孔隙，形成了复杂的人工缝网体积压裂，为中浅层页岩气井产气量稳定提供了重要支撑。

二、中深层涪陵页岩气田

涪陵焦石坝构造位于川东南构造区川东高陡褶皱带万县复向斜包鸾－焦石坝背斜带，呈北东向展布，被大耳山西断层、石门断层、吊水岩断层、天台场断层等断层所夹持，背

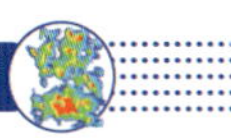

斜总体表现为南宽北窄、中部宽缓，北东向走向的特点(冯建辉等，2017)。2012 年部署的焦页 1 井(焦页 1HF 井)，在上奥陶统五峰组 - 下志留统龙马溪组 2660 ~ 3653.99m 水平段测试获最高产量 $20.3 \times 10^4 m^3/d$，实现了中国页岩气重大勘探突破。

1. 形成条件要素

1)构造及埋深

焦石坝构造为被大耳山西断层、石门断层、吊水岩断层、天台场断层等断层所夹持的断背斜构造，表现为南宽北窄、中部宽缓，北东向走向的特点，上奥陶统五峰组底高点海拔 -1640m。发育断裂 69 条，其中，断距大于 50m 的断层 23 条，断开寒武系 - 三叠系(郭彤楼，2016)，主要分布在东、西部区域及北西、南东两翼。该气田主体埋深 2300 ~ 3500m，属于中深层页岩气田。

2)有利沉积微相及优势岩相

焦石坝地区下志留统页岩处于陆棚背景，为深水陆棚亚相沉积，龙马溪组自下而上可识别出 2 个三级层序(即 SQ_1 与 SQ_2)，在层序等时框架内分布稳定、可对比性好；SQ_1 页岩厚度大，为 83 ~ 102m。优质页岩厚度多为 38 ~ 44m，为硅质深水陆棚沉积微相，富碳高硅，是最有利的勘探开发目标层。

3)储层品质

焦石坝地区五峰组 - 龙马溪组页岩有机地化指标优越，具有有机质丰度高、热演化程度适宜、生烃母质类型较好的特点。TOC 较高，龙一段平均 TOC 为 2.54%，其下部优质页岩段(1 ~ 5 层)TOC 平均为 3.5%。热演化程度适宜，等效镜质体反射率平均为 2.59%；干酪根碳同位素相对较轻，$\delta^{13}C_{PDB}$为 -29.3‰ ~ -29.2‰，有机质属于 Ⅰ 型，具有较高的生气能力。

页岩孔隙类型丰富，主要发育有机质孔隙、无机孔隙、页理缝和构造裂缝 4 种储集空间类型。优质页岩段孔隙类型以有机质纳米孔为主，平面上呈圆形、椭圆形及不规则形状(张晓明等，2015)，孔径以中微孔为主，有机质面孔率为 10% ~ 50%，平均为 30%。裂缝较发育，类型以层理缝和页理缝为主，密度达 4 条/m。微观孔隙结构在纵向上存在一定差异。优质页岩段以中孔为主，孔径较为集中分布于 2 ~ 24nm 范围内，孔隙度大、渗透率高，连通性中等 - 差。其上层段有机孔以大孔为主，孔隙度、渗透率降低，连通性变差。孔隙度整体展现出两高夹一低”的三分特征，龙一段孔隙度主要介于 3% ~ 6% 范围内(最小为 1.17%，最大为 7.98%，平均为 4.61%)。渗透率最大为 $81.35 \times 10^{-3} \mu m^2$、最小为 $0.0015 \times 10^{-3} \mu m^2$，159 个样品平均渗透率为 $0.32 \times 10^{-3} \mu m^2$，渗透率在 $0.1 \times 10^{-3} \sim 10 \times 10^{-3} \mu m^2$ 区间内的占 50%，孔隙度与渗透率相关关系不明显。

高脆性矿物含量与高 TOC、低黏土含量形成了良好匹配关系[图 4 -4(a)]。从上至下脆性矿物含量增高，优质页岩段脆性矿物含量大于 40%。黏土矿物含量总体较低，具有从上往下逐渐减小的特点，黏土矿物以伊蒙混层和伊利石为主，次为绿泥石，不含蒙脱石。

泊松比、最小主应力从上往下逐渐降低，可压性自上而下具有变好的趋势。从焦页1井优质页岩段岩石力学参数测试获得杨氏模量为23～37GPa，泊松比为0.11～0.29[图4－4(b)]，脆性指数为41%～73%，平均为54.1%，最大主应力为52.2～55.5MPa，最小主应力为48.6～49.9MPa，水平地应力差异系数为0.11～0.34。页岩杨氏模量高，泊松比低，储层脆性强，有利于压裂改造过程中形成复杂的裂缝系统(王志刚，2014)。

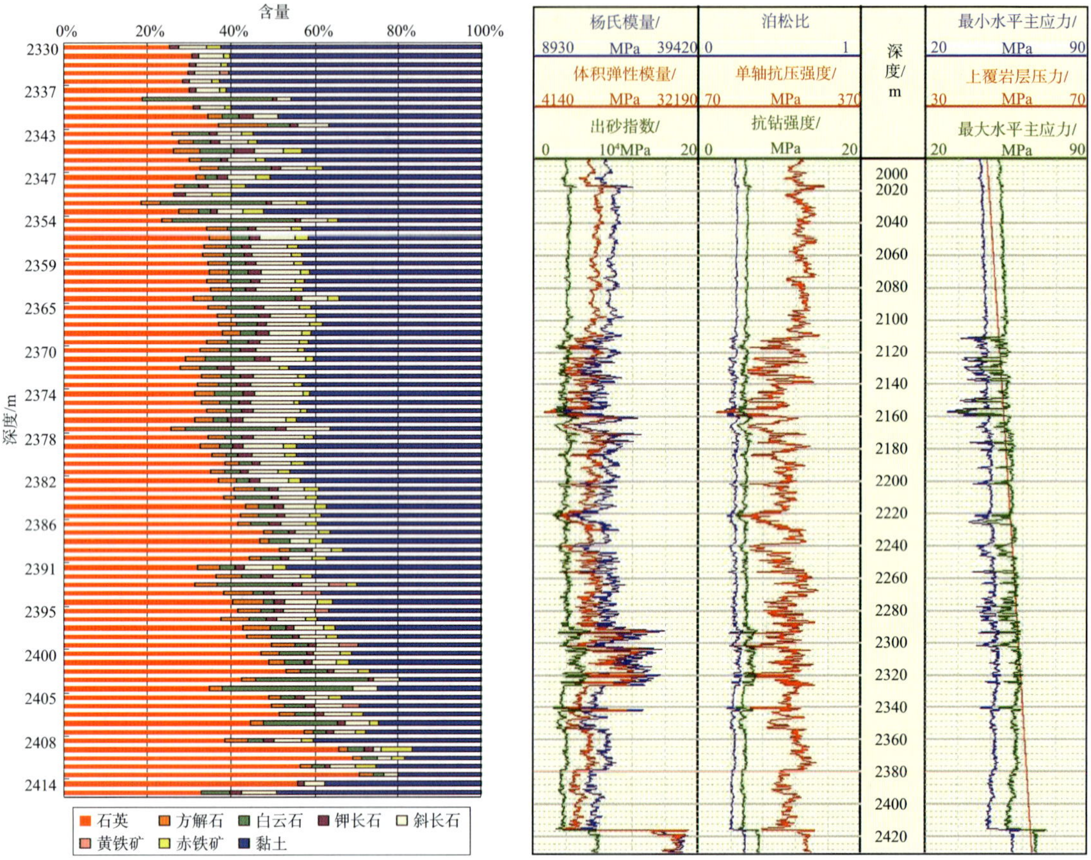

(a)脆性矿物　　(b)岩石力学与应力

图4－4　焦页1井页岩矿物含量图

自上而下龙一段含气量逐渐增高，下部优质页岩段含气量为0.89～5.19m^3/t，平均为2.96m^3/t。其中，页岩的游离气含量逐渐增加，而吸附气变化不大。

4)顶、底板与保存条件

焦石坝地区位于四川盆地内，为一个向四川盆地内部倾伏的鼻状构造，位于克拉通型地块上，构造稳定。该区断裂欠发育，页岩气藏内的主体部位地层向西南、东北方向倾伏，构造平缓(5°～10°)。这些均意味着构造改造不强烈，保存条件好，有利于页岩气藏的保留。该区焦页1井压力系数高，达1.55，有利于页岩气富集与留存。综上所述，焦石坝地区下志留统页岩气藏的压力系数高、构造稳定、断层不发育，保存条件好。但在焦石

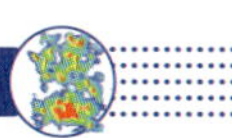

坝一期产建区的东翼和东南翼，钻井过程中发生了漏失、溢流、含气量降低等现象，测试产量大幅下降(图4－5)，分析认为，可能是边部断层及断层附近大型高角度构造裂缝发育，保存条件变差所致。

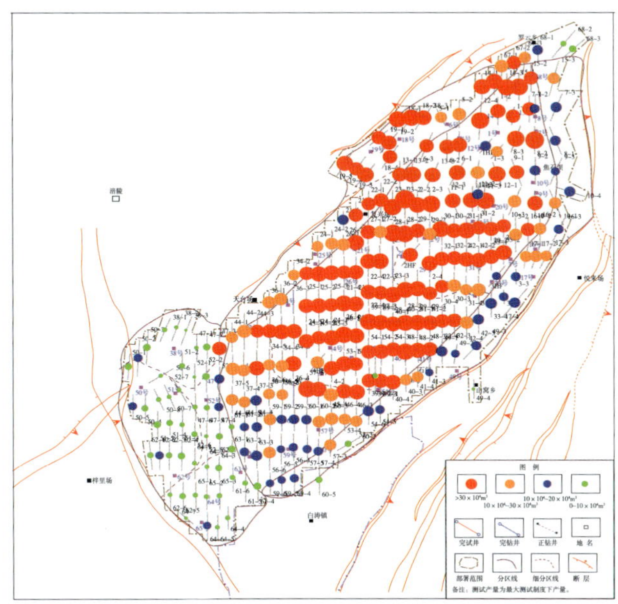

图4－5 焦石坝一期产建区断层与产能(保存条件)分布图

5)气藏特征

焦石坝地区五峰组－龙马溪组含气页岩为连续性页岩气藏(图4－6)。目的层地层温度85.99℃，地温梯度为2.91℃/100m；地层压力37.69MPa，地层压力系数为1.55，为高压气藏。气藏没有边底水或边底水不活跃，试采过程不产地层水，表现为封闭气藏的弹性驱动方式的特征。气藏类型为中深层、弹性气驱、高压(压力系数1.55)、干气(甲烷含量98.3%)、页岩气藏。

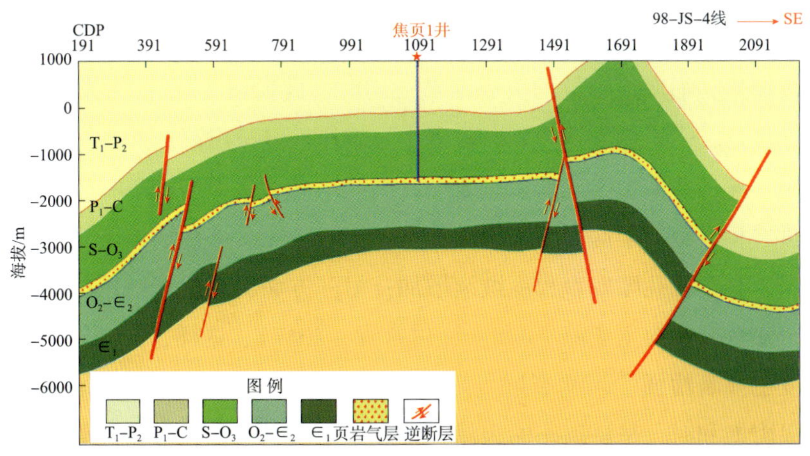

图4－6 五峰组－龙马溪组页岩气藏剖面图(据江汉油田，2012)

2. 形成过程分析

涪陵焦石坝区块五峰组－龙马溪组页岩气藏具有明显的原位滞留成藏特征，按过程可划分为4个阶段(图4－7)。

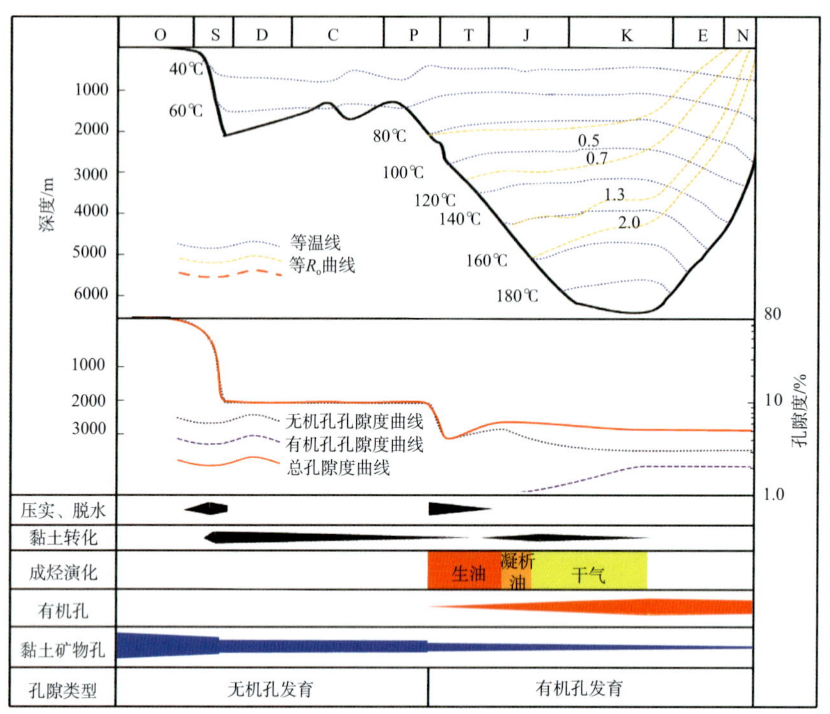

图4－7 焦石坝页岩成岩作用与孔隙演化示意图

第一阶段：海西期之前，焦石坝区块五峰组－龙马溪组最大埋深为2500m左右，有机质处于未成熟阶段；页岩主要发育无机孔隙，少量天然气以吸附状态存在；在该阶段页岩气层以常压为主，压力系数为1.0左右。

第二阶段：海西期－印支期主生油期，埋深快速增加，最大为5000m左右。受上覆岩层压实作用影响，无机孔明显减小，有机孔随热演化程度的增高而逐渐发育，在页岩层内大面积、连续储集，形成连续性的页岩油藏。同时，此阶段为主生油期，由于生烃增压，加之保存条件良好，页岩储层压力系数随着生烃增压而继续增高。

第三阶段：燕山晚期主生气期，页岩埋深继续增大，最大为6500m左右，热演化程度明显升高，页岩相继经历了湿气高峰阶段和干气高峰阶段。该阶段由于烃类气体集中大量生成，一方面，有机质孔隙发育程度继续增加；另一方面，在成烃增压的作用下，流体压力显著增大，使页岩中内生裂隙不断形成(付常青，2017)，这样，页岩气在页岩层内的扩散及渗流速度也显著增强。当油裂解气超过泥页岩有机质和黏土矿物孔隙表面最大吸附量，即达到吸附饱和时，呈游离态的天然气将开始出现在微孔、微缝等储集空间中。随着生气过程的继续，页岩气以游离相为主聚集成藏。

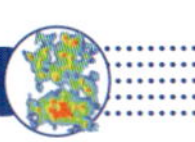

第四阶段：燕山晚期－喜马拉雅期，该阶段生烃基本停止，页岩埋深由6500m左右抬升至目前的2000～3500m。因上覆地层静压力降低，以及受褶皱和大规模断裂影响，页岩气发生散失，直至达到新的动态平衡。此阶段构造作用的调整造成页岩储层压力系数由之前的超高压逐渐演变为高压(压力系数为1.55)。

在页岩气以上的赋存过程中，早期3个阶段，随着埋深逐渐增加，页岩热演化程度相应地增加，有机质从开始生油直至裂解气大量生成，为页岩气层提供了足够的天然气来源。同时，储集空间也发生着转化，初期以无机孔隙为主，后期具有亲烃性好的有机质孔隙逐渐发育，这为页岩提供了更多的比表面积和孔体积，有利于页岩气的吸附和储集；加之此过程保存条件良好，页岩含气量逐渐增大，页岩气赋存状态由早期的以吸附状态为主，逐渐转变为吸附气和游离气共同赋存的状态，且二者一直相互转换，直至达到动态平衡。

晚期的第四阶段，即后期抬升过程中，为页岩气重要的成藏调整阶段。此阶段保存条件的好坏直接决定了页岩含气量的高低，进而决定了页岩气产量的高低。如涪陵焦石坝区块保存条件良好的地区，虽然页岩气同样发生了散失，但该地区相对于四川盆地外围地区，构造变形弱，页岩气遭受破坏的时间短，页岩气通过产生的裂缝等运移通道散失的程度相对较弱，因此，页岩气层仍具有较高的能量，有利于页岩气的富集高产。

3. 富集主控因素分析

1)深水陆棚优质页岩是海相页岩气富集高产的重要因素

页岩层段含气普遍，但要形成具一定规模的气藏，必须要有广泛发育的孔隙性良好的页岩储层作为支撑，否则难以形成具一定经济开采价值的气藏。深水陆棚相带，繁盛的生物和缺氧环境，沉积了高有机质丰度的优质页岩，为页岩气的形成提供了良好的生烃和硅质基础(郭旭升等，2016、2017；冯建辉等，2017)。其后，适宜的生烃演化形成的有机孔为页岩气提供了良好储集空间，为页岩气富集高产创造了有利条件。这套深水陆棚相优质页岩的存在是控制气层分布的最基本因素，其规模也决定了气藏规模。

2)良好的保存条件是海相页岩气富集高产的关键

在早期持续深埋阶段，影响页岩气滞留保存的主要因素是顶、底板条件，优越的顶、底板条件是页岩气层具有良好保存条件的基础，对页岩气的聚集起到关键作用(郭彤楼等，2013、2014；郭旭升等，2016、2017；腾格尔等，2017；冯建辉等，2017)。在晚期持续抬升阶段，生烃停止、页岩气逸散，影响页岩气保存的主要因素是构造作用。不仅会使油气的生成停滞，同时会使含气页岩层段之上的上覆岩层和区域盖层减薄或剥蚀，导致上覆压力变小，从而会使页岩气层突破盖层向上逸散(付常青，2017)。因此，动态有效的保存条件至关重要。

3)微裂缝发育是控制气井高产的关键因素

由于龙马溪组在地史时期埋深较深，经历的压实和成岩演化极为复杂，使得页岩的渗透能力较差，并导致储层非均质性强。要使聚集的页岩气形成规模高产、稳产，仅靠人工压裂是远远不够的。焦石坝地区燕山期大规模的整体抬升，造成页岩中水平缝和页理缝大规模发育，使得优质页岩渗流条件得到充分改善(郭彤楼，2016；金之钧等，2017)。只有在规模级裂缝对渗流条件有效改善的情况下，才可能形成规模高产、稳产。因此，后期规模微裂缝通过对储层渗流性的改善，对形成高产起到了关键作用。

三、中深层长宁页岩气田

川南长宁地区位于中国石油2012年获批成立的长宁－威远页岩气产业化示范区内，2012年，第一口页岩气水平井测试获$15\times10^4m^3/d$的高产气流；2013～2014年，完成了先导性试验，优选出宁201井区和YS108井区为长宁页岩气田的核心建产区；2014年至今，开始了页岩气产能建设阶段。截至2019年9月，长宁－威远国家级页岩气示范区累计生产页岩气达到$72.75\times10^8m^3$，日产气量达到$1190\times10^4m^3$。

1. 形成条件要素

1)构造及埋深

长宁主体背斜构造位于四川盆地与云贵高原结合部，川南古坳中隆低陡构造区与娄山褶皱带之间。北受川东褶皱冲断带西延影响，南受娄山褶皱带演化控制，构造特征是集二者于一体的构造复合体。其核心建产区位于长宁主体构造南翼，处于筠连潜伏构造与长宁构造之间的向斜区内，东南部为幺锅田向斜。中上寒武统以上断层不发育，构造为简单向斜，地层平缓，构造相对稳定。埋深适宜，大多为2000～2500m，出露地层主要为侏罗系－三叠系，目的层五峰组－龙马溪组没有出露地层。

2)有利沉积微相及优势岩相

长宁页岩气田五峰组－龙马溪组一段主要为深水陆棚沉积，其优势沉积微相为富有机质硅质泥棚微相和富有机质粉砂质泥棚，其主要目的层龙一^{1}亚段直下而上依次划分为4个小层，其中，优质储层(龙一^{1}a层)以黑色碳质笔石页岩为主，含大量黄铁矿纹层、方解石条带，笔石丰富，种类多、个体大；厚度变化较大，在1.3～4.5m之间，相当于威荣地区龙马溪组的2～3^{1}小层。

3)储层品质

长宁地区干酪根显微组分镜下鉴定结果表明，以腐泥组为主，含量一般在70%以上，最高可达91%；其次为沥青质，含量一般在10%～20%左右，基本不含或微含镜质组、惰质组，酪根类型以Ⅰ型为主，局部为Ⅱ$_1$型；镜质体反射率(R_o)均大于2.0%，普遍分布在2.4%～2.95%范围内，均处于过成熟阶段。有机碳含量测定表明，五峰组－龙马溪组一段具有自上而下逐渐变好的特点。TOC值主要分布在0.2%～7.9%范围之内，平均为2.36%；总体为中－特高有机碳含量，为气藏生烃提供了良好的物质基础。

储渗空间可以划分为孔隙和裂缝两大类。其中，孔隙以晶内溶孔及有机孔为主。脆性矿物含量介于41.8%～98%之间，平均为76.1%；以硅质矿物为主，平均占57%；其次

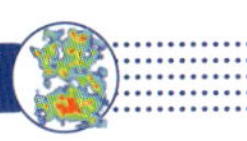

是方解石和斜长石，平均含量分别为14.1%和9%；其他成分含量都小于5%。脆性矿物和硅质矿物含量总体都具有自上而下逐渐增高的特点，优质段硅质矿物含量最高达到84.4%；岩心孔隙度主要分布在0.71%~10.3%之间，平均值为5%，渗透率为$0.00016\times10^{-3}\sim9.9\times10^{-3}\mu m^2$，平均为$2.21\times10^{-3}\mu m^2$，分布区间相对较分散。可见因位于盆缘构造强烈区，裂缝相对发育。

含气量从上到下有增高趋势。4口主要页岩气井在龙马溪组一段1亚段总含气量为$5.18\sim6.75m^3/t$，平均值为$5.96m^3/t$。

4)顶、底板与保存条件

五峰组－龙马溪组一段页岩气顶、底板与页岩气层位连续沉积；顶、底板厚度大，展布稳定，岩性致密，突破压力高，封隔性好。顶板为龙二段发育的灰色－深灰色中－厚层粉砂岩、泥质粉砂岩夹薄层粉砂质泥岩，平均厚度在150m左右；底板为临湘组和宝塔组连续沉积的灰色瘤状灰岩、泥灰岩、灰岩，浅灰－灰色灰岩、泥灰岩，总厚度为19~40m，区域上分布稳定，空间展布范围较广。同时，因构造改造强度相对较弱，具有构造宽缓、断层不发育、构造稳定等特点，保存条件相对较好；压力系数约为1.51，也说明保存条件相对较好。

2. 形成过程分析

长宁地区五峰组－龙马溪组页岩气藏形成过程可以分为3个阶段(图4－8)。

第一阶段(早期液态烃类生产阶段)：在印支期到燕山早期，有机质进入成熟期，产生大量液态烃类，页岩发育的大量无机孔隙受压实作用的影响，明显减少，有机孔隙提供的储集空间增大，生成的液态烃类储集在无机孔隙和有机孔隙内。

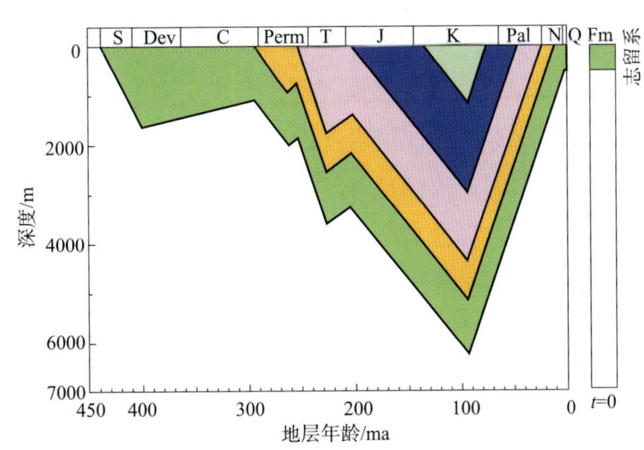

图4－8 长宁地区龙马溪组页岩构造埋深史

第二阶段(中期深埋地腹，原油裂解气快速成藏阶段)：在燕山中期至燕山晚期，五峰组－龙马溪组页岩埋深继续增大，有机质热演化程度明显升高，有机质演化至高－过成熟阶段，页岩相继经历了湿气高峰阶段和干气高峰阶段。该阶段由于烃类气体大量生成，一方面，有机质孔隙发育程度继续增加；另一方面，在成烃增压的作用下，流体压力显著增大，使页岩中内生裂隙不断形成。在此阶段，页岩层的生烃量远高于页岩气排烃量，同时，页岩气层的储集能力也迅速提高，页岩气层的含气性处于饱和状态(付长青，2017)。

第三阶段(晚期快速隆升，页岩气调整成藏阶段)：该阶段发生在喜山期，五峰组－龙马溪组处于构造抬升阶段，地层深度由5000m左右抬升到目前的3000m左右。此阶段由于地层的抬升，生烃作用基本停止。同时，受到构造运动的调整作用，页岩气发生了部分散失，吸附气不断地向游离气转化，达到新的动态平衡。由于长宁地区整体保存条件好，导致产生的烃类有较大部分滞留在了烃源岩内部未被排除，页岩气藏保持了高的含气量，从而形成自生自储的原生页岩气藏。

3. 富集主控因素分析

1)优质相带是优质页岩发育和压裂改造的物质基础

五峰组-龙马溪组一段具有源储一体的特征，深水陆棚相特别是深水陆棚相富有机质硅质泥棚微相和富有机质粉砂质泥棚微相，水体相对较深，水动力条件较弱且缺氧，有利于灰黑色碳质页岩的形成，具有TOC含量高(平均为3.88%)，有机孔隙所占比例大(平均为5.4%)，含气量高(平均为5.96m^3/t)，页理缝发育，脆性矿物含量高(平均为78.6%)和硅质矿物含量高(平均为57.2%)等特征，因此，优质相带具有更高的生烃潜力，能提供更多的天然气吸附和储集空间，以及更好的可压性。

2)适宜演化是储集性和含气性发育的重要保障

长宁地区镜质体反射率(R_o)均大于2.0%，普遍分布在2.4%~2.95%范围内，说明有机质演化已达到过成熟阶段(潘仁芳，2016)。在地质历史过程中，已生产了大量的烃类，同时，也有利于有机质孔隙的大量形成。五峰组-龙马溪组一段页岩储层空间以1.5~50nm的纳米级孔隙为主，有机质孔发育，页岩比表面积大，有利于页岩气的吸附和储集。

3)良好保存是页岩气高产富集的决定因素

良好的保存条件使页岩气的含气丰度更高，后期保存条件较好、地层压力高更能为页岩气的井和微高产提供足够的能量。四川盆地及周缘下古生界页岩气钻井揭示，高产井的页岩气层均存在异常高压(图4-9)；低产含气井页岩气层一般为常压或者异常低压，页岩气产量与压力系数呈正相关关系。以上现象和规律说明，良好的保存条件和较高的压力系数控制了页岩气的产能。

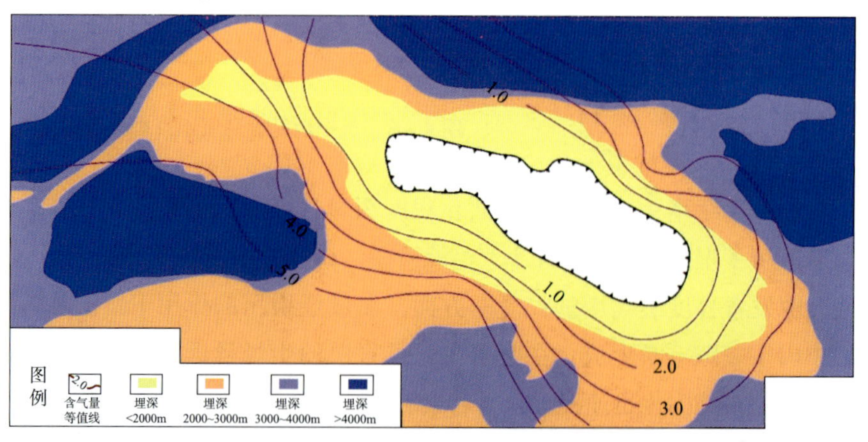

图4-9 长宁地区龙马溪组埋深-含气量分布叠合图

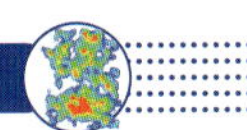

四、深层威荣页岩气田

1. 形成条件要素

1)构造及埋深

威远地区构造位置位于川西南坳陷北部威远构造带南缘，整体为北东向展布的向斜构造，处于盆内弱变形构造带。威远地区构造形态较为简单，地层相对平缓，区内及周边不发育规模性的大断裂。龙马溪组－五峰组底埋深在3500～3850m之间，埋藏深度较大。

2)有利沉积微相及优势岩相

该区钻遇中侏罗统沙溪庙组－中奥陶统宝塔组地层，区域上缺失泥盆系和石炭系。五峰组－龙马溪组一段是主要的页岩气层段，为深水陆棚沉积。深水陆棚相带中发育高碳高硅、富碳混合页岩相等优势岩相，但碳酸盐含量较高，TOC＞4%的优质页岩厚度较薄，横向分布稳定，但东西区厚度有一定差异。

3)储层品质

优质页岩储层具有适宜演化、高TOC、高物性、较高脆性矿物含量、高含气量的特征。

威荣页岩气田五峰组－龙马溪组一段干酪根镜检结果显示，干酪根镜下以腐泥组无定形体和浮游藻类体为主，腐泥组占比在95%～100%，干酪根指数基本在90%以上，为I型腐泥型干酪根。岩心实测沥青反射率(R_b)介于2.15%～3.12%之间，平均为2.84%；通过经验公式计算出的R_o介于1.93%～2.43%之间，平均为2.26%，处于高－过成熟阶段，以生成干气为主。岩心实测TOC含量介于0.02～8.0%之间，平均为1.90%；TOC以中－高有机碳含量为主，主要分布在2%～4%之间；含量大于1%的样品占总样品的72.75%，纵向分段差异性明显，自上而下逐渐增加，其中，最优质段2～3^1小层TOC为1.43%～8.00%，平均为4.59%，具有良好的烃源品质。

威荣页岩气田总体上表现为脆性矿物含量较高、黏土矿物含量较低的特点。脆性矿物包含硅酸盐矿物(石英、长石等)和碳酸盐矿物(方解石、白云石等)，其含量为37%～88.5%，平均为56.50%。硅酸盐矿物与碳酸盐矿物均具有纵向上分段差异性明显的特点，由上而下其含量逐渐增加。1～4号层硅质含量介于19%～73.8%之间，平均为36.94%，最优质段2～3^1小层硅质含量平均为55.98%，较高的生物成因硅质含量有利于形成天然裂缝，有利于压裂改造。1～4号层含量为0.7%～49%，平均为23.75%。

威荣页岩气田储集空间类型丰富，孔隙类型以有机孔、无机孔和裂缝为主。有机孔在镜下呈蜂窝状、线状或串珠状，局部呈定向排列，连通性较好。最优质段2～3^1小层有机孔比例高，平均可达48.9%，有机孔孔径多介于30～65nm之间，无机孔主要由黏土矿物孔及脆性矿物孔(晶间孔、次生溶蚀孔)组成，镜下可见黏土矿物层间孔、方解石粒内溶蚀孔、白云石粒内溶蚀孔。裂缝类型主要包括高角度缝、水平缝、层理缝，以水平缝为主，裂缝密度从上往下逐渐增高，为0.24～21.55条/m，平均裂缝密度为3.44条/m。岩心实测孔隙度介于0.4%～10.05%之间，平均为5.26%，1～4号层孔隙度为1.68%～10.05%，平均为6.07%；渗透率介于0.055×10^{-3}～$2.4 \times 10^{-3}\mu m^2$之间，平均为$0.54 \times 10^{-3}\mu m^2$，为特低渗储层。

岩心实测总含气量为0.27～8.78m^3/t，平均为2.46m^3/t。纵向上，自上而下岩心实测含气量总体呈逐渐增大趋势，1～4号层含气量为0.87～8.78m^3/t，平均为3.15m^3/t，其中，1～3号层含气量均值整体在3m^3/t以上。

4)顶、底板及保存条件

龙马溪组直接顶板为下志留统龙马溪组上段的灰色泥质粉砂岩、粉砂质泥岩、泥岩，平均厚度为300m，岩性较致密，封盖能力好；底板为临湘组和宝塔组连续沉积的深灰色含泥瘤状灰岩，总厚度约150m，平均泥质含量为9.6%，孔隙度为1.8%。岩性致密，泊松比为0.24～0.31，(均值为0.28)，杨氏模量为52.3～76.1GPa(均值为63.3GPa)，属于高杨氏模量、高泊松比的致密灰岩段，是良好的底板。

威荣地区断层不发育，实测地层压力为68.69～77.48MPa，地层压力系数为1.94～2.06，气藏保存条件良好。

2. 形成过程分析

威页1井生烃埋藏史(图4－10)及该区构造演化研究表明，奥陶系沉积前到奥陶系沉积时期，威荣地区大体呈北西高、南东低的构造格局，志留系沉积后，晚加里东运动使北西向大幅抬升，泥盆纪－石炭纪时期，受海西运动影响，威荣地区为持续隆升阶段，造成志留系与二叠系之间的沉积间断。二叠纪－中三叠统时期，威荣地区又沉入水下接受沉积，构造稳定，沉积平缓。印支期，整个川中－川南地区有一次较大规模的抬升，表现为中三叠统雷口坡组上部地层遭受剥蚀，其后，威荣地区又沉入水下接受沉积，燕山期末该区达到最大埋深，其后受喜山期构造运动影响，抬升约2000m。总之，威荣地区五峰组－龙马溪组页岩气藏具有明显的原位滞留成藏特征，按过程可划分为4个阶段。

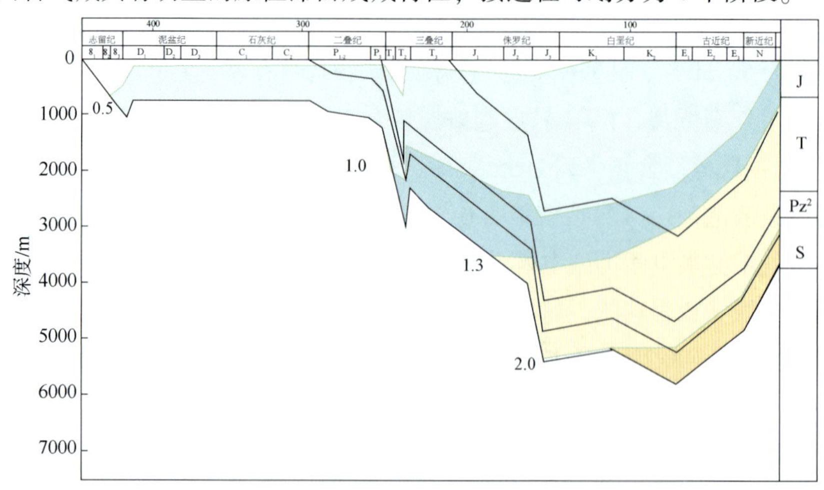

图4－10 威荣页岩气田威页1井生烃埋藏史

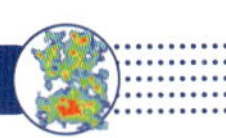

第一阶段：海西期之前，威荣地区五峰组－龙马溪组最大埋深约为1000m左右，有机质处于未成熟阶段；页岩主要发育无机孔隙，少量天然气以吸附状态存在；在该阶段，页岩气层以常压为主，压力系数在1.0左右。

第二阶段：海西期－印支期主生油期，埋深快速增加，最大约3800m左右。受上覆岩层压实作用影响，无机孔明显减小，有机孔随热演化程度的增高而逐渐发育，在页岩层内大面积、连续储集，形成连续性的页岩油藏。此阶段为主生油期，由于生烃增压，加之保存条件良好，页岩储层压力系数继续增高。

第三阶段：燕山晚期主生气期，页岩埋深继续增大，最大约5800m左右，热演化程度明显升高，页岩相继经历湿气高峰阶段和干气高峰阶段。该阶段由于烃类气体集中大量生成，一方面，使得有机质孔隙继续增加；另一方面，成烃增压导致流体压力显著增大，使页岩中微裂隙不断形成，当泥页岩有机质和黏土矿物孔隙表面吸附气达到吸附饱和时，游离态的天然气不断在微孔、微缝等储集空间中聚集。随着生气过程的继续，页岩气以游离相为主聚集成藏。

第四阶段：燕山晚期－喜马拉雅期，该阶段生烃基本停止，页岩埋深由5800m左右抬升至目前的3850m。此阶段页岩气继续以游离相为主聚集成藏，因保存条件未被破坏，页岩储层压力系数仍为超高压(压力系数为1.94～2.06)。

3. 富集主控因素分析

1)有利的沉积相、优势的岩石相是优质页岩发育和压裂的物质基础

深水陆棚优质页岩，主要表现为高TOC和高硅质含量良好耦合的特征，TOC与硅质含量具有良好的正相关性；在有机质富集的同时，具有良好的可压性，形成了良好的配置。深水陆棚相带繁盛的生物和缺氧环境发育了高有机质丰度的页岩。高硅质含量主要为生物成因、生物化学成因，是改造的物质基础。威荣实钻表明，五峰组－龙一段底部以笔石页岩为典型特征的深水陆棚优质页岩，具有高TOC、高脆性矿物的特点，是龙马溪组页岩气勘探的主要目标层段。

2)适宜的演化是储集性和含气性发育的重要保障

研究证实，孔隙结构与热演化程度(0.7%～3.5%)有正相关关系(程鹏等，2013)。当热演化程度过高(>3.5%)时，会引起有机质孔隙度的降低。龙马溪组热演化程度一般在2%～3%之间(威荣地区为2.26%)，演化程度适宜，有利于烃类的生成聚集，这也是有机质孔隙大量发育的阶段。威页1井优质页岩段岩心样品(3570.66m，TOC为2.82%)镜下见有机质孔极发育，连通性极好，圆度较高，局部呈定向排列。对优质页岩段有机质孔隙进行测算得出，有机质孔隙平均占48.9%，最高占78.7%，这表明，适宜的孔隙演化是页岩气富集的重要保障。另外，威荣地区构造平缓，在页岩气深埋、抬升的各个时期均无断裂发生、发展，适宜的构造演化也为含气性提供了重要保障。

3)优质储层是富集高产的关键

优质储层具有高含气量、高储量丰度，是深层页岩气最富集的层段；同时，泊松比低、杨氏模量高、水平应力差异系数低，是深层页岩气在现有经济技术条件下最易压裂改造的层段；另外，优质储层还具有高原始渗透率和高逸散率(IDR)，是深层页岩气最易产出的层段。对比表明，优质储层比非优储层含气量高1/3～1/2，储量丰度高1.5～2倍，泊松比低20%～45%，水平应力差异系数低50%，平均渗透率高一个数量级，逸散率高1.5～2倍。可见，优质储层是深层页岩气富集和动用的关键。

五、深、中深层页岩气(藏)特征类比

1. 深、中深层页岩气(藏)共性

根据目前国内公开发表的资料，四川盆地川南地区进入开发的下古生界页岩气藏(龙马溪组页岩气藏)主要分布在焦石坝、平桥、南川、威荣、永川与威远、长宁、昭通等地区，通过对其气藏的类比分析，其共性主要表现在下述几个方面。

1)优质页岩具有相同或相似的沉积环境

四川盆地川南地区在晚奥陶世－早志留世具有非常特殊的构造沉积环境，提供了优质的页岩形成宏观背景。古地磁研究表明，四川盆地川南地区所处的扬子板块与非洲－阿拉伯板块同处于南纬高纬度地区，奥陶期冰期后冰川的大规模融化导致海平面快速上升，扬子及华南地区发生快速海侵。四川盆地川南地区五峰组和龙马溪组沉积时期，在经历加里东中期的都匀运动后，构造体制发生了从伸展到挤压的转化，在弱挤压背景下发生陆内拗陷沉降，形成了川中古隆起、牛首山－黔中古隆起和江南－雪峰隆起造山带夹持的台内坳陷。坳陷内由于快速海侵，形成了较大规模的深水陆棚环境，冰期导致生物大规模灭绝，冰期后由于生态环境的改变，为低等生物的大规模繁殖提供了有利条件，加之相对闭塞的海湾背景，深水区海底长期稳定的厌氧环境为有机质的保存提供了有利的地球化学环境。此处，总体平缓的古地形使陆源碎屑供给较少，使盆地沉积区整体为欠补偿状态，导致了地层中的高有机质含量。多种有利因素的叠加下，在四川盆地及周缘形成了龙马溪组厚度大、展布稳定的富有机质(TOC>2%)页岩。

2)优质页岩具有相同的孔隙类型和高有机质孔占比

无论是川南地区龙马溪组深层页岩气还是盆缘的中深层页岩气，在优质页岩发育的孔隙类型中，有机质孔所占比例均较高。有机质孔主要是各种成烃生物排烃后的残留孔隙和岩石骨架间早期充填的原油发生热裂解所形成的无定形沥青质内的孔隙，它的发育程度在某种程度上成为制约页岩富集天然气的主要因素。有机质孔发育多，页岩赋存天然气的能力较强；反之，则较弱。无论是焦石坝、威荣、永川地区还是长宁、威远地区，有机碳含量高的优质页岩，页岩微观孔隙结构类型均以有机纳米孔为主。这些有机孔在有机碳含量较高的页岩层中，能形成三维连通的孔隙系统，且有机孔随埋深增加并无明显下降趋势，有利于天然气的富集和产出。

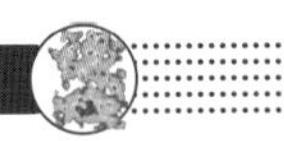

3)优质页岩具有相同的富碳高脆的岩石相特征

龙马溪组良好的成烃生物为优质页岩的形成提供了物质基础，其成烃生物主要有浮游藻类、疑源类、细菌和浮游动物等。龙马溪组由于笔石的发育，为页岩精细、准确划分提供了依据。其发育层段主要与浮游藻类共生，缺乏底栖藻类，有机质类型为Ⅰ－Ⅱ[1]型，具有较高的生烃能力。笔石、放射虫、海绵骨针含量与石英含量表现出较好的正相关性，岩石中的硅质矿物为生物成因，使其龙马溪组底部页岩层在具有较高的有机碳含量的同时(决定了页岩生烃能力较大)，亦具有较高的硅质含量。这些特殊生物类型所形成的大量有机硅，使得成岩早期就形成了具有较强抗压实能力的岩石骨架，为有机质的赋存，特别是早期生成原油的滞留提供了良好的空间；同时，丰富的硅质含量也使地层脆性变强，为页岩气储层压裂改造提供了优越的岩石条件。

4)优质页岩均具有适度抬升过程，但抬升幅度差异明显

出于经济考虑，抬升作用可以使页岩气目的层变浅。抬升有利于页岩储层物性的改善，可以提高页岩气井的产量，因此，美国页岩气选区评价把抬升作为一个有利于页岩气分布与富集的评价因素予以考虑。但对于四川盆地来讲，构造变形和抬升剥蚀是一把“双刃剑”，特别是对于印支期以来的多期次构造运动，燕山期到喜山期发生强烈挤压作用的四川盆地更是如此。

强度高、规模大的抬升剥蚀所导致的构造卸载作用，不仅使得小级别的裂缝和高角度缝、层理缝重新开启，还可能形成更大级别的穿层式裂缝或者导致早期大裂缝的开启，对页岩气藏产生破坏作用。有些尽管还有一定保存条件，但也会因为页岩含气段本身压力降低，游离气散失，进一步演变为以吸附气为主的赋存状态，从而造成总含气量降低，不具备富集高产条件，经济性欠佳，如彭水地区。因此，抬升的“度”很关键，强烈的构造抬升对页岩气的保存具有破坏作用，但是微过度的抬升对页岩气藏维持超压，重新开启先期生烃增压形成的微裂缝以及吸附气解析转换为游离气等具有建设性作用。如焦石坝、长宁地区，其抬升虽然导致页岩气藏的重新调整，使其地压系数有所降低，但仍处于超压状态。

2. 深、中深层页岩气(藏)差异

川南地区龙马溪组深层页岩气与中深层页岩气相比，差异体现在两个方面：①由沉积相带差异所造成的储层差异，包括优质储层变薄，矿物成分复杂；②由埋深增大所造成的储层差异，包括演化差异、气藏超压、力学脆性变弱等，对页岩气的勘探开发具有一定程度影响。

1)埋深大

川南威荣地区页岩气埋深偏大，五峰组－龙马溪组目的层段底部埋深为3550～3880m。永川地区除新店子背斜部分区域埋深小于3500m外，其余地区埋深均为3700～4200m。目前，国内外在深层页岩气压裂改造工艺技术领域尚未获得突破，埋深过大不利于页岩储层的充分改造。

2）演化复杂

川南地区页岩的生烃演化、孔隙演化、成岩演化及构造演化都比较复杂，有建设性作用也有破坏性作用。孔隙演化，受有机质成熟度（图4-11）和成岩作用的共同影响，在有机质成熟度（R_o）小于0.7%时，孔隙演化主要是无机孔受压实作用的影响；有机质成熟度（R_o）为0.7%~1.3%时，有机孔因干酪根生烃作用而增大，无机孔受溶蚀作用而增大；有机质成熟度（R_o）为1.3%~2.0%时，无机孔和有机孔分别受压实和沥青充填作用而变小；有机质成熟度（R_o）为2.0%~3.0%时，无机孔缓慢减小，有机孔受干酪根持续生烃作用及沥青溶解作用而快速增加；有机质成熟度（R_o）大于3.0%时，有机孔和无机孔受压实作用的影响均减小。同时，页岩不同成岩作用演化阶段导致页岩在黏土矿物伊利石与伊蒙混层含量上的差异，也会使得同样的压裂施工出现不同效果。不同强度、不同方向的构造应力产生的构造与抬升导致页岩储层裂缝发育状况有所差异，进而使得页岩储层特征与含气性存在明显差异。

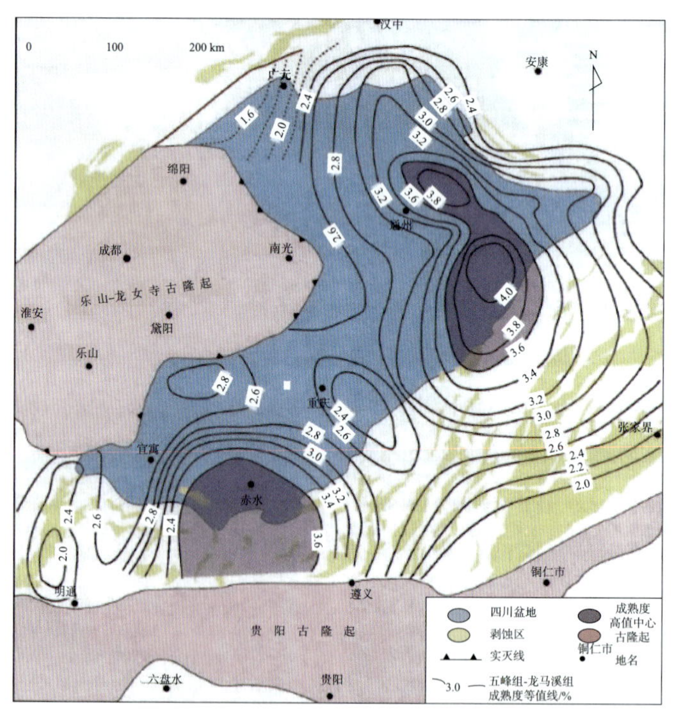

图4-11 川南地区龙马溪组页岩热成熟度演化差异图（据刘树根，2016）

3）气藏超压

川南地区深层页岩气普遍存在超压现象，压力系数普遍大于1.3，压力系数有随埋深增加而增大的特点，即深层页岩气压裂系数可高达1.6以上。盆内的永川地区压力系数为1.6~2.0，威荣地区压力系数为1.8~2.0，而盆缘焦石坝、长宁地区压力系数相对较低，为1.35~1.55。地层超压指示页岩含气量升高，页岩气保存条件良好，但对于页岩气压裂改造相对不利（因为需要更高的突破压力，形成网络裂缝的难度更大）。

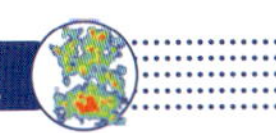

4)储层薄

由于相带的不同导致川南地区深层页岩气与焦石坝地区中深层页岩气在优质储层厚度上存在明显差异，在川南地区，优质储层厚度较薄，盆缘相对较厚。以元素钍、铀含量比小于2和TOC大于4%为基础，利用孔隙度、含气量、脆性等参数对优质页岩储层进行划分，优质储层厚度从焦石坝地区的21m到长宁地区的15m，再到盆内永川地区的8m、威荣地区的4.2~7.7m，逐渐减薄。优质储层厚度的减薄不仅导致资源量的减少，而且使得水平井实施难度增加，为深层页岩气的商业突破及效益开发带来了极大的挑战。

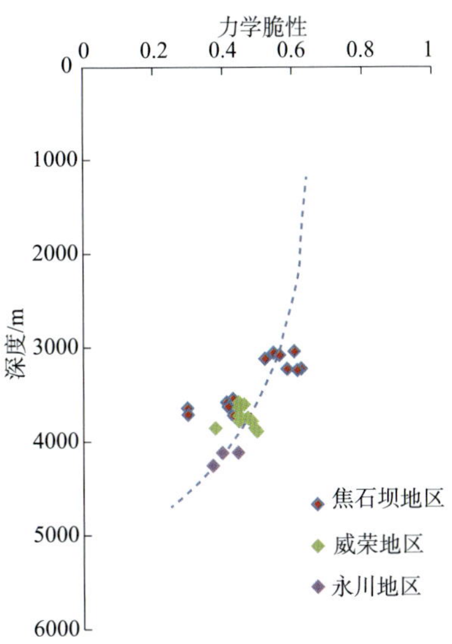

图4-12 龙马溪组力学脆性随深度变化趋势

5)脆性变弱

随着埋深的增加，岩石力学性质发生了改变，逐渐由脆性向塑性变化，脆性指数减小(图4-12)，减小幅度最高达50%以上。

第二节 深层页岩气三元富集概念

富集规律常用于指导油气的勘探评价，指导寻找油气的富集区和有利目标区。戴金星等(1996)提出，常规油气藏形成的基本条件是充足的油气来源，有利的生、储、盖组合，有效的圈闭，以及必要的保存条件，指出了油气藏的富集规律研究的基本端元要素，即油气藏形成的成烃、成储、成藏的条件及关键控制因素。页岩气藏的形成、富集与常规油气藏一样，都遵循油气形成的基本规律(张金川等，2008)。但在沉积、储层、动力、聚集机理等方面的巨大差异，导致页岩气富集规律研究的对象、重点和方向与常规油气藏存在明显不同。

对于常规油气藏，研究的对象往往是断陷盆地大型构造带、前陆冲断带大型构造、被动大陆边缘及克拉通大型隆起等正向一、二级构造单元背景(控制)下的构造、岩性、地层圈闭，储层多为粗粒沉积体系，孔隙度、渗透率相对较高，有一定的线性关系，油气多为浮力聚集，存在较明确的气水边界。油气富集规律的研究重点是强调油气生成、运移、聚集和保存等多种地质条件的时空配置，以及圈闭定型时间与大规模油气排聚时间的匹配；核心是寻找有效聚集油气的圈闭。

而页岩气藏的研究对象往往是前陆盆地，坳陷盆地、以及克拉通的沉积中心-斜坡区沉积的页岩，其通常以连续型或准连续型油气聚集的方式存在，储层多为细粒沉积体系，特点的是源储一体；孔隙以有机质热演化生成的纳米、微米孔为主，与常规气藏相比，渗透率低 2 ~ 3 个数量级；短距离运移和聚集的主要动力是生烃增压和毛细管压力差。因此，早期富集规律的研究重点是强调纳米级孔喉致密储层生成与油气生成、聚集的时空匹配，核心是寻找连续分布的“甜点区”。

最早开始进行页岩气勘探开发的是北美地区，特别是 1980 年美国实施非常规燃料税收优惠政策后，当地开始了大规模的页岩气商业性开采。2018 年，美国页岩气产量约为 $5932.4\times10^{8}m^{3}$，页岩气产量占天然气总产量的比例达到 68.5%。由于北美地区地史演化简单，整体为以北美地台为中心的单式大陆向外同心式的增生，特别是地台区(密西西比河流域和五大湖地区所在的中部平原地区)构造、沉积稳定，因此，国外油气公司在北美页岩气勘探开发中采用的基本思路都是从生气能力、储气能力、易开采性 3 个方面进行评价，并根据自身勘探开发技术的侧重点的不同，形成了 3 种不同的评价方法和指标体系，即以英国石油公司、新田公司为代表提出的综合分析法(CCRS)，以埃里克森美孚公司为代表提出的边界网络节点法，以及以雪佛龙公司、阿美拉达赫斯、哈丁 – 歇尔顿公司等能源公司为代表提出的地质参数图件综合分析法。这些评价方法及其相关参数虽因各公司而有所差异，但主要参数均包括页岩有机碳、页岩有机质成熟度、页岩含气性、页岩厚度、页岩物性、页岩埋深、页岩矿物组成、页岩力学性质等。

借鉴北美勘探经验，国内资源勘探部门以南方海相页岩气为重点勘探领域，前期在安徽宣城 – 桐庐、湘鄂西、滇东南黄平、湘中涟源区块先后部署实施了宣页 1 井、河页 1 井、黄页 1 井和湘页 1 井等井，但勘探效果不理想。实践和评价研究认为，我国页岩气形成的地质背景比北美地区复杂，特别是在四川盆地的盆缘地区，大规模的造山运动导致断层发育，海相地层改造强烈，使保存条件成为不得不考虑的页岩气藏形成要素之一。郭旭升(2016 年)在前期认识的基础上，结合焦石坝地区勘探开发成果，总结页岩气富集规律，提出了四川盆地南方海相复杂构造区页岩气“二元富集”规律，指导了四川盆地特别是盆缘地区的勘探实践。

受盆缘焦石坝地区页岩气勘探发现的鼓舞，中国石化针对盆内页岩气开始了大规模的勘探，实践表明，盆内深层页岩气随着埋深的增加，构造抬升、断裂作用对页岩顶(底)板、自封闭性及盖层的影响有限，保存条件已不是盆内深层页岩气富集的主控因素。深层页岩气面临的是复杂的演化史(沉积埋藏史、成岩演化史、孔隙演化史、生烃史和成藏史)，以及页岩气埋藏深度增加所导致的地层压力超高、页岩岩石物理性质由脆性向塑性改变等一系列的复杂问题，适宜的演化形成的页岩优质储层才是页岩气富集的关键因素。以页岩气“二元富集”理论为基础，结合静、动态资料，提出了突出演化和富集差异的深层页岩气“三元三控”形成富集新认识。

优质相带代表页岩的原生品质(源)，包括优质页岩厚度、分布(规模)、总有机碳含

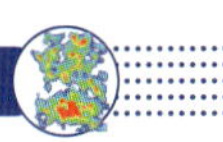

量、生烃总量、原始脆性、可生成的孔隙度等，是优质储层发育和改造的物质基础；适宜的演化代表着页岩的储层品质(甜点、位)，包括经过一系列演化后最终形成的孔隙空间类型和规模(含水平缝及微裂缝)、地应力方向、埋深、脆性变化等，是储集性和含气性发育的重要保障；优质储层代表页岩的含气品质(富)，包括页岩最终的含气量、含气饱和度、储量及可采储量，是页岩气富集的决定因素。即“相带控源、适演控位、优储控富”。

第三节 深层页岩气三元富集主控因素

一、优质相带是优质储层发育和改造的物质基础

优质相带代表着页岩沉积后的原生状态，是页岩气富集高产的源头，包含两层含义：一是有利的沉积微相，二是优势的岩石相。两者有机统一，才是优质相带。沉积微相不仅控制了页岩的发育厚度和分布范围，而且决定了页岩的有机质来源与丰度，以上两者在成岩演化过程中决定了页岩生烃规模，以及储集空间的发育程度。岩石相主要指页岩的矿物组成，脆性矿物含量高有利于人工压裂，更易形成复杂裂缝系统。川南地区龙马溪组页岩气勘探开发实践表明，深水陆棚至斜坡区域水体较为安静，持续处于贫氧-缺氧环境，有利于形成较厚的富有机质页岩沉积，只有后期构造环境相对稳定，富含有机质的深水陆棚相优质页岩相带才有可能形成相对富集与高产的页岩气。

1. 有利的沉积微相控制页岩气的富集

有利的沉积微相不仅控制着页岩气烃源灶的形成、演化及分布，同时还控制着以有机孔发育为特征的页岩气优质储层的分布，其核心是高有机碳含量。以四川盆地海相龙马溪组为例，有利沉积微相为生物硅质深水陆棚微相(焦石坝地区)与含钙硅质深水陆棚微相(威远地区、长宁地区)。硅质页岩总有机碳含量平均高达4%以上，有机碳含量与硅质含量具有正相关关系(图4-13)，有机质和硅质矿物的来源与放射虫具有直接联系。硅质页岩孔隙度达5%以上，自生硅质矿物提供了许多粒间孔隙，孔径集中在10μm左右，其中充填大量的有机质，为有机质孔隙的发育提供了骨架支撑(图4-14)。低温氮气吸附实验表明，有机孔孔隙体积约是无机孔孔隙体积的3~6倍，有机孔孔隙所占总孔隙的比例达73%~87%，

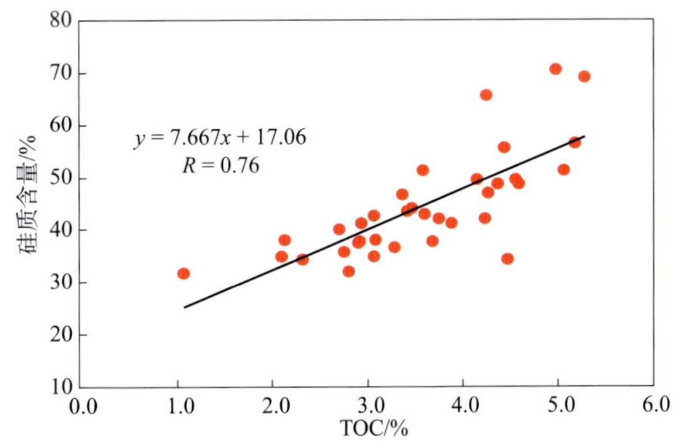

图4-13 焦石坝地区龙马溪组底部页岩有机碳含量与硅质含量的关系

且随着有机碳含量的增加，有机质孔隙缓慢增加，说明富有机质硅质深水陆棚沉积微相是龙马溪组页岩气形成、富集的基础。

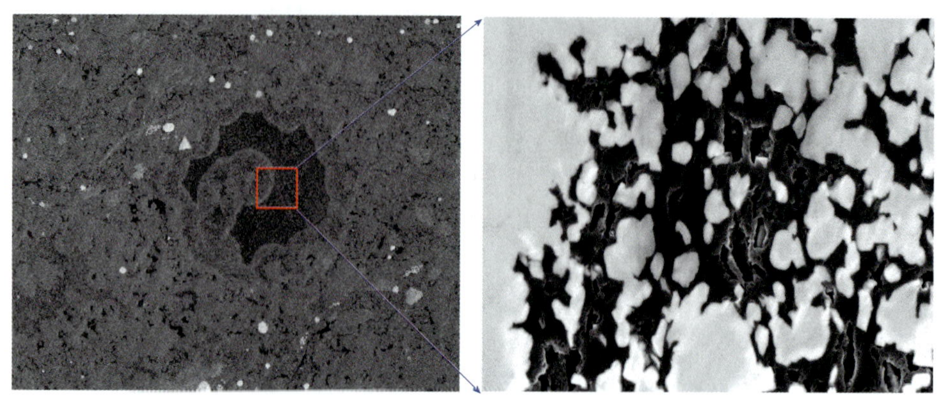

图4－14　威荣地区龙马溪组页岩硅质生物微观结构与内部孔隙发育特征

2. 有利的岩石相是页岩气高产的基础

由于页岩储层的致密性，页岩气是必须通过大型人工造缝工程才能形成工业生产能力的“人工气藏”，其压裂改造工艺、加砂规模等都与常规压裂改造有明显不同，想要获得高产，页岩必须要“脆”。脆性地层(富含石英和碳酸盐岩)容易形成网络裂缝，而塑性地层(黏土含量高)压裂时则很难形成裂缝网络，需要利用黏度更高的凝胶或者泡沫来实现较好的改造效果(薛承瑾，2011)。

页岩气要获得高产必然需要好的压裂效果，而压裂效果则是由岩石相决定的，其核心就是高脆性。以龙马溪组为例，前述富有机质硅质深水陆棚沉积微相对应的岩石相分别为富碳高硅页岩岩石相(焦石坝地区)与富碳含钙高硅页岩岩石相(威远、长宁地区)，来源于硅质生物的自生石英矿物对于储层可改造性的贡献明显好于陆源碎屑石英或钙质矿物。因此，基于岩石力学参数(杨氏模量、泊松比)计算的脆性指数均较其他微相高，对应的水平主应力差异系数均较其他微相低(表4－1)，表明以优质相带为基础的页岩更易被压裂，更易形成网络裂缝，也更易获得高产。

表4－1　川南龙马溪组页岩微相参数统计表

沉积微相	TOC/ %	孔隙度/%	脆性矿物/ %	脆性指数(岩石力学)	水平主应力差异系数
含钙黏土质深水陆棚	1.8	3.4	51.45	0.36	0.18
钙质黏土质深水陆棚	2.72	4.82	58.42	0.44	0.16
含钙硅质深水陆棚	2.85	5.13	53.78	0.44	0.13
生物硅质深水陆棚	4.58	6.15	60.45	0.48	0.1

综合比较四川盆地海相、海陆过渡相页岩层系可知，虽然沉积微相都有利于有机质保存与富集，但是勘探实践表明，下寒武统筇竹寺组和上二叠统龙潭组优质页岩发育厚度与

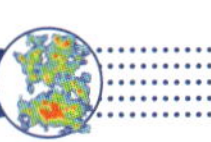

分布不稳定，与龙马溪组生物硅质页岩相相比，前两者以泥质页岩相或粉砂质泥质页岩相沉积为主，优质相带的差异导致这些层系在现有经济技术条件下尚难达到经济有效开发的条件，而龙马溪组页岩气已具备商业开发价值。

二、适宜的演化是储集性和含气性的重要保障

页岩演化包括了地质过程中的成岩演化与构造演化两部分：成岩演化又可分为有机质生烃演化和储层孔隙演化，构造演化主要指页岩层系的埋藏与抬升过程，构造演化控制成岩演化。页岩储集空间、页岩含气量、岩石物理性质等均受到一定演化条件的控制，适宜的演化条件是页岩气富集高产的重要保障。

1. 川南页岩持续深埋藏作用为页岩气的形成提供重要保障

持续埋藏作用引起沉积的有机质成熟生烃、岩石压实与矿物转化及岩石孔隙空间变化等。页岩气的资源量受有机质成熟阶段、生烃潜力和页岩物性（孔隙度、渗透率）的控制，页岩气资源的准确评估以页岩中烃类气体的产生机制为基础（Tang，2010；汤庆艳等，2013）。随着页岩埋藏深度的增加，温度逐渐升高，有机质依次进入3个阶段的生烃演化，最终页岩中有机质热演化成气态烃，其总量受有机质类型的控制。其中，Ⅰ型泥页岩气态烃产量最高，并且出现同位素倒转现象，部分学者认为可能是液态烃二次裂解成气的标志，或由不同阶段来源气态烃混合造成的结果（戴金星等，2010；Tilley，2013），也有学者认为这是页岩气高产区的鉴别标志之一（Brown，2010）。志留系龙马溪组为Ⅰ型干酪根，其成烃生物主要由藻类体（疑源类、层状藻和底栖藻）和动物碎屑（笔石、几丁虫和海绵骨针）组成，生烃母质主要为富氢的藻类体、笔石管胞内脂类大分子聚合物及大量存在的无形态有机质，说明原始生烃母质具有很强的生烃潜力（申宝剑等，2016）；并且，无论是在四川盆地盆内（威远、永川地区）还是盆缘（长宁、焦石坝地区），龙马溪组的埋藏史与生烃史均表明在印支期前后（250Ma），有机质进入成熟期，生产大量液态烃类；在燕山中期至燕山晚期，页岩埋深达到最大（5000～6800m），有机质演化至高－过成熟阶段，前期生成的液态烃裂解成气，烃类气体集中大量生成（图4－15），为页岩气的形成提供资源保障（张

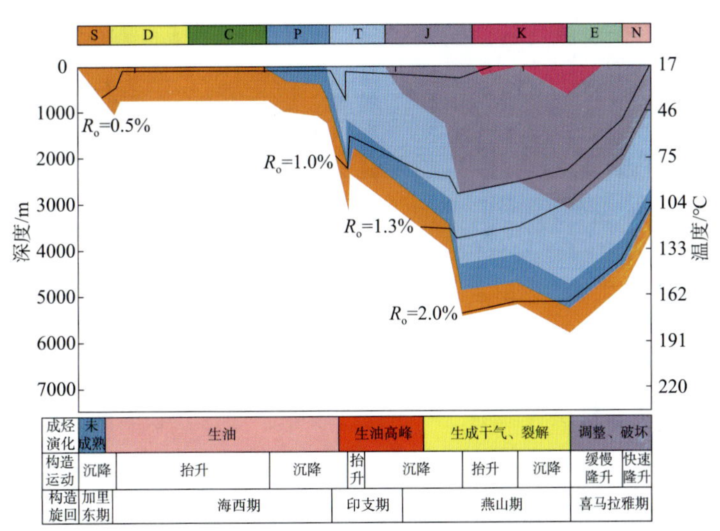

图4－15　四川盆地川南典型地区龙马溪组埋藏生烃史

金川等，2004、2008；闫存章等，2009；董大忠等，2009；曾祥亮等，2011）。

2. 适宜的生烃演化控制页岩气的储集空间

泥页岩埋藏过程中孔隙度随深度增加而变小，有机质生烃增压可减缓泥页岩孔隙度减小的速度（郭秋麟，2013）。通过对川南龙马溪组页岩基质孔隙类型研究及其构成测算，结合页岩地球化学条件及孔隙演化特征分析认为，在地史时期，川南龙马溪组页岩孔隙度演化经历了压实、成岩、生烃、超压、溶蚀等多重作用，生烃作用中的热演化程度为最重要的因素。

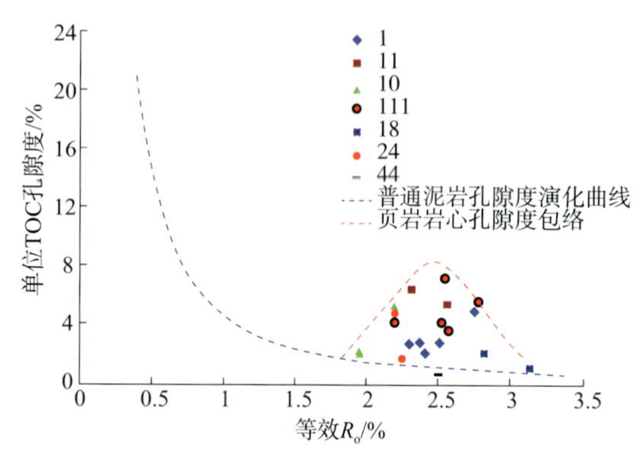

图 4－16　川南典型页岩气等效 R_o 与单位 TOC 孔隙度关系图

图 4－16 所示为典型页岩气等效 R_o 与单位 TOC 孔隙度之间的关系，处于生气高峰期的富有机质页岩对孔隙度具有明显的增加效应，随着成熟度升高，页岩孔隙度先增大后减小。生烃过程形成的有机质纳米孔隙是深层富有机质页岩孔隙度增加的主要因素。随着 R_o 增大，气态烃大量生成，有机质孔空间增多，极大增加了页岩中－微孔的孔体积。但当热演化程度大于“临界点”时，孔隙度随 R_o 的增加反而缓慢减小，过高的热演化程度有可能导致有机质石墨化或纤维化，局部有机孔垮塌，使得有机孔减少。图 4－17 形象地反映了四川盆地下寒武统页岩有机质孔隙度随成熟度增加而减小的特征。

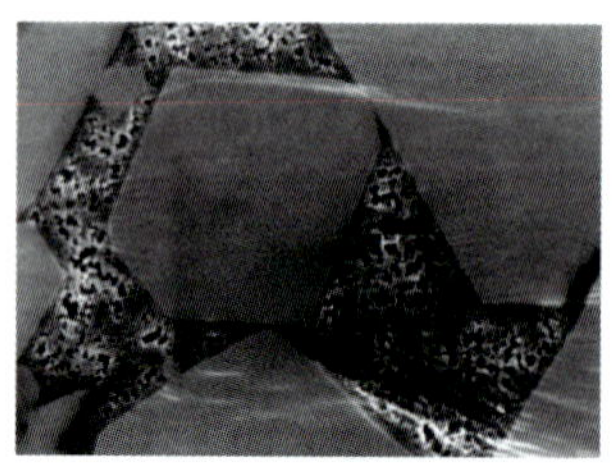

(a)XX1井筇竹寺组，
R_o：2.7%；TOC：2.3%；
孔径：30nm±；孔隙度：2.39%

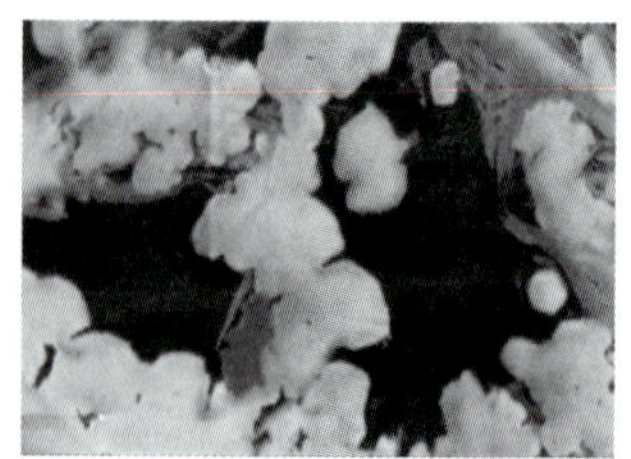

(b)XX2井牛蹄塘组，
R_o：3.16%；TOC：6.9%；
孔径2~10nm；孔隙度：1.7%

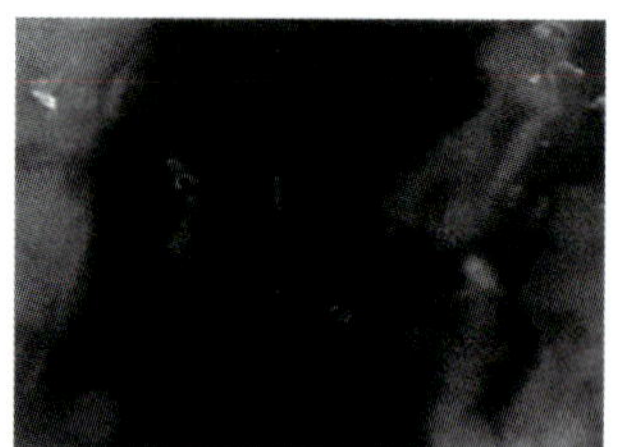

(c)XX3井牛蹄塘组
Ro：3.7%；TOC：3.0%；
有机孔不发育；孔隙度：1.2%

图 4－17　四川盆地下寒武统不同成熟度页岩有机质孔隙发育特征

3. 适宜的构造演化（适时、适度抬升）有利于页岩气富集高产

页岩储层粒度细、原始物性较差，经过较长时间的成岩演化和生烃演化后可以形成典型的连续型非常规致密储层。储层中 90% 以上的孔隙度低于 5%，孔隙呈孤立状、孤岛状分布。由于细粒组分含量较多，与同深度其他岩性的储层相比，受到压实作用的影响更为明显，渗透率也更差，往往低于 $0.001\times10^{-3}\mu m^2$。因此，适宜的构造演化（适时、适度抬

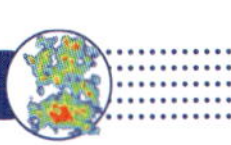

升）对页岩优质储层的形成同样重要。深层页岩层系被抬升到较浅深度，页岩的超低渗透性导致地层超压，可能形成天然微裂缝系统，它将极大地改善储层渗流能力。同时，页岩层系埋藏越浅则越有利于工程改造。但是，如果构造抬升破坏了页岩气层原本良好的保存条件，如局部隆升、断层破坏等，可能对页岩气的保存产生严重影响。

Curtis 通过对 20 世纪 90 年代美国五大页岩气田的研究指出，基质渗透率极低的页岩气藏，天然裂缝和基质渗透率是页岩气实现经济开发的关键因素。Ursula 等也认为，裂缝在页岩气富集高产中具有重要作用。Barnett 页岩至少有两组密集发育的裂缝，尽管多数是充填的，但有利于在水力压裂过程中被激活，增加了压裂的有效性，沟通了更大的含气面积；Haynesville 页岩岩心上基本见不到天然裂缝，但从其初始产量高、递减快等生产特征来看，也部分反映了裂缝的存在。页岩层内天然裂缝的发育不仅有效改善了储集空间，为页岩气的富集提供了条件，而且大量天然裂缝的存在提高了页岩的渗流能力，是页岩气形成高产的保证。

从威荣、永川、涪陵和长宁地区勘探开发实践来看，五峰组发育高角度裂缝，其他层位不发育；水平裂缝纵向上分布较广，龙马溪组下段均有发育，底部最发育。统计现有生产数据发现，水平井穿行位置对页岩气井产量具有显著的影响，当水平井穿行位置与水平裂缝发育层位一致时，页岩气井产量最高（图 4-18）。除了有机碳含量、矿物组成等因素的影响之外，适度抬升形成的天然裂缝系统为页岩气的富集与高产发挥了重要的作用。

适时、适度抬升也意味着页岩层系埋深相对较浅。在现今经济技术条件下，埋深相对较浅（<5000m）代表着工程实施难度降低，页岩动态脆性特征良好，易形成网络体积压裂，有利于页岩气的高产与采收率的提高（图 4-19）。

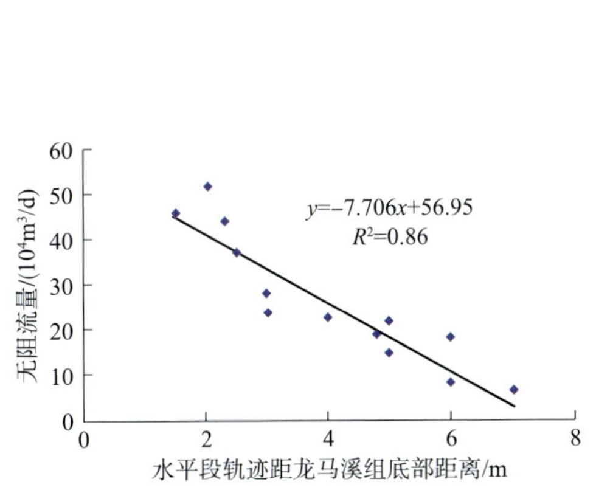

图 4-18　川南龙马溪组水平井穿行位置与无阻流量关系图

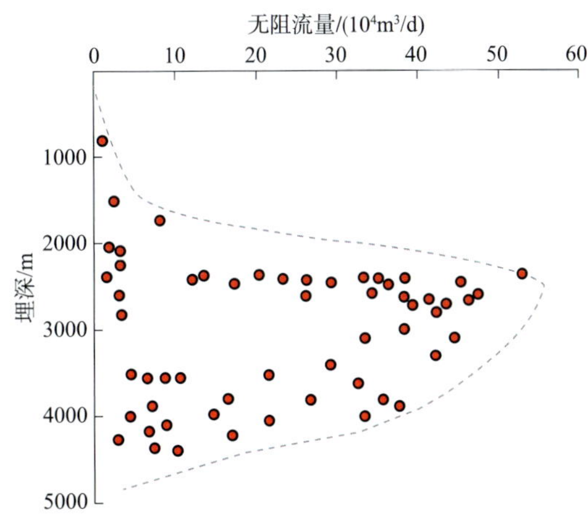

图 4-19　四川盆地及周缘志留系页岩气井埋深与产量关系图

4. 保存条件已不是川南深层页岩气富集的主控因素

页岩气保存是“顶不破、底不漏、侧不散”的三维有效封闭。“顶不破、底不漏”即指顶、底板完整，垂向裂缝密度低；“侧不散”主要受到断层和地层倾角两个因素的影响。

1）“顶不破”

从目的层龙马溪组自身的岩性来看，其中上部为绿灰色泥岩，下部为深灰、灰黑、黑色页岩及钙质页岩；从厚度来看，川南威页1井实钻龙马溪组445m，再加上其上部厚度超370m的石牛栏组致密地层，岩性为绿灰色泥岩夹褐灰色泥质灰岩、泥晶灰岩、灰质泥岩。目的层之上厚度大的泥岩决定了龙马溪组“顶不破”的天然优势。

2）“底不漏”

目的层五峰组－龙马溪组底部为奥陶系的临湘组和宝塔组，是一套厚度超50m的致密含泥质灰岩或泥质灰岩。该套灰岩未经风化淋滤，其孔隙度和渗透率小，在未有断层破坏的情况下是良好的底板；在页岩气水平井进行压裂施工时，因其破裂压力高，人工改造缝影响不到该灰岩。因此，龙马溪组底板条件好。

3）“侧不散”

页岩层自身性质显示，其水平渗透率远大于垂向渗透率，这就决定了在地层倾角较大的情况下，页岩气必然会在浮力等因素的作用下，向一切压力较低处发生运移，因此，对于川南深层以游离气为主的高演化程度龙马溪组页岩层系而言，页岩气的动态调整是必然的过程。目前通常认为页岩层系岩层倾角小于10°，断层规模较小，侧向逸散作用弱。

总之，川南地区深层页岩气普遍高压，大面积连续分布，除高陡构造外，地层倾角一般小于10°，多数在0°～5°，总体构造变形小，断层不发育，具备良好的保存条件，保存条件已不是川南深层页岩气富集的主控因素。

三、优质储层是深层页岩气富集和有效动用的关键因素

优质储层决定了页岩最终的孔隙度、含气饱和度、含气量及资源丰度，含气量是页岩气所具有的商业开发价值大小的重要指标，决定了其在当前经济技术条件下是否适合勘探开发，它与保存条件密切相关。四川盆地龙马溪组页岩在沉积背景相差不大情况下，不同地区页岩气勘探效果差异巨大，其主要原因是不同地区优质储层发育程度存在差异，以及水平井轨道设计存在差异。

五峰组－龙马溪组页岩储层非均质性较强，纵向上储层品质分段差异明显，靠近龙马溪组底部的储层段页岩品质相对最优，按川南深层页岩气储层分级评价方法，参照目前的储层分类评价标准，在深入认识川南地区页岩储层特征及储层质量影响因素的基础上，优选与储层生气能力、储集能力、含气能力密切相关的5个参数作为地质评价参数，并且引入脆性指数（BI）、水平应力差异系数这两个能够反映储层可压裂性的参数作为工程评价参数，可以建立川南地区深层页岩气储层精细评价指标划分指标并开展储层评价（表4－2）。

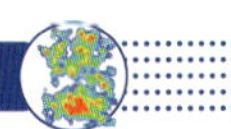

表 4 – 2　川南地区五峰组 – 龙马溪组页岩储层评价参数表

评价分级	评价参数						
	地质参数					工程参数	
	TOC/%	含气量/(m^3/t)	有机孔占比%	脆性矿物含量/%	黏土矿物含量/%	脆性指数	水平应力差异系数
A	≥4	≥6	≥50	≥60	≤30	≥0. 75	≤0. 1
B	3 ~ 4	4 ~ 6	35 ~ 50	55 ~ 60	30 ~ 40	0. 70 ~ 0. 75	0. 10 ~ 0. 125
C	2 ~ 3	2 ~ 4	20 ~ 35	55 ~ 60	40 ~ 50	0. 65 ~ 0. 70	0. 125 ~ 0. 15
D	< 2	< 2	< 20	< 40	> 50	< 0. 65	> 0. 15

优质储层的定义为：页岩 TOC 大于 4%，含气量大于 6m^3/t，有机孔占比大于 50%，脆性矿物含量大于 60%，黏土矿物含量小于 30%，脆性指数大于 0. 75，水平应力差异系数小于 0. 1 的储层段。其发育分布在区域上具有一定的稳定性，纵向上分布在龙马溪组底部富含生物的硅质、钙硅质页岩段内(表 4 – 3)，即 2 ~ 3^1小层。

表 4 – 3　五峰组 – 龙一段页岩储层段参数对比表

地层	储层品质	层厚/m	含气量/(m^3/t)	TOC/%	孔隙度/%	硅质矿物含量/%	黏土矿物含量/%	钙质矿物含量/%	GR/API	DEN/(g/cm^3)
龙马溪组	一般储层	46. 4	2. 6	1. 0	4. 8	38. 7	50. 8	6. 3	135. 5	2. 54
	较好储层	28. 4	5. 8	2. 9	5. 7	33. 7	36. 8	25. 5	140. 5	2. 48
	优质储层	6. 6	9. 2	4. 2	7. 0	51. 7	29. 5	13. 5	213. 6	2. 42
五峰组	较好储层	2. 6	5. 6	3. 0	5. 7	41. 6	29. 7	25. 2	80	2. 50

优质储层品质优良，储层各项特征突出，具有“五高两低”(高 TOC、高有效孔隙、高含气量、高脆性、高裂缝密度、低黏土含量、低地应力差异系数)的储层特征；“三高两低”(高自然伽马、高电阻、较高声波、低密度、低中子)的电性特征，以及“强波谷、强波峰、低阻抗”的地震响应特征(图 4 – 20)。

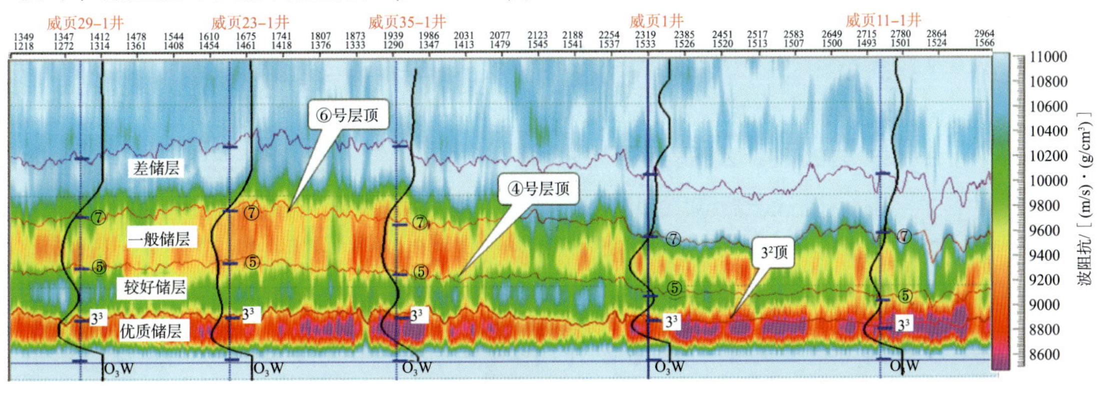

图 4 – 20　威荣地区五峰组 – 龙一段储层阻抗特征

1. 优质储层是深层页岩气富集的主要层段

深层页岩气优质储层具有高孔隙度、高含气量、高储量密度的特点。优质储层(A 级储层)比较好储层(B 级储层)孔隙度大 1/6，含气量多 1/3，单位体积($1m^3$)页岩中的页岩气储量(储量密度)高 1.7～2 倍，是名副其实的页岩气主要富集层段。

优质储层的发育受沉积微相的影响明显，钙硅质、硅质页岩储层为生物硅(放射虫)、生物钙(有孔虫)成因，岩性以黑色炭质页岩为主，见大量放射虫及有孔虫(图 4－21)，微晶石英、方解石矿物含量高(由硅质生物、钙质生物转化而来)，对页岩深埋藏演化形成的有机质孔具有良好的支撑作用，分散状刚性矿物颗粒以粉晶为主，能够对其中的有机质、有机质黏土复合体形成较好支撑，有机孔孔径约 100～200nm。相对分散状、层状富集分布的刚性矿物颗粒大(60～100μm)、支撑作用更强，有机孔的形态相对于相邻层(分散状)来说明显偏大，孔径一般在 200～500nm 之间，形态更圆(图 4－22)。

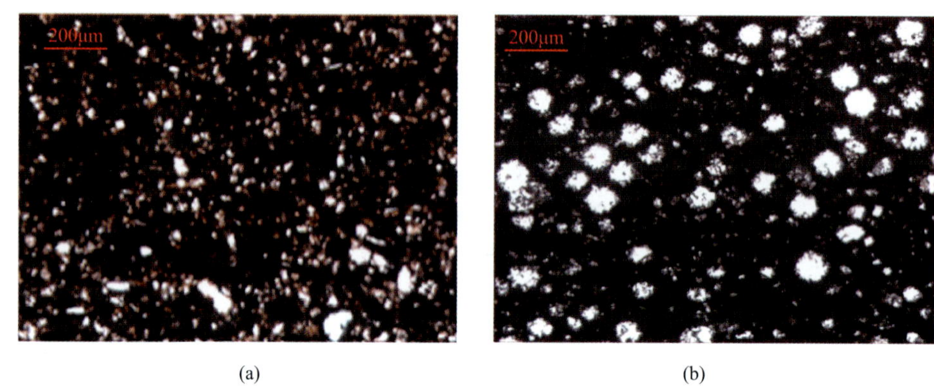

图 4－21　威荣优质储层有孔虫(a)、放射虫(b)微观照片

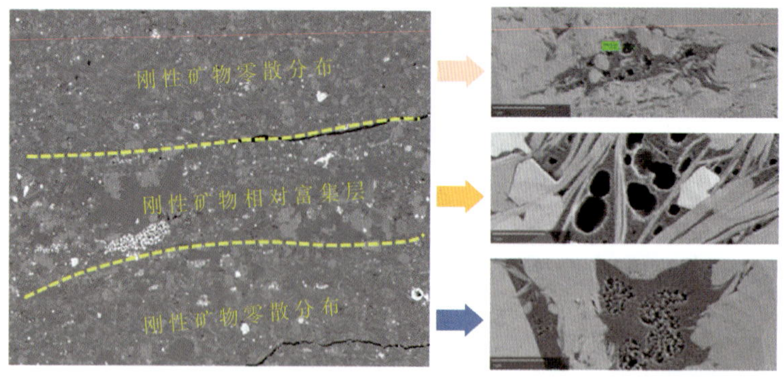

图 4－22　威荣优质储层刚性矿物颗粒分布与有机孔大小微观照片

WY1－3570.7，TOC：3.98%；刚性矿物含量：66%；黏土含量：33%；碳酸盐含量：26%；硅质含量：40%

同时从 FIB－SEM 三维重构实验分析结果来看，优质储层的孔隙形态多为扁平状、虫洞状，在有机质内部连片发育，连通性好(图 4－23)。优质储层的总孔隙度一般在 6.55%～8.53%之间，平均为 7.0%，而较好储层的总孔隙度平均为 5.7%，一般储层的总孔隙度平均为 4.8%，优质储层的总孔隙度明显高于其他类型的页岩储层。

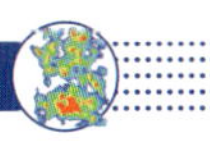

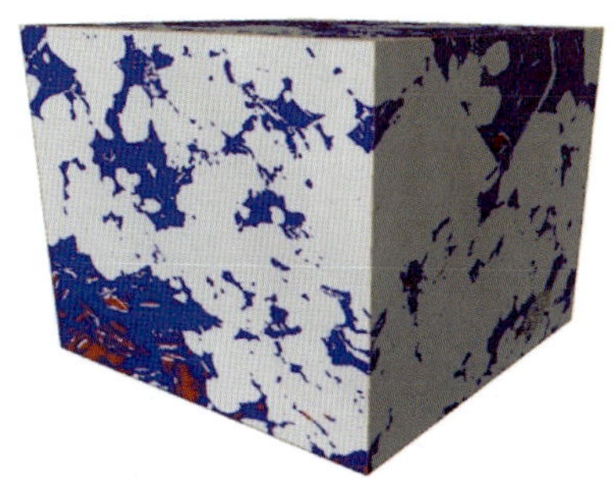

图4－23　威荣地区优质储层段有机孔及孔喉微观照片

优质储层的岩心现场入水实验普遍见串珠状气泡沿岩心裂缝逸出，持续时间较长，其实测含气量普遍较高，最高可达7.05m^3/t；而非优质储层的岩心实测含气量一般为2～4m^3/t（图4－24），测井解释结果得到的含气量数据具有同样的规律。研究表明，优质储层（A级储层）单位体积页岩气储量（储量密度）为30～35m^3，较好储层（B级储层）的储量密度为16～18m^3，一般储层（C级储层）的储量密度为10～13m^3，优质储层储层密度远高于其他储层。

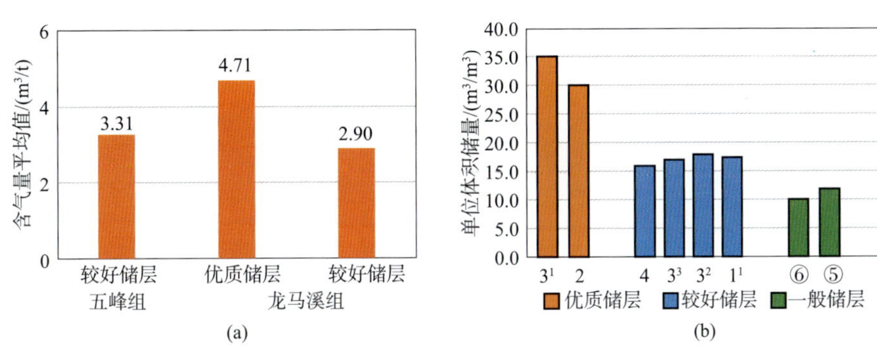

图4－24　威荣地区储层实测含气量（a）与储量密度（b）对比图

2. 优质储层是深层页岩气压裂后高效渗流的通道

在低孔、超低渗的深层页岩储层中，压裂形成复杂缝网，尽可能地沟通富含有机质的区域，是保证在现有经济技术条件下获得高产的重要前提。页岩储层中水平应力间的较小差异及大量存在的天然裂缝是形成复杂裂缝网络的重要地质条件，在压裂施工中能尽可能多地沟通基质孔隙，使得渗透率极低的基质在扩散作用下释放更多页岩气，并通过人工裂缝和天然裂缝的沟通提高页岩气的流动能力使其充分释放出来，最终使得整个改造层位形成沟通页岩气藏和井筒的大型复杂缝网系统。压裂改造的目的是尽可能地增大页岩储层改造体积，获得较高的ESRV，并最终获得更高的EUR。

储层精细划分与评价表明，川南地区龙马溪组页岩储层具有明显不同的工程地质特性，层间力学特性差异大，优质储层具有更好的工程品质，可改造性较好。如威荣地区，优质储层脆性矿物含量高（58.50%～63.99%），黏土含量相对低（29.5%），地应力低

(88～94MPa)，水平应力差异系数低(小于0.1)，裂缝密度高(层理缝及斜交缝发育，缝密度为3.87条/m)，有助于体积压裂形成网状裂缝系统，进而提高单井产能并获得高产。

对于川南地区，多种因素制约影响了深层页岩气的富集，如川南地区页岩气优质储层的厚度为3.5～7.6m，相对于焦石坝地区优质储层的厚度(21m)明显减薄，并且天然微裂缝的发育规模也不及焦石坝地区，这些给川南地区深层页岩气的高效勘探带来了巨大的挑战。

总之，深层页岩气的富集高产与页岩沉积时所处相带、页岩在地史时期的演化，以及优质储层分布密切相关，即“相带控源、适演控位、优储控富”。

第四节　深层页岩气富集模式

在川南地区五峰组－龙马溪组深层页岩气富集主控因素分析的基础上，总结提出了“三元三控”(“相带控源、适演控位、优储控富”)的富集主控因素认识，形成了以基础－动态－平衡相结合的深层页岩气富集模式(图4－25)。

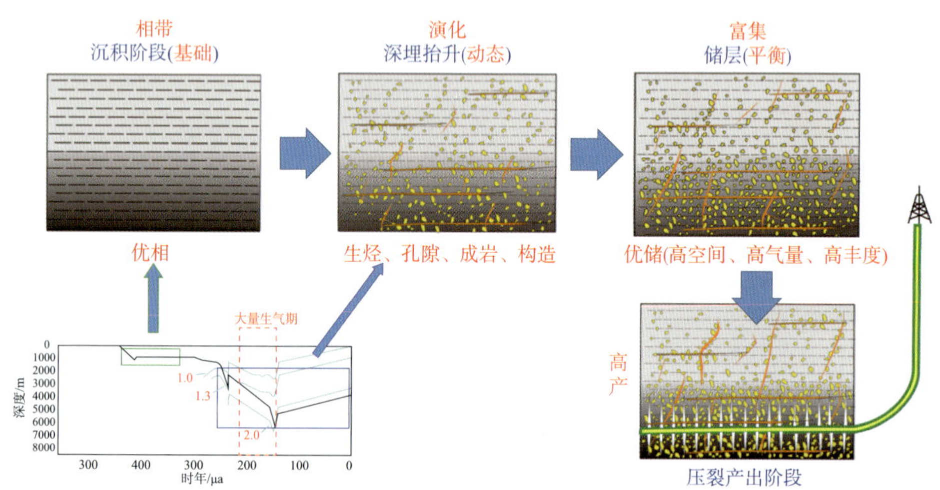

图4－25　川南地区五峰组－龙马溪组深层页岩气富集高产模式图

页岩沉积阶段，决定了页岩的品质，是页岩气的物质基础，有利的沉积相控制着页岩的厚度、分布规模、总有机碳含量、生烃总量、矿物成分、可生成孔隙度等静态指标。川南威远、永川地区龙马溪组优质页岩位于泥质深水陆棚沉积微相区，分布广，优质段TOC含量高(2.1%～5.4%)，脆性矿物含量高(55.6%～61.5%)，有效孔隙度高(4.6%～5.2%)，含气量较高(2.30～5.05)，具有良好的页岩发育和改造物质基础。

页岩演化阶段，是一个动态演化过程，决定了页岩层段最终的生烃量和孔隙储集空间。龙马溪组页岩海西期－印支期主生油期，燕山中－晚期主生气期，液态烃裂解成气，

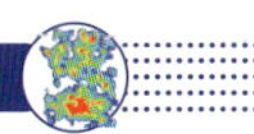

目前处于干气阶段；随着埋深(压实)的增加，燕山中晚期(R_o 为 2.2% ~2.6%)有机孔大量生成，总孔隙度达到最大；成岩演化在燕山中－晚期达中成岩 B 期，伊蒙混层占比减少，伊利石含量增加，铁方解石、白云石生成，无机孔增加；燕山晚期－喜山期，大规模适度抬升，形成大量微裂缝，是储集空间的有益补充，极大改善了页岩储层内部的渗流能力。

适宜演化形成的优质储层是深层页岩气富集的关键因素，页岩气运移的局限性导致页岩气的富集只可能是原地富集成藏，要富集必然要有足够的空间和生气量，优质储层具有高孔隙度、高含气量，其单位体积($1m^3$)页岩中的页岩气储量(储量密度)是其他储层的 2 倍以上。

压裂改造，决定了最终的可采储量和产气能力。深层页岩气优质储层脆性矿物含量较高，岩相有利，易于压裂，具备良好的工程地质条件，压裂改造能形成有效的网状缝，使深层页岩气获得经济高产。

第五章　深层页岩气地质评价关键技术

第一节　深层页岩气储层分级评价方法

一、岩石相精细分类划分技术

1. 岩石相概念及分类方案

1)岩石相概念的提出

冯增昭等(1993)提出，岩相是一定沉积环境中形成的岩石或岩石组合，它是沉积相的主要组成部分；岩相与沉积相是从属关系，而不是同义关系。利用传统的相或岩相的分析方法不能达到满意的页岩层段细分效果。彭勇民(2016)在传统的岩相划分基础上，针对页岩气储层评价地质、工程一体化的思路，提出了岩石相概念，认为岩石相是指具有岩性与古生物、有机质、硅质特征的一套岩石组合或岩性体。岩石相概念在一定意义上拓展了传统意义上相或岩相的内容。

岩石相由于受准层序界面的约束而具有成因与时间意义，页岩岩石相的发育主要受海平面升降、古陆、海底地形、物源供给等因素的影响。四川盆地及周缘五峰组－龙马溪组沉积时期古隆起的发育与迁移对沉积期沉积格局产生重要影响，受距离盆源远近及水下古隆起的影响，五峰组－龙一段有机质含量和岩石矿物组分差异很大。钙质、黏土、硅质3种矿物此消彼长，导致了钙质类、硅质类、黏土类页岩相互为消长的相变关系，而有机质的分布受控于岩石相的相变。

前人在页岩岩石相划分方面已开展大量的研究工作，但是关于页岩岩石相的分类方案一直存在很多分歧，始终未建立一个通用的判别指标。前期主要是通过颜色、矿物含量、纹层发育情况中的一个或几个参数来命名页岩岩石相。彭勇民(2016)根据有机碳含量和硅质含量两个参数，以五峰组－龙一段9个小层为划分单元，对涪陵地区典型井建立了对应的9类岩石相。冉波提出了利用石英含量结合纹层发育情况定量建立页岩岩相的方法。王玉满(2016)提出了应用岩石矿物三端元法＋沉积微相划分页岩岩相类型的方案。吴靖(2018)采用“有机质含量＋矿物组分命名法”针对焦石坝地区五峰组－龙一段建立了4种岩石相。

上述岩石相划分方案存在的问题主要有：①会受到资料获取程度的限制；②没有考虑到硅质和有机碳的相关性，单纯将二者区分为不同种类的岩石相，容易造成相名不同、实则相同的问题；③岩石相命名中即使考虑到了矿物组分三端元同时参与命名，但是矿物命

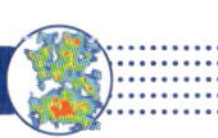

名方案上分类还不够细化，难以满足页岩层段细分开展精细描述寻找储层差异性的需求。

在前人研究的基础上，综合岩石相分析各种划分方法的优势，针对岩石相分析各种划分方法的不足，面对川南地区页岩层段细分及精细描述的要求，开展了岩石相精细研究，并建立相应划分方案。在 TOC 和矿物组分深入对比的前提下，参照沉积岩命名标准，以改进的岩石三角图模板为手段，按照有机碳含量结合矿物组合三端元命名法，对川南地区五峰组－龙一段页岩进行了岩石相划分。该方案有利于识别有利岩相组合及分布，有利于优选资源与可压裂性双“甜点”层段及区域，以推动页岩气勘探开发进展。分类方案没有增加基质组构、沉积构造等要素的辅助分类，是因为增加要素会导致页岩岩相命名趋于复杂、繁多，建立对应的测井响应标准难度较大，且对研究和生产应用的指导意义不大。

2）川南地区龙马溪组岩石相划分方案

川南地区龙马溪组岩石相划分方案如下：

（1）页岩中有机质含量，按《页岩气资源量/储量计算与评价技术规范》（DZ/T0254—2014）中关于总有机碳含量的分类，以有机碳含量 1%、2%、4% 为界限，将有机碳含量划分为 4 种类型：TOC≤4% 为特高有机碳含量，2%≤TOC＜4% 为高有机碳含量，1%≤TOC＜2% 为中有机碳含量，TOC＜1% 为低有机碳含量。

（2）依据页岩中黏土含量、碳酸盐矿物含量和硅质含量三端元，参照沉积岩命名原则：矿物含量大于 50% 或能反映岩石基本特征和基本属性者，为岩石基本名称；次要矿物含量为 25%～50% 时，以“××质”作为附加修饰词；次要矿物含量为 5%～25% 时，以含“××质”作为附加修饰词；若三者矿物含量基本一致，则命名为混合岩。可划分出 12 种岩石类型（表 5－1）。

表 5－1　岩石类型定名标准

序号	命名依据			岩石类型
	硅质含量/%	碳酸盐含量/%	黏土含量/%	
1	>75			富生物硅页岩
2	50～75			硅质页岩
3	25～50	<25	25～50	黏土质－硅质页岩
4		25～50	<25	钙质－硅质页岩
5		>75		灰岩
6		50～75		钙质页岩
7	<25	25～50	25～50	黏土质－钙质页岩
8	25～50		<25	硅质－钙质页岩
9			>75	黏土岩
10			50～75	黏土质页岩
11	25～50	<25	25～50	硅质－黏土质页岩
12	<25	25～50		钙质－黏土质页岩

(3)有机质分类结合岩石类型命名即为该页岩层的页岩岩石相。

由于龙马溪组页岩沉积速率低，为6.7～15.2m/Ma，基于精细小层的划分基础上的岩石相识别，使岩石相分类精确到0.5～6m。本小节以威荣地区为例进行分析。

2. 威荣地区页岩岩石相精细划分

1)威荣地区五峰组－龙马溪组有机碳分布特征

威荣地区龙马溪组有机碳纵向上含量自上而下总体呈现增加的趋势，纵向分段差异性明显，从实测TOC含量分段统计情况来看，威荣地区在开发小层2～3^1小层TOC含量高达3.93%～4.96%，平均为4.55%。1^1小层TOC含量为2.92%～3.75%，平均为3.22%；3^2～4号层TOC含量为2.02%～3.05%，平均为2.59%；这2个小层TOC略低于2～3^1小层。5－9号层TOC含量为0.02%～2.07%，平均为0.87%，为纵向上TOC最低层(图5－1)。

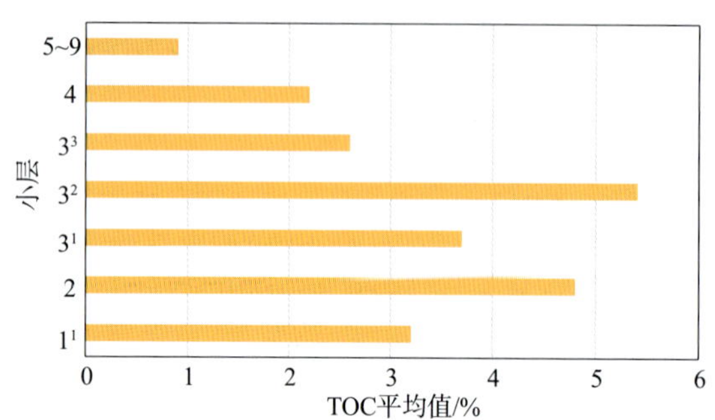

图5－1　威荣地区五峰组－龙马溪组一段TOC纵向分布图

2)威荣地区龙马溪组矿物成分分布特征

图5－2为川南地区五峰组－龙马溪组一段岩石类型三角图，由图可见，矿物成分上的差异是非常明显的。矿物成分的差异主要由古沉积环境决定，若只考虑单一矿物的变化是不能完全反映距离古隆起远近、古物源、古水深等变化的，因此，要综合考虑3种矿物的相对含量，才能反映储层岩性组合特征方面的差异。

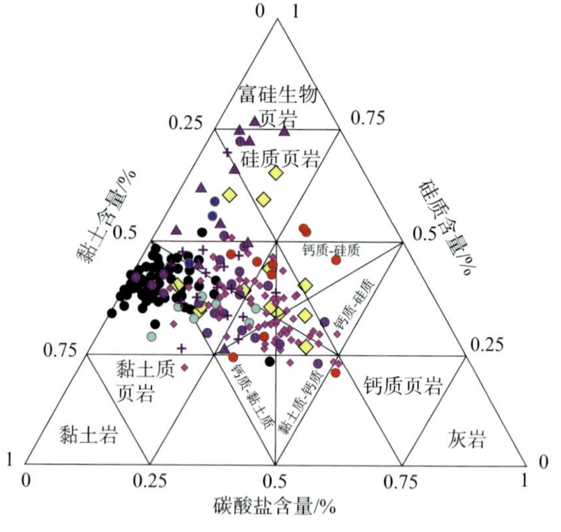

图5－2　威荣地区五峰组－龙马溪组一段岩石类型三角图

纵向上，虽然威荣地区五峰组－龙马溪组一段从上向下均呈黏土含量、钙质含量逐渐降低，硅质含量逐渐增加趋势(底部以生物硅质为主)，但其增加的方式及变化的拐点差异较大(图5－3)。

TOC≥4%的层段硅质含量最高(55.0%)、黏土含量最低(<30%)、钙质含量相对较低(10%～20%)；2%≤TOC<4%的钙质含量逐渐增高，钙质含量最高可达约40%，硅质含量有所降低，黏土含量忽高忽低(图5－4)。

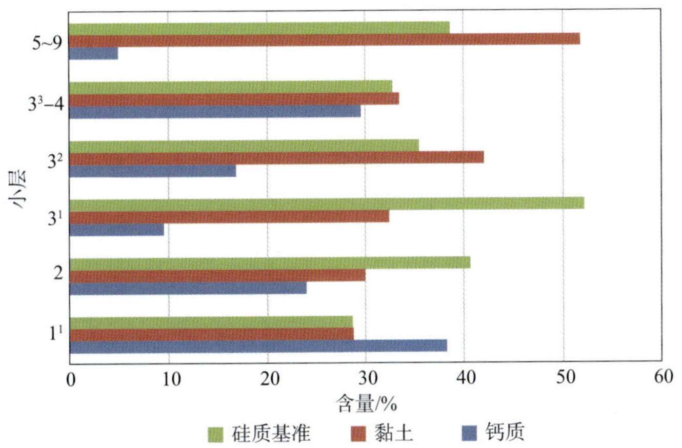

图 5-3　威荣五峰组-龙马溪组一段矿物成分相关关系图

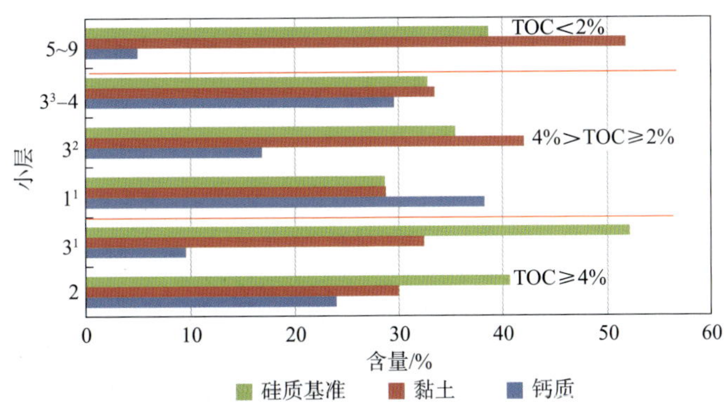

图 5-4　威荣地区五峰组-龙马溪组一段按 TOC 分类的矿物成分对比图

3)威荣地区岩石相精细划分

在川南地区岩石相划分方案指导下，按照 TOC≥4% 为特高碳，4% >TOC≥2% 为高碳，TOC <2% 为中低碳的划分标准，对川南地区五峰组-龙马溪组一段岩石相的精细划分(图 5-5)。

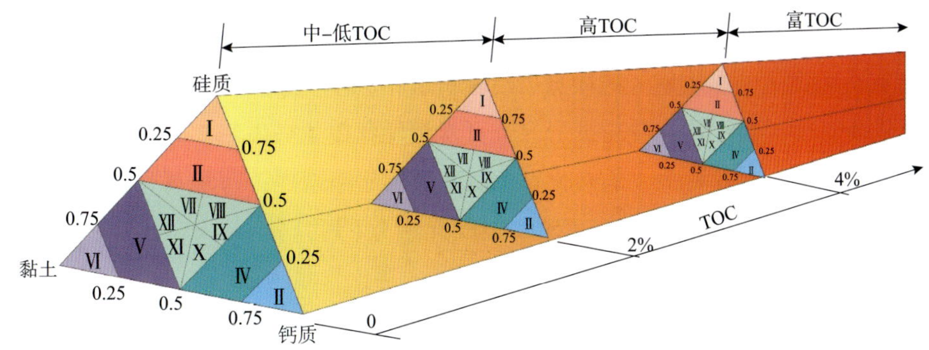

图 5-5　威荣地区五峰组-龙马溪组一段按 TOC 岩相划分图

注：Ⅰ：富硅生物页岩；Ⅱ：硅质页岩；Ⅲ：灰岩；Ⅳ：钙质页岩；Ⅴ：黏土质页岩；Ⅵ：黏土岩；Ⅶ：黏土质-硅质混合质页岩；Ⅷ：钙质-硅质混合质页岩；Ⅸ：硅质-钙质混合质页岩；Ⅹ：黏土质-钙质混合质页岩；Ⅺ：钙质-黏土质混合质页岩；Ⅻ：硅质-黏土质混合质页岩

威荣地区划分出了7类主要的页岩岩石相类型；结合TOC分布可以分为4类页岩岩石相组合。自下而上，五峰组－龙马溪组2号层（高伽马峰峰尖部位）由于高钙质含量而以混合相为主；向上3^1小层下部为富有机质生物硅质页岩相，富有机碳，高硅质含量，低黏土含量、低钙质含量，为最有利的页岩岩石相。3^1小层上部以高有机质黏土质－硅质为主，向上渐变为高有机质硅质－黏土质页岩、高有机质混合页岩相（龙马溪组），最终过渡到龙一段上部的中－低有机质黏土质页岩相。

3. 威荣地区页岩岩石相特征

威荣地区可以划分出7种岩石相类型，自下而上各岩石相类型及特征如下所述。

1）高有机质钙质－黏土质－硅质混合质页岩相（五峰组）

高有机质钙质－黏土质－硅质混合质页岩相发育在威荣地区五峰组页岩段。薄片观察可见碳酸盐矿物以弥散型分布为主，岩心滴酸起泡剧烈。X衍射分析，矿物三端元组分（钙、黏土、硅）占比比例为0.8：0.8：1.0；其中，硅质含量为38.3%，钙质含量为28.8%，黏土含量为28.7%，呈现中硅、高钙、低黏土的特征（图5－6）。

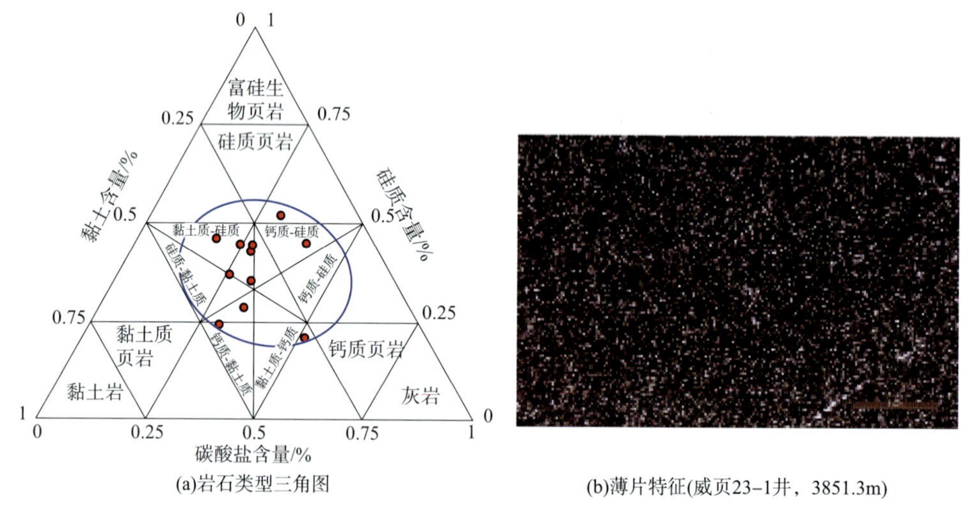

(a)岩石类型三角图　(b)薄片特征(威页23-1井，3851.3m)

图5－6　威荣地区高有机质钙质－黏土质－硅质混合质页岩相（五峰组）特征图

2）富有机质钙质－黏土质－硅质页岩混合页岩相（龙马溪组）

富有机质钙质－黏土质－硅质页岩混合页岩相发育在龙马溪组2号小层，岩心观察可见发育黄铁矿纹层，含放射虫、笔石化石，滴酸反应起泡剧烈；薄片观察碳酸盐岩矿物以细纹层－弥散型为主。X衍射分析，矿物三端元组分（钙、黏土、硅）占比比例为0.6：0.7：1.0，硅质含量为40.7%，钙质含量为24%，黏土含量为30%，呈现出中硅、高钙、低黏土的特征。相比于五峰组储层，黏土含量和硅质均有所增加（图5－7）。

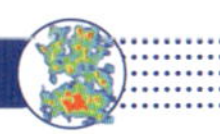

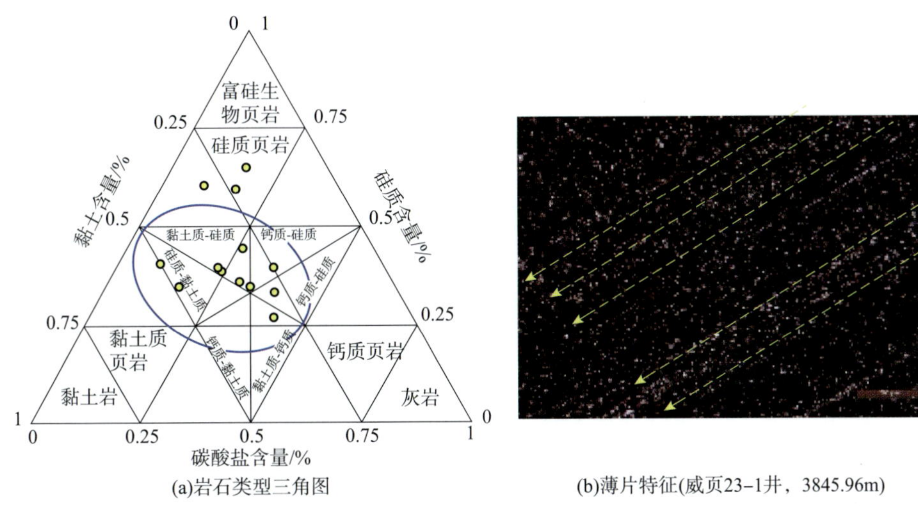

(a)岩石类型三角图

(b)薄片特征(威页23-1井，3845.96m)

图5-7　威荣地区高有机质钙质-黏土质-硅质混合质页岩相(龙马溪组)特征图

3)富有机质生物硅质页岩相

富有机质生物硅质页岩相主要发育在龙马溪组3^{1-1}号小层，岩心观察可见发育黄铁矿纹层，含放射虫、笔石化石，滴酸反应不起泡；薄片观察碳酸盐岩矿物纹层不发育。

X衍射分析，矿物三端元组分(钙、黏土、硅)占比比例为0.2∶0.5∶1.0，硅质含量为53.9%，钙质含量为10.3%，黏土含量为29.3%，呈现出高硅、低钙、低黏土的特征。相比于下部储层，硅质含量增加，钙质含量减少(图5-8)。

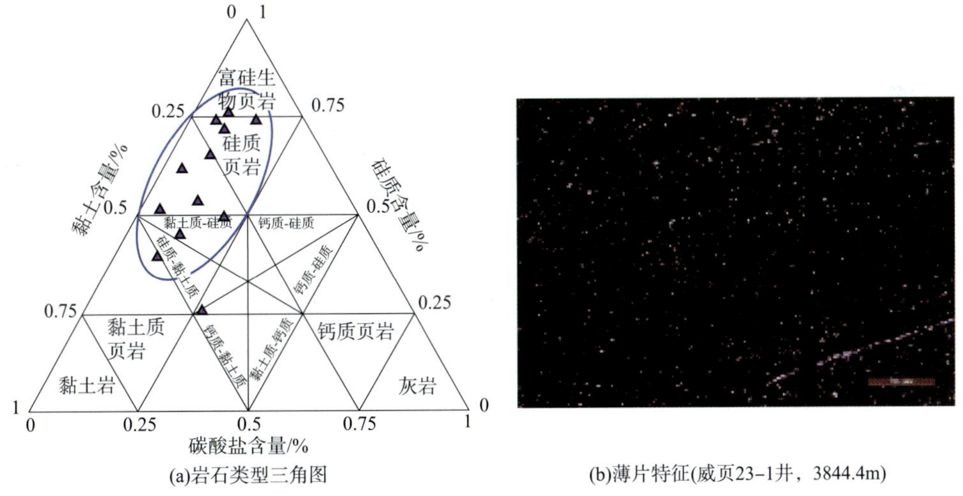

(a)岩石类型三角图

(b)薄片特征(威页23-1井，3844.4m)

图5-8　威荣地区富有机质生物硅质页岩相特征图

4)高有机质黏土质-硅质页岩相

高有机质黏土质-硅质页岩相主要发育在龙马溪组3^{1-2}号小层，岩心观察可见发育黄铁矿纹层，含笔石化石，滴酸反应起泡较明显；薄片观察碳酸盐纹层呈薄互层特征，纹层厚0.2~0.5mm；X衍射分析，矿物三端元组分(钙、黏土、硅)占比比例为0.2∶0.7∶

1.0，硅质含量为50.0%，钙质含量为8.8%，黏土含量为35.6%，呈现出高硅、低钙、低黏土的特征。相比于下部储层，黏土含量有所增加(图5-9)。

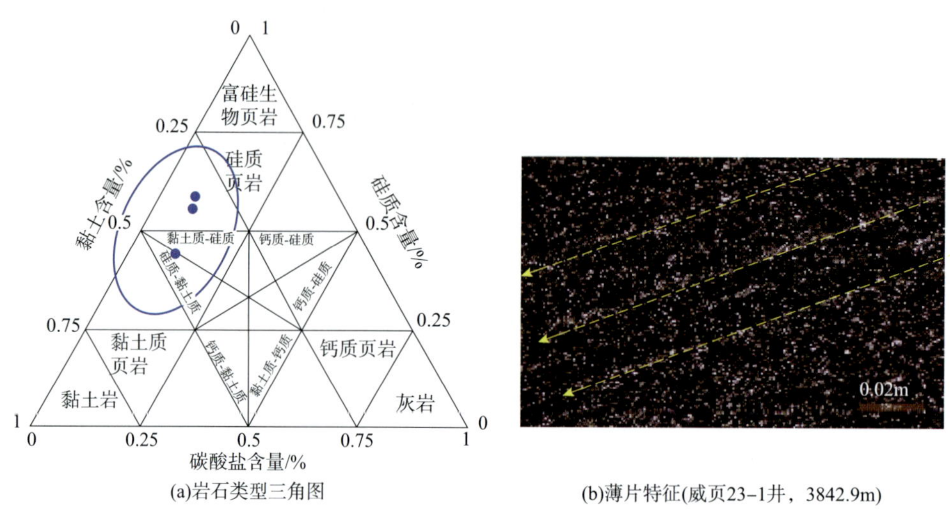

(a)岩石类型三角图

(b)薄片特征(威页23-1井，3842.9m)

图5-9 威荣地区高有机质黏土质-硅质页岩相特征图

5)高有机质硅质-黏土质页岩相

高有机质硅质-黏土质页岩相可进一步细分为Ⅰ型和Ⅱ型。

Ⅰ型主要发育在龙马溪组3^{2-1}号小层，薄片观察可见发育碳酸盐岩纹层，纹层厚0.2~0.4mm。X衍射分析，矿物三端元组分(钙、黏土、硅)占比比例为0.4：1.0：1.0，硅质含量为39.3%，钙质含量为15.9%，黏土含量为40.3%，呈现出中硅、中钙、高黏土的特征。相比于高有机质黏土质-硅质岩石相页岩，钙质含量有所增加，黏土含量增加较明显(图5-10)。

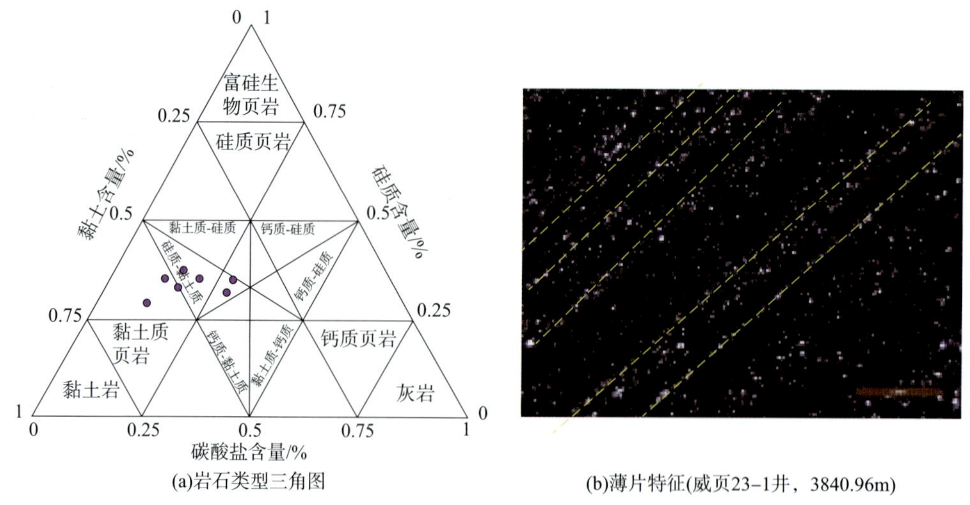

(a)岩石类型三角图

(b)薄片特征(威页23-1井，3840.96m)

图5-10 威荣地区高有机质硅质-黏土质页岩相Ⅰ型特征图

Ⅱ型储层主要发育在龙马溪组3^{2-2}号小层，岩心观察可见含笔石化石。薄片观察发育薄纹层型碳酸盐岩纹层，纹层间距0.3~0.5mm。X衍射分析，矿物三端元组分(钙、黏土、硅)占比比例为 0.6∶1.4∶1.0，硅质含量为 31.7%，钙质含量为 17.8%，黏土含量为 43.9%，呈现出中硅、中钙、高黏土的特征。相比于I型，黏土含量增加明显(图 5－11)。

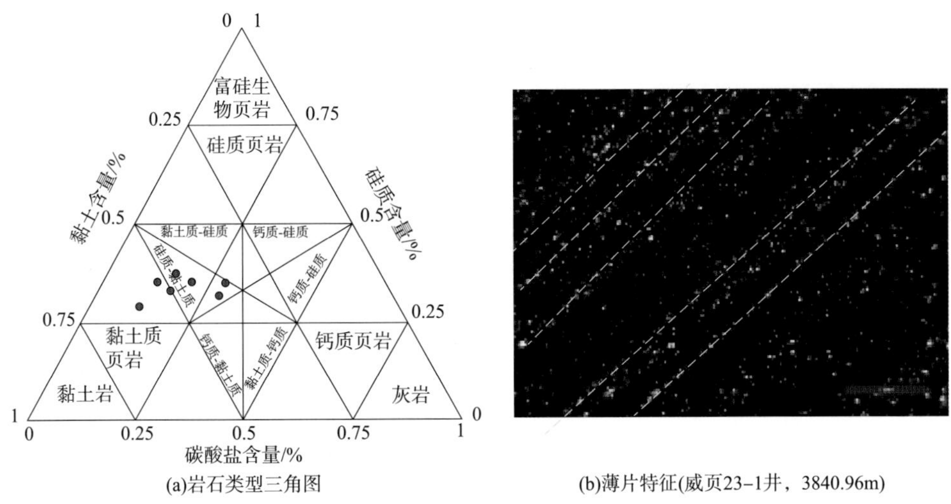

(a)岩石类型三角图　　(b)薄片特征(威页23-1井，3840.96m)

图 5－11　威荣地区高有机质硅质－黏土质页岩相Ⅱ型特征图

6)高有机质硅质－钙质－黏土质混合质页岩相

该岩相主要发育在 3^3～4 号小层。薄片观察可见发育纹层类型为碳酸盐岩粗纹层，纹层厚0.5～2mm。X 衍射分析，矿物三端元组分(钙、黏土、硅)占比比例为0.9∶1.0∶1.0，硅质含量为32.8%，钙质含量为29.6%，黏土含量为33.5%，呈现出低硅、高钙、较高黏土的特征。相比于下部储层，钙质含量增加较明显，黏土含量有所降低(图 5－12)。

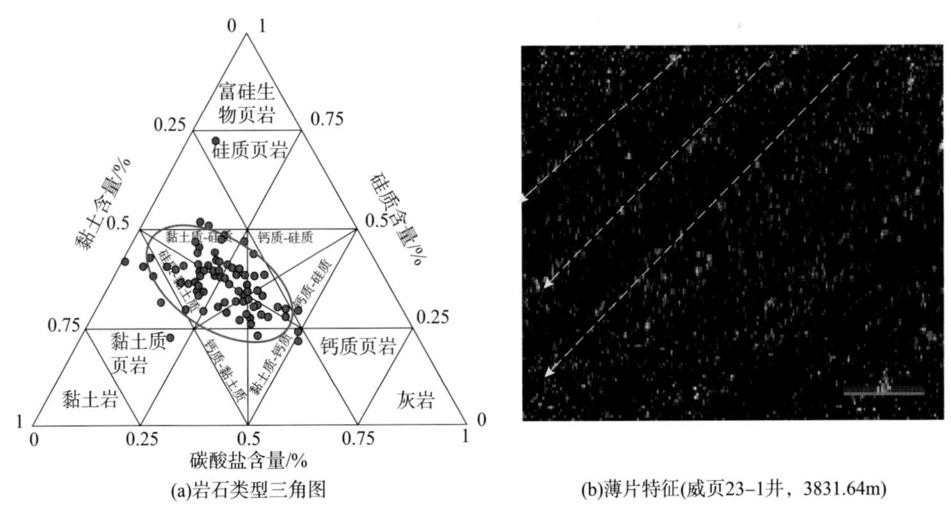

(a)岩石类型三角图　　(b)薄片特征(威页23-1井，3831.64m)

图 5－12　威荣地区高有机质硅质－钙质－黏土质混合质页岩相特征图

7)中低有机质黏土质页岩相

该类主要发育在 5～9 号小层。岩心观察可见页理发育，向上页岩颜色逐渐变浅，深灰色页岩夹层增多，粉砂含量增多。X 衍射分析，矿物三端元组分(钙、黏土、硅)占比比例为0.2∶1.3∶1.0，硅质含量为38.7%，钙质含量为5.0%，黏土含量为51.8%，呈现出低硅、低钙、高黏土的特征。相比于下部储层，黏土含量增加较明显，钙质含量较低，碳酸盐呈粉－泥晶粒状，星点不均匀分布；少量陆源粉砂碎屑含量为7%左右(图5－13)。

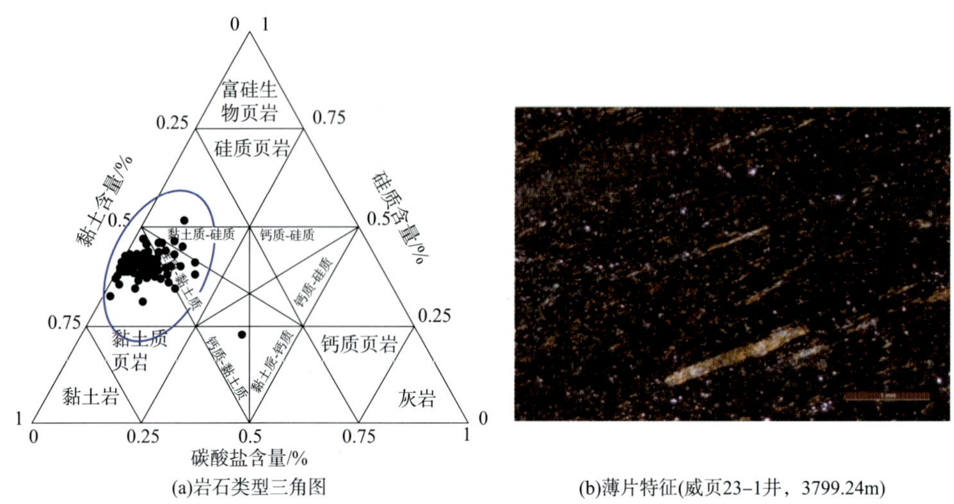

图5－13　威荣地区中低有机质黏土质页岩相特征图

威荣地区五峰组－龙一段自下而上，岩石相类型由硅质类为主逐渐向黏土类为主过渡。其中，在较好页岩段(2%≤TOC<4%)表现为混合质页岩为主的过渡相。

二、深层页岩气储层分类描述技术

对页岩储层进行合理的分类与描述，是地质工作的基础，其目的是更好地寻找、认识、评价储层，从而通过合理的改造措施，达到效益开发的目的(魏力民，2019)。对于页岩气勘探开发来说，找到一种合理、客观、快速对储层进行分类评价的技术具有十分重要的意义。对页岩气藏来说，单纯按照评价标准进行定性研究，存在很大的不确定性。因此，根据岩石相的划分结果，以地质、工程一体化思路为指导，描述不同类型的岩石相的储集物性、含气性、可压性、测井响应及地震响应特征，建立页岩储层地质模型，形成新的页岩气储层分类描述技术，总结页岩储层特征，是十分重要的。

在岩石相划分的基础上，进行储层特征的精细描述，以威荣页岩气田威页23－1井为例，自下而上可以划分为7类储层类型(表5－2)。

1)钙质－黏土质－硅质混合质页岩储层Ⅰ型(五峰组)

该类储层主要发育在威荣地区五峰组页岩段，岩石相类型为高有机质钙质－硅质－黏土质混合质页岩相[图5－14(a)]。薄片观察碳酸盐矿物以弥散型为主，岩心滴酸起泡剧烈。

测井曲线上具有低自然伽马(99.6API)、较高电阻率(56.7Ω·m)、中高密度(2.54g/cm^3)、低中子(11.5%)的电性特征。

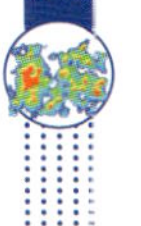

表 5－2 威荣地区五峰组－龙马溪组一段页岩气储层模型主要参数对比表

储层模型	钙质－黏土质－硅质页岩混合型储层Ⅰ型（五峰组）	钙质－黏土质－硅质页岩混合型储层Ⅱ型（龙马溪组）	生物硅质页岩储层	黏土－硅质页岩储层	硅质－黏土质页岩储层	硅质－钙质－黏土质混合型储层	黏土质页岩储层
层位	五峰组	龙马溪组					
TOC	2% ≤TOC <4%	TOC≥4%		2% <TOC <4%			2% <TOC
沉积环境	高有机质钙质－黏土质－硅质混合深水陆棚微相	富有机质含钙－黏土质－硅质页岩深水陆棚微相	富有机质硅质深水陆棚微相	高有机质黏土质－硅质深水陆棚微相	高有机质硅质－黏土质深水陆棚微相	高有机质硅质－钙质－黏土质深水陆棚微相	低有机质黏土质深水陆棚微相
岩石类型	钙质－黏土质－硅质页岩	钙质－黏土质－硅质页岩	生物硅质页岩	黏土质－硅质页岩	硅质－黏土质页岩	硅质－钙质－黏土质页岩	黏土质页岩
矿物占比（钙、黏土、硅含量比）	0.8：0.8：1.0	0.6：0.7：1.0	0.2：0.5：1.0	0.2：0.7：1.0	0.4：1.0：1.0	0.9：1.0：1.0	0.2：1.4：1.0
储层微观特征	发育黄铁矿纹层、斑脱岩纹层，含放射虫、笔石化石；碳酸盐岩矿物以弥散型为主	发育黄铁矿纹层、斑脱岩纹层，含放射虫、笔石化石；碳酸盐岩矿物以细纹层－弥散型为主	黄铁矿纹层，含放射虫、笔石化石；碳酸盐纹层不发育	黄铁矿纹层，含放射虫、笔石化石；碳酸盐纹层呈薄互层特征，纹层厚0.2～0.5mm	含笔石化石，碳酸盐薄纹层，下部纹层间距0.2～0.4mm，上部为0.3～0.5mm	发育碳酸盐层粗纹层，间距为0.5～2mm，含笔石化石	黄铁矿纹层少见，含笔石化石；碳酸盐岩呈粉－泥晶粒状，星点不均匀分布
储层特征	TOC：0.4%～5%或2.3%； 孔隙度：0.7%～9%或4.2%； 有机孔隙度：0.3%～2.4%或1.6%； 有机孔占比：31%～46%或38.0； 含气量：0.9～8.9（或5.7）m^3/t； 水平应力差异系数：0.44～0.46或0.45； 可压裂指数：44.8～50.0/47.9	TOC：1.8%～4.0%或3.4%； 孔隙度：4.1%～6.9%或6.1%； 有机孔隙度：1.3%～2.7%或2.3%； 有机孔占比：31.6%～41.9%或39.3%； 含气量：4.1～10.0（或8.2）m^3/t； 水平应力差异系数：0.43～0.50或0.45； 可压裂指数：44.8～49.4/47.3	TOC：2.8%～4.4%或4.0%； 孔隙度：5.1%～7.4%或6.7%； 有机孔隙度：1.9%～3.0%或2.7%； 有机孔占比：37.2%～43.7%或41.9%； 测井含气量：7.4～11.5（或9.5）m^3/t； 水平应力差异系数：0.42～0.46或0.45； 可压裂指数：39.9～53.2或46.8	TOC：1.2%～5.7%或3.4%； 孔隙度：3.2%～9.8%或6.7%； 有机孔隙度：0.7%～3.7%或2.3%； 有机孔占比：20.6%～41.0%或33.7%； 含气量：3.2～13.0（或8.3）m^3/t； 水平应力差异系数：0.42～0.48或0.46； 可压裂指数：40.8～51.8或48.6	TOC：1.7%～6.0%或3.0%； 孔隙度：3.2%～11.9%或6.8%； 有机孔隙度：1.0%～3.9%或2.0%； 有机孔占比：28.0%～45.2%或32.9%； 含气量：4.5～12.9（或6.9）m^3/t； 水平应力差异系数：0.42～0.49或0.44； 可压裂指数：32.9～44.5或43.2	TOC：2.2%～2.9%或2.5%； 孔隙度：5.1%～6.4%或5.7%；有机孔隙度1.6%～2.1%或1.8%； 有机孔占比：32.3%～34.9%或33.0%； 含气量：5.1～7.3（或6.1）m^3/t； 水平应力差异系数：0.44～0.46或0.45； 可压裂指数：43.9～50.9或46.4	TOC：0.6%～1.1%或0.9； 孔隙度：4.2%～5.0%或4.6%； 有机孔隙度：0.4%～0.8%或0.6%； 有机孔占比：10.6%～16.8%或13.3%； 含气量：1.9～2.8（或2.3）m^3/t； 水平应力差异系数：0.41～0.43或0.42 可压裂指数：32.0～40.7或36.1
电性特征	低自然伽马（99.6API）、较高电阻率（56.7Ω·m）、中等密度（2.54g/cm^3）、低中子（11.5）	高自然伽马（248API）、较高电阻率（44.8Ω·m）、中低密度（2.47g/cm^3）、中低中子（13.7g/cm^3）； 中子挖掘效应下部明显	中等自然伽马（168API）、相对高电阻率（29.6Ω·m）、低密度（2.43g/cm^3）、中低中子（13.3g/cm^3）；中子挖掘效应全段均明显	中等自然伽马（200API）、低电阻率（26.1Ω·m）、中低密度（2.47g/cm^3）、中等中子（15.6）；	中等自然伽马（151.2API）、中低电阻率（14.7Ω·m）、中密度（2.52g/cm^3）、中等中子（16.3）	中低自然伽马（122.4API）、相对高电阻率（27.8Ω·m）、中等密度（2.51g/cm^3）、中等中子（16）	低自然伽马（114.8API）、低电阻率（14.8Ω·m）、高密度（2.6g/cm^3）、中高中子（19.5）
储层评价	Ⅱ类	Ⅰ类	Ⅰ类	Ⅱ类	Ⅱ类	Ⅱ类	Ⅲ类
典型层	1^1层	2层	3^1层	3^1层顶部	3^2层	3^3～4号层	5～9号层

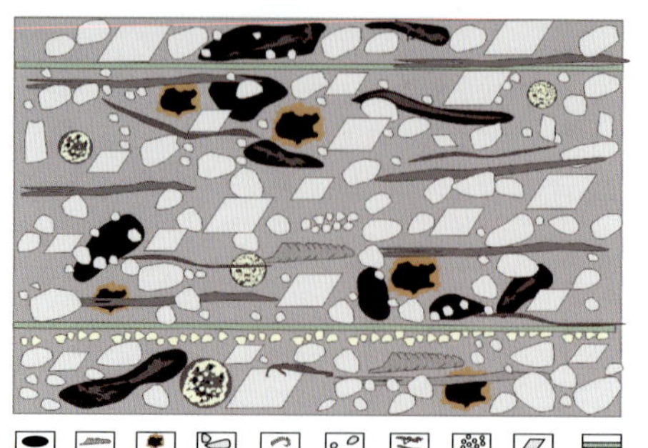

(a)钙质-黏土质-硅质-混合质页岩储层Ⅰ型(五峰组)

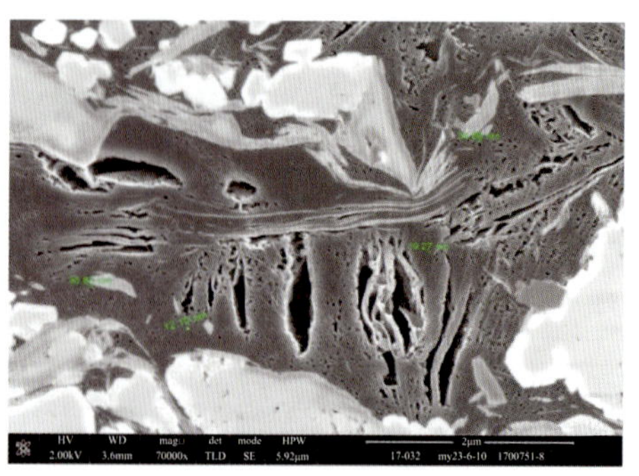

(b)扫描电镜下特征(威页23-1井，3849.80m)

图5-14 威荣地区钙质-黏土质-硅质页岩混合型储层Ⅰ型(五峰组)地质模型图及其镜下特征

X衍射分析，矿物三端元组分(钙、黏土、硅)占比比例为0.8∶0.8∶1.0。其中，硅质含量为38.3%，钙质含量为28.8%，黏土含量为28.7%，呈现中硅、高钙、低黏土的特征。

储层特征方面，TOC为3.4%~5.3%，平均为3.9%；孔隙度为4%~6.5%，平均为5.3%；孔隙以有机孔为主，有机孔占比为49.8%。现场含气量平均为4.23m^3/t，测井解释含气量为7.79m^3/t；脆性指数为44.8，主应力差异系数为0.446。

扫描电镜下见较大的有机质颗粒内发育狭长形孔隙和较多超微孔隙，较小的有机质颗粒内主要发育较小的超微孔隙，孔隙直径以12.19~34.69nm为主[图5-14(b)]。

CT检测上未见明显层理特征，识别出多条微裂缝分布(体积分数为0.24%)，基质中颗粒矿物含量高，有机质分布较均匀；裂缝及大孔占比为0.24%，有机质及小孔占比为6.5%，基质占比为91.3%，重矿物占比为1.96%(图5-15)。

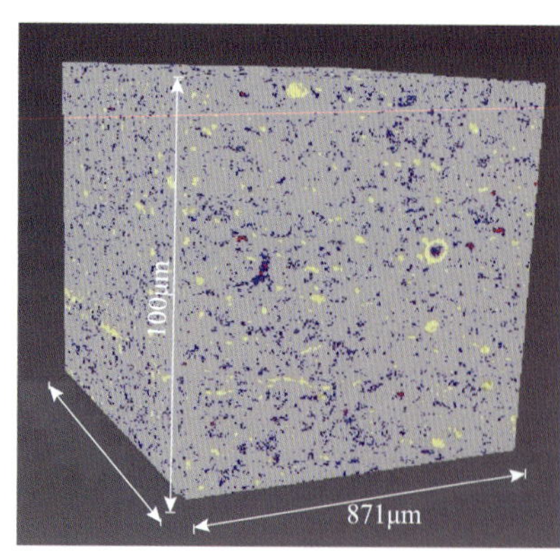

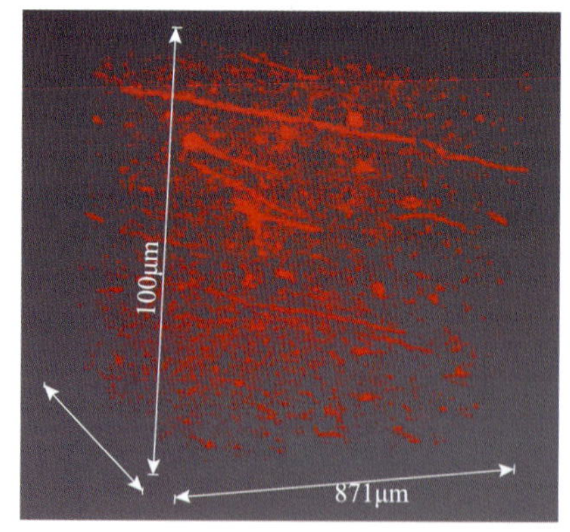

图5-15 威荣地区钙质-黏土质-硅质页岩混合型储层Ⅰ型(五峰组)CT检测结果

蓝色：有机质及小孔；灰色：基质矿物；黄色：高密度矿物；红色：微裂隙及大孔

2)钙质-黏土质-硅质混合质页岩储层Ⅱ型(龙马溪组)

该类储层主要可见发育在龙马溪组2号小层，岩石相类型为富有机质钙质-黏土质-硅质混合型页岩相。岩心观察可见发育黄铁矿纹层，含放射虫、笔石化石，滴酸反应起泡剧烈；薄片观察碳酸盐岩矿物以细纹层-弥散型为主[图5-16(a)]。

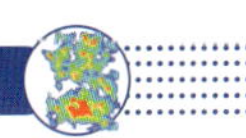

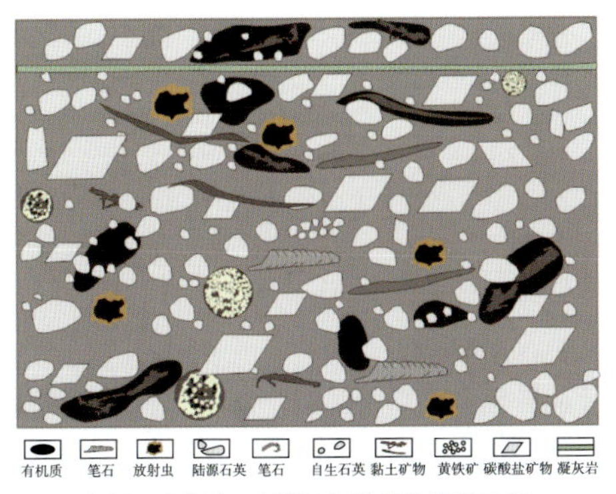

(a)钙质-黏土质-硅质混合型页岩储层Ⅱ型

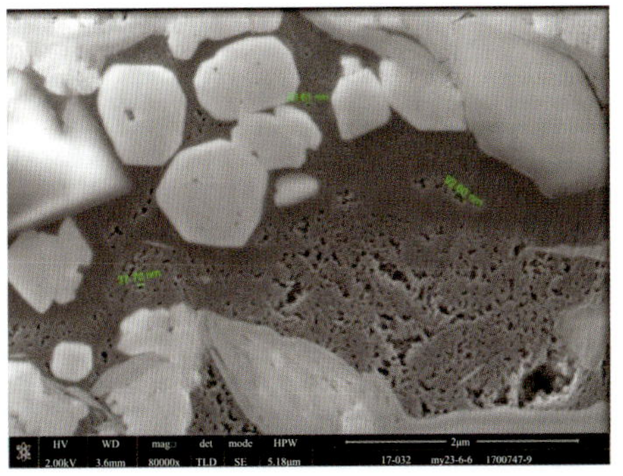

(b)扫描电镜下特征(威页23-1井，3846.92m)

图5-16　威荣地区钙质-黏土质-硅质混合质页岩储层Ⅱ型(龙马溪组)地质模型图及其镜下特征

测井曲线具有高自然伽马(248API)、较高电阻率(44.8Ω·m)、中低密度(2.47g/cm^3)、中低中子(13.7%)、中子挖掘效应明显的特征。

X衍射分析，矿物三端元组分(钙、黏土、硅)占比比例为0.6∶0.7∶1.0，硅质含量为40.7%，钙质含量为24%，黏土含量为30%，呈现出中硅、高钙、低黏土的特征。相比于五峰组储层，黏土含量和硅质均有增加。

储层特征方面，TOC介于3.1%~6.1%，平均为4.8%；孔隙度为5.0%~7.5%，平均为6.0%；孔隙空间类型主要以有机孔为主，占比59.8%。现场含气量平均为4.07m^3/t，测井解释含气量为10.00m^3/t；脆性指数为46.0，主应力差异系数为0.451。

氩离子抛光扫描电镜下，可以看到大部分有机质内较小的超微孔隙发育较好，分布少量黏土矿物，部分有机质条带内孔隙不发育。孔隙直径以37.70~92.60nm为主[图5-16(b)]。

CT检测识别出多条沿层理分布微缝隙(体积分数1.3%)，有机质分布均匀且含量较高。裂缝及大孔占1.3%，有机质及小孔占12.5%，基质占85.5%，重矿物占0.7%(图5-17)。

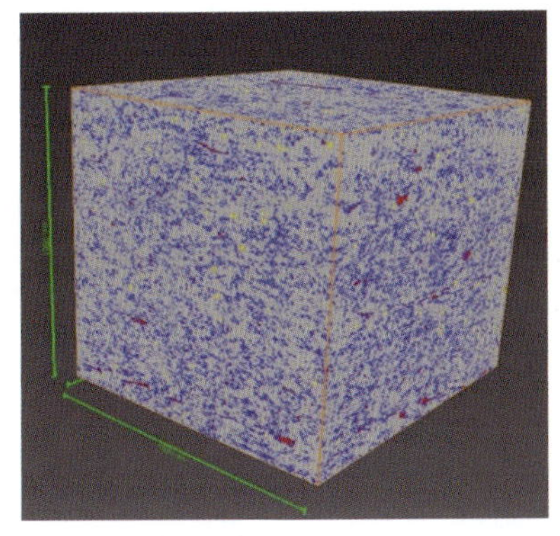

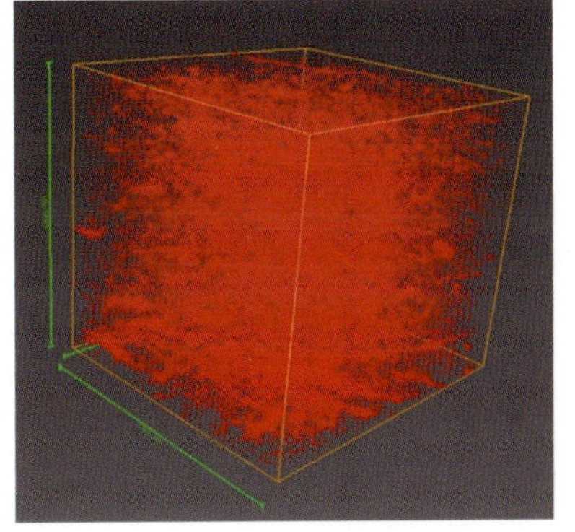

图5-17　威荣地区钙质-黏土质-硅质混合质页岩储层Ⅱ型(龙马溪组)CT检测结果

蓝色：有机质及小孔；灰色：基质矿物；黄色：高密度矿物；红色：微裂隙及大孔

3)生物硅质页岩储层

该类储层主要发育在龙马溪组3$^{1-1}$号小层，岩石相类型为富有机质生物硅质页岩相。

岩心观察可见发育黄铁矿纹层，含放射虫、笔石化石，滴酸反应不起泡；薄片观察碳酸盐岩矿物纹层不发育[图5－18(a)]。

测井曲线具有中低自然伽马(168API)、相对高电阻率(29.6Ω·m)、低密度(2.43g/cm^3)、中低中子(13.3%)、中子挖掘效应全段均明显的特征。

X衍射分析，矿物三端元组分(钙、黏土、硅)占比比例为0.2∶0.5∶1.0，硅质含量为53.9%，钙质含量为10.3%，黏土含量为29.3%，呈现出高硅、低钙、低黏土的特征。相比于下部储层，硅质含量增加，钙质含量减少。

储层特征方面，TOC为3.3%~5.6%，平均为4.6%；孔隙度为4.0%~7.2%，平均为6.0%；孔隙空间类型主要以有机孔为主，有机孔占比龙马溪组一段最高，达69.7%。现场含气量平均为5.14m^3/t，测井解释含气量为11.48m^3/t；脆性指数为45.2，主应力差异系数为0.450。

氩离子抛光扫描电镜下，可以见到部分有机质内发育较多狭长形孔隙，小部分有机质内较小的超微孔隙发育较好，孔隙直径多在20~70nm左右，最大达1.662μm[图5－18(b)]。

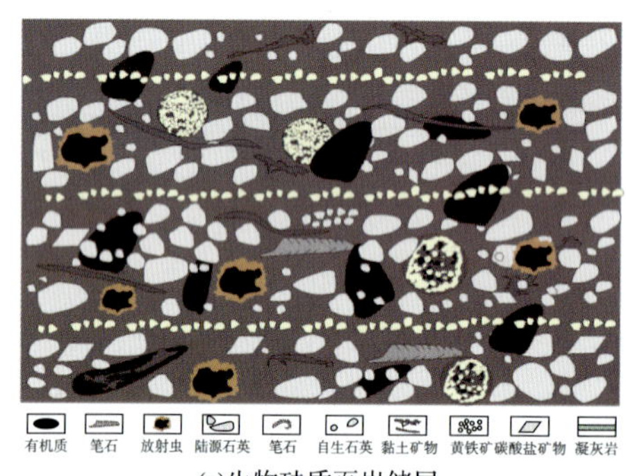

(a)生物硅质页岩储层

(b)扫描电镜下特征(威页23－1井，3844.94m)

图5－18　威荣地区生物硅质页岩储层地质模型图及扫描电镜下特征

CT检测有机质沿层理分布特征较明显，有机质含量高。见较多大孔分布(体积分数占1.7%)。裂缝及大孔占1.7%，有机质及小孔占16.5%，基质占78.5%，重矿物占3.3%(图5－19)。

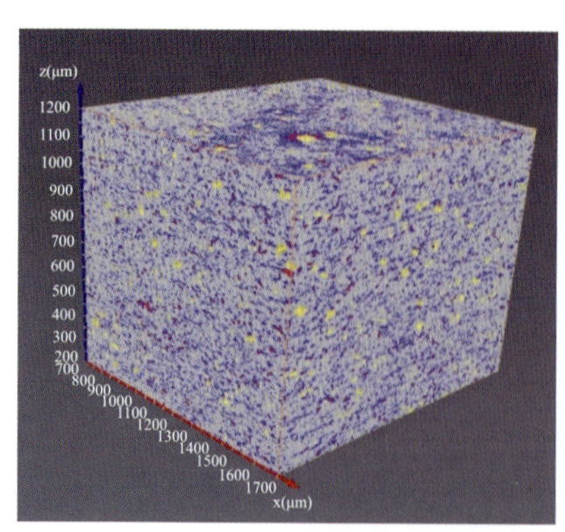

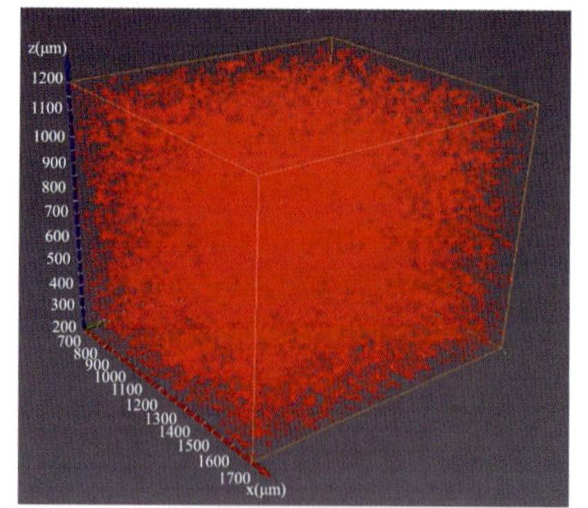

图5－19　威荣页岩气田生物硅质页岩储层CT检测结果

蓝色：有机质及小孔；灰色：基质矿物；黄色：高密度矿物；红色：微裂隙及大孔

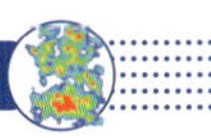

FIB 检测得出孔隙主要发育在有机质内部，部分颗粒较大的有机质内部发育较大的狭长形孔隙，大部分有机质内发育较小的微孔隙(图 5－20)。

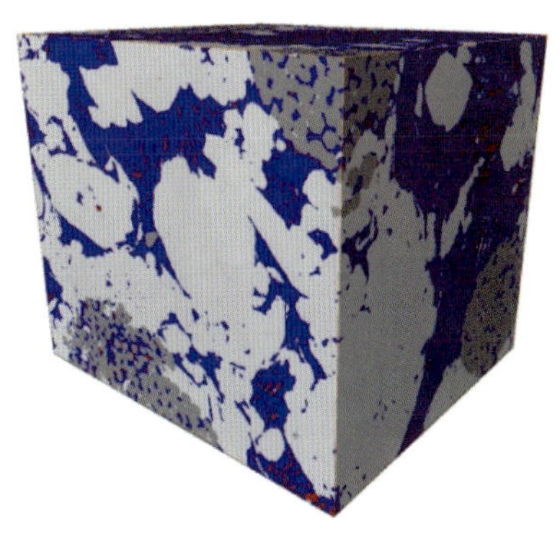

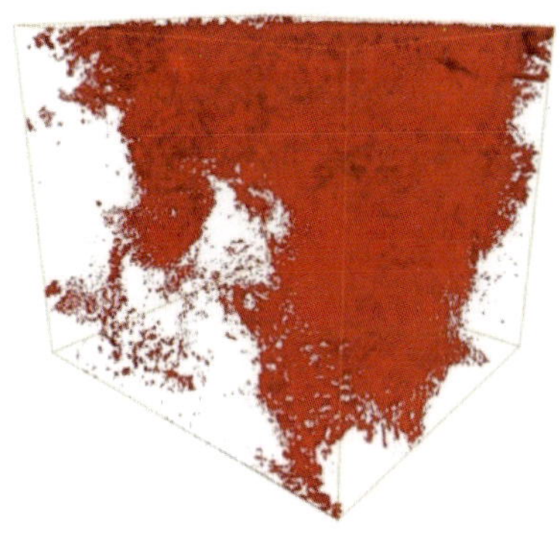

图 5－20 威荣地区生物硅质页岩储层 FIB－SEM 三维分析图(威页 23－1 井，3844.94m)

红色：孔缝；深灰色：黄铁矿；灰色：矿物；蓝色：有机质

4)黏土质－硅质页岩储层

该类储层主要发育在龙马溪组 3^{1-2} 号小层，岩石相类型为高有机质黏土质－硅质页岩相。岩心观察可见发育黄铁矿纹层，含笔石化石，滴酸反应起泡较明显；薄片观察碳酸盐纹层呈薄互层特征，纹层厚 0.2～0.5mm(图 5－21)。

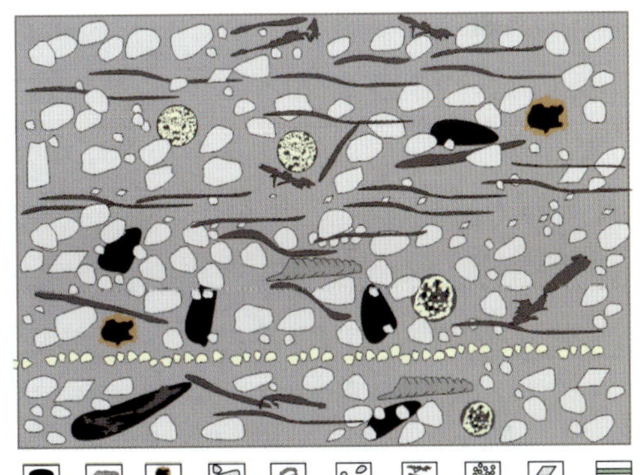

图 5－21 威荣地区黏土质－硅质页岩储层地质模型图

测井曲线方面具有中等自然伽马(200API)、相对电阻率(26.1Ω·m)、中低密度(2.47g/cm^3)、中等中子(15.6%)、中子挖掘效应下部明显的特征。

X 衍射分析，矿物三端元组分(钙、黏土、硅)占比比例为 0.2∶0.7∶1.0，硅质含量为 50.0%，钙质含量为 8.8%，黏土含量为 35.6%，呈现出高硅、低钙、低黏土的特征。相比于下部储层，黏土含量有所增加。

储层特征方面，TOC 为 2.7%～4.5%，平均为 3.4%；孔隙度为 3.3%～6.9%，平均为 5.6%；孔隙空间类型主要以有机孔为主，有机孔占比较下部层有所降低，为 38.8%。现场含气量平均为 2.59m^3/t，测井解释含气量为 12.18m^3/t；脆性指数为 45.2，主应力差异系数为 0.450。

5)硅质－黏土质页岩储层Ⅰ型、Ⅱ型

该类储层可进一步细分为上、下两段，上部主要发育在龙马溪组 3^{2-1} 号小层，岩石相类型为高有机质硅质－黏土质页岩相。岩心观察可见含笔石化石。薄片观察可见发育碳酸盐岩纹层，纹层厚 0.2～0.4mm(图 5－22)。测井响应具有中等自然伽马(151.2API)、中低电阻

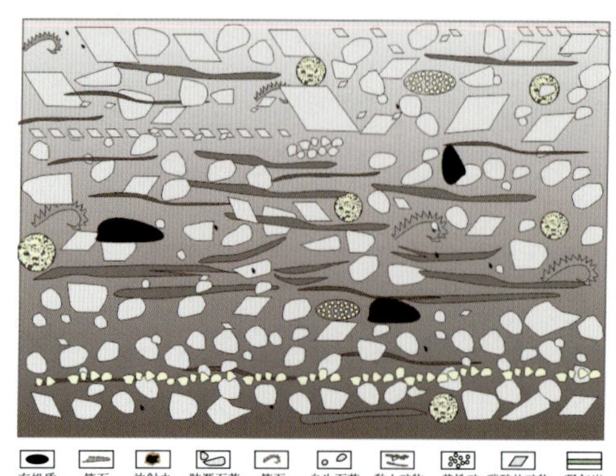

图5-22 威荣页岩气田硅质-黏土质储层Ⅰ型地质模型图

率(14.7Ω·m)、中密度(2.52 g/cm³)、中等中子(16.3%)、中子挖掘效应不明显的特征。

X衍射分析，矿物三端元组分(钙、黏土、硅)占比比例为0.4∶1.0∶1.0，硅质含量为39.3%，钙质含量为15.9%，黏土含量为40.3%，呈现出中硅、中钙、高黏土的特征。相比于下部储层，钙质含量有所增加，黏土含量增加较明显。

储层特征方面，TOC为2.2%~4.3%，平均为3.0%；有机孔占比为20.3%，；孔隙度为4.2%~6.3%，平均为5.1%。与下部储层相比，TOC、有机孔占比、孔隙度均较低。

下部储层主要发育在龙马溪组3^{2-2}号小层，岩石相类型为高有机质硅质-黏土质页岩相。岩心观察可见含笔石化石。薄片观察可见发育纹层类型为薄互层，碳酸盐岩纹层，纹层厚0.3~0.5mm[图5-23(a)]。测井响应具有中等自然伽马(176.8API)、低电阻率(11.6Ω·m)、中低密度(2.46g/cm³)、中高中子(19.5%)、中子挖掘效应不明显的特征。

X衍射分析，矿物三端元组分(钙、黏土、硅)占比比例为0.6∶1.4∶1.0，硅质含量为31.7%，钙质含量为17.8%，黏土含量为43.9%，呈现出中硅、中钙、高黏土的特征。相比于下部储层，钙质含量、黏土含量均增加较明显。

储层特征方面，TOC为2.9%~4.3%，平均为3.7%；有机孔占比为20.9%，；孔隙度为3.8%~8.8%，平均为5.7%。TOC、孔隙度与下部储层差别不大。该类储层现场含气量平均为2.42m³/t，测井解释含气量为7.18m³/t；脆性指数为41.7，主应力差异系数为0.441。

氩离子抛光扫描电镜下，可以观察到有机质内孔隙发育不均匀，局部微孔隙发育较好，均发育大量超微孔隙，孔隙直径以18.89~46.10nm为主，最大可达534.6nm[图5-23(b)]。

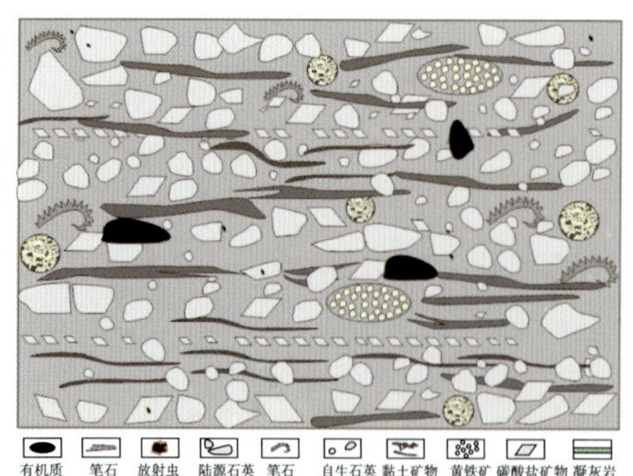

(a)硅质-黏土质页岩储层Ⅱ型储层模型

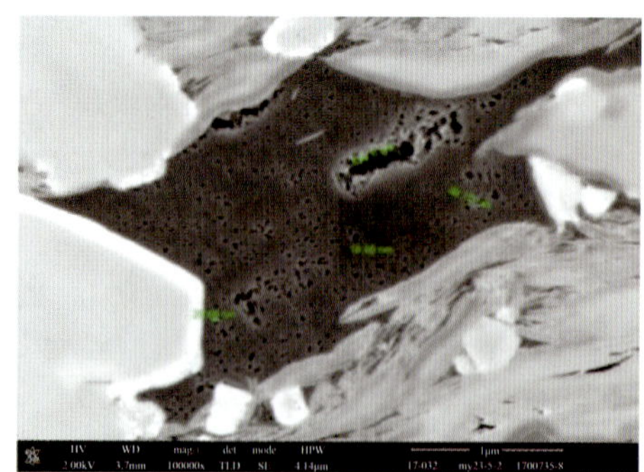

(b)扫描电镜下特征(威页23-1井，3836.72m)

图5-23 威荣地区硅质-黏土质储层Ⅱ型储层地质模型图及其镜下特征

CT检测有机质沿层理分布特征较明显，有机质含量高，可见较多大孔分布(体积分数

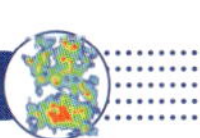

为1.7%)。裂缝及大孔占1.7%，有机质及小孔占16.5%，基质占78.5%，重矿物占3.3%(图5-24)。

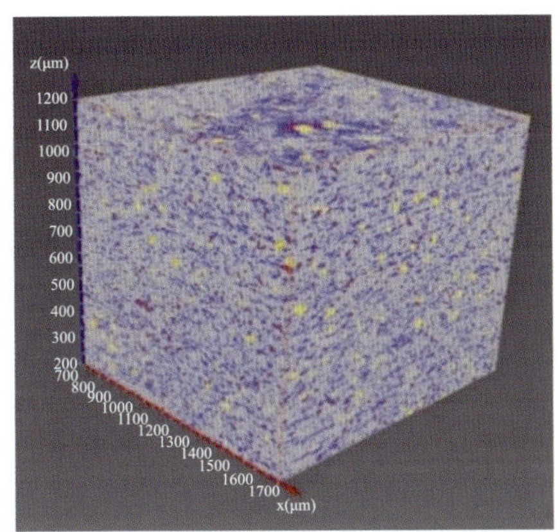

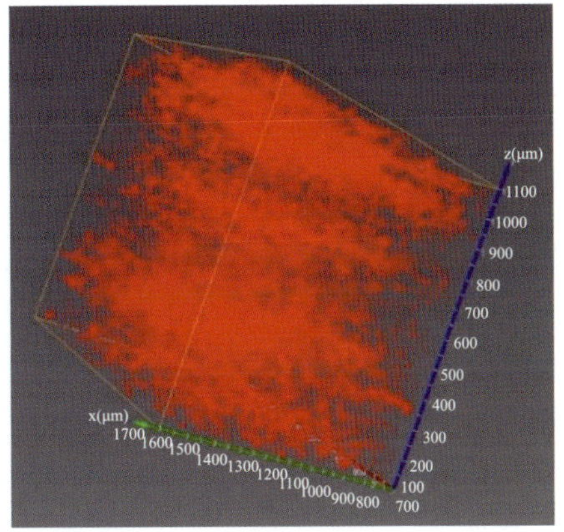

图5-24 威荣页岩气田硅质-黏土质储层Ⅱ型储层CT检测结果(威页23-1井，3836.72m)

蓝色：有机质及小孔；灰色：基质矿物；黄色：高密度矿物；红色：微裂隙及大孔

6)硅质-钙质-黏土质混合型储层

该岩相主要发育在3^3~4号小层，岩石相类型为高有机质硅质-钙质-黏土质混合型页岩相。薄片观察发育纹层类型为碳酸盐岩粗纹层，纹层厚0.5~2mm[图5-25(a)]。测井响应具有中低自然伽马(122.4API)、相对高电阻率(27.8Ω·m)、中等密度(2.51g/cm^3)、中等中子(16%)特征。

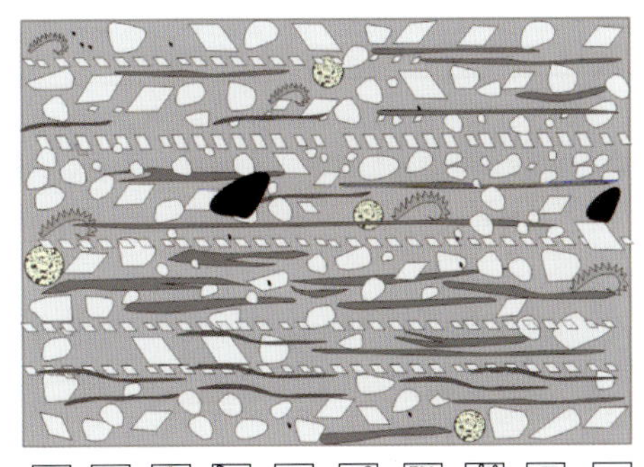

(a)硅质-钙质-黏土质混合型储层模型

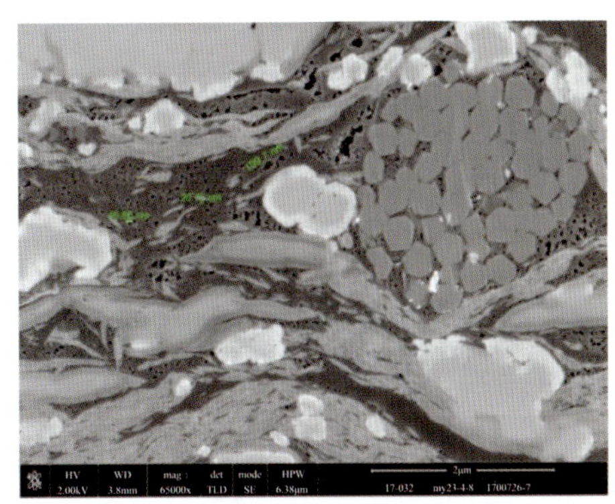

(b)扫描电镜下特征(威页23-1井，3828.82m)

图5-25 威荣地区硅质-钙质-黏土质混合型储层地质模型图及其镜下特征

X衍射分析，矿物三端元组分(钙、黏土、硅)占比比例为0.9∶1.0∶1.0，硅质含量为32.8%，钙质含量为29.6%，黏土含量为33.5%，呈现出低硅、高钙、较高黏土的特征。相比于下部储层，钙质含量增加较明显，黏土含量有所降低。

储层特征方面，TOC为2.2%~3.9%，平均为2.9%；孔隙度为3.2%~7.2%，平均为5.0%。TOC、孔隙度与下部储层相比进一步降低。现场含气量平均为3.20m^3/t，测井解释含气量为7.35m^3/t；脆性指数为46.3，主应力差异系数为0.457。

氩离子抛光扫描电镜下，可以观察到有机质内孔隙发育不均匀，局部微孔隙发育较好，均发育大量超微孔隙，孔隙直径以 20.75～45.66nm 为主，个别可达 109.7nm 以上[图 5-25(b)]。

CT 检测有机质未见明显层理特征，未见明显裂缝分布，基质中颗粒矿物含量高，有机质分布较均匀，重矿物含量较高。裂缝及大孔少见，有机质及小孔占 6.19%，基质占 83.4%，重矿物占 10.3%(图 5-26)。

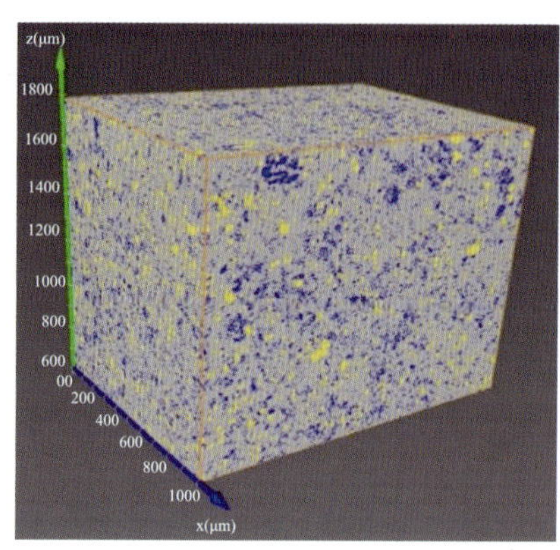

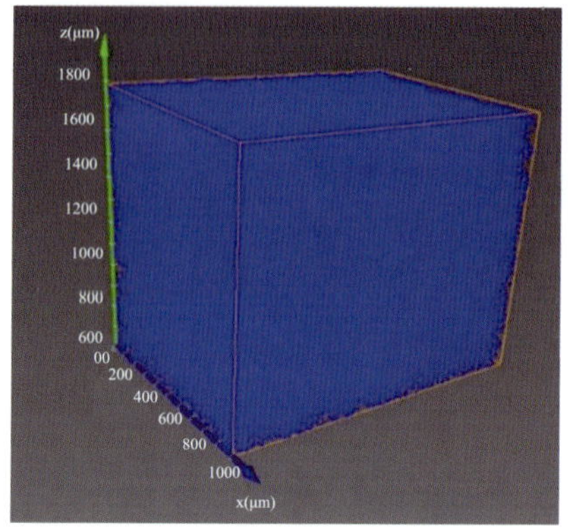

图 5-26　威荣地区硅质-钙质-黏土质混合型储层 CT 检测结果(威页 23-1 井，3828.82m)

蓝色：有机质及小孔；灰色：基质矿物；黄色：高密度矿物；红色：微裂隙及大孔

FIB 检测得出孔隙主要发育在有机质内部，部分有机质内部发育狭长形较大孔隙，可能为黏土矿物溶蚀而成；大部分有机质内发育大量较小的微孔隙(图 5-27)。

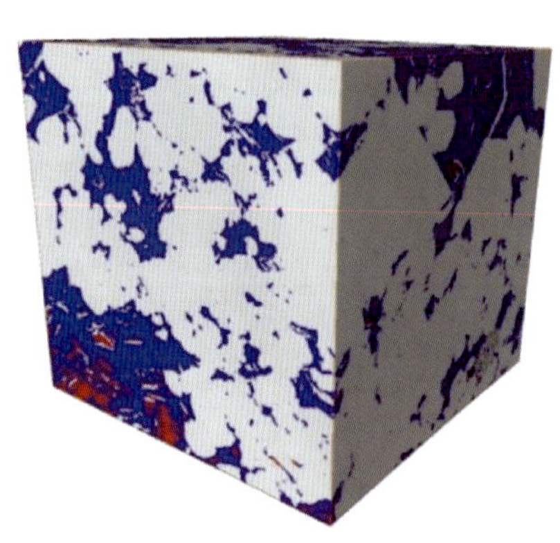
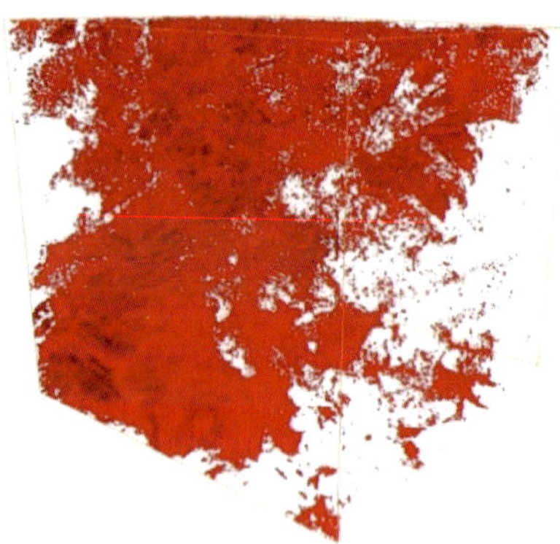

图 5-27　威荣地区硅质-钙质-黏土质混合型储层 FIB-SEM 三维分析图(威页 23-1 井，3825.76m)

7)黏土质页岩储层

该类主要发育在⑤～⑨号小层，岩石相类型为中、低有机质黏土质页岩相、硅质-黏土质页岩相。岩心观察页理发育，向上页岩颜色逐渐变浅，深灰色页岩夹层增多，粉砂含量增多[图 5-28(a)]。测井响应具有低自然伽马(114.8API)、低电阻率(14.8Ω·m)、高密度(2.6g/cm^3)、中高中子(19.5%)特征。

X 衍射分析，矿物三端元组分(钙：黏土：硅)占比比例为 0.2：1.3：1.0，硅质含

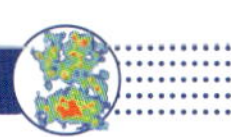

量为38.7%，钙质含量为5.0%，黏土含量为51.8%，呈现出低硅、低钙、高黏土的特征。相比下部储层，黏土含量增加较明显，钙质含量较低。

储层特征方面，TOC为0.6%~1.6%，平均为2.9%；孔隙度为2.9%~5.5%，平均为4.2%。TOC、孔隙度与下部储层相比进一步降低。现场含气量平均为1.11m³/t，测井解释含气量为7.18m³/t；脆性指数为34.4，主应力差异系数为0.417。

氩离子抛光扫描电镜下，可见极少量平行于层理面的有机质碎屑分散于样品中，可能为笔石碎屑，内部孔隙不发育，边缘发育极少量微孔隙；矿物颗粒间孔隙中充填少量细碎状有机质，主要填充在石英颗粒和黏土矿物层片间，内部较小的超微孔隙均发育较好；黏土矿物层片间线状微孔隙发育较好，部分内部填充有机质［图5-28（b）］。

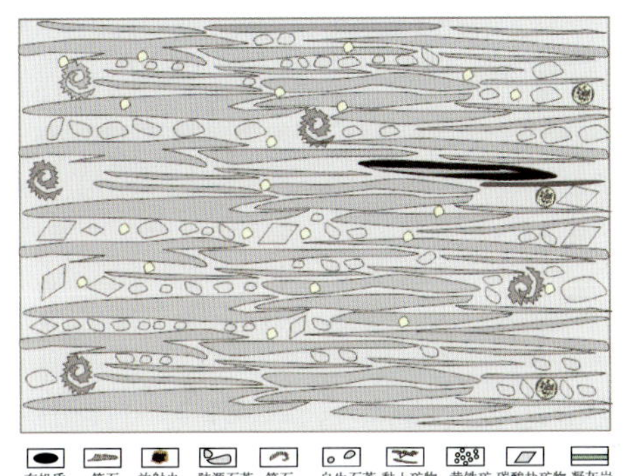

(a)中有机质黏土质页岩储层

(b)黏土矿物层片间填充的有机质内超微孔隙发育较好(威页23-1井，3805.94m)

图5-28　威荣地区黏土质页岩储层地质模型图及其镜下特征

威荣地区五峰组-龙马溪组一段页岩储层地质模型纵向上的宏观参数差异性明显（图5-29），选下部优质段进行对比，“甜点层”（2~3¹小层下部）TOC为4.2%~5.2%；孔隙度为6.8%~7.4%；总含气量为6.2%~8.5m³/t；硅质含量为53.8%~65.2%；黏土含量为17.5%~19.6%；泊松比为0.19，杨氏模量为28.7GPa。“甜点层”各项指标均为最优，地质、工程目标更加聚焦。

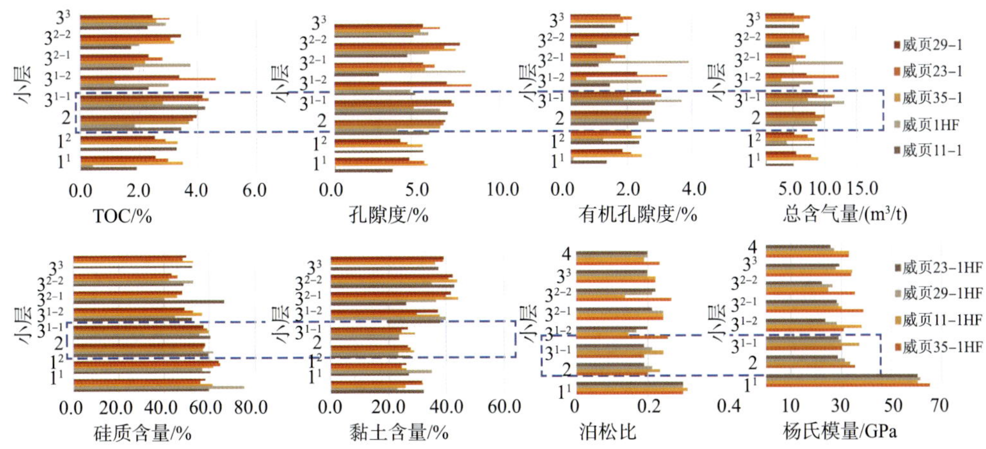

图5-29　威荣地区五峰组-龙马溪组一段页岩储层宏观参数对比图

在威页 23－1 井储层地质建模基础上，采用以实验分析数据标定的测井方法对各参数进行解释，建立了威荣页岩气田统一的地质模型（图 5－30）。

按TOC分类	储层地质模型
1%<TOC<2%，一般页岩段，中有机质黏土质页岩储层	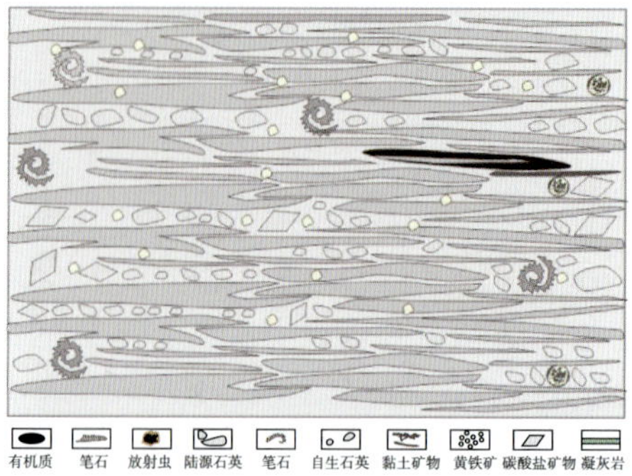 有机质 笔石 放射虫 陆源石英 笔石 自生石英 黏土矿物 黄铁矿 碳酸盐矿物 凝灰岩
2%≤TOC<4%，龙马溪组的较好页岩段，主要包括高有机质硅质-钙质-黏土质页岩储层、高有机质硅质-黏土质页岩储层、高有机质黏土质-硅质页岩储层	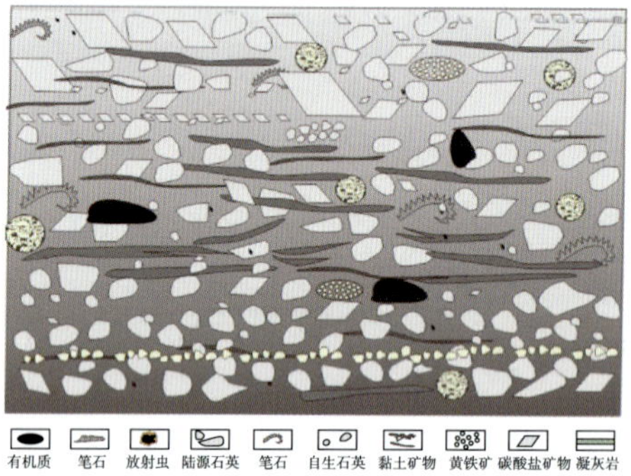 有机质 笔石 放射虫 陆源石英 笔石 自生石英 黏土矿物 黄铁矿 碳酸盐矿物 凝灰岩
TOC≥4%，优质页岩段，主要包括富有机质生物硅质页岩储层、富有机质钙质-黏土质-硅质混合型页岩储层（Ⅱ型）	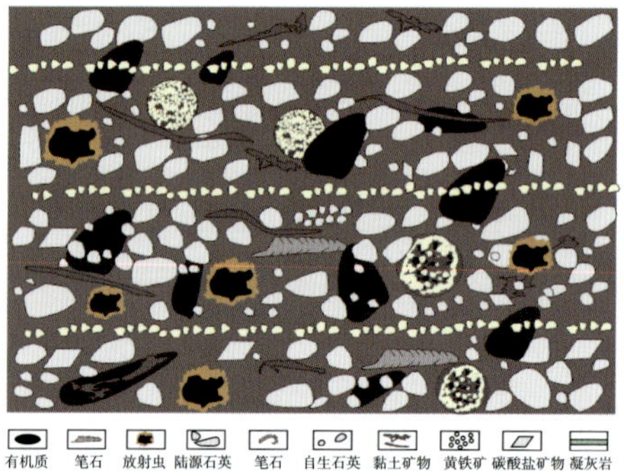 有机质 笔石 放射虫 陆源石英 笔石 自生石英 黏土矿物 黄铁矿 碳酸盐矿物 凝灰岩
2%≤TOC<4%，五峰组较好页岩段，高有机质钙质-黏土质-硅质混合型页岩储层（Ⅰ型）	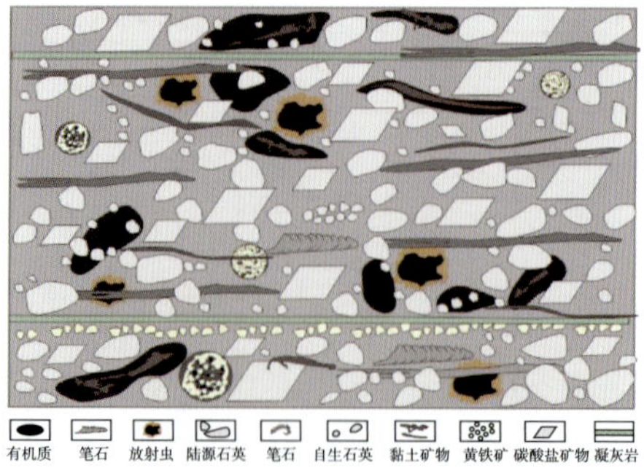 有机质 笔石 放射虫 陆源石英 笔石 自生石英 黏土矿物 黄铁矿 碳酸盐矿物 凝灰岩

图 5－30　威荣地区五峰组－龙马溪组一段页岩气储层统一模型图

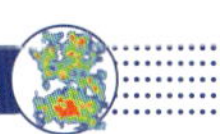

三、川南深层页岩气储层分级评价技术

储层评价研究是一个系统工程，将宏观与微观研究、基础研究、工程工艺、勘探与开发相结合，目的在于寻找储层、研究储层、认识储层、改造储层，充分释放储层潜力，其核心内容是以储层基本特征研究为基础，对储层进行分类评价。随着储层研究技术的不断进步，目前学者们普遍认为，如何将储层的定性描述转变为定量表征，是储层分级评价技术的关键（于炳松等，2012；涂乙等，2014；郭海英等，2015；乔辉等，2018）。

页岩气藏是典型的“自生自储”型气藏，其形成、保存、富集、改造等特征均明显不同于常规油气藏，对于页岩储层的评价既是对其烃源岩的评价，也是对其储集性能和封存条件的评价（陈更生等，2009）。由于页岩气藏具有特殊的形成特点及需要压裂改造的产出条件，因而不仅要研究与常规储层相同的岩石学、物性等储层基本特征，还应综合考虑页岩气藏的储集能力及压裂改造的难易程度等要素（朱华等，2009；于炳松，2012；姜在兴等，2014）。因此，页岩气储层综合评价的实质是对影响页岩储层质量的主要因素进行定性－定量的分析研究，从而查明页岩储层的空间展布特征、含气性特征、天然气赋存及产出状态、可压裂性条件等，尤其是通过量化的综合指标分级识别具有优质储集性和可压裂性的页岩储层，为页岩气勘探开发的目标层优选、轨迹设计提供充分依据。

前面章节已在岩石相两参数（有机质、硅质）研究的基础上，增加碳酸盐矿物（钙质）和黏土矿物含量参数，提出了岩石相四参数划分方案，并结合岩心纹层类型与分布特征、裂缝发育特征、有机孔占比、成烃生物组合及电性特征，建立了川南地区深层页岩气储层地质模型，实现了页岩气储层的定性描述。在对其进行定量分析研究的过程中，尝试利用影响储层质量的关键评价参数，以指标权重法对不同储层地质模型进行综合评定（涂乙等，2014；蒋廷学，2016；王汉青等，2016；方辉煌等，2016；沈聘等，2017），提出储层分级评价标准，从而形成了宏观－微观、定性－定量的储层分级评价技术，建立起了一套适应川南地区深层页岩气储层特点的分级评价方法。

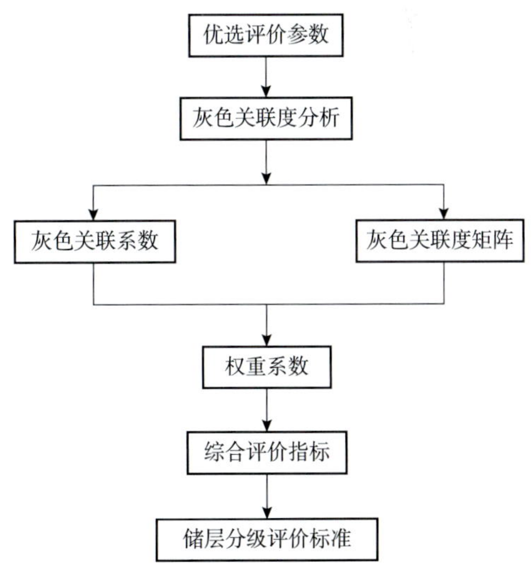

图 5－31　页岩气储层分级评价思路

该评价方法具体的评价思路（图 5－31）是结合川南地区深层页岩气地质背景和形成特征，优选与储层含气性、可压裂性关系密切的评价参数，引入灰色关联度分析法，计算各项评价参数之间的关联程度，并将所有参数的关联程度视为整体，用指标权重法定量反映各参数在储层评价中的权重大小，从而计算出不同储层地质模型的综合评价指标，提

出页岩储层分级评价标准，实现多因素影响下页岩气储层质量的定量表征和分级评价，为富气产层段的评价与优选提供指导。

1. 页岩气储层评价参数优选

页岩气储层的评价参数通常包括表征烃源条件的有机地球化学参数（有机质类型、有机质成熟度、有机质丰度、岩石热解参数等），表征页岩气富集条件的储层性质参数（富有机质页岩面积、厚度，孔渗参数，含气丰度，等等），表征页岩气采出条件的参数（埋深、岩石矿物组成、裂缝发育、岩石力学参数、地层压力等），等等。其中，有机碳含量（TOC）、有机质成熟度（R_o）、有效厚度（H）、含气量（V）、孔隙度（Φ）、储层压力（P）、埋藏深度（D）、脆性矿物含量、黏土矿物含量、裂缝发育程度等因素与页岩气储层品质密切相关（蒋裕强等，2010；于炳松，2012；蒋廷学等，2016）。目前，中国石化、中国石油已建立龙马溪组页岩气储层分类评价标准（表5－3、表5－4），但评价标准均未综合考虑储层的力学性质，无法直观反映压裂改造的难易程度，难以对水平井的测试选层选段方案提供有效的理论指导，导致储层在地质参数相似的条件下，压裂改造效果差距较大，难以实现高产。

表5－3　中国石化龙马溪组页岩气储层评价参数表

评价分类	评价参数					
	TOC/%	含气量/（m^3/t）	孔隙度/%	脆性含量/%	黏土含量/%	层理缝
Ⅰ类	≥4	≥4	≥6	≥50	≤30	发育－极发育
Ⅱ类	2～4	2～4	4～6	40～50	30～50	较发育
Ⅲ类	<2	<2	2～4	<40	>50	欠发育－较发育

表5－4　中国石油龙马溪组页岩气储层评价参数表

评价分类	评价参数			
	TOC/%	含气量/（m^3/t）	孔隙度/%	脆性含量/%
Ⅰ类	≥3	≥3	≥5	≥55
Ⅱ类	2～3	2～3	3～5	45～55
Ⅲ类	1～2	1～2	2～3	30～45

储层质量评价参数并不是越多越复杂越好，在综合评价过程中，一定要根据评价的目的，有针对性地选择参数，与目的没有关系的参数不宜参与评价，否则就会因为参数过多、过杂而掩盖了储层非均质性评价的真实目的，从而失去了评价的意义。

为提高储层综合评价的可靠性，参照目前的储层分类评价标准，在深入认识川南地区页岩储层特征及储层质量影响因素的基础上，最终优选与储层生气能力、储集能力、含气能力密切相关的5个参数作为地质评价参数，并且引入脆性指数（BI）、水平应力差异系数这两个能够反映储层可压裂性的参数作为工程评价参数，建立川南地区深层页岩气储层

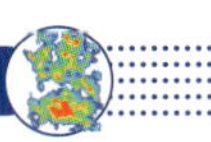

精细评价指标。

1）地质评价参数优选

（1）有机碳含量（TOC）。

总有机碳含量是衡量页岩有机质丰度的重要指标，是筛选优质页岩气储层的关键参数之一。有机质含量直接决定了页岩气储层的含气量，大量生产实践证明，总有机碳含量与吸附气能力成正比，有机质含量越高，气藏富集程度越高，且有机质中的孔渗物性明显优于页岩基质，在一定程度上影响着裂缝的发育和分布。总有机碳含量对含气页岩密度影响巨大，且对页岩储层的力学性质，尤其是脆性影响显著（王汉青等，2016）。

（2）含气量。

页岩气主要以游离态和吸附态的方式赋存，页岩储层含气量的大小直接决定储层产气量的大小，是确定页岩气资源量、预测页岩气单井产气量最重要的储层影响因素之一，决定了页岩气区是否能够经济开发，对开采方案的编制具有重要意义。

（3）有机孔占比。

页岩储层孔隙大小很大程度上决定着页岩的储气能力。储层孔隙度越大，储层的含气量越高，气藏富集程度越高。尤其是有机碳含量较高的页岩，有机质孔隙发育，其比表面积大，为吸附态天然气的赋存提供了吸附剂，也为游离态天然气的赋存提供了孔隙空间，有机质孔隙对储层具有重要的贡献，为进一步提高参数的准确性，将原标准中的孔隙度参数更改为有机孔占比。

（4）脆性矿物含量。

脆性矿物组成的岩石骨架对于有机孔的保存具有重要意义，可以抵抗部分压实作用，有利于页岩有机孔更好地保存。尤其是能够丰富有机质来源的石英和有机质伴生，发育丰富的微孔隙，具有较大的比表面积，增加了页岩中可供页岩气吸附及游离气赋存的空间。同时，石英等脆性矿物越发育，越容易形成天然裂缝及诱导裂缝，微裂缝的存在可有效改善储层物性且有利于后期页岩气的压裂改造。

（5）黏土矿物含量。

相对于页岩中的脆性矿物，黏土矿物具有更强的吸附能力，黏土矿物往往具有较高的微孔隙体积和比表面积，吸附性能较强，而且是吸附气赋存的场所。但黏土矿物容易堵塞渗流通道，不利于后期压裂改造。

2）工程评价参数优选

（1）脆性指数（BI）。

页岩储层的基质渗透率很低，需要裂缝才能形成工业产能。除本身的天然裂缝外，在开发过程中还应考虑页岩储层在加砂压裂改造时，是否易于被改造（姜在兴等，2014）。页岩的脆性特征是储层是否易于改造的重要参数，脆性指数越大，越易被改造。

（2）水平应力差异系数（Kh）。该参数用于表征水平两向应力差，为最大水平主应力与最小水平主应力之差与最小水平主应力的比值。两向应力差较小，有利于裂缝转向、弯曲等，较易形成复杂裂缝；反之，则较难形成复杂裂缝。水平主应力差异系数是目前评价压裂改造能否形成复杂裂缝的主要参数，指示同等压裂工艺水平条件下，页岩储层的造缝能力。

2. 储层评价方法

对于储层综合评价的定量表征，就是在单项评价参数的基础上，对储层的多个影响因素进行综合评价，然后根据权重系数评价法得到一个综合评价指标，进而判断储层的优劣（任昊利，2002；孙玉平，2008）。由于影响储层质量的参数之间有着非常复杂的关系，难以用简单的数学公式清晰表达。为了满足页岩储层综合评价定量化、系统化要求，引入灰色关联度分析法进行评价。

灰色关联度分析是一种量化分析方法，根据灰色系统理论和方法，建立起各项评价参数之间的定量关系，进而确定各项参数在储层评价中的权重分配，能够有效避免单参数评价储层时出现评价结果相互矛盾、存在分歧等问题，提高储层分析与评价的准确性。在川南地区深层页岩气储层评价中，首先，进行评价参数的选取及原始数据的无量纲化处理；其次，确定母、子序列，建立以不同评价参数为母序列的关联矩阵，并将各项参数的关联程度视为一个整体，确定各相关独立参数在储层评价中的权重分配，从而计算出综合评价指标，并以此实现多因素影响下储层质量的定量表征和分级评价。

1）母、子序列的确定

将某一个能够定量反映被评判事物的性质的指标按一定顺序排列，从而能从数据信息分析被评判事物与其影响因素之间的关系，称为关联分析的母序列，也称主因子。设置母序列为 $\{X^{(0)}(i)\},i=1,2,3,\cdots,m$ 。式中，i 表示母序列的长度（即数据个数）。

子序列（子因子）是从一定程度上影响被评判事物性质的各子因素数据的有序排列。设置子序列为 $\{X_t^{(0)}(i)\},i=1,2,3,\cdots,m;t=1,2,3,\cdots,n$ 。式中，i 表示各子序列的长度，t 表示子序列的个数。

根据的母、子序列，设置原始数据矩阵为：

$$X^{(0)}=\begin{bmatrix} X_1^{(0)}(0) & X_1^{(0)}(1) & \cdots & X_1^{(0)}(m) \\ X_2^{(0)}(0) & X_2^{(0)}(1) & \cdots & X_2^{(0)}(m) \\ \vdots & \vdots & & \vdots \\ X_n^{(0)}(0) & X_n^{(0)}(1) & \cdots & X_n^{(0)}(m) \end{bmatrix} \tag{5-1}$$

在对川南地区龙马溪组页岩气储层进行评价与分析的过程中，综合考虑上述页岩气储层的评价参数，以威荣气田的储层模型为例，分析各参数在储层评价中的权重分配。根据储层模型的原始数据（表5-5），将各项评价参数依次作为母序列，剩余的评价参数作为子序列，分别获取各项参数与其他参数的关联系数，最终形成关联矩阵。

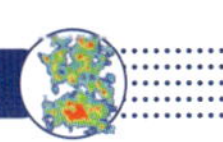

表 5-5　川南地区页岩气储层评价参数原始数据

储层模型	地质参数					工程参数	
	TOC/%	含气量/(m^3/t)	脆性矿物含量/%	黏土矿物含量/%	有机孔占比/%	脆性指数	水平应力差异系数
黏土质储层	1.20	2.65	43.70	51.80	10.00	34.40	0.42
混合类储层（龙马溪型）	2.90	7.35	62.40	33.50	15.00	46.32	0.46
硅质－黏土质储层	3.00	7.18	52.35	42.10	20.30	41.71	0.44
黏土质－硅质储层	3.40	12.18	59.20	35.60	38.80	51.82	0.47
生物硅质储层	4.60	11.48	74.20	18.30	69.70	45.18	0.45
含钙黏土质硅质储层	4.80	10.00	64.70	30.00	59.80	46.04	0.45
混合类储层（五峰型）	3.90	7.79	67.10	28.70	49.80	44.85	0.45

2）原始数据处理

由于原始数据各指标值的量纲不同，数量级相差悬殊，不能直接比较，必须进行预处理，使其具有可比性。假设有 n 个被评价参数，每个评价参数有 N 项数据，设置第 i 个评价参数第 k 个数据为 $xi(k),(i=1,2,3,\cdots,n),(k=1,2,3,\cdots,N)$，第 i 个评价参数第 k 个数据的无量纲化值为 $xi'(k)$。原始数据变换处理的方法主要有初值化处理、均值化处理及极值化处理等，目的在于消除原始数据物理意义以及量纲间的差异，解决数据的不可比性。由于评价参数对储层质量评价的贡献度差异，其量化方法也有所不同。

（1）初值化处理。

分别用同一序列的第一个数据除后面的各个原始数据，得到各个数据相对于第一个数据的倍数数列（式 5-2）。初值化序列量纲为 1，各值均大于 0，且数列具有共同的起点，通常适用于稳定数据的无量纲化：

$$x_i'(k)=\frac{x_i(k)}{x_i(1)} \tag{5-2}$$

（2）均值化处理。

先分别求出各个序列的平均值，再用平均值除对应序列中的各个原始数据（式 5-3）。均值化序列量纲为 1，各值均大于 0，并且大部分近于 1，数列曲线互相相交。该方法在消除量纲和数量级影响的同时，保留了个变量取值差异程度上的信息，通常适用于没有明显升降趋势现象的数据处理：

$$x_i'(k)=\frac{x_i(k)}{\frac{1}{N}\sum_{k=1}^{N}x_i(k)} \tag{5-3}$$

（3）极值化处理。

采用极值化方法对变量数据无量纲化是通过变量取值的最大值和最小值将原始数据转换为界于某一特定范围的数据，从而消除量纲和数量级的影响。该部分将采用极大值标准化法，使每项评价参数成为无量纲、标准化的数据。极大值标准化根据参数意义的不同，其处理方法也有所不同。对于正指标，即与储层质量评价呈正相关的参数，如总有机碳含量、含气量、有机孔占比、脆性矿物含量、脆性指数等，应将各项评价参数数列中的每一个数据除以该项数列中的最大值（式5－4）；对于负指标，即与储层质量评价呈负相关的参数（如黏土矿物含量、水平应力差异系数等），先用该项评价参数数列的最大值减去单个参数数据，再用其差值除以该项数列中的最大值（式5－5）。应用极大值标准化方法处理后，储层评价参数无量纲化数据的取值范围限于［0，1］（表5－6）。

$$x_i'(k) = \frac{x_i(k)}{\max x_i} \tag{5-4}$$

$$x_i'(k) = \frac{\max x_i - x_i(k)}{\max x_i} \tag{5-5}$$

表5－6　页岩气储层评价参数无量纲化数据

储层模型	地质参数					工程参数	
	TOC/%	含气量/(m^3/t)	脆性矿物含量/%	黏土矿物含量/%	有机孔占比/%	脆性指数	水平应力差异系数
黏土质储层	0.25	0.22	0.59	0.00	0.14	0.66	0.12
混合类储层（龙马溪型）	0.60	0.60	0.84	0.35	0.22	0.89	0.04
硅质－黏土质储层	0.63	0.59	0.71	0.19	0.29	0.80	0.07
黏土质－硅质储层	0.71	1.00	0.80	0.31	0.56	1.00	0.00
生物硅质储层	0.96	0.94	1.00	0.65	1.00	0.87	0.05
含钙黏土质硅质储层	1.00	0.82	0.87	0.42	0.86	0.89	0.05
混合类储层（五峰型）	0.81	0.64	0.90	0.45	0.71	0.87	0.06

3）灰色关联度计算

用极大值标准化后的评价参数指标，通过下述各式计算出TOC与其他各子因素之间的灰色关联系数（$\xi_{i,0}$），从而求得母、子序列之间的灰色关联度（$r_{i,0}$）。

（1）灰色关联系数：

$$x_{i,0} = \frac{\Delta\min + \rho\Delta\max}{\Delta t(i,0) + \rho\Delta\max} \tag{5-6}$$

式中，$\Delta t(i,0)$为两个比较序列的绝对差（式5－7）；$\Delta\max$和$\Delta\min$分别为所有比较序列在各个绝对差中的最大值（式5－8）和最小值（式5－9），因为比较序列相交，故一般取$\Delta\min = 0$。

$$\Delta t(i,0) = |Xt(1)(i) - Xt(1)(0)| \tag{5-7}$$

$$\Delta\max = \max t\max i|Xt(1)(i) - Xt(1)(0)| \tag{5-8}$$

$$\Delta\min = \min t\min i|Xt(1)(i) - Xt(1)(0)| \tag{5-9}$$

考虑数据分析的精确性及评价效果的明显性，在灰色关联系数的处理中引入分辨系数ρ，其意义是削弱最大绝对差值太大导致的失真。通常$\rho \in [0, 1]$，分析中取$\rho = 0.5$。

（2）灰色关联度：

$$r_{i,0} = \frac{1}{n}\sum_{t=1}^{n}\xi_{i,0} \tag{5-10}$$

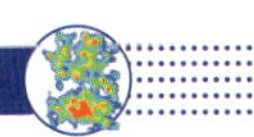

式中，$r_{i,0}$ 为子序列 i 与母序列 0 之间的关联度；n 为评价子序列的数据个数。

经计算，依次选取各项评价参数作为母序列，列出其与剩余参数的灰色关联度矩阵（表5－8）。灰色关联度的取值范围在0与1之间，关联度越接近1，则表明子因素对主因素的影响越显著，反之亦然。此关联度大小既能反映出各储层参数本身对页岩气储层性能的影响程度，也能反映出各参数之间隐含的内在规律。当参数TOC作为母序列时，与含气量的关联度为0.8444，与脆性矿物含量的关联度为0.7854，与黏土矿物含量的关联度为0.5713，与有机孔占比的关联度为0.7477，与脆性指数的关联度为0.7228，与水平应力差异系数的关联度为0.4527，即对TOC的影响程度为：含气量＞脆性矿物＞有机孔占比＞脆性指数＞黏土矿物含量＞水平应力差异系数。同理可得其余各参数作为母序列时与其子序列之间的关联度。综合考虑各项评价参数与不同母序列的关联程度，即计算各项参数作为子序列与不同母序列关联度（表5－7）的平均值，可知在储层评价中各项参数的关联度顺序为：含气量＞TOC＞有机孔占比＞脆性矿物＞脆性指数＞黏土矿物含量＞水平应力差异系数。

4）权重系数的确定

确定权重系数（a_i），需要考虑子序列对母序列的权重性，进而分析各项评价参数对页岩气储层质量评价的贡献度。这里运用归一化处理方法，将各项评价参数的关联程度视为一个整体，其中某一参数的权重值可以通过该参数的关联度与各参数关联度集合间的比值求得（式5－11）。在关联度矩阵的基础上，分别计算在不同母序列条件下，各个子序列相对于母序列的权重值，从而衡量所有评价参数对于储层质量的影响程度。

表5－7 页岩气储层评价参数灰色关联度

母序列	不同子序列的灰色关联度						
	TOC	含气量	脆性矿物含量	黏土矿物含量	有机孔占比	脆性指数	水平应力差异系数
TOC	1	0.8444	0.7851	0.5713	0.7477	0.7228	0.4527
含气量	0.8498	1	0.7473	0.6064	0.7553	0.7577	0.4776
脆性矿物含量	0.7848	0.7384	1	0.5013	0.6902	0.853	0.3906
黏土矿物含量	0.4918	0.518	0.4213	1	0.6094	0.4141	0.5489
有机孔占比	0.7473	0.7472	0.6902	0.6797	1	0.6248	0.5633
可压裂指数	0.7317	0.7577	0.8589	0.5041	0.6349	1	0.3883
水平应力差异系数	0.4638	0.4776	0.4025	0.6333	0.5735	0.3883	1
平均值	0.7242	0.7262	0.7008	0.6423	0.7159	0.6801	0.5459

$$a_i = r_{i,0} / \sum_{i=1}^{m} r_{i,0} \tag{5-11}$$

经计算，每个评价参数作为母序列时将得到1个权重系数序列，7个储层评价参数，从而获得7个权重系数序列。例如，当TOC为母序列时，7个评价参数的权重系数依次为 a_1 ＝（0.1952，0.1648，0.1532，0.1459，0.1411，0.0883），详见表5－8。

表 5-8 川南地区页岩气储层评价参数的权重系数

母序列	不同子序列的权重系数						
	TOC	含气量	脆性矿物含量	黏土矿物含量	有机孔占比	脆性指数	水平应力差异系数
TOC	0.1952	0.1648	0.1532	0.1115	0.1459	0.1411	0.0883
含气量	0.1636	0.1925	0.1439	0.1167	0.1454	0.1459	0.0920
脆性矿物含量	0.1583	0.1489	0.2017	0.1011	0.1392	0.1720	0.0788
黏土矿物含量	0.1228	0.1294	0.1052	0.2498	0.1522	0.1034	0.1371
有机孔占比	0.1479	0.1479	0.1366	0.1345	0.1979	0.1237	0.1115
可压裂指数	0.1501	0.1554	0.1762	0.1034	0.1302	0.2051	0.0796
水平应力差异系数	0.1177	0.1212	0.1022	0.1608	0.1456	0.0986	0.2539

5）综合评价指标的确定

将无量纲化后的单项评价参数（表 5-6），与该类的权重系数（表 5-8）相乘，即得到单项指标的权衡值（q_i）。将各项评价指标权衡值相加，即得到各页岩气储集层的综合评价指标（Q）：

$$Q = \sum_{i=1}^{7} q_i \tag{5-12}$$

由于 7 个储层评价参数可获得 7 个权重系数序列，则不同储层地质模型可相应获得不同权重系数序列下的综合评价指标，计算结果详见表 5-9。综合评价指标越接近 1，说明储层品质就越好，反之就越差。

表 5-9 川南地区页岩气储层综合评价指标

储层模型	不同母序列条件下的综合评价指标						
	TOC	含气量	脆性矿物含量	黏土矿物含量	有机孔占比	脆性指数	水平应力差异系数
黏土质储层	0.3000	0.2962	0.3343	0.2277	0.2734	0.3394	0.2327
混合类储层（龙马溪型）	0.5463	0.5423	0.5774	0.4592	0.4982	0.5833	0.4157
硅质-黏土质储层	0.5101	0.5051	0.5323	0.4110	0.4659	0.5374	0.3863
黏土质-硅质储层	0.6824	0.6865	0.7031	0.5666	0.6376	0.7122	0.5161
生物硅质储层	0.8409	0.8347	0.8522	0.7556	0.8160	0.8463	0.6773
含钙黏土质硅质储层	0.7656	0.7549	0.7749	0.6549	0.7299	0.7724	0.5985
混合类储层（五峰型）	0.6837	0.6737	0.7042	0.5953	0.6532	0.7019	0.5414

3. 储层综合分级

结合不同储层模型综合评价指标的计算结果（表 5-10）可得，川南地区深层页岩气储层的综合评价指标值跨度较大，为 0.23～0.85，平均为 0.59，具有明显的分级特征。其中，生物硅质储层质量最优，综合评价指标值为 0.68～0.85，平均达 0.8；其次，为含钙黏土质硅质储层，综合评价指标值为 0.6～0.77，平均达 0.72；混合类储层（五峰型）、黏土质-硅质储层的综合评价指标较相近，均分布在 0.5～0.7 的范围内，集中在 0.65 附

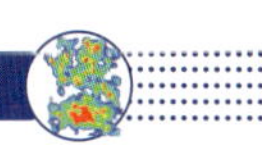

近；而混合类储层（龙马溪型）、硅质－黏土质储层的综合评价指标较相近，均分布在0.4～0.6的范围内，集中在0.5附近；黏土质储层最差，综合评价指标值为0.23～0.34，平均值仅0.29。根据各类储层模型综合评价指标的定量特征，可以明确储层模型的优劣顺序为：生物硅质储层＞含钙黏土质硅质储层＞混合类储层（五峰型）、黏土质－硅质储层＞混合类储层（龙马溪型）、硅质－黏土质储层＞黏土质储层，这也与实际的好页岩气储层段相吻合，证实综合评价指标对于好页岩气储层的识别具有好的指导作用。

表5－10　川南地区深层页岩气储层富集分级评价

储层类型	分布（威荣地区）	综合评价指标		储层品质等级（Q）
		区间值	中值	
黏土质页岩储层	5～9	0.23～0.34	0.29	D
硅质－钙质－黏土质页岩储层	3^3－4	0.42～0.58	0.52	B～C
硅质－黏土质页岩储层	3^2	0.39～0.54	0.48	B～C
黏土质－硅质页岩储层	3^{1-2}	0.52～0.71	0.64	B
生物硅质页岩储层	3^{1-1}	0.68～0.85	0.80	A
含钙－黏土质－硅质页岩储层	2	0.60～0.77	0.72	A
钙质－黏土质－硅质页岩储层	1^1	0.54～0.70	0.65	B

根据储层综合评价指标的高低，并结合石油天然气行业标准和川南地区实际情况，拟定川南地区深层页岩气储层分为4级：$Q>0.7$为A级，$0.5<Q<0.7$为B级，$0.3<Q<0.5$为C级，$Q<0.3$为D级。并以此标准为依据，对川南地区龙马溪组储层地质模型建立相应类别。

A级储层。综合评价大于0.7，主要分布在生物硅质页岩储层和含钙－黏土质－硅质页岩储层底部，平面展布稳定，纵向厚度为2.3～4.4m、平均为3m，在威页35－1井的黏土质储层中也有分布，但厚度仅1m，平面非均质性强。目前川南地区深层页岩气水平井靶窗均包含此级储层。

B级储层。综合评价指标为0.5～0.7，主要由黏土－硅质类、硅质混合类储层（威荣地区）组成，储层发育中等，在裂缝发育的情况下可以获得较好工业产能。B级储层在龙马溪组一段中占比为40%～50%，在威荣地区厚度为21.3～37.9m、平均为31.4m。

C级、D级储层。综合评价指标小于0.5，主要为硅质－黏土类、黏土质类储层，储层有机孔占比相对较低，储集能力较差，压裂改造后可能获得低产工业气流。C级、D级储层一般在在7号层附近出现明显分界，威荣地区C级储层厚度为17.5～36.1m，平均为24.13m，自西向东厚度明显增加。而D级储层厚度为22.9～28.5m，平均为25.13m，平面变化较小。此级页岩分布较广，在龙一段页岩中可占30%～50%，对储层储能贡献一般小于10%。

采用上述储层精细评价方法，对川南威荣地区威页23－1井等4口导眼井的五峰组－龙马溪组一段页岩储层进行应用，计算出的Q值在纵向上呈现明显的分级特征（图5－32、图5－33）。

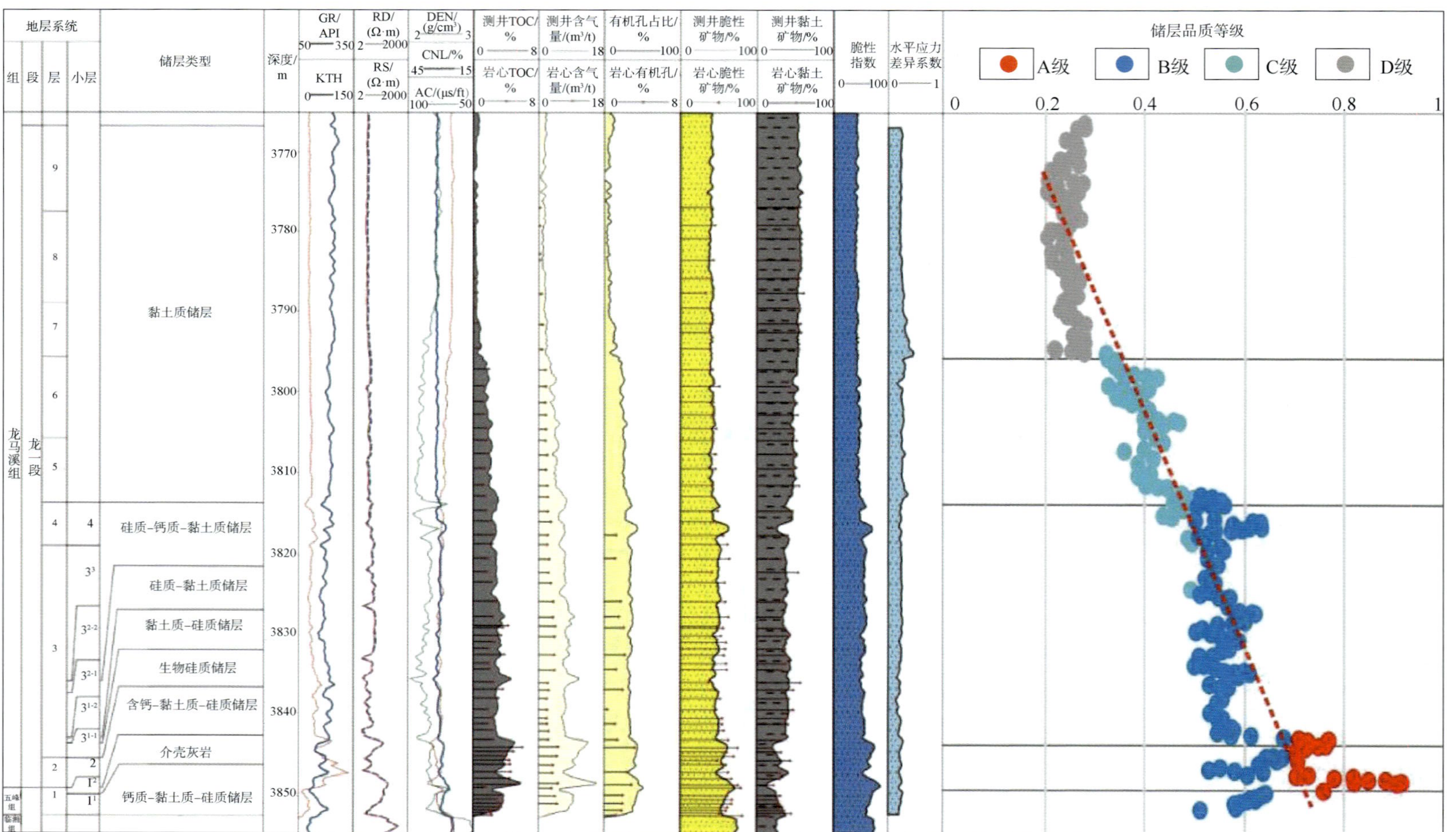

图 5－32　川南威荣地区威页 23－1 井储层品质综合评价图

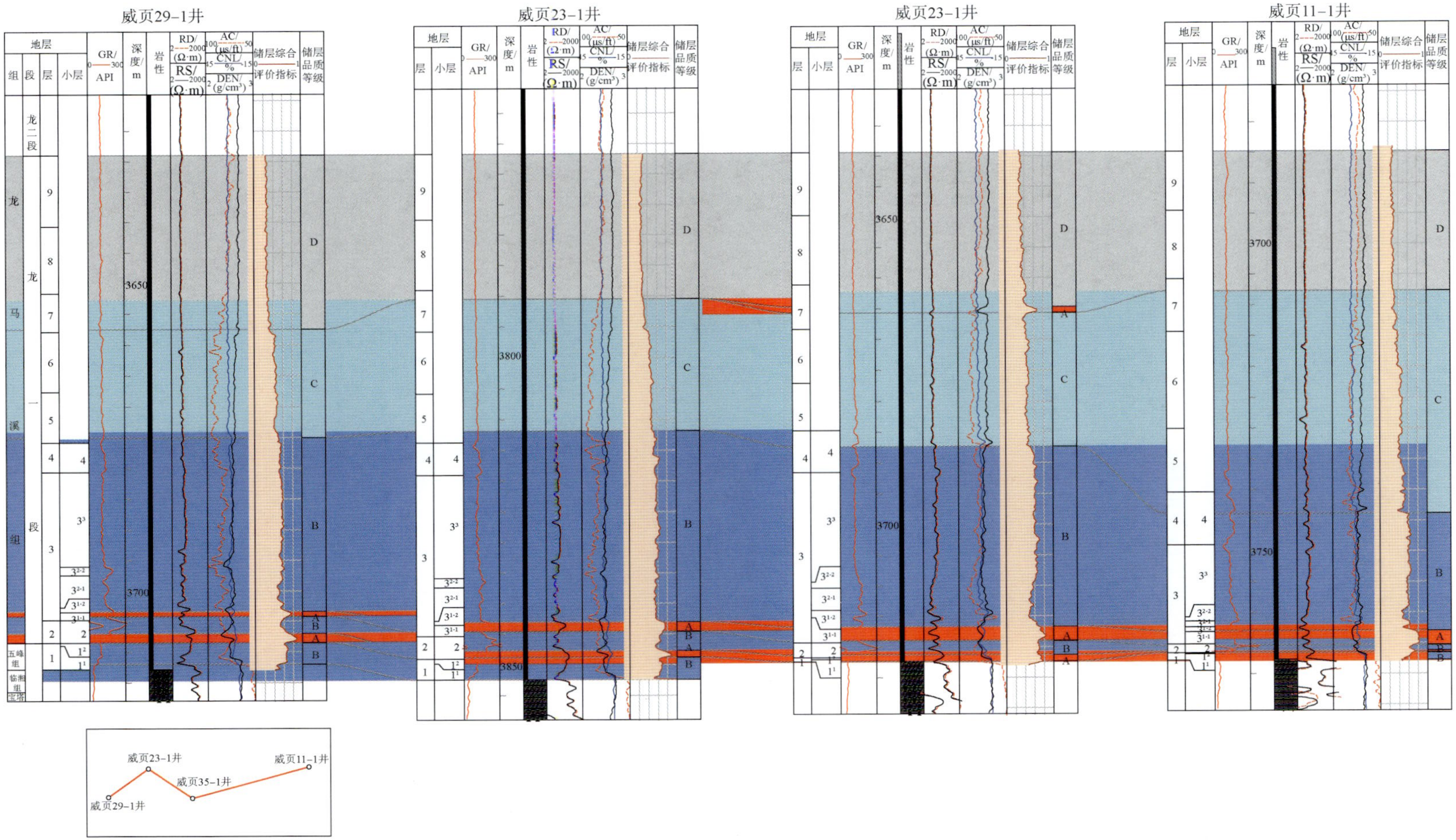

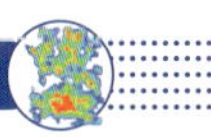

图5-33 威荣页岩气田五峰组-龙马溪组一段储层分级评价对比图

第二节 深层页岩气“甜点区”评价方法

一、页岩气选区评价方法

非常规油气藏是非常规油气地质研究的核心，非常规油气藏中的“藏”不同于传统意义圈闭形成的藏，其地质特征、评价方法等与常规油气藏有明显的不同。不能用常规的思路指导非常规油气勘探开发，页岩气勘探和开发需要非常规的方法和手段。

页岩气藏具有典型的自生自储、连续性聚集成藏特征（张金川，2010）。因此，理论上，任何富含有机质的页岩只要其热成熟度处于生气窗范围，所生成的天然气经初次运移后残留下来，即可形成页岩气藏。然而，页岩气藏要达到经济、规模开发则需满足一些基本条件。页岩气选区及评价是页岩气勘探和开发最前端、最重要的关键技术，根据勘探开发阶段可不同，可以划分为远景区、有利区及核心区，而核心区是通过攻关可以获得突破建产的区域，即“甜点区”。

页岩气选区评价是以页岩地质条件为基础，开展以构造、沉积、有机地化、含气性、可压性为核心的页岩气富集条件与资源潜力评价，优选出页岩气勘探开发目标区的整个过程。该过程是一个随勘探程度不断提高、认识程度不断加深而不断深化的过程。

1. 国外页岩气选区评价方法

国外油公司根据自身所在探区的地质条件和勘探、开发技术的不同，采用了不同的选区评价方法和指标体系（刘超英，2013 年），主要可总结为 3 种：以英国石油公司、新田公司为代表提出的综合风险分析法（CCRS），以埃克森美孚公司为代表提出的边界网络节点法，以及以雪佛龙、阿美拉达赫斯、哈丁 - 歇尔顿公司等能源公司为代表提出的地质参数图件综合分析法，这些选区评价方法及参数因每个公司侧重点不同而有所差异，并且很多相关参数及赋值标准并未公开。

从公开报道来看，英国石油公司的页岩气综合风险分析法主要考虑 9 个参数（表 5 - 11），适用于高勘探成熟区域，评价的门槛值为 $R_o > 1.2\%$，目标层段总有机碳含量大于 4%，目标层段厚度为 75 ~ 150m，分布面积大，基质孔隙度为 4% ~ 6%，地层超压，存在有利于压裂措施的硅酸盐岩石，等等；埃克森美孚公司在页岩气选区的参数大致可分为两类，其边界网络节点法主要以气井的经济极限产量为目标函数，以影响目标函数的各层次展开的控制参数为边界函数，利用节点网络分析方法进行预测分析；哈丁 - 歇尔顿公司页岩气选区评价参数多达 16 项，内容涵盖地质因素、环境因素、钻井因素三大类。

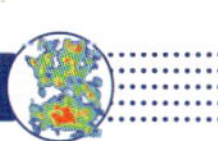

表 5－11 国外部分能源公司页岩气评价参数

公司	方法	评价参数	个数
英国石油公司	综合风险分析法	构造格局和盆地演化、有机相、厚度、原始总有机碳、镜质体反射率、脆性矿物含量、现今深度和构造、地温梯度、温度	9
埃克森美孚公司	边界网络节点法	热成熟度、页岩总有机碳含量、气藏压力、页岩净厚度、页岩空间展布、页岩碎裂性（可压裂性） 裂缝及其类型、吸附气及游离气量高低、基质孔隙类型及大小、深度、有机质含量平均值、岩性、非烃气体分布	13
哈丁－歇尔顿公司	数图件综合分析法	地质因素：页岩净厚度、有机质丰度、热演化程度、岩石脆性、孔隙度、页岩矿物质组成、三维地震资料质量、构造背景、页岩的连续性、渗透率、压力梯度 钻井因素：钻井现场条件、天然气管网等 环境因素：水源、水处理、环保性	16

2. 国内页岩气选区评价方法

2013 年，中国石化针对我国叠合盆地多种类型、多时代富有机质页岩气的特点，出台了《页岩气勘探选区评价方法》企业标准。该标准采用的是“富集概率－资源价值”评价模型，对页岩气进行统一评价。该标准认为，选区评价中应反映页岩气自身成因及开发特点，强调地质风险的不确定性，突出页岩气的可采性和经济性。该标准主要从 TOC、干酪根类型、埋深、孔隙度、渗透率、含气量、压力系数及脆性矿物含量等指标来进行分类赋值（表 5－12）。其中，TOC、孔隙度和含气量一类标准分别为 4%、6% 和 $2m^3/t$。但是，该标准未考虑到页岩厚度对于选区评价的意义，同时，对于页岩的孔隙度赋值相对较高，并不能真实反映现有的页岩层段内孔隙度发育特征。

表 5－12 《页岩气勘探选区评价方法》评价参数赋值标准表

参数	赋值		
	[0.75，1.0]	[0.5，0.75)	[0，05)
TOC%	≥4	[2，4)	<2
Ⅰ－$Ⅱ_1$型干酪根 R_o/%	[1.3，2.0]	[0.7，1.3) 或 (2.0，3.0]	<0.7 或 >3.0
$Ⅱ_2$－Ⅲ型干酪根 R_o/%	[1.0，1.6]	[0.7，1.0) 或 (1.6，2.0]	<0.7 或 >2.0
埋深/m	≤2500	(2500，3500]	>3500
孔隙度/%	≥6	[4，6)	<4
渗透率/$10^{-3}\mu m^2$	≥0.001	[0.0001，0.001)	<0.0001
含气量/（m^3/t）	≥2	[0.5，2)	<0.5
压力系数	≥1.6	[1.2，1.6)	<1.2
脆性矿物含量/%	≥40	[30，40)	<30

针对上述问题，2015 年，中国石化出台了《海相页岩气目标（区）评价技术方法》企业标准。该标准主要从干酪根类型、TOC≥2.0% 的含气页岩连续厚度、TOC≥0.5% 的

含气页岩连续厚度、埋深、孔隙度、渗透率、含气量、压力系数、硅质矿物含量、脆性指数及水平应力差异系数等指标来进行分类赋值（表5－13）。其中，TOC≥2.0%含气页岩连续厚度、孔隙度划分为一类的标准分别为30%和6%。该企业标准相较于2013年的标准有了页岩连续厚度参数的体现，同时修正了孔隙度的数据，对于海相页岩储层评价以及有利目标区优选有了更为有利的参数体系，但是该标准中没有体现矿物类型的精细差异。

表5－13　《海相页岩气目标（区）评价技术方法》评价参数赋值标准表

参数	赋值		
	[0.75，1.0]	[0.5，0.75)	[0，05)
Ⅰ－$Ⅱ_1$型干酪根R_o/%	[1.3，2.6]	[1.1，1.3）或（2.6，3.5]	<1.1或>3.5
TOC≥2.0%的含气页岩连续厚度/m	≥30	[10，30)	<10
TOC≥0.5%的含气页岩连续厚度/m	≥60	[30，60)	<30
埋深/m	[1500，3500]	[1000，1500）或（3500，4500]	<1000m或>4500
孔隙度/%	≥4	[2，4)	<2
压力系数	≥1.2	[1.0，1.2)	<1.0
硅质矿物含量/%	≥40	[30，40)	<30
脆性指数/%	≥50	[35，50)	<35
水平应力差异系数	≤0.2	(0.2，0.3]	>0.3

2015年，我国发布了《页岩气藏描述技术规范》行业标准，该标准中对于页岩储层的描述主要从孔隙度、脉冲衰减法渗透率、常规渗透率、孔径大小、有效厚度、TOC、含气量、脆性矿物、脆性指数、自然伽马等方面的参数进行了赋值（表5－14），集中于对页岩储层孔隙度、孔径大小及含气量进行划分，并且延续了页岩有效厚度概念，但同样没有体现矿物类型的精细差异。

表5－14　《页岩气藏描述技术规范》评价参数赋值标准表

	Ⅰ类	Ⅱ类	Ⅲ类
孔隙度/%	≥4	2～4	<2
脉冲衰减法渗透率/10^{-6}μm^2	≥500	500～100	<100
常规渗透率/10^{-3}μm^2	≥1.000	0.100～0.010	<0.010
孔径大小/nm	≥10	10～2	<2
有效厚度/m	≥30	30～15	<15
TOC/%	≥4.0	4.0～2.0	<2.0
含气量/（m^3/t）	≥2.5	2.5～1.5	<1.5
脆性矿物含量/%	≥55	40～55	<40
脆性指数/%	≥60	45～60	<45
自然伽马/GAPI	≥175	165～175	<165
声波/（μs/m）	≥260	260～240	<240
密度/（g/cm^3）	<2.51	2.51～2.62	≥2.62
中子孔隙/%	<15	15～20	≥20
电阻率/Ω	≥30	30～10	<10

2016年，中国石化出台了《泥页岩储层地质评价技术方法》企业标准。该标准主要从

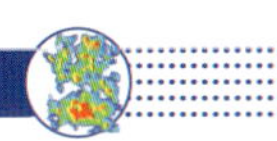

TOC、Ⅰ－Ⅱ$_1$型干酪根 R_o、Ⅱ$_2$－Ⅲ型干酪根 R_o、TOC≥2.0%的含气页岩连续厚度、TOC≥0.5%的含气页岩连续厚度、埋深、孔隙度、含气量、压力系数、脆性矿物含量、黏土矿物含量、硅质矿物含量、脆性指数、水平应力差异系数等参数进行赋值（表5－15）。标准主要关注页岩储层的有效性，对矿物类型进行了精细划分，明确了硅质矿物、黏土矿物含量，并注意到地应力变化对压裂改造的影响，丰富了之前发布的企业标准和行业标准。

表5－15 《泥页岩储层地质评价技术方法》评价参数赋值标准表

参数	Ⅰ类	Ⅱ类	Ⅲ类
TOC/%	≥3	[2，3)	<2
Ⅰ－Ⅱ$_1$型干酪根 R_o/%	[1.3，2.6]	[1.1，1.3) 或 (2.6，3.5]	<1.1 或 >3.5
Ⅱ$_2$－Ⅲ型干酪根 R_o/%	[1.3，2.0]	[1.0，1.3) 或 (2.0，2.5]	<1.0 或 >2.5
TOC≥2.0%的含气页岩连续厚度/m	≥30	[10，30)	<10
TOC≥0.5%的含气页岩连续厚度/m	≥60	[30，60)	<30
埋深/m	[1500，3500]	[1000，1500) 或 (3500，4500]	<1000 或 >4500
孔隙度/%	≥4	[2，4)	<2
含气量/（m^3/t）	≥2	[0.5，2)	<0.5
压力系数	≥1.2	[1.0，1.2)	<1.0
脆性矿物含量/%	≥60	[45，60)	<45
黏土矿物含量/%	≤40	(40，55]	>55
硅质矿物含量/%	≥40	[30，40)	<30
脆性指数/%	≥50	[35，50)	<35
水平应力差异系数	≤0.2	(0.2，0.3]	>0.3

2017年，国家颁布了《海相页岩气勘探目标优选方法》标准，该规范延续了2016年中国石化颁布的企业标准，弱化和修改了部分参数体系，对TOC≥2.0%的含气页岩连续厚度、TOC≥0.5%的含气页岩连续厚度、埋深、孔隙度、含气量、压力系数、脆性矿物含量、脆性指数、水平应力差异系数等参数进行了赋值（表5－16）。

表5－16 《海相页岩气勘探目标优选方法》评价参数赋值标准表

参数	Ⅰ类	Ⅱ类	Ⅲ类
TOC≥2.0%的含气页岩连续厚度/m	≥30	[10，30)	<10
TOC≥0.5%的含气页岩连续厚度/m	≥60	[30，60)	<30
埋深/m	[1500，3500]	[1000，1500) 或 (3500，4500]	<1000m 或 >4500
TOC/%	≥3	[2，3)	<2
R_o/%	[1.3，2.6]	[1.1，1.3) 或 (2.6，3.5]	<1.1 或 >3.5
孔隙度/%	≥4	[2，4)	<2
渗透率/$10^{-3}\mu m^2$	≥0.01	[0.001，0.01)	<0.001
含气量/（m^3/t）	≥2	[1，2)	<1
压力系数	≥1.2	[1.0，1.2)	<1.0
脆性矿物含量/%	≥60	[45，60)	<45
脆性指数/%	≥50	[35，50)	<35
水平应力差异系数	≤0.2	(0.2，0.3]	>0.3

中国石油在2016年针对四川盆地海相页岩气，通过对页岩的岩石矿物学、有机地球化学、含气性、物性等特征参数的研究，结合勘探生产实际，提出了综合页岩矿物组成、地球化学特征、储层特征、盖层、岩石力学性质、资源条件、含气性、保存条件和埋深等9个方面19项参数指标，对页岩气有利区、建产区和核心建产区进行了标准选择（表5－17），但能够明显看到三者的递进关系存在缺陷。

表5－17　中国石油页岩气有利区、建产区和核心建产区的优选指标及阈值

参数	有利区	建产区	核心建产区	参数	有利区	建产区	核心建产区
TOC/%	>2	>2	>2	埋深/m	<4000	<4000	<4000
R_o/%	>1.35	>1.35	>1.35	优质页岩厚度/m	>30	>30	>30
脆性矿物含量/%	>40	>40	>40	压力系数	—	>1.2	>1.2
黏土矿物含量/%	<30	<30	<30	构造条件	—	平缓	平缓
孔隙度含量/%	>2	>2	>2	距剥蚀线距离/km	—	>7	>7
渗透率/$10^{-3}\mu m^2$	>100	>100	>100	距断层距离/km	—	>1.5	>1.5
含水饱和度/%	<45	<45	<45	评价井	—	评价井控制	评价井控制
杨氏模量/10^4MPa	2.07	2.07	2.07	水平井	—	—	高产水平井
泊松比	0.25	0.25	0.25	三维地震	—	—	三维地震资料
含气量/（m^3/t）	>2	>2	>2				

综合2013年度以来的中国石化、中国石油企业标准，能源行业标准以及国家标准，对比分析发现，对于页岩气藏储层评价的参数选择相对比较集中，包括TOC≥2.0%的含气页岩连续厚度、TOC、孔隙度、含气量、脆性矿物含量、脆性指数等参数。但是各标准中对于页岩储层“甜点”的评价与威远、永川地区深层页岩地质特征间存在一定的差异，特别是对于深层页岩“甜点”层段的地质参数描述存在空白。

二、川南深层页岩气“甜点区”评价

1. 深层页岩气“甜点区”评价思路

目前具有商业价值的页岩气“甜点区”必须具备5个基本地质条件：①页岩的品质好，即页岩有较高的有机质含量和较高的脆性矿物含量；②页岩在热演化程度适中的情况下，能生成足够的储集空间，并且其成岩演化和构造演化有利于储集空间的保持与增加；③必须有足够多的气体保存于页岩层中，即页岩的含气量，特别是游离气量达到开采界限；④地应力条件，特别是水平应力差值和差异系数满足现有压裂工艺条件，能形成相对复杂的压裂网缝；⑤水平井产量必须达到工业开采的经济极限，具有经济效益。

在前述川南深层页岩气三元富集主控因素分析与富集模式的基础上，结合勘探开发实践，针对川南深层页岩气自身的特点，以国家和行业标准为基础，提出了川南深层龙马溪组页岩气“甜点区”评价思路，即按深层页岩气形成、富集分为沉积、演化和富集动用3个方面，以经济可动用有效资源为原则，地质、工程一体化及动、静态相结合，进行“甜

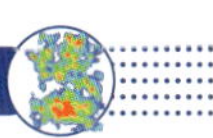

点区”评价优选。沉积方面，页岩所处的沉积相带决定了页岩气先天的品质和厚度，决定了其将来能否可成为页岩气的潜力。演化方面是指页岩在沉积之后，在沉降埋藏－抬升幕，主要经历的生烃演化、成岩演化、孔隙演化和构造演化，此过程决定了页岩形成的储集空间，生成了多少页岩气，页岩层中保留了多少页岩气。富集动用就是具有最多储集空间、具有最大高含气量、最高储量密度的，能有效压裂改造的储层，即是“甜点层”。

2. 深层页岩气“甜点区”评价指标

在“甜点区”评价思路的指导下，提出了川南深层龙马溪组富集高产有利区（“甜点区”）“相带控源、适演控位、优储控富”的 3 类共计 18 个参数指标体系（表 5－18）。

表 5－18　川南五峰组－龙马溪组“甜点区”评价指标体系

<table>
<tr><th>类别</th><th>参数</th><th>Ⅰ类</th><th colspan="2">Ⅱ类</th><th colspan="2">Ⅲ类</th></tr>
<tr><td rowspan="5">优质相带</td><td>沉积相</td><td colspan="5">硅质类或钙硅质类深水陆棚微相</td></tr>
<tr><td>环境（铀、钍含量比）</td><td><2</td><td colspan="4">2～4</td></tr>
<tr><td>有机碳含量/%</td><td>>3</td><td colspan="4">2～3</td></tr>
<tr><td>脆性矿物含量/%</td><td>>60</td><td colspan="2">40～60</td><td colspan="2">30～40</td></tr>
<tr><td>厚度（TOC≥2%）/m</td><td>>35</td><td colspan="2">30～35</td><td colspan="2">20～30</td></tr>
<tr><td rowspan="8">适宜演化</td><td>有机质成熟度/%</td><td>2.2～2.6</td><td colspan="4">R_o <2.2 或 R_o >2.6</td></tr>
<tr><td>有机孔占比/%</td><td>>40</td><td colspan="4">20～40</td></tr>
<tr><td>抬升幅度/m</td><td>>2000</td><td colspan="2">2000～1500</td><td colspan="2"><1500</td></tr>
<tr><td>埋深/m</td><td>2500～4500</td><td>4500～5000</td><td>2000～2500</td><td>>5000</td><td>1500～2000</td></tr>
<tr><td>成岩阶段</td><td colspan="3">中成岩 B 期及以上</td><td colspan="2">中成岩 A 期</td></tr>
<tr><td>构造形态</td><td colspan="5">宽缓背斜、向斜</td></tr>
<tr><td>断层级别</td><td>无断层或$Ⅳ_4$级断层</td><td>$Ⅳ_2$级以下</td><td>$Ⅳ_3$级以下</td><td colspan="2">$Ⅳ_2$级断层</td></tr>
<tr><td>地层倾角/（°）</td><td><10</td><td colspan="4">10～30</td></tr>
<tr><td rowspan="5">富集动用</td><td>水平应力差值/MPa</td><td><10</td><td colspan="2">10～15</td><td colspan="2">>15</td></tr>
<tr><td>水平应力差异系数</td><td>0.15</td><td colspan="2">0.15～0.2</td><td colspan="2">>0.2</td></tr>
<tr><td>含气量/（m^3/t）</td><td>>4</td><td>>4</td><td>4－3</td><td>>4</td><td>3－2</td></tr>
<tr><td>总孔隙度/%</td><td>>5</td><td colspan="4">3～5</td></tr>
<tr><td>资源丰度/（$10^8/km^2$）</td><td>>8</td><td>>8</td><td>>6</td><td>>8</td><td>>4</td></tr>
</table>

注：资源丰度按页岩气探明储量规范计算。

评价五峰组－龙马溪组高产富集有利区优质相带的评价有 5 个参数指标，分别为沉积相、氧化还原环境、有机碳含量、脆性矿物含量和厚度，主要从形成优质页岩的有利沉积相和岩石相方面开展评价。沉积相Ⅰ类、Ⅱ类、Ⅲ类均要求为硅质类或钙硅质类深水陆棚微相；氧化还原环境采用铀、钍含量比来表示，主要分析沉积环境是否有利于有机碳的保存；岩石相分析参数由有机碳和脆性两部分组成，Ⅰ类优质页岩要求是富碳高脆的；厚度是高产对优质相带的要求，即一定厚度下的优质相带页岩是页岩气富集高产的基础。

适宜演化评价主要从生烃演化、孔隙演化、构造演化和成岩演化来展开，主要尝试从动态的角度来开展评价。选择热演化程度、总孔隙度、有机孔占比、构造隆升幅度、埋深和页岩成岩阶段等参数来评价。研究认为，Ⅰ类“甜点区”的热演化程度应在2.2%～2.6%之间，孔隙中有机孔所占孔隙比例应大于40%，所处区域整体隆升幅度应大于2000m，并且处于长期稳定的区域，页岩埋深应在4500m以浅，同时，页岩的成岩阶段应在中成岩B期及以上，黏土矿物中伊利石含量较高，伊蒙混层比例较小。并且考虑构造形态、断层、地层倾角、地应力等构造因素，认为Ⅰ类“甜点区”应该同时满足区内无断层或只有断距小于10m的断层分布，且地层倾角应小于10°。

富集动用评价主要从水平应力差值、空间、含气量、丰度等方面开展评价，研究认为，Ⅰ类“甜点区”应该同时满足总孔隙度大于5%，储层段平均含气量大于$4m^3/t$，资源丰度应大于$8\times10^8m^3/km^2$。

3. 威荣深层页岩气“甜点区”评价

按上述评价标准，开展了威荣地区的深层页岩气“甜点区”的评价，各区评价结果见表5－19。从表中可见，威荣西区为Ⅰ类“甜点区”，威荣东区为Ⅱ类“甜点区”。

表5－19　威荣地区五峰组－龙马溪组“甜点区”评价表

类别	参数	西区	东区
优质相带	沉积相	钙硅质类深水陆棚微相	
	沉积环境（铀、钍含量比）	<2	
	有机碳含量/%	3.4	3
	脆性矿物含量/%	61	58
	厚度（TOC>2%）/m	35	27
适宜演化	有机质成熟度/%	2.2	
	有机孔占比/%	40	36
	抬升幅度/m	2000	
	埋深/m	3850	3750
	成岩阶段	中成岩B期	
	构造形态	向斜	鞍部
	断层级别	无断层	
	地层倾角/（°）	0～5	
富集动用	水平应力差值/MPa	8～10	10～12
	水平应力差异系数	0.15	
	总孔隙度/%	5.4	5
	含气量/（m^3/t）	7.8	7
	资源丰度/（$10^8/km^2$）	8.61	7.31
评价结果		Ⅰ	Ⅱ

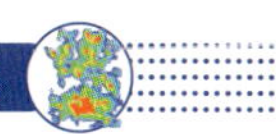

威荣地区的Ⅰ类“甜点区”为西区（图5-34），其位于白马镇向斜，处于威荣页岩气田西部，面积120km^2，构造平缓，断层不发育，埋深3850m，优质相带、适宜演化、良好保存三大类16个参数指标均达到Ⅰ类。威荣地区Ⅰ类、Ⅱ类“甜点区”的分布是由优质相带的细微差异导致的。

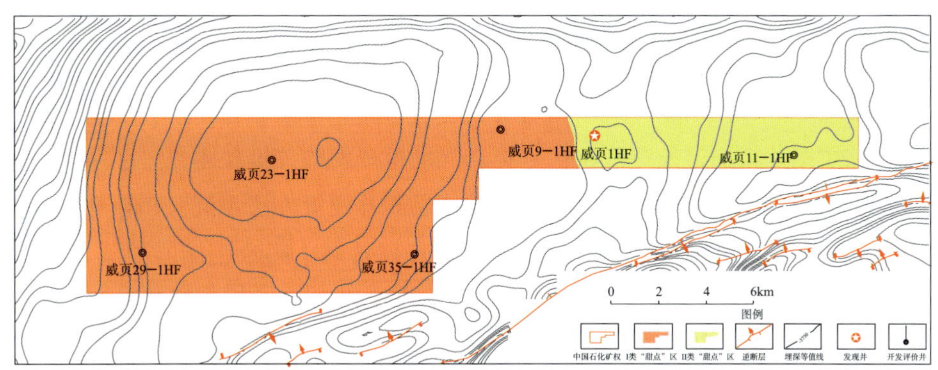

图5-34 威荣页岩气田龙马溪组页岩气“甜点区”评价图

威荣地区龙马溪组底部页岩层全区广泛分布，TOC>2%的页岩处于钙硅质类深水陆棚微相相区，威荣西区页岩厚度相对较大，威页23井区及以南位置，均大于37m，最厚处可达39m。威荣东区因五峰组局部水下古隆起（古地貌），导致古隆起部位沉积的页岩厚度变薄，如威页11井以东，仅有25m。有机碳含量（TOC）的分布规律与厚度分布规律类似，也呈现西区高东区低的特点。研究认为，有机碳含量可能也与古沉积地貌密切相关。西区古地貌低，水体深，有机碳含量高（3.4%）；东区是水下古隆起位置，水体变浅，沉积的页岩厚度变薄，有机碳含量略有降低（3.0%）。西区、东区有机碳含量上的差异导致两区优质页岩在总孔隙度、有机孔占比、含气量上也出现差异，西区比东区平均孔隙度高0.4%，西区比东区平均有机孔占比高4%，西区比东区含气量上高0.8m^3/t。致使最终按页岩气储量规范计算的资源丰度方面，西区达$8.61\times10^8/km^2$，达到了Ⅰ类“甜点区”评价指标，而东区（7.31×10^8）未达到Ⅰ类“甜点区”评价指标。

第六章　深层页岩气测井评价关键技术

页岩气储层测井精细定量评价技术是页岩气勘探开发的关键技术之一，页岩气层与常规油气层存在多方面差异，决定了其与常规油气层测井评价方法不同。川南深层页岩气具有细粒沉积、富有机质的特点，决定了其测井解释评价属于超致密储层的解释评价范畴，传统的阿尔奇公式完全不适用，测井解释模型与常规油气层解释完全不同。此外，由于实验技术的限制，含气饱和度、游离气含量测量不够准确，导致测井精确标定刻度仍然存在难度，矿物组分含量的计算也存在局限性。

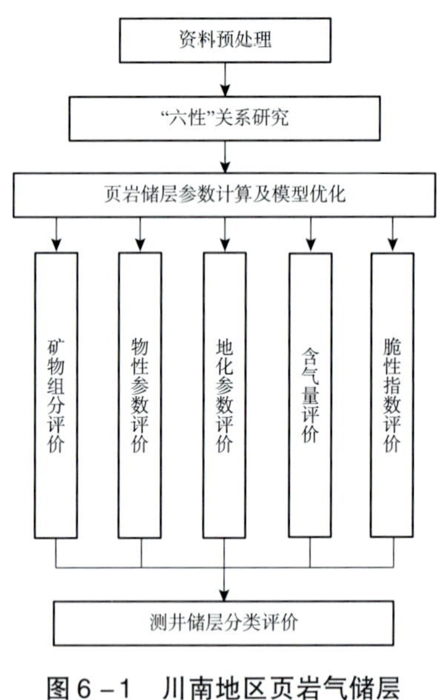

图6－1　川南地区页岩气储层测井评价流程图

针对目前存在的问题，利用川南页岩气井资料，开展了龙马溪组－五峰组页岩储层测井响应特征及“六性”特征关系研究（图6－1），在岩心观测及实验分析资料基础上，基于测井建立了一套页岩气储层识别与矿物组分、物性及含气性测井定量评价方法，形成了包括含气页岩快速识别、基于地质约束最优化模型复杂矿物组分测井定量评价、基于干黏土骨架页岩孔隙度评价与校正、页岩游离气、吸附气含量精细评价在内的页岩气测井评价技术，支撑了川南地区深层页岩气目标评价、资源评价、靶窗优选、轨道设计等工作。

第一节　川南地区龙马溪组页岩测井响应特征

纵向上，川南地区龙马溪组一段页岩测井电性特征可明显划分为3段（图6－2）。第一段（1～4层）：呈“四高三低”（高自然伽马、高铀、高声波、高电阻率、相对低中子、低密度，低钍铀比）特征，中子、密度挖掘效应明显，具有较高的游离气丰度。第二段（5、6层）：测井响应特征与第一段类似，但中子、密度挖掘效应差，有一定的含气特征。第三段（7～9层）：与上述两段差异明显，中子、密度关系颠倒，无明显含气特征。横向

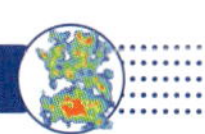

上各地区、各段特征类似。

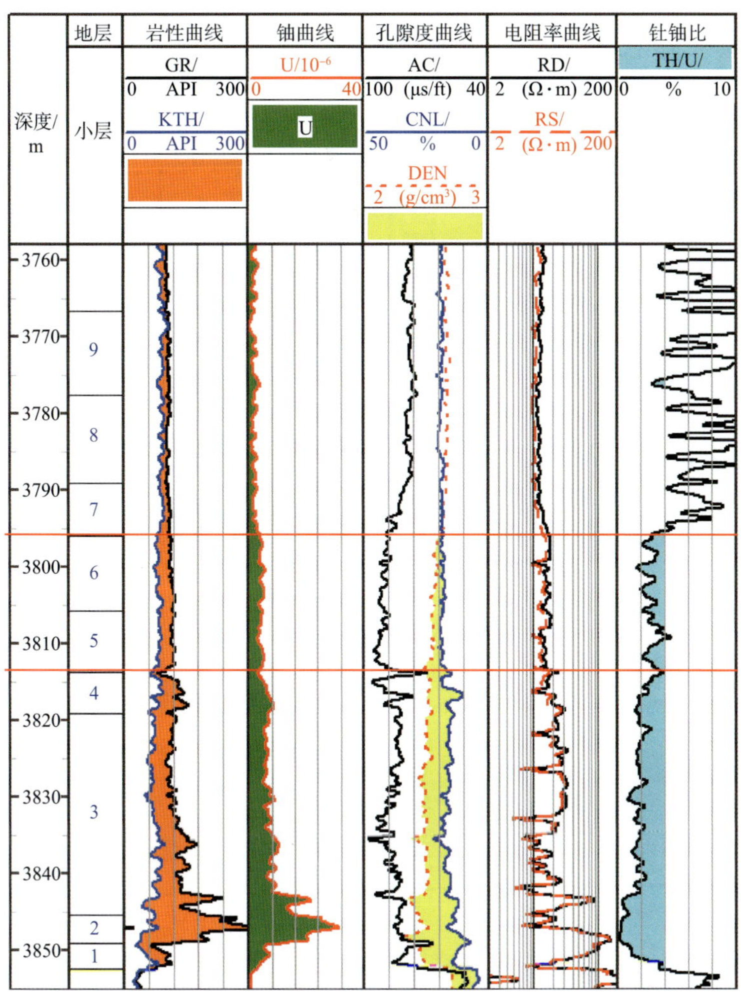

图6-2 川南威荣地区五峰组-龙一段测井曲线三分特征图

测井曲线特征如下：

（1）自然伽马与铀曲线。一般为高值，自然伽马值域范围为55～450API，储层岩性以富碳含钙高硅页岩为主，少量富碳高钙硅质页岩；因有机碳对铀元素的吸附，导致储层铀元素含量出现高值，值域范围为1.2×10^{-6}～44.6×10^{-6}。

（2）孔隙度曲线。含气将使声波时差增大，中子、密度值降低，含气性越好，变化幅度越大。优质储层声波时差为高值，一般为58.2～97μs/ft；中子为中低值，一般为7.4%～23.7%；密度曲线为中低值，一般为2.3～2.68g/cm³。高声波、低密度特征反映该层物性好、孔隙大，具有较好的储集空间，储层段补偿中子较低，指示该储层具明显天然气挖掘效应；气层段中子越低，其含气性越好。

（3）电阻率曲线。深浅侧向电阻率一般呈正差异，电阻率值相对较高，总体变化较小。含气性好，呈高电阻率，深侧向值一般为15～182Ω·m。部分层段（或点）出现电阻率较低的情况，是页岩中富含黄铁矿条带或颗粒所导致，从电阻率成像图中可见斑点状的导电物质，这是黄铁矿在电成像图上的显示（如图6－3所示，2、3号层以混合型页岩为主，水平层理发育，可见散点状黄铁矿；1号层为硅质页岩与混合型互层，局部可见散点状黄铁矿）。双侧向电阻率曲线常呈正幅度差，反映了基本不含可动水的特征。

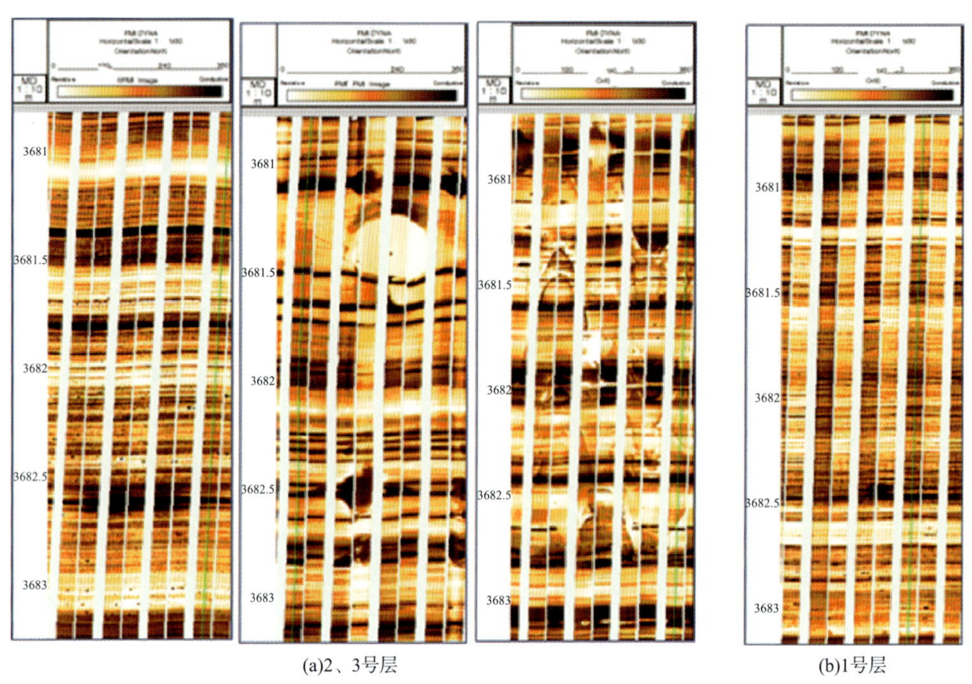

(a)2、3号层 (b)1号层

图6－3　威荣地区龙马溪组1～3号层段成像测井特征

（4）钍、铀含量比曲线。该曲线一般指示地层的沉积环境，钍、铀含量比越小，表示地层还原环境越强，越有利于有机质的保存与富集，储层越优。该区域钍、铀含量比值域范围为0.3%～14%，富有机质页岩储层一般小于4%。

第二节　优质页岩测井响应特征与识别标准建立

一、优质页岩测井响应特征

优质页岩测井响应特征包括下列5个方面。

1. 具有高自然伽马尤其是高铀伽马段

页岩气层段具有高自然伽马尤其是高铀伽马值，它是页岩具有高有机质含量（TOC）的反映。优质页岩气层段由于富含有机质且易于吸附高放射性铀元素，导致总伽马明显增加、高铀异常，因此，采用总伽马－无铀伽马、铀/钾曲线重叠法能较好地定性指示页岩

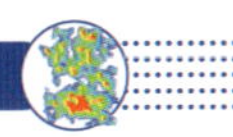

储层。叠合资料显示，3675～3712m 井段为优质页岩储层段，该段自然伽马与去铀伽马具有较大的叠合面积（图 6－4）。

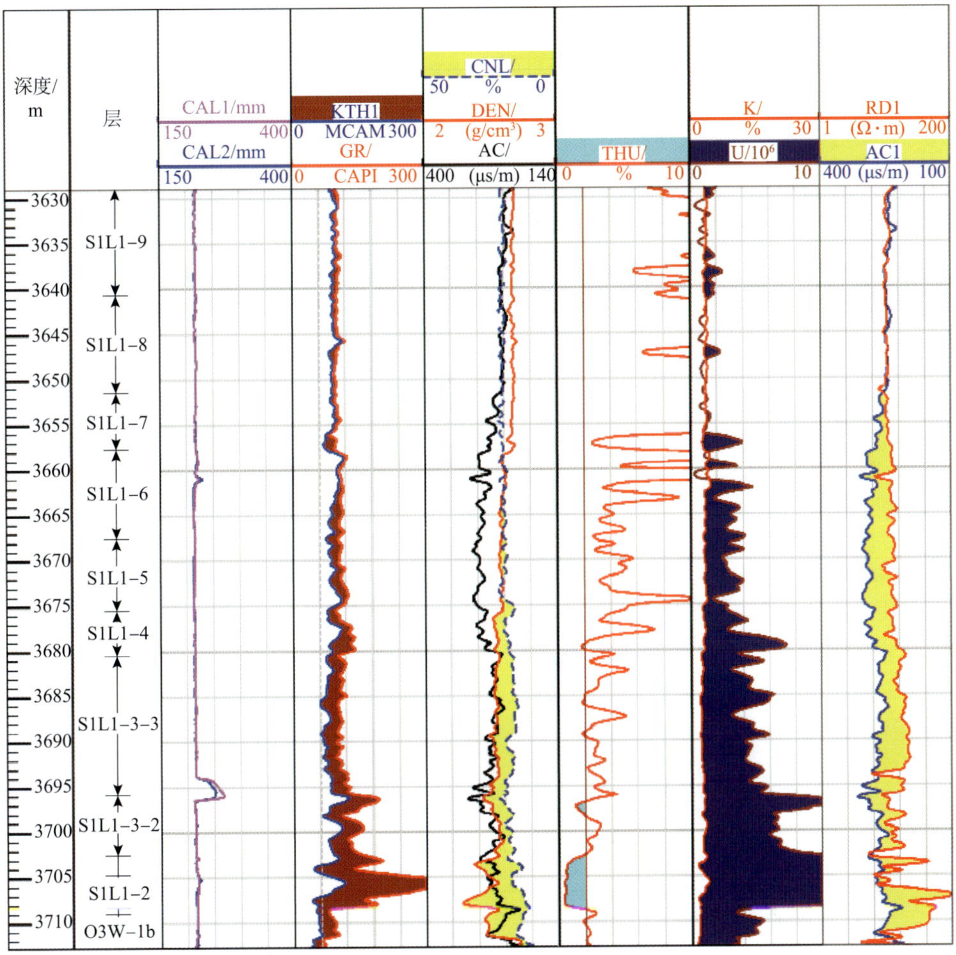

图 6－4 威荣地区威页 29－1 井龙马溪组页岩气储层识别图

2. 钍、铀含量比小于 2 指示最有利页岩气相带

强还原沉积环境有利于有机质保存，是页岩气储层发育的有利相带。利用测井钍、铀含量比反映沉积环境，确定优质页岩气发育段。钍、铀含量比小于 2，指示地层沉积环境为强还原环境；钍、铀含量比为 2～4，指示地层沉积环境为强还原环境到半还原环境；钍、铀含量比小于 4 的层段，对应于有利页岩段（图 6－4）。其中，钍、铀含量比小于 2 对应的 3702～3708.5m 井段，叠合面积或包络面积最大，为优势页岩气层段。

3. 孔隙度曲线呈现强烈“挖掘响应”特征，深电阻率相对高阻

密度、中子测井呈现“挖掘响应”特征是页岩中存在游离天然气的反映，同时，由于游离气的存在，也使得电阻率增高。高游离气含量是有效开发页岩气的基础，也是优质页岩气储层普遍特征。图 6－4 中子曲线有明显的“挖掘效应”，中子－密度包络面积较大。

图 6－5 显示的区域范围内，孔隙度曲线呈现强烈的“挖掘响应”，是优质页岩层段的普遍特征。

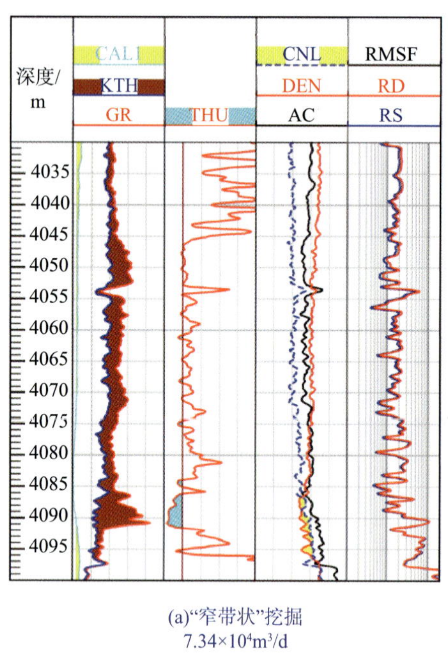

(a)“窄带状”挖掘
$7.34\times10^4m^3/d$

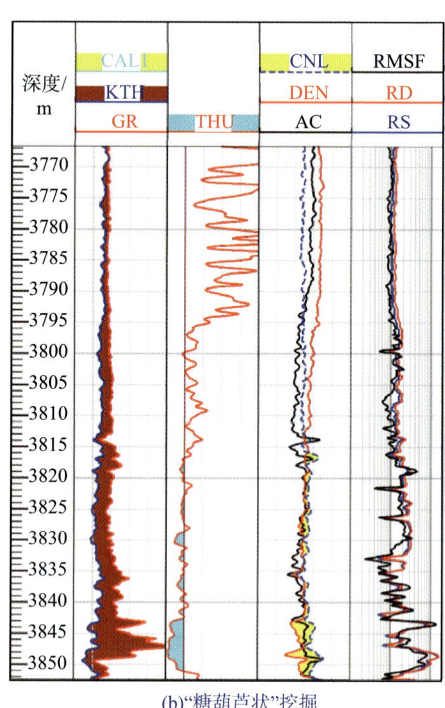

(b)“糖葫芦状”挖掘
$26.01\times10^4m^3/d$

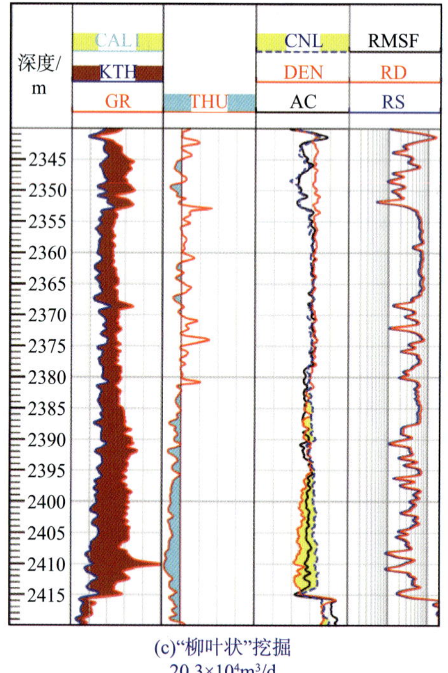

(c)“柳叶状”挖掘
$20.3\times10^4m^3/d$

图 6－5　川南地区优质页岩气电性特征对比

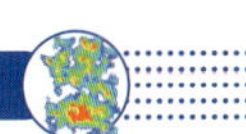

4. 有效层理缝发育，高角度构造缝较少发育

岩心观察、井壁成像测井解释表明，优质页岩气段层理缝发育，而高角度构造缝较少发育。在成像测井图像上，层理缝呈暗色波纹状条带，在微电阻率曲线上表现为锯齿状特征（图 6－3）。

二、页岩储层测井响应特征及识别标准

川南地区页岩气测井响应特征具有明显的“三高三低”特征，以威荣地区为例，具有高铀元素、高自然伽马、相对高电阻率、低密度、低中子、低钍铀比特征，且电阻率具有高、低阻共存，呈锯齿状的特征，中子测井出现明显的气层“挖掘效应”特征。不同页岩气层段响应特征值见表 6－1。

表 6－1 威荣地区不同层段页岩气储层测井响应特征值

测井曲线	GR/API	U 含量/10^{-6}	RD/（Ω·m）	TH、U 含量比	DEN/（g/cm^3）	CNL
7～9 号层	109.4	3.0	12.8	32.3	2.66	18.7
5～6 号层	118.1	5.8	16.2	3.11	2.56	18.3
1～4 号层	138.8	17.0	30.6	2.11	2.49	15.3

结合前述关于页岩气储层评价中储层分类、富集分级的评价，将威荣深层龙马溪组页岩储层划分为 A、B、C、D 共 4 级，通过多井连片对比分析，排除井眼、钻井液侵入等不良因素对测井响应的影响，确定了这 4 级页岩气层的定性识别标准（表 6－2）。

表 6－2 威远页岩气储层识别标准

储层级别	钍、铀含量比	自然伽马/API	电阻率/（Ω·m）	铀含量/10^{-6}	密度/（g/cm^3）	中子/%	备注
A	0.3～2	≥130	≥20	≥10	≤2.5	≤17	中子有明显“挖掘效应”，中子、密度之间有明显的包络面积；电阻率呈高低阻共存的锯齿状
B	2～4	100～160	10～20	2～10	2.5～2.65	17～20	中子有挖掘效应，中子密度之间有一定的包络面积，但小于优势页岩气储集段；电阻率值变化较小
C＋D	＞4	＜120	＜10	＜2	＞2.65	＞20	与 A、B 级页岩气相比，中子、密度关系翻转，电阻率值较低且相对稳定

三、“六性”关系

页岩“六性”关系即岩性、物性、地化特性、含气性、电性、可压裂性之间的关系。

由于页岩气赋存方式的多样性和储集空间的复杂性，以及被动产出的特殊性，导致页岩储层测井评价与常规油气储层测井评价差异较大，传统储层评价的“四性”关系中关于岩性、物性、电性、含油气性的研究不能满足页岩储层评价的要求，只有明确页岩气储层的“六性”关系，才能为页岩气好储层段划分、储层分类分级评价提供支撑。

1. 矿物组分及岩性岩相特征

1）矿物成分与测井关系

川南地区龙马溪组页岩矿物成分比较复杂，含有石英、长石、云母等碎屑矿物，伊利石、绿泥石、高岭石等黏土矿物，以及方解石、白云石等碳酸盐矿物。整体可以分为脆性矿物（石英、长石、方解石、白云石）与黏土矿物（伊利石、蒙脱石、伊/蒙混层）两类。龙马溪组底部页岩以脆性矿物为主（平均含量为64.26%），以高硅（平均含量为36.94%）、中－低钙（平均含量为23.75%）为主要特征，黏十矿物平均含量为34.62%，以伊利石、伊/蒙混层为主。元素测井资料较为清楚的显示了五峰组－龙马溪组地层的矿物成分，优质页岩储层段上部黏土含量较高；下部黏土含量低，硅质、钙质等脆性矿物含量高。

2）岩相类型与测井关系

在页岩的地质研究过程中，根据不同的岩性、有机质组合，其岩石相大致可以可分为3类7种。川南威荣地区五峰组－龙马溪组下部为富生物硅页岩相，向上逐渐变化为硅质页岩、钙质硅质页岩相，至龙一段顶部主要为硅质黏土质页岩相。

岩相不同，页岩的结构及矿物成分有较大差异，其测井响应特征也有明显差异。资料表明，页岩层理发育程度、有机质丰度及硅质、钙质、黏土等含量对自然伽马、电阻率、孔隙度等各类测井信息有较大影响。通过岩心与测井资料对比分析，总结了不同岩相情况下的测井响应关系（表6－3）。

表6－3　川南威荣地区龙马溪组岩相与测井响应关系

岩　相	电成像特征	测井响应特征	测井响应关系
富生物硅页岩相	明显的明暗相间层状条纹，微层理发育，发育点状或片状黄铁矿暗纹	高自然伽马，高铀含量，高声波时差，高电阻，低密度，钍、铀含量比小于2	电阻率高低阻显示，呈明显锯齿状；中子密度包络面积大
硅质页岩相	有较明显明暗相间层状条纹，微层理不发育，发育点状黄铁矿	较高自然伽马，高铀含量、较高声波时差，高电阻，低密度，钍、铀含量比大于2	电阻率高阻显示，锯齿状不明显；中子密度包络面积小
钙质－硅质页岩相	有较明显明暗相间层状条纹，微层理发育，发育点状黄铁矿	高自然伽马，高铀含量，高声波时差，高电阻，低密度，钍、铀含量比大于2	电阻率中高阻显示，锯齿状不明显；中子密度基本重合
硅质－黏土质页岩相	有较明显明暗相间层状条纹，微层理发育	高自然伽马，高铀含量，高声波时差，中高电阻，较高密度，钍、铀含量比大于2	电阻率中高阻显示，锯齿状不明显；中子密度分开

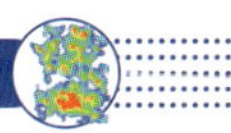

2. 物性特征

孔隙度及微裂缝是页岩储层中游离气和吸附气存储的主要空间，因此，页岩物性条件的差异决定了页岩含气量之间的差异。资料显示，随着页岩岩石密度值的降低，页岩孔隙度逐渐增大；有机质含量越高，页岩储层的物性越好。而黏土含量的增加将导致页岩孔隙度降低，进一步说明页岩储层孔隙度与有机孔关系密切。

同时，有资料表明，岩性、岩石矿物组分、岩石结构在一定程度上控制着页岩微裂缝发育程度，岩心观测及成像测井资料显示，富有机硅页岩储层微层理、微裂缝发育，预示着页岩储层物性变好。而钙质含量较高的岩相，微裂缝发育程度较低。

3. 有机地化特征

有机质提供了页岩气富集的物质基础。实验分析资料表明，威荣地区龙马溪组优质页岩层段中的硅质大部分为生物成因的有机硅，有机质和硅质含量之间存在较为明显的正相关关系；而有机质和黏土含量则呈现出明显的负相关关系。在黏土含量高和部分无机硅含量较高（35%）的井段中，测量的有机质含量很低，反映了该地区有机质含量与黏土、石英矿物含量之间的关系。有机质含量随岩石视颗粒密度的增加而降低。

4. 电性特征

电性曲线与储层参数间的相关性有好有差。密度曲线是龙马溪组优质页岩的指示曲线，它与孔隙度、TOC、含气量、脆性矿物含量都呈负相关关系，其中，与 TOC 相关性最好（$R=0.81$），其次是孔隙度。自然伽马曲线与 TOC、孔隙度、黏土矿物含量间呈正相关关系，其中，与 TOC 的相关系数较高（$R=0.74$）。铀含量曲线与 TOC、孔隙度呈正相关关系，其中，与 TOC 的相关系数较高（$R=0.76$）。声波曲线与黏土矿物含量、孔隙度具有一定的正相关性，其中，与黏土矿物含量的相关系数较高（$R=0.76$）。电阻率曲线与脆性矿物含量、黏土含量也有一定的负相关性。因此，在储层评价过程中，不能简单地利用单一测井信息评价页岩储层。

5. 含气性特征

威荣地区龙马溪组页岩气层段岩心浸水实验显示冒泡现象明显，体现了储层良好的含气性。现场测试的总含气量为 $0.99\sim11.5m^3/t$，含气量总体较高，有利于页岩气储层压裂改造实现高产。研究显示，页岩含气量与 TOC 呈正相关关系，与黏土含量呈负相关关系，与孔隙度呈明显正相关关系。

威荣地区五峰组－龙马溪组页岩气层总体含水饱和度较低，具备较好的含气性。优质页岩层段实测岩心含气饱和度平均值超过60%。含气饱和度与黏土具有明显的负相关关系（图6－6），即随着黏土含量的增大，含水饱和度升高；与孔隙度呈正相关关系（图6－7）。

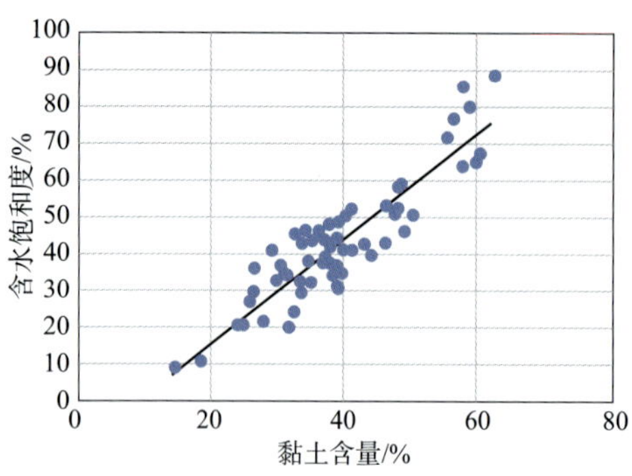

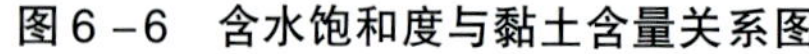
图6－6　含水饱和度与黏土含量关系图

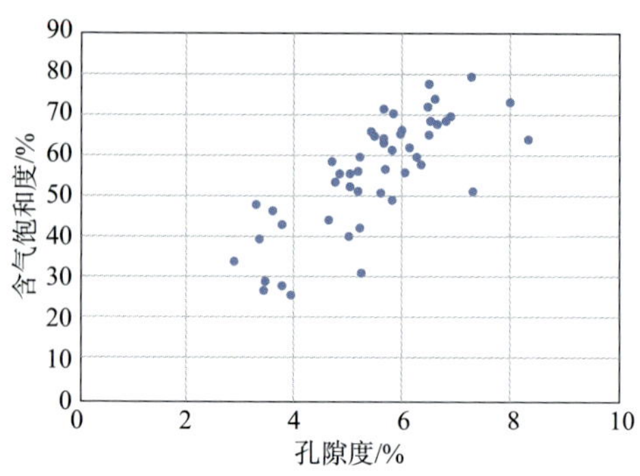

图6－7　含气饱和度与孔隙度关系图

6. 可压裂性特征

页岩矿物复杂，储集空间多样，具极低孔渗特征，岩层各向异性明显，页岩中的脆性、塑性矿物直接影响着页岩气的压裂效果与产能。因此，分析页岩的可压裂性是页岩气勘探开发的重要内容之一。

资料显示，威荣地区五峰组－龙马溪组页岩整体具有低泊松比、高杨氏模量的特征，但不同类型的页岩具有不同的脆性矿物含量、脆性指数及水平主应力差异系数（表6－4），生物硅质页岩的可压裂性最好，其泊松比低、杨氏模量较高，基于岩石力学参数计算出的脆性指数较高，水平主应力差异系数低。

表6－4　威荣地区龙马溪组页岩力学参数统计表

页　岩	TOC/%	孔隙度/%	脆性矿物/%	泊松比	弹性模量/GPa	脆性指数（岩石力学）	水平主应力差异系数
含钙黏土质页岩	1.8	3.4	51.45	0.421	30.05	0.36	0.18
钙质黏土质页岩	2.72	4.82	58.42	0.258	19.97	0.44	0.16
含钙硅质页岩	2.85	5.13	53.78	0.213	19.66	0.44	0.13
生物硅质页岩	4.58	6.15	60.45	0.185	22.11	0.48	0.1

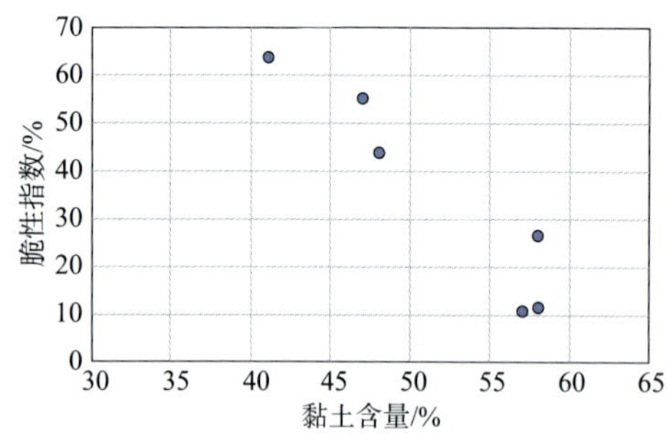

图6－8　脆性指数与黏土含量的关系

黏土含量对页岩的可压性也有一定的影响，如威荣地区威页23－1井三轴岩石力学测试成果（图6－8）显示，脆性指数与黏土含量呈负相关关系，即随着黏土含量增加，脆性指数降低，可压性降低。

总之，川南威荣地区五峰组－龙马溪组页岩中，生物硅质页岩最优，其具有高TOC、高孔隙度、高含气量，具有“三高二低”的电性特征，且具有高可压性（高硅），易于压裂改造。因此，“六性”关系中，岩性是研究的重点之一，地化特性与物性、含气性具有较高的正相关关系，表明高TOC页岩不仅提供

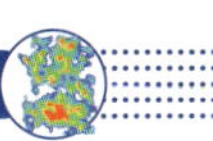

了足够的物质基础，也提供了充足的储集空间，同时也反映出页岩气富集高产对岩性、地化特性、物性、可压性具有一定的要求。电性特征是岩性、地化特性、物性、含气性的综合反映，其差异性是利用测井资料进行页岩储层评价的基础。

第三节　矿物组分测井评价

页岩气储层矿物组分复杂，除富含有机质外，还存在大量无机矿物，包括黏土、石英、长石、碳酸盐岩、黄铁矿等。对于这种复杂组分，仅采用常规测井资料，基于传统体积模型或地质统计模型难以准确评价矿物含量，需要采用地质约束建立最优化模型充分发挥测井理论的预测作用和地质分析的指导作用，才能最大限度克服测井响应的多解性，达到准确评价复杂岩性的目的。

地质约束最优化模型矿物组分测井评价的基本原理是：引用页岩中有机质和石英、长石、碳酸盐岩、黄铁矿等主要无机矿物，基于体积模型建立测井响应方程，同时借助少量的岩心岩矿分析资料，确定敏感测井信息和特定矿物或有机质之间的定量关系，并将这些定量关系作为方程与测井响应方程式进行联立，求最优化解，从而定量评价矿物组分（图6－9）。主要矿物组分测井骨架值见表6－5。

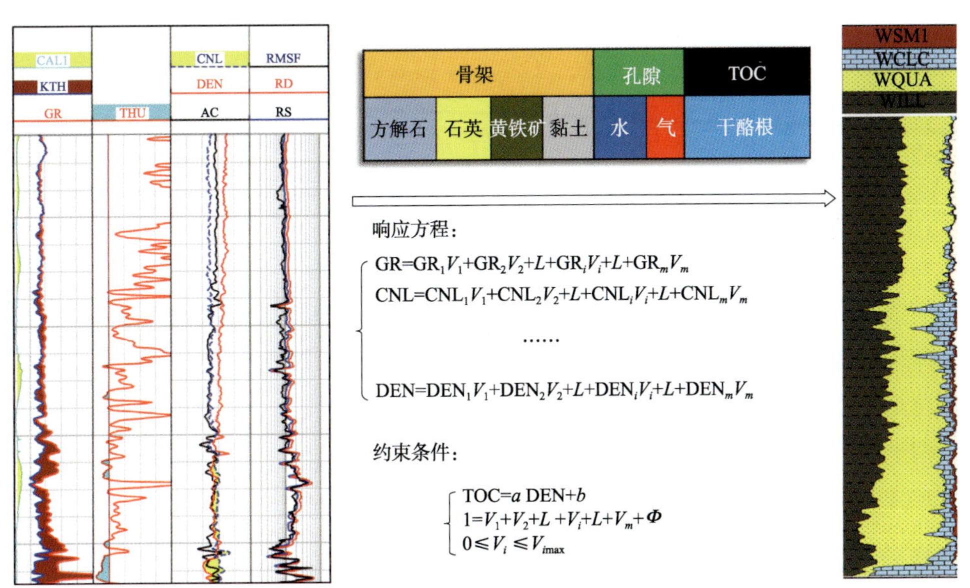

图6－9　地质约束最优化模型求解复杂矿物组分原理

表6－5　主要矿物组分测井骨架值

矿组组分	密度/（g/cm³）	中子	声波时差/（μS/ft）	自然伽马/API	电容率/（C²/Nm²）
绿泥石	3.01	0.52	80	74	5

续表

矿组组分	密度/（g/cm^3）	中子	声波时差/（μS/ft）	自然伽马/API	电容率/（C^2/Nm^2）
石英	2.65	-0.04	55.5	30	4.65
钾长石	2.57	0.02	60	170	5.3
黄铁矿	4.99	-0.03	39	0	27
方解石	2.71	0	47.5	11	8.5
白云石	2.87	0.02	43.5	8	6.8
有机质	1.35	0.54	150	25	2

威荣地区页岩储层主要无机矿物包括黏土、石英、钾长石、斜长石、方解石、白云石、菱铁矿、黄铁矿、方沸石、重晶石等。依据地质需要和测井理论，将这些矿物进行归并，简化为黏土矿物、石英长石类矿物、碳酸盐岩矿物和有机质。同时，依据地质分析资料确定石英与有机质含量、有机质含量与岩石密度之间定量关系，与基于常规及自然伽马能谱测井建立的测井响应方程联立求最优解，从而获取较准确的黏土、硅质、钙质及有机质含量。

第四节　孔隙度测井评价

一、基于干黏土骨架页岩孔隙度评价与校正方法

针对川南威荣地区不同实验方法页岩岩心孔隙度测量的不确定性，分析主要影响因素，并基于干黏土骨架提出页岩总孔隙度测井评价方法与不同实验方法测量结果的校正方法。

对于传统砂岩储层来说，孔隙度测量技术是成熟的，不同商业实验室测量结果一致性较好，测量精度值得信赖。但对于页岩气储层，由不同实验室或不同方法对同一样品测得的孔隙度结果差异大，岩心测量结果与测井评价结果也不吻合。

威荣地区页岩气岩心物性实验主要由 3 家单位承担，由于不同实验方法和操作人员在样品预处理、测量参数方面的差异，导致同一样品测量差异大，可达 1 ~ 3 倍。图 6 - 10 所示为威荣地区同一样品不同测量参数对测量结果的影响。

这种孔隙度差异给储层评价和资源评价带来了不确定性。对比研究发现，造成差异的根本原因是对束缚水占据的空间处理方法不一致。地下岩石都含有束缚水，尤其是细粒岩石，孔隙中大部分被束缚水占据。实验室测定时常常对岩石进行干燥烘干处理，以去除岩石中的水分。目前有两种干燥烘干处理方式：①完全干燥方式；②模拟地层束缚水条件，采用湿度控制/干燥技术，使黏土或其他矿物表面保留一定量的束缚水，使得测量结果能

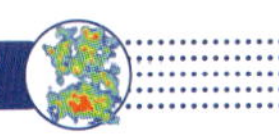

够反映地下地层束缚水条件的结果。实验室中不同的束缚水处理方式，得出的孔隙度测量结果存在差异。

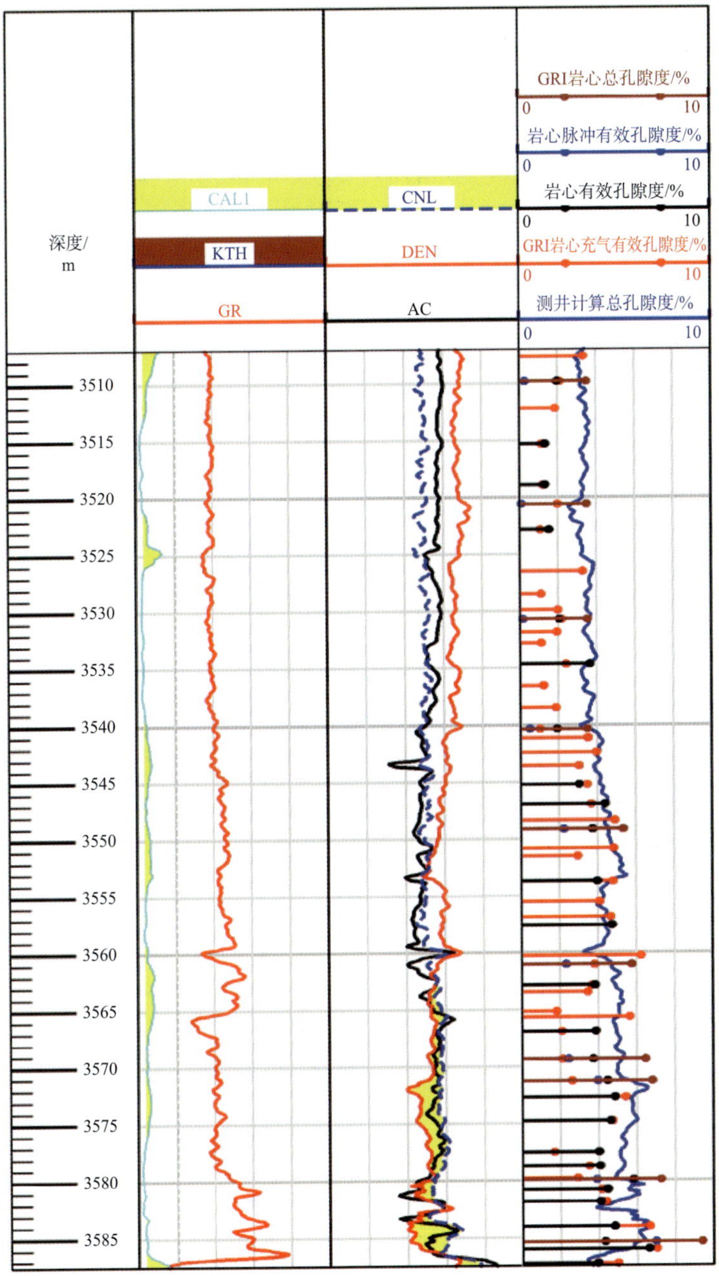

图 6－10　不同实验方法对页岩岩心孔隙度测量结果的影响

（说明：3 家实验单位按照页岩气孔隙度测量规范，分别采用 GRI 方法、核磁方法、脉冲方法等对页岩孔隙度进行测量）

海相页岩气具有相对稳定的沉积环境，干黏土（不含束缚水）具有稳定的骨架值，借助干黏土骨架，利用测井资料可以确定页岩总孔隙度［相当于完全干燥状态下的孔隙度

(Φ_t)]，根据黏土含量可以求得黏土中束缚水的总量（V_{cldr}），总孔隙度具有明确的物理意义，而且可以准确测量。在确定总孔隙度的基础上，利用不同实验方法对束缚水进行处理差异，可求得差异系数 α，实现对不同实验方法测定的孔隙度结果进行校正（图 6－11），从而达到区域范围内统一平台（一种方法、一家单位）上对页岩气储层品质和资源的有效评价。

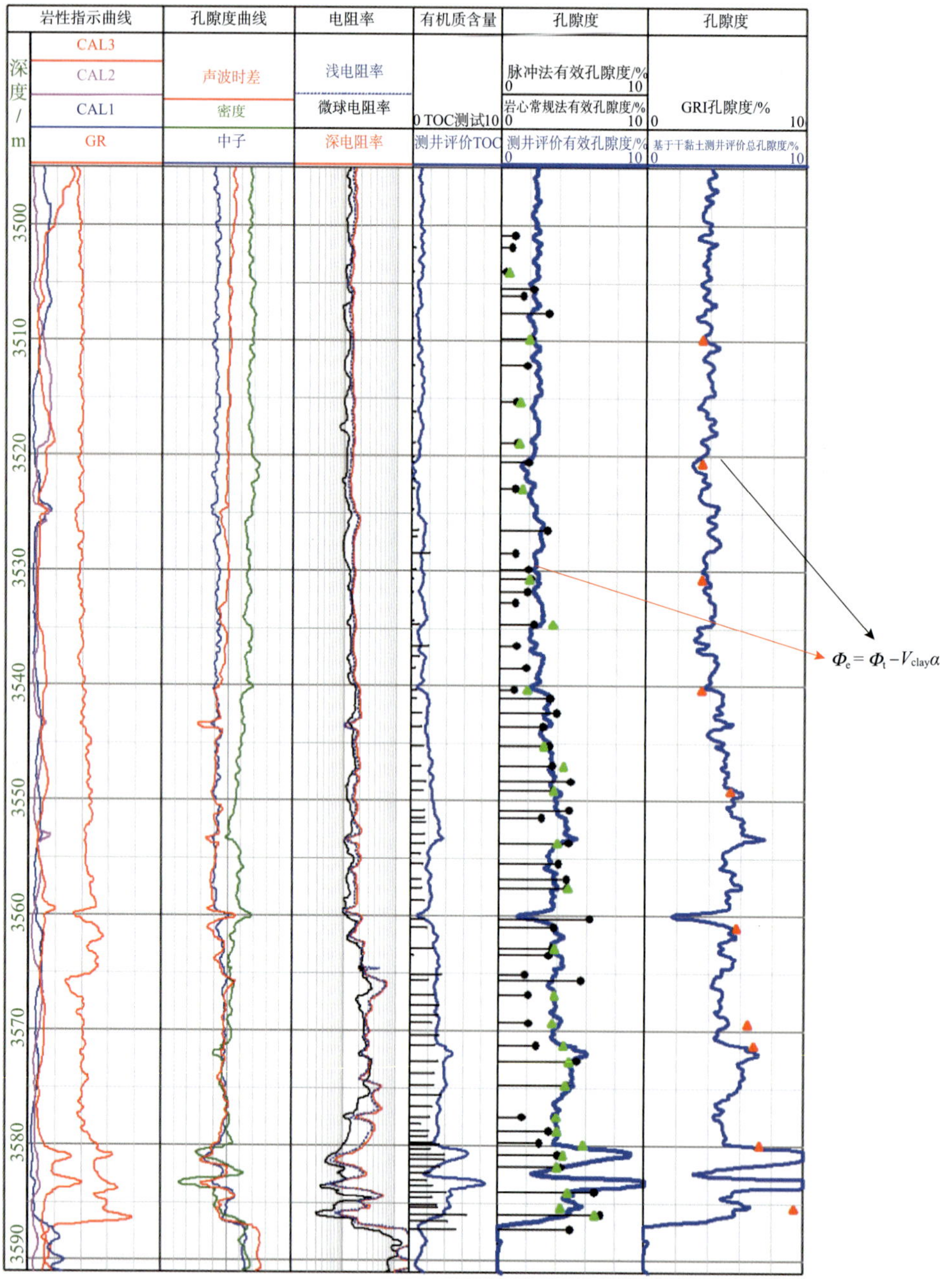

图 6－11　基于干黏土骨架孔隙度的评价和校正（Φ_e：部分干燥下的孔隙度）

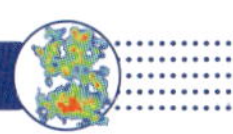

基于干黏土、有机质、非黏土颗粒骨架和孔隙流体体积模型，利用密度测井、中子测井及声波测井等测井响应方程，确定总孔隙度。方程组如下：

$$\begin{cases}\rho_b=\rho_{gr}V_{gr}+\rho_{cldry}V_{cldry}+\rho_{org}V_{org}+\Phi_t S_{wb}\rho_w+\Phi_t(1-S_{wb})\rho_f\\ CNL=CN_{gr}V_{gr}+CN_{cldry}V_{cldry}+CN_{org}V_{org}+\Phi_t S_{wb}CN_w+\Phi_t(1-S_{wb})CN_f\\ \Delta t=\Delta t_{gr}V_{gr}+\Delta t_{cldry}V_{cldry}+\Delta t_{org}V_{org}+\Phi_t S_{wb}\Delta t_w+\Phi_t(1-S_{wb})\Delta t_f\\ V_{gr}+V_{cldry}+V_{org}+\Phi_t=1\end{cases}\tag{6-1}$$

式中，ρ_b 为测井密度，g/cm^3；CNL 为测井中子孔隙度；Δt 为测井声波时差，μs/m；ρ_{gr}、ρ_{cldr}、ρ_{org}、ρ_w、ρ_f 分别为非黏土颗粒、干黏土、有机质、束缚水、孔隙流体骨架密度，g/cm^3；CN_{gr}、CN_{cldr}、CN_{org}、CN_w、CN_f 分别为非黏土颗粒、干黏土、有机质、束缚水、孔隙流体骨架中子孔隙度；Δt_{gr}、Δt_{cldr}、Δt_{org}、Δt_w、Δt_f 分别为非黏土颗粒、干黏土、有机质、束缚水、孔隙流体骨架声波时差，μs/m；V_{gr}、V_{cldr}、V_{org} 分别为非黏土颗粒、干黏土、有机质体积分量；Φ_t 为总孔隙度,%。

首先，利用自然伽马能谱测井或者其他测井方法确定有机质体积含量，并确定各个骨架值，再对式（6-1）求优化解，进而确定总孔隙度及各矿物组分等参数，然后基于总孔隙度对不同实验室测量结果进行校正。

在威荣地区利用该方法确定页岩孔隙度，并且对不同实验方法孔隙度进行校正，可以消除不同实验方法带来的误差，在区域范围内确定页岩气储层物性参数变化规律，同时，为页岩气资源评价提供可靠基础数据。

二、页岩“四孔隙度”评价方法

通过电镜扫描、核磁共振、X 衍射等专项实验，建立页岩四孔隙评价模型，实现利用测井资料的有机孔、黏土孔、脆性矿物孔和微裂缝的定量评价，从而提高川南威荣地区页岩气储层评价精度和深度。

页岩气储层储集空间类型多，从成因来说，页岩孔隙类型可以分为有机孔隙和无机孔隙。有机孔隙发育于成熟-高成熟有机质中，是有机质热演化生烃膨胀作用的结果。无机孔隙包括黏土孔隙、粉砂质等碎屑粒间及粒内孔隙、微裂缝孔隙。各微观孔隙组分形状和空间尺度不相同。依据微观孔隙组分测井响应差异，建立四孔隙模型：将总孔隙分为有机孔隙、黏土孔隙、碎屑孔隙和微裂缝，骨架分为有机骨架和无机骨架（图 6-12）。图 6-12（a）所示页岩储层扫描电镜（SEM）测试结果，显示了有机孔隙和各种无机孔隙及空间尺度的分布。有机孔隙呈圆形、椭圆形及不规则管形，空间尺度以纳米级别为主；黏土孔隙呈片状、不规则状，空间尺度为纳米-微米级；碎屑孔隙（粒间、粒内）形状不规则，以纳米-微米级为主；微裂缝尺度较大，为微米-毫米级。

通过上述分析可知，页岩气储层总孔隙度（Φ_t）与四孔隙组分定量关系如下：

$$\Phi_t = \Phi_{org} + \Phi_{sd} + \Phi_{clay} + \Phi_{fissure} \tag{6-2}$$

式中，Φ_{org}、Φ_{sd}、Φ_{clay}、$\Phi_{fissure}$分别为有机质孔隙度、脆性矿物孔隙度、黏土孔隙度和微裂缝孔隙度。

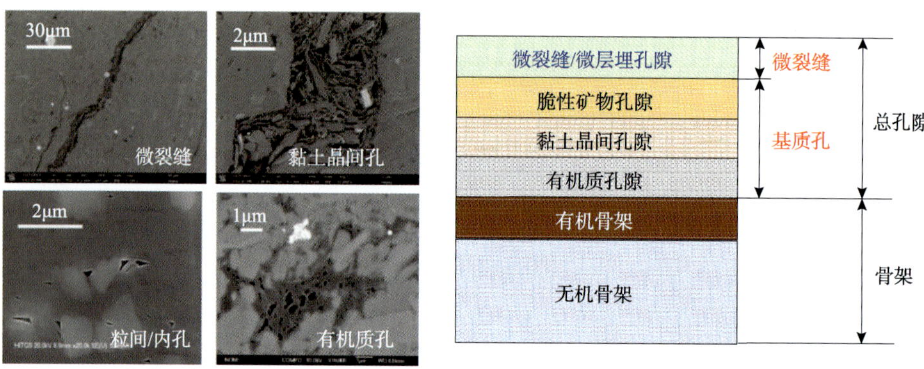

(a)扫描电镜孔隙类型分析　　(b)四孔隙体积模型

图6－12　页岩气储层四孔隙模型

从数量上来说，微裂缝孔隙度在总孔隙中所占比例很小，可以忽略，也可以通过井壁成像测井或电测井定量计算得到。因而上式可以改写成：

$$\Phi_t = \Phi_{org} + \Phi_{sd} + \Phi_{clay} \tag{6-3}$$

基于地质约束最优化方法，可以利用上式确定有机孔隙度、黏土孔隙度和脆性矿物孔隙度。具体步骤如下：

（1）利用测井资料确定地层组分体积含量。

利用常规测井资料和自然那伽马能谱测井资料确定地层孔隙度（Φ_t）、有机质体积含量（V_{org}）、黏土体积含量（V_{clay}）和脆性矿物体积含量（V_{sd}）。

（2）建立关于地层总孔隙度的超定方程组。

设单位体积页岩，孔隙分为有机孔隙（Φ_{org}）、黏土孔隙（Φ_{clay}）和脆性矿物孔隙（Φ_{sd}），总孔隙度如下：

$$\Phi_t = \Phi_{Torg} V_{org} + \Phi_{Tsd} V_{sd} + \Phi_{Tclay} V_{clay} \tag{6-4}$$

式中，Φ_{Torg}、Φ_{Tclay}、Φ_{Tsd}分别为纯有机质孔隙度、纯黏土孔隙度和脆性矿物孔隙度。

写成如下形式：

$$\Phi_t = AV_{org} + BV_{sd} + CV_{clay} \tag{6-5}$$

将岩心测试或者测井资料确定的总孔隙度（Φ_t）、有机质含量（V_{org}）、黏土含量（V_{clay}）和脆性矿物含量（V_{sd}）代入式（6－6），可以建立关于A、B、C的超定方程组。

$$\begin{cases} \Phi_{t1} = AV_{org1} + BV_{sd1} + CV_{clay1} \\ \Phi_{t2} = AV_{org2} + BV_{sd2} + CV_{clay2} \\ \Phi_{tn} = AV_{orgn} + BV_{sdn} + CV_{clayn} \end{cases} \tag{6-6}$$

式（6－6）中，n为资料点个数，也是方程个数，远远大于求解未知数的个数（3个）。

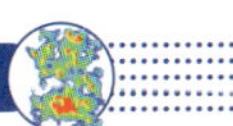

因此，式（6－6）为超定方程组，求 A 的最优解，便可以确定有机孔隙度。

（3）基于约束优化原理建立有机孔隙度模型。

对方程组求 A、B、C 的最优解，并满足如下 3 个约束条件：

$$\begin{cases}0\leqslant A\leqslant 1\\0\leqslant B\leqslant 1\\0\leqslant C\leqslant 1\end{cases}\tag{6-7}$$

最终可以得到有机孔隙度：

$$\Phi_{org}=AV_{org}\tag{6-8}$$

式中，Φ_{org} 为有机孔隙度；V_{org} 为有机质含量。

同理，可以确定黏土孔隙度和脆性矿物孔隙度。对于威荣地区，A、B、C 取值分别是 0.20、0.002 和 0.06。

第五节　页岩气储层含气量评价

一、页岩气储层游离气饱和度评价模型

五峰组－龙马溪组页岩孔隙中的天然气是自生自储的天然气，主要为吸附气和游离气两种相态。由于颗粒较细，孔隙中不含可动水，只含束缚水。因此，在地层条件下，页岩总孔隙体积中分别被束缚水、吸附气和游离气占据，总孔隙度为束缚水、吸附气和游离气孔隙度之和（图 6－13）。在确定总孔隙度（Φ_t）、束缚水孔隙度（Φ_{wb}）和吸附气孔隙度（Φ_{ad}）之后，便可以确定地层条件下游离气孔隙度（Φ_{fr}）和饱和度（S_{free}），进一步换算出地面条件下的游离气含量（G_{free}）。

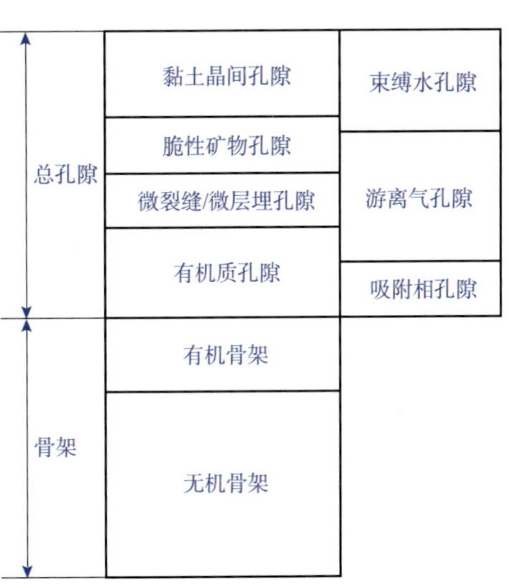

图 6－13　页岩束缚水、游离气、吸附气及总孔隙度模型

$$\begin{cases}S_{free}=\dfrac{\Phi_{fr}}{\Phi_t}\\\Phi_{fr}=\Phi_t-\Phi_{wb}-\Phi_{ad}\end{cases}\tag{6-9}$$

式中，S_{free} 为游离气饱和度，Φ_t、Φ_{fr}、Φ_{ad}、Φ_{wb} 分别为页岩总孔隙度、游离气孔隙度、吸附气孔隙度、束缚水孔隙度。

$$G_{free}=\frac{1}{B_g}\Phi_t S_{free}/\rho_b \tag{6-10}$$

式中，ρ_b为地层密度；B_g为天然气体积系数。

虽然吸附气和游离气在地表都表现为性质相同的天然气，但在地下地层条件下表现为不同相态，具有不同密度，吸附相密度大于游离相密度。吸附气赋存在纳米级微细孔隙中和较大孔隙壁表面，遵循朗格缪尔方程，而游离气存在于较大孔隙中央，遵循气体状态方程。

二、束缚水孔隙度及饱和度计算

对五峰组－龙马溪组页岩气研究表明，束缚水含量与黏土矿物含量密切相关。微细黏土孔隙及孔隙表面显现强亲水性特征，优先吸附、储集水分子，黏土矿物之间的微细孔隙，是束缚水的主要赋存空间。而有机孔隙是页岩中有机质成熟、演化和脱水作用的产物，其孔隙表面吸附烃类，表面润湿性为亲油性特征。有机孔隙是烃类的主要储集空间。图6－14、图6－15所示为一口井页岩岩心测量所得束缚水孔隙度与黏土含量、有机质含量（TOC）的关系。束缚水孔隙度与黏土含量呈现强正相关关系，相关系数达0.90；而束缚水孔隙度与有机质之间呈强负相关关系，相关系数达0.82。

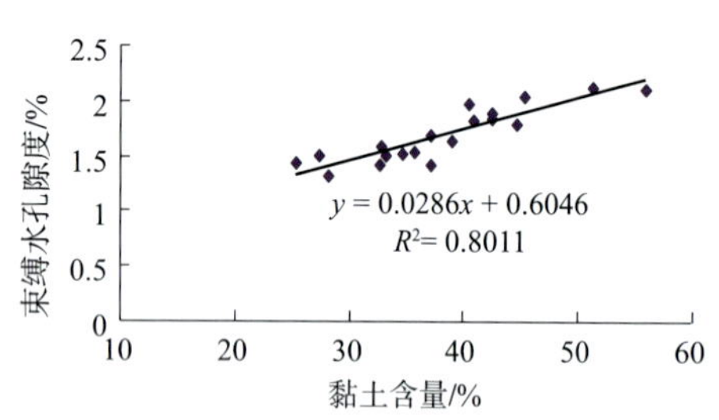

图6－14　页岩气储层束缚水孔隙度与黏土含量关系

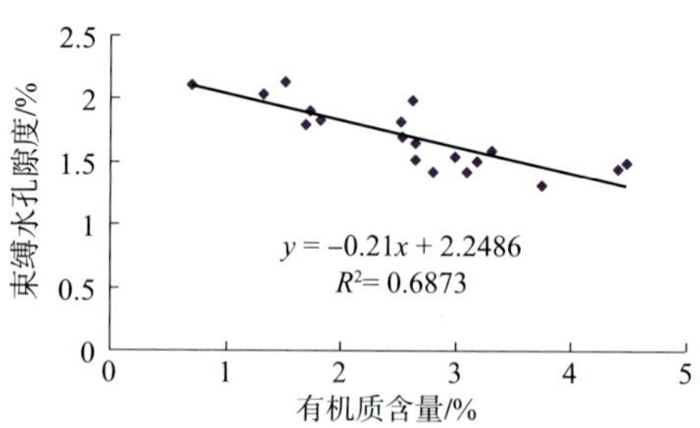

图6－15　页岩气储层束缚水孔隙度与有机质含量关系

在区域范围内，可以利用多井岩心实测数据，基于地质统计方法建立束缚水孔隙度与黏土含量之间的经验公式，结合测井资料计算束缚水孔隙度。

依据威荣地区3口井岩心含水饱和度分析结果，建立束缚水饱和度评价模型如下：

$$\begin{cases} S_{wb}=1.852V_{clay}-30.973 \\ \Phi_{wb}=\Phi_t\cdot S_{wb}/100 \end{cases} \tag{6-11}$$

式中，Φ_{wb}为束缚水孔隙度；S_{wb}为束缚水饱和度；V_{clay}为黏土矿物含量。

利用测井资料确定黏土矿物含量，然后利用式（6－11）确定束缚水饱和度和孔隙度，图6－16所示测井计算结果与岩心分析结果吻合。

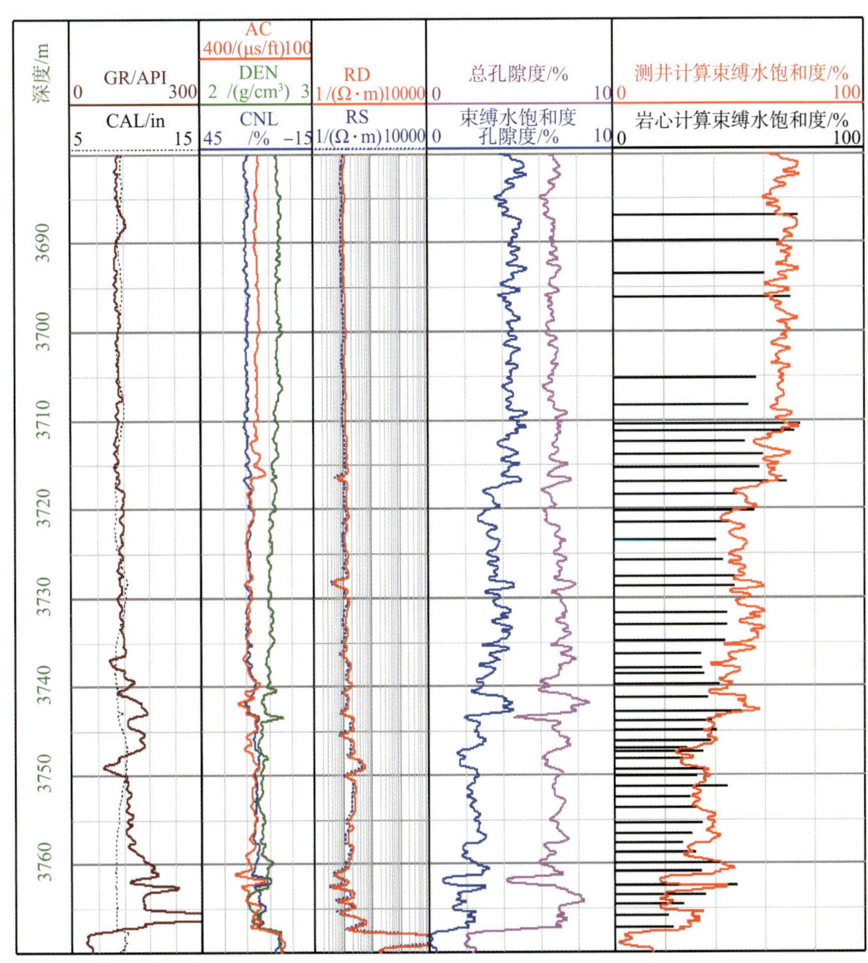

图 6-16 测井计算页岩束缚水孔隙度及饱和度

三、地下吸附气孔隙度及吸附气量计算

已知地表标准条件下吸附甲烷气含量（G_{ad}，m^3/t）、地层条件下吸附气密度（DEN_{ad}），根据质量守恒原理，吸附气孔隙度（Φ_{ad}）计算公式如下：

$$\Phi_{ad}=\frac{G_{ad}\cdot DEN_{st}}{DEN_{ad}}\cdot\rho_b \tag{6-12}$$

式中，DEN_{st}为地表标准条件下天然气密度，甲烷气取 $6.667\times10^{-4}g/cm^3$；ρ_b为地层密度，g/cm^3。

依据等温吸附实验确定的朗格缪尔方程评价页岩吸附气含量，一般包括两个步骤：①模拟地层条件（温度、压力），针对不同有机质含量的干燥样品进行等温吸附实验，建立干燥条件下页岩吸附气含量评价模型，确定朗格缪尔方程关键系数；②由于实际地层中存在束缚水，降低了页岩对天然气的吸附能力，利用平衡水样品等温吸附实验，建立吸附气量校正公式。

目前，对于吸附气密度的确定尚无直接测量方法，主要采用高压等温吸附实验和三元朗格缪尔模型反演技术确定。

对五峰组－龙马溪组页岩样品，模拟地层条件，进行等温吸附实验，确定朗格缪尔方程系数，评价吸附气含量，进而确定地下吸附气孔隙度。图6－17所示模拟地层温压条件干燥样品等温吸附实验结果，揭示了不同有机质含量下的页岩吸附气随温度、压力的变化规律。在特定地层温度和压力下（110℃，70MPa），吸附气含量与总有机碳含量（TOC）呈现良好相关关系（图6－18）。

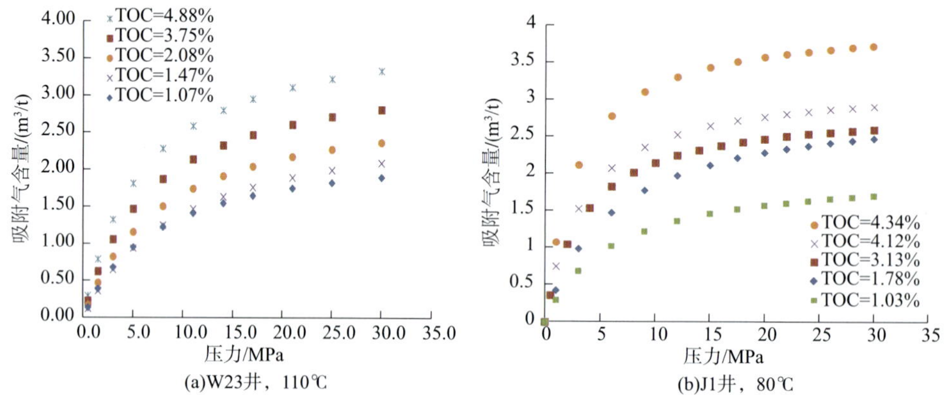

图6－17　五峰组－龙马溪组不同有机质页岩等温吸附实验结果

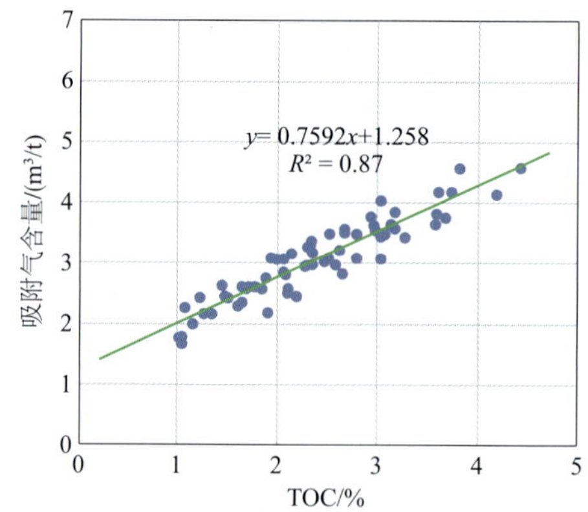

图6－18　110℃，70MPa条件下吸附气含量与TOC关系
（来自威荣地区3口井干燥样品）

通过对比平衡水与干燥岩样吸附实验结果，对干燥岩样吸附气含量进行校正，最终建立含束缚水地层条件下吸附气含量评价模型。模型如下：

$$\begin{cases} G_{adry} = 0.7592\ TOC + 1.258 \\ G_{ad} = 1.0263\ G_{adry} - 1.2842 \end{cases} \tag{6-13}$$

式中，G_{adry}、G_{ad}分别为干燥和束缚水条件下的吸附气含量，m^3/t；TOC为总有机碳含量，%。

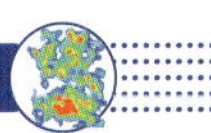

地下吸附气密度与游离气密度不同。通过对24块样品吸附气密度进行测定分析可知，大多数样品吸附气密度分布在0.4~1.2g/cm³之间，平均为0.7g/cm³（图6-19）。少量样品密度达到2.0g/cm³以上，此类异常可能是实验误差造成的。

基于上述模型，可利用测井资料评价五峰组-龙马溪组页岩吸附气含量及地下吸附气孔隙度（图6-20）。测井计算所得吸附气含量与岩心测试所得吸附气含量高度吻合，地下吸附气孔隙度在1%以下，占总孔隙度的10%左右。

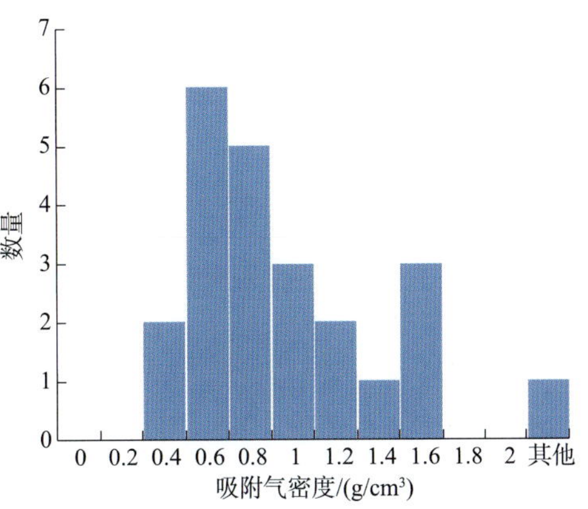

图6-19　地下吸附气密度分布（24个样品）

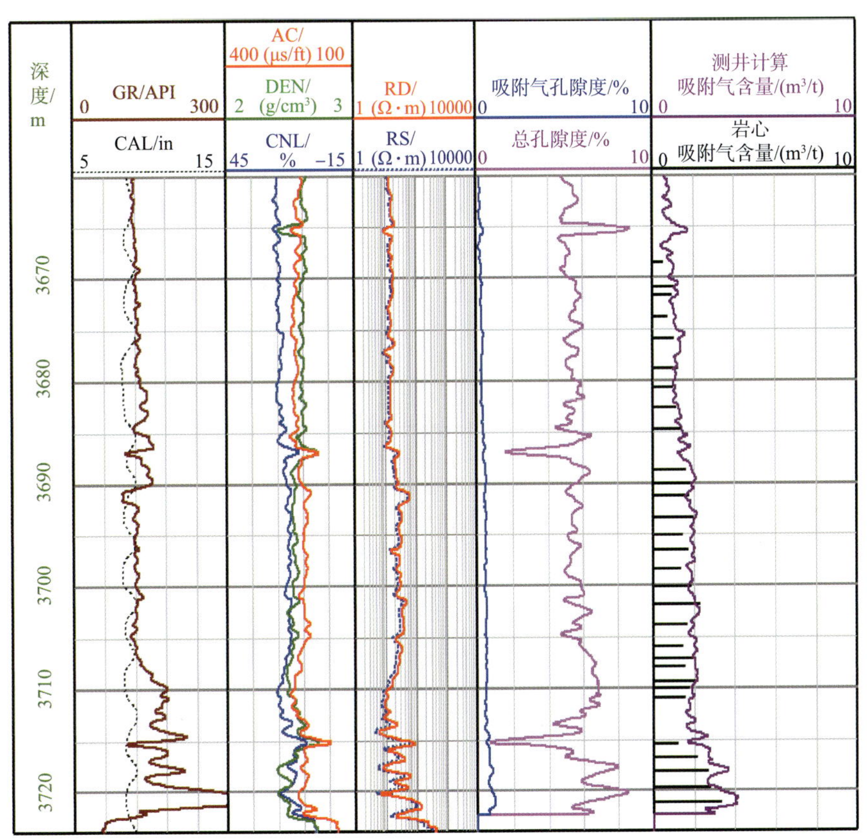

图6-20　测井计算吸附气含量与岩心吸附气含量对比

四、游离气饱和度、游离气含量及总含气量计算

在测井计算总孔隙度、束缚水孔隙度和吸附气孔隙度之后，便可以计算游离气饱和度及游离气含量。游离气含量与吸附气含量之和为总含气量。图6-21所示测井定量评价含

气性结果，包括游离气含量、吸附气含量及总含气量，与现场解析总含气量（未散失校正）进行对比，两者趋势一致。计算结果表明，在好储层段，游离气含量占总含气量的75%以上。

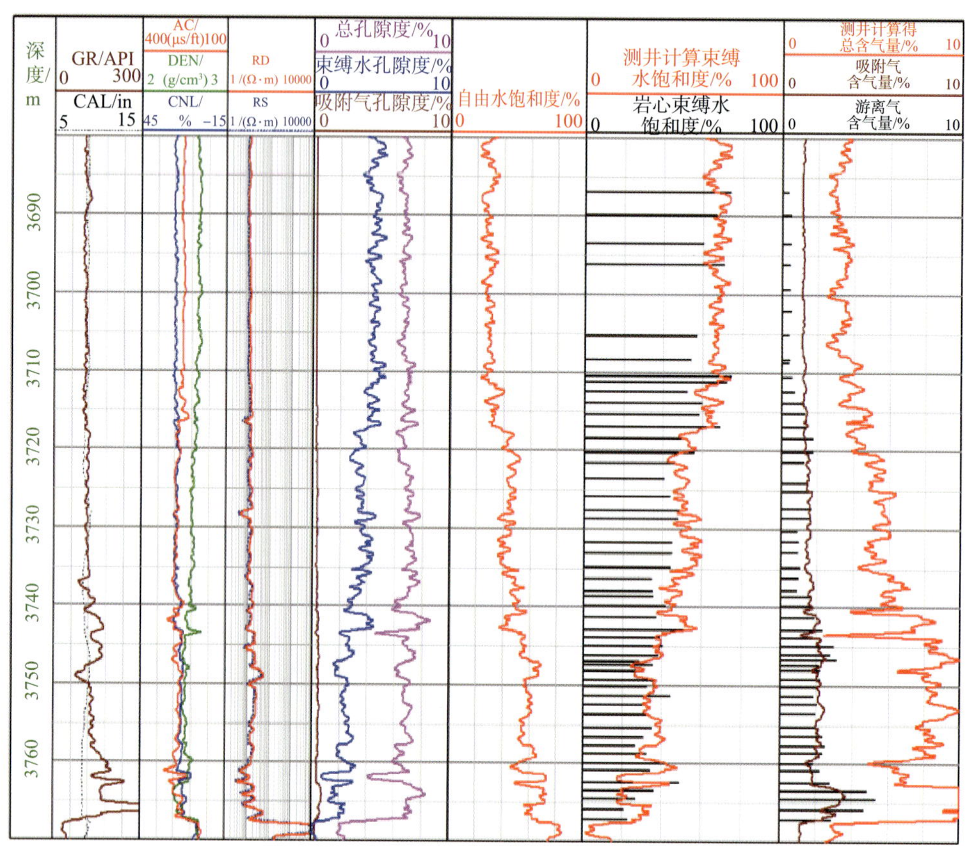

图6－21　测井计算页岩游离气、吸附气及总含气量

第六节　测井储层分类标准及评价

一、页岩气储层的下限标准

页岩气储层的下限采用《页岩气资源/储量计算与评价技术规范》（DZ/T0254—2016）中有效页岩气层的下限标准，包括：含气量下限标准、总有机碳含量下限标准、镜质体反射率下限标准、页岩中的脆性矿物含量下限标准，即：当页岩气层有效厚度大于50m时，含气量下限标准为$1m^3/t$；总有机碳含量（TOC）下限标准为TOC≥1%；镜质体反射率（R_o）下限标准为R_o≥0.7%；页岩中脆性矿物含量的下限标准为脆性矿物含量≥30%。

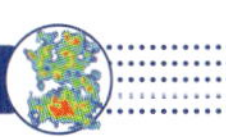

二、测井储层分类标准

在满足有效页岩气层下限标准的基础上，以总有机碳含量（TOC）、含气量、孔隙度、脆性矿物含量作为测井储层分类评价的主要依据，各参数标准与中国石化页岩气综合评价标准一致。

三、测井评价结果

威荣地区Ⅰ类储层发育在龙马溪组底部 2～3^1小层（图 6－22），厚度为 3.7～7.7m，Ⅱ类储层厚度为 23.2～32.5m，发育在五峰组和龙马溪组 3^2～4 小层。各井间储层性质稳定，总有机碳含量、孔隙度、含气饱和度、脆性矿物含量、含气量参数变化较小，西部威页 29－1 井、威页 23－1 井Ⅰ类储层厚度优于东部 3 口井，与测试结论吻合（图 6－23）。

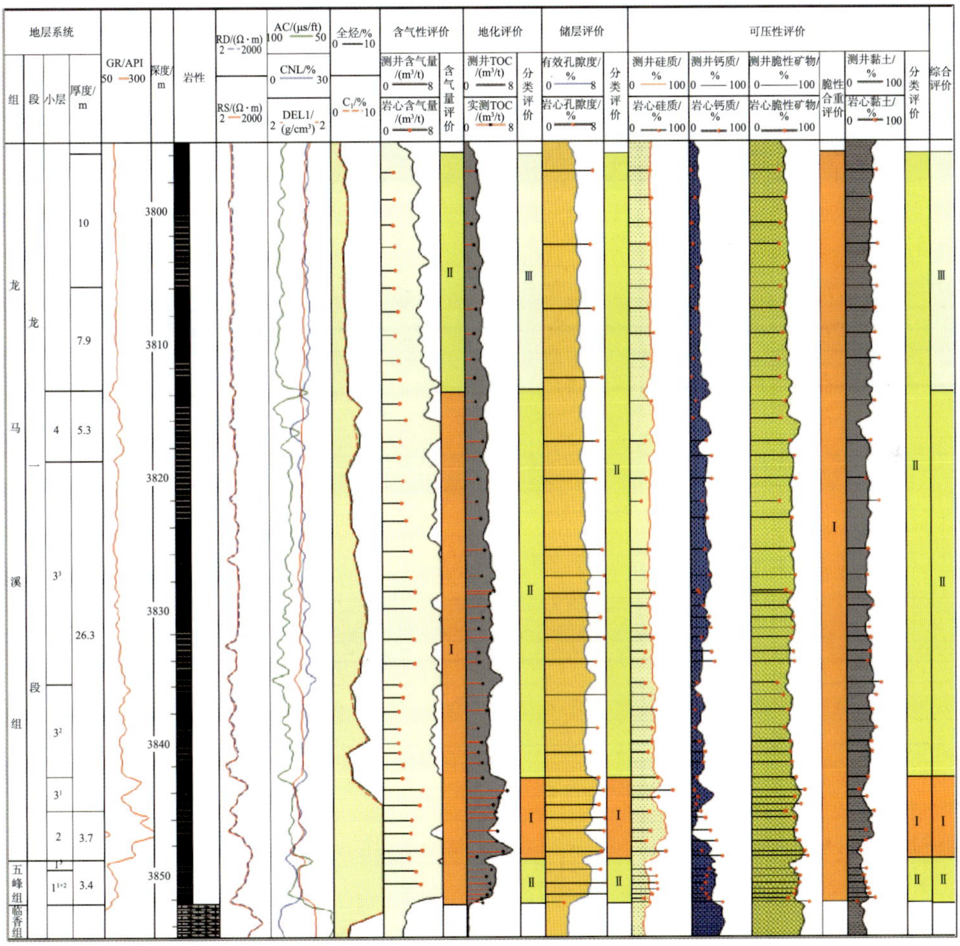

图 6－22 威页 23－1 井测井综合评价图

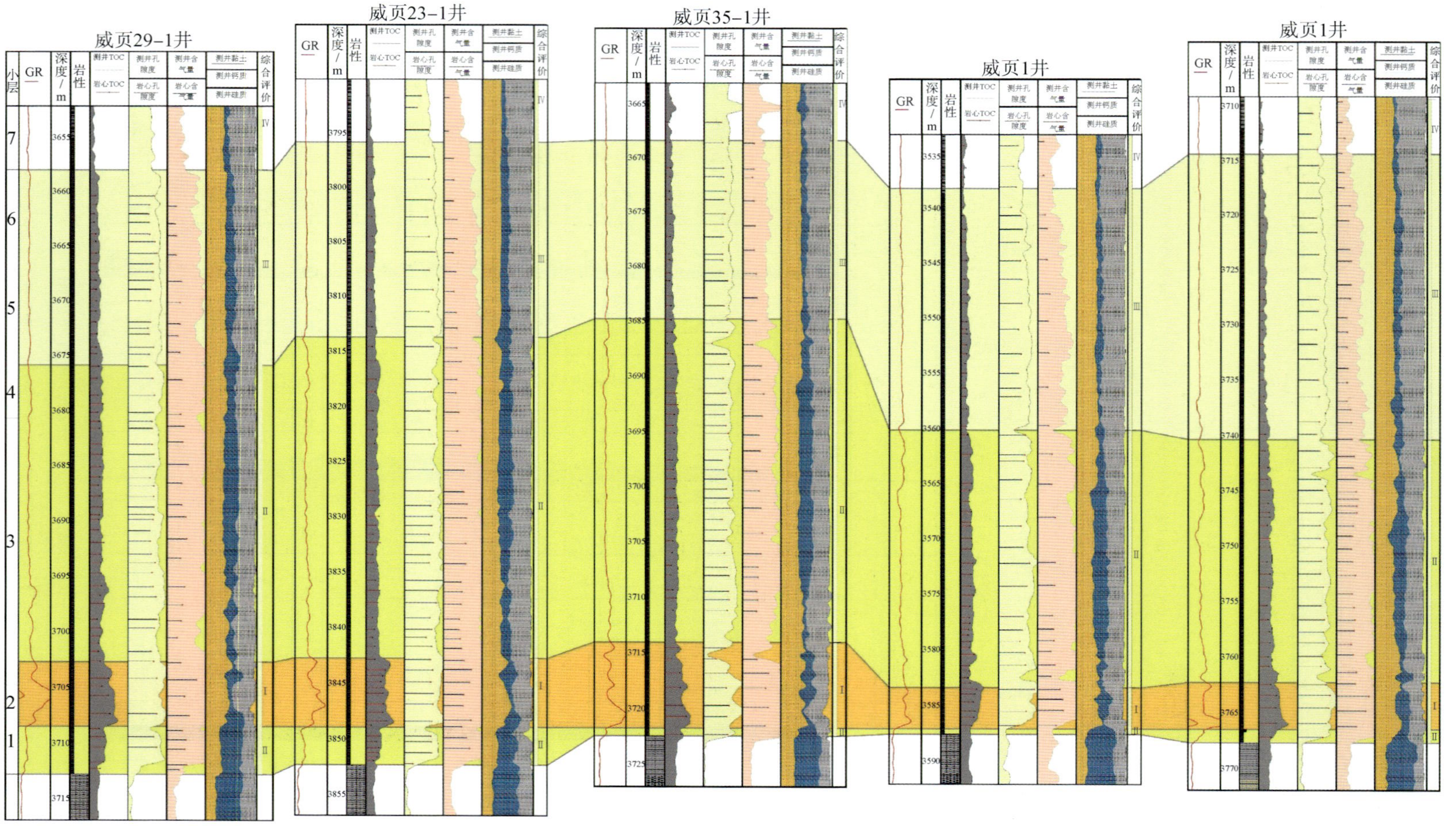

图6－23 威远地区五峰组－龙马溪组一段综合评价连井对比图

第七章　深层页岩气地震预测关键技术

第一节　深层页岩气地震预测技术思路

尽管我国深层页岩气勘探开发潜力十分巨大，但存在不同地区、不同构造单元、不同层系、不同类型的页岩气富集规律不清，岩性构型复杂，构造形态及断层成像精度不够，页岩沉积微相刻画不清等问题，同时还存在物探、地质、工程一体化技术不完整，钻井随钻跟踪、压裂分段优化、压后效果评估难度较大等一系列问题和挑战，客观上要求针对页岩气地震勘探的精度更高，解决地质评价和支撑工程技术实施的能力更强。为此，需要进一步解决好复杂构造成像，页岩气“甜点”预测等问题。

一、高精度地震预测存在的问题

就川南地区深层页岩气勘探开发而言，要实现高精度地震预测，尚存在一系列问题。

1. 深层页岩气高精度预测基础资料条件不足

受川南深层页岩气地震地质条件制约，原始地震资料信噪比、分辨率不够高，资料的一致性、静校正、各向异性等问题突出，增加了高保真处理、高精度成像和高精度页岩气储层“甜点”预测的难度。

1）保护和突出页岩气储层地震响应特征难度大

受近地表地震地质条件影响，原始资料信噪比较低，面波、折射波、高频干扰等尤其发育，对反褶积、叠加成像影响较大。不同位置单炮信噪比、能量等存在差异，五峰组－龙马溪组页岩层间反射信号微弱，部分有效信号淹没于噪声中。保幅、保频、保 AVO 特征、保方位各向异性处理是难点也是重点。

2）深层页岩气储层地震分辨率提高难度大

海相龙马溪组页岩储层埋深相对较深（3500m 以深），地震波高频衰减快，地震资料频带较窄、主频偏低，而页岩气储层厚度较薄（几米至十几米），需要在确保目的层信噪比的前提下，尽可能拓宽频带提高分辨率。

3）局部静校正问题难以有效解决

部分地区地表岩性复杂，表层横向速度变化剧烈，加之灰岩及煤矿采空区的影响，表层低降速带结构模型很难反演准确，静校正问题突出。

4）地震资料一致性较差

部分地区横向跨度较大，由于地形及地层地震地质条件等因素影响，导致能量、频率横向变化，处理中做好一致性处理，消除能量频率、能量的不一致性，突出页岩气储层的地震响应特征，是必须解决好的问题。

5）方位各向异性处理难度大

川南页岩气勘探的观测系统纵横比超过0.8，属于宽方位地震采集。页岩裂缝参数求取需要保持方位各向异性处理，而储层综合预测研究需要消除方位各向异性处理。要同时做好方位各向异性和方位各向同性处理面临较大的挑战。

6）复杂区域精确成像难度大

部分页岩气勘探开发有利区处于典型的地震勘探“双复杂”区。受近地表条件的影响，原始记录信噪比极低，记录波场极其复杂。如何做好双复杂地震资料的精细处理（包括去噪、静校正、一致性处理）及“双复杂”地震资料的速度建模和成像处理，这面临极大的挑战。

2. 深层页岩气高精度构造解释与“甜点”预测难度大

1）微幅构造和小断层解释精度不高

受沉积环境、构造活动等多种因素影响，川南地区微幅构造和小断层发育。加之局部地区地表及地下地质条件的变化，还时常出现解释的地层产状和实钻不符的情况，虚假微幅构造及微小断层对钻井轨道设计和跟踪带来困难，难以满足预测可靠性的要求。

2）页岩气“甜点”预测难度大

“甜点”预测精度，对页岩气选层选区及钻井实施、压裂设计等具有重要影响。地质、工程“双甜点”的有效预测是选好区、定好层、打好井、打成井、压裂改造好、获得高产的关键。针对地质“甜点”，埋藏深度预测精度达到1/1000，倾角和走向、TOC、孔隙度、含气量、优质页岩气储层厚度是地质品质评价重点；针对工程“甜点”，岩层力学脆性、孔隙压力、构造应力及裂缝发育程度是工程品质评价的重点。然而，目前的TOC、含气量、地应力方向及三轴应力大小、应力类型、DHSR（最大最小水平主应力差异系数）、微裂缝、低角度裂缝的预测仍然属于世界性难题，精确的地质工程“双甜点”预测面临极大挑战。

3）优质页岩地震响应特征及敏感参数不明确

川南地区页岩气埋藏较深，整体超过3500m，地层对地震波传播的能量吸收强、频率衰减快、频带窄、分辨率不高，加上页岩层段间缺乏明显的波阻抗界面，不同级别的页岩气储层地震响应特征不明显。同时，深层页岩岩石物理参数测定偏少，测井分析不足，页岩储层物性、脆性、TOC及含气量与岩石物理参数的关系研究尚未深入，反映出不同级别的页岩气储层的敏感参数研究不够充分。

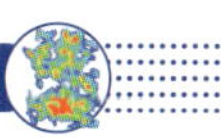

4）地质“甜点”参数定量预测方法少、精度较低

由于我国页岩气研究起步晚，勘探开发程度低，无成功的借鉴案例，早期针对页岩TOC、孔隙度、含气量、脆性、裂缝等“甜点”参数的预测往往为定性预测，达不到高精度定量预测的要求。

5）工程“甜点”预测技术尚不成熟，难以满足工程实施需求

由于页岩气是人工气藏，需要通过压裂改造才能获得商业产出，所以页岩气工程“甜点”预测非常关键。页岩地层的力学性质、脆性、轴向应力差异等参数对水平井方位、长度、压裂段数、段距等钻井和压裂改造设计极为重要，参数选择的合理性直接决定了页岩气井的有效改造体积和产能。然而，至今针对深层页岩气的应力场反演、高精度脆性预测、层理缝识别、微裂缝检测等工程“甜点”预测技术尚未形成，难以完全满足工程设计和现场支撑需求。

6）地震、地质、工程一体化研究薄弱，现场支撑保障能力明显不足

深层页岩水平井钻井时，对地震深度预测精度要求极高，需要在随钻过程中实时开展高精度深度偏移、精细解释、储层反演等，有效解决钻井轨迹设计、跟踪、调整面临的技术难题。同时，压裂改造也需要地震、地质工程一体化页岩气储层建模及压裂数值模拟、微地震监测、电磁法压裂监测等技术为现场施工参数优化和压后评估提供支撑。然而，由于管理、认识、技术等多种原因一直相对薄弱，因而不利于页岩气的高质量勘探与效益开发。

二、深层页岩气地震预测技术思路

与北美地区相比较，川南地区深层页岩气资源埋藏深度更大，TOC、孔隙度和含气量偏低，构造形态变化更大，地表与地下环境更复杂，面临着更加复杂的地质与地球物理难题。因此，高精度的地质“甜点”预测是井位部署、层位选择的基础，精确的工程“甜点”预测是水平井轨迹设计优化、储层改造和产能评价的关键。

面对高精度地震预测存在的问题，首先，在地震资料上下功夫，建立满足页岩气储层“甜点”预测的地震资料采集技术，攻克地震资料高保真处理技术，提高地震资料品质，形成了以“三保三高”地震资料高保真处理技术为核心的川南深层页岩气地震处理技术；其次，加强地震响应特征及岩石物理敏感参数分析，通过岩石物理敏感参数总结岩石物理参数与页岩气评价关键参数之间的关系，为页岩储层地质“甜点”与工程“甜点”预测奠定基础；第三，采用有针对性的地震反演技术实现对页岩气储层“甜点”参数的预测，有效指导页岩气选区选层、靶点定位、轨迹跟踪、水平井轨迹辅助设计、压裂效果监测评估等工程作业，详细技术思路如图 7－1 所示。

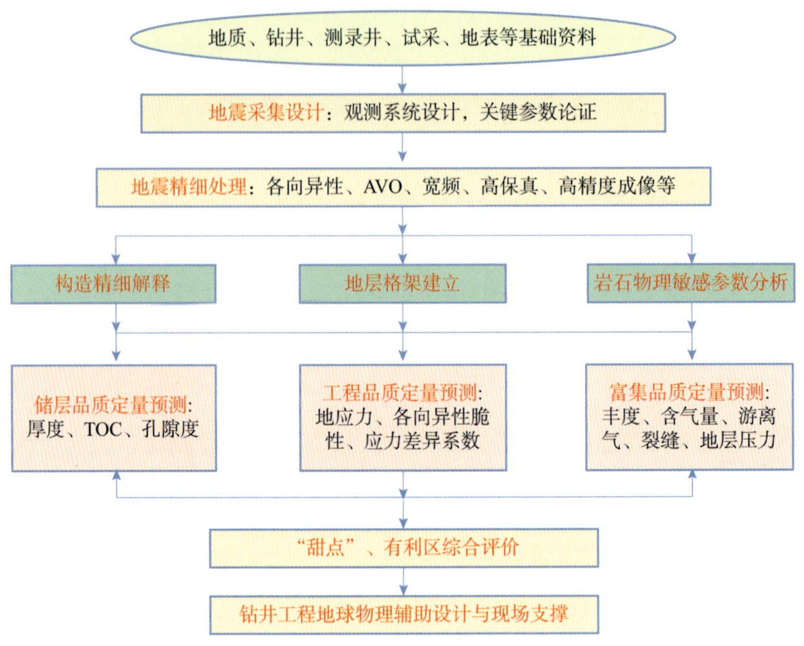

图 7－1　川南深层页岩气地震预测技术思路图

第二节　深层页岩气地震资料采集、处理解释关键技术

为了满足深层页岩气储层品质、工程品质、富集品质预测需求，在最优化的地震采集观测系统的基础上获得高品质的地震原始数据，突出页岩气地震响应特征，是开展各向同性和各向异性地震数据处理的基础，也是后期进行构造解释、地层追踪、储层反演和岩性、物性、TOC、脆性、裂缝、含气量等预测的资料保障。

一、“两宽一高”地震资料高精度采集设计技术

1. 深层页岩气采集设计思路

页岩气资料采集观测系统设计的关键，是最大程度发挥观测系统的优势，获得高品质且有利于解决地质问题的地震资料，针对深层页岩气构造解释、储层品质、工程品质、富集品质预测需要，结合地理条件、近地表和深层地震地质条件，提出了川南深层页岩气地震勘探资料采集设计思路及原则：

（1）以勘探目的层为目标，以储层地质模型为基础，采用射线追踪或波动方程正演方法进行采集参数论证和模拟采集，确定最佳采集参数和观测系统。

（2）宽方位或全方位采集，每个方位扇区的炮检距、覆盖次数分布均匀，满足方位各向异性研究，夯实裂缝预测基础。

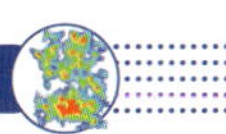

（3）应有足够大的最大炮检距且最大炮检距分布均匀，满足目的层精确成像及高精度叠前参数反演要求。

（4）高覆盖次数采集，满足目标层的成像需求，满足分方位后各方位有较高的覆盖次数。

（5）最小炮检距分布良好，满足近地表模型的反演要求，保证表层静校正精度。

（6）有较小的面元尺寸，满足高精度的叠前时间偏移处理，以及构造、断层和岩性变化边界的精细刻画的要求。

（7）结合地质任务及施工条件，考虑经济技术的合理性，满足低成本、高效率页岩气地震资料采集要求。

2. 深层页岩气地震资料采集关键参数

1）道间距

根据采样定理，空间采样间隔（道间距）最大不能超过有效信号最小波长的一半，即在连续波形的一个波长内，为防止出现空间假频，至少要保证有 2 个采样点，否则将产生空间假频。

2）面元尺寸

一般来说，面元大小应满足以下几个方面：

（1）满足具有较高横向分辨率的要求。

根据经验，对于一般的勘探而言，地震信号每个优势频率的波长内至少需要取 2 个采样点，而岩性勘探则需要精细刻画细节，因此，应适当提高地震信号采样点密度。为了获得良好的横向分辨率，每个优势频率的波长内至少应取 4 个采样点。

（2）满足最高无混叠频率的要求。

当地层存在倾角时，应保证同相轴波形进行准确识别的最高无混叠频率。根据采样定理，为防止空间假频的出现，在一个波长内至少要有 2 个采样，即面元边长的大小，必须保证在一个波长内有 2 个以上的道。

（3）满足分辨最小地质体目标尺度的要求。

沿着地质体的某一个方向，在该地质体上应有一定的地震道数，才能在横向上较好地分辨，即面元边长需满足：$b=D/n$（D 为最小地质体目标尺度；b 为面元边长；n 为某一个方向地质体上的地震道数）。由于该区资料信噪比较高，构造相对简单，n 可取为 4 或 5。

如果要分辨最小地质体宽度为 200m，n 取 4 时，面元边长应小于 50m；n 取 5 时，面元边长应小于 40m。

3）最大炮检距

最大炮检距的选择要考虑的因素包括：大入射角入射时对反射系数稳定性的影响，动校拉伸畸变对信号频率的影响，速度分析精度要求，以及实际资料分析验证，等等。

（1）目的层埋深对最大炮检距的要求。

为防止大入射角入射时反射系数不稳定的影响，一般情况下，最大炮检距（X_{max}）需近似等于最深勘探目的层埋深。

（2）动校拉伸对最大炮检距的要求。

为避免排列长度过大而引起过大的动校拉伸畸变量，排列长度应控制在一定的范围内，满足动校拉伸与排列长度的关系：

$$D = \frac{X^2}{2V^2 T_0^2} \cdot 100\% \tag{7-1}$$

式中，D 为动校正拉伸百分比；X 为排列长度；T_0 为目的层双程反射时间；V 为均方根速度。

（3）速度分析精度对最大炮检距的要求。

若要保证期望的速度分析精度，要求炮检距有足够的长度，满足速度分析要求所需的炮检距应符合：

$$X = \sqrt{\frac{2T_0}{F_P\left[\frac{1}{V^2(1-P)^2} - \frac{1}{V^2}\right]}} \tag{7-2}$$

式中，P 为速度分析精度；X 为炮检距；V 为均方根速度；F_P 为有效反射波主频；T_0 为目的层双程反射时间。

（4）考虑反射系数稳定的要求。

由于地层的吸收衰减作用，地震波的反射振幅随着炮检距的增大而减小。当入射角接近或等于临界角时，会出现极不稳定的异常极值，即反射系数不稳定，其变化情况比较复杂。为了保证反射系数稳定，要求入射角小于临界角，从而对炮检距提出了要求：

$$X \leqslant 2\sum_{i=1}^{N} H_i tg\theta_{i0} \tag{7-3}$$

式中，H_i 为第 i 层地层厚度；θ_{i0} 为第 i 层的反射临界角；X 为炮检距。

4）偏移孔径

在设计时，应考虑勘探范围所包含的波场能够满足勘探主要目的层正确偏移归位的要求。偏移孔径的设计应考虑以下 3 个因素：大于第一菲涅尔带半径；绕射归位距离为 Ztan30°（Z 为目的层埋深）；大于倾斜层偏移的横向移动距离为 $Z\tan\Phi_{max}$（Z 为最深目的层埋深；Φ_{max} 为目的层最大倾角）。

5）接收线距

接收线距大小与区内地质结构有关。采用合适的接收线距，有利于获得精确的速度分析、AVO 分析及 DMO 分析。一般情况下，接收线距的选择应小于一个菲涅耳带半径。

6）覆盖次数

三维采集覆盖次数选择主要遵从以下原则：

（1）充分压制干扰，提高勘探主要目的层的有效反射能量，改善信噪比（$S/N \geqslant 6$）。

（2）满足 Inline 方向速度分析精度和 Crossline 方向静校正耦合精度要求。

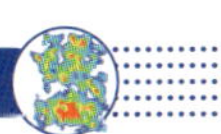

2. 深层页岩气地震资料采集观测系统设计

1）观测系统设计参数

通过采集参数论证，观测系统设计主要参数要满足以下要求：

（1）较小的道距、较小的面元尺寸。面元尺寸为20m×20m，能够满足主要目的层不出现空间假频。

（2）最大炮检距：考虑到非常规页岩气勘探最大入射角不能低于35°以满足AVO分析和叠前反演等研究的要求，最大炮检距应在保证最深目的层勘探效果的前提下尽量取大值，应选择6000m左右。

（3）适中的接收点距，较小的接收线距，较小的滚动距。

（4）大纵横比，宽方位或全方位，纵横波在0.8以上较为合适。

（5）检波点和炮点分布较为均匀。

（6）高覆盖次数，各向异性分析时分6个或者12个方位，必须保证每个方位有足够的覆盖次数，覆盖次数在80次以上较为合适。

（7）方位特性好，在各个方位上有较均匀的炮检距分布和覆盖次数。

（8）仪器占用相对较少，采集成本较低。

（9）排列片便于管理，施工效率较高。

（10）穿越障碍的能力较强。

2）观测系统方案设计

根据地质任务和参数论证结果，考虑地形、表层条件和主要构造形态，按照高空间采样率、高覆盖次数、宽方位采集、减小采集痕迹、较佳的静校正耦合性等原则，设计观测系统。表7-1所示为川南构造平缓区深层页岩气区24L4S（128+128）T96F复合细分式观测系统主要参数，表7-2所示为川南复杂构造区30L3S（120+120）T150F复合细分式观测系统主要参数。

表7-1 构造平缓地区观测系统排列片参数表

观测系统	24L4S（128+128）T96F 复合细分式	接收道数	6144 （256道×24线）
面元尺寸	20m×20m	覆盖次数	8（纵）×12（横）96次
道距	40m	接收线距	320m
炮点距	160m	炮线距	160m
纵向 X_{max}	5100m	纵向 X_{min}	20m
最大非纵距	3980m	横向 Y_{min}	20m
最大炮检距	6469.189m	束进距	640m
最小炮检距	28.284m	横纵比	0.865
线束宽度	7360m	检波线方位角	0°

表 7-2　复杂构造区观测系统排列片参数表

观测系统	30L3S（120+120）T150F 复合细分式	接收道数	7200 （240 道×30 线）
面元尺寸	20m×20m	覆盖次数	10（纵）×15（横）=150 次
道距	40m	接收线距	240m
炮点距	80m	炮线距	240m
纵向 X_{max}	4780m	纵向 X_{min}	20m
最大非纵距	3580m	横向 Y_{min}	20m
最大炮检距	5972.00m	束进距	240m
最小炮检距	28.28m	横纵比	0.749
线束宽度	6960m	检波线方位角	320°

从观测系统炮检距、方位角玫瑰图（图 7-2）可以看出，复合细分式观测系统方位角对称，炮检距分布及变化均匀。另外，复合细分式观测系统还具有炮点密度低、覆盖次数整体比较均匀，且集中在主要目的层、横纵比适中等优点，能很好地满足深层页岩气地震资料“两宽一高”高精度采集的要求。

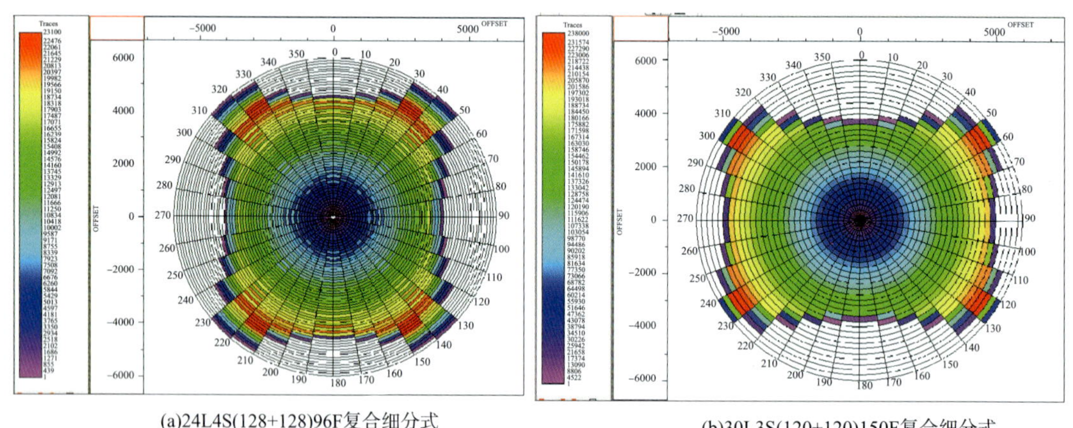

(a)24L4S(128+128)96F复合细分式　　(b)30L3S(120+120)150F复合细分式

图 7-2　观测系统炮检距、方位角分布图（设定 X_{max}=6000m）

二、“三保三高”地震资料高保真处理技术

“三保三高”地震资料处理技术以页岩气“甜点”预测需求为目标，以“两宽一高”地震资料为基础，采用保 AVO、保频宽、保各向异性、高信噪比、高分辨率、高保真度的“三保三高”的地震资料处理思路，突出页岩岩性、物性、脆性、TOC 及含气性等特征，为页岩气储层弹性参数反演、“甜点”预测奠定数据基础。

1. “三保三高”地震资料精细处理思路及流程

针对川南地区深层页岩气地震资料特点，以地质目标为导向，剖析资料处理中的重点和难点，确定深层页岩精细处理思路、关键环节、关键技术及关键参数。突出“精细”和“针对性”，使最终处理成果满足深层页岩气“甜点”预测需求。处理思路包括：

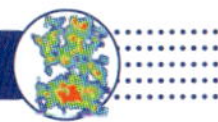

（1）先去噪、后振幅补偿，提高资料信噪比、保真度。

（2）由低到高、逐步逼近，拓宽频带，提高资料分辨率。

（3）做好宽方位大炮检距资料处理，保护好 AVO 特征及方位各向异性特征，提高偏移成像精度。

（4）处理解释结合，构建偏移速度模型。

（5）以高精度叠前弹性反演为目标，做好道集优化处理。

川南深层页岩气地震资料精细目标处理流程如图 7 – 3 所示。该流程同时考虑了各向同性和各向异性处理。各向同性处理保留了各向异性信息，可满足后期页岩裂缝检测及地质预测的需要，各向异性处理流程消除了各向异性影响，可满足页岩目的层高精度成像及叠前弹性参数反演要求。

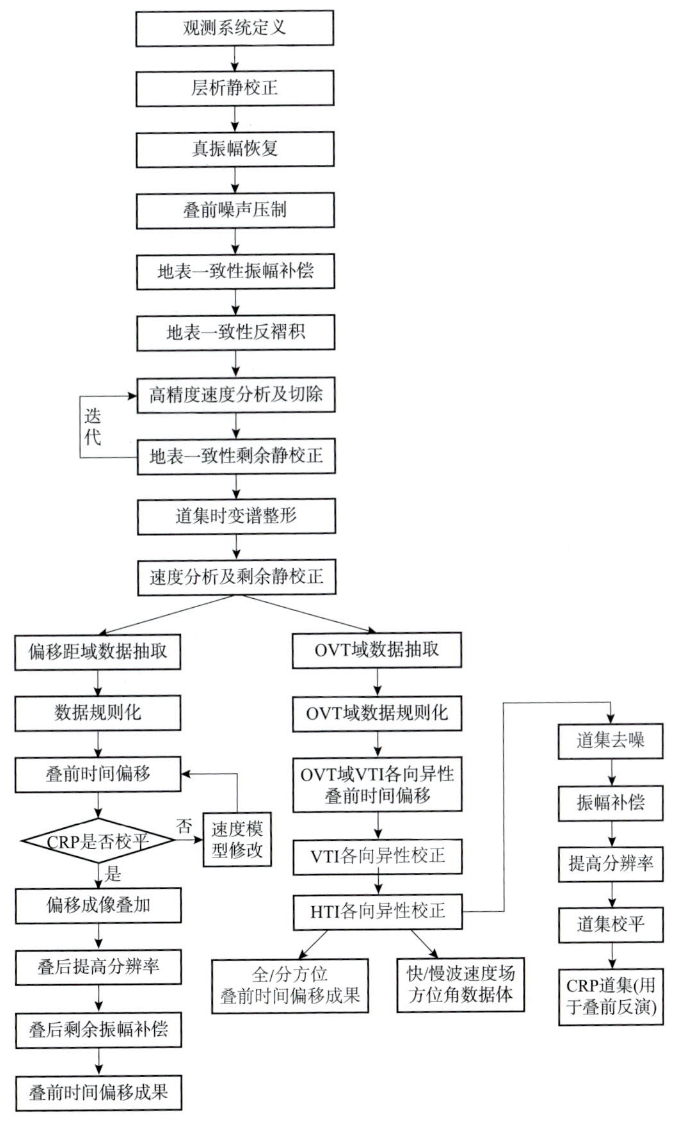

图 7 – 3　川南深层页岩气“三保三高”精细目标处理流程

2. 突出页岩地震响应特征的关键处理技术

1）十字交叉排列域自适应面波衰减技术

威荣地区地震资料面波发育，能量较强，视速度较低，在500～1800m/s之间，频率较低，集中在5～14Hz，对深层页岩有效反射信号影响较大。在三维地震资料中，面波在远排列呈双曲线特征，与有效反射信号特征类似，采用视速度滤波的方法会损伤有效反射信号。为此，采用十字交叉基于炮检互换原理排列构建三维共炮记录，采用三维自适应面波衰减技术进行噪声压制。

十字交叉排列是根据三维观测系统特点，通过对观测系统的变化来重排炮线及检波线，从而形成十字交叉排列三维数据体，是观测系统为正交情况下的空间连续的单次覆盖基本子集。十字交叉排列中，具有相同的绝对偏移距的地震道的中心点位于一个圆上，据此，某个固定速度的同相轴在十字交叉排列数据的任意时间横切片上都为一个圆，那么，这个同相轴在三维空间内表现出的形状为一个圆锥（图7－4）。若将非线性的面波分解为若干个线性特征且速度不同的同相轴，那么可将面波在十字交叉排列内视为一系列圆锥体，利用面波的这一特性，采用自适应面波衰减技术，可以很好地压制面波，保护深层页岩有效反射信号。

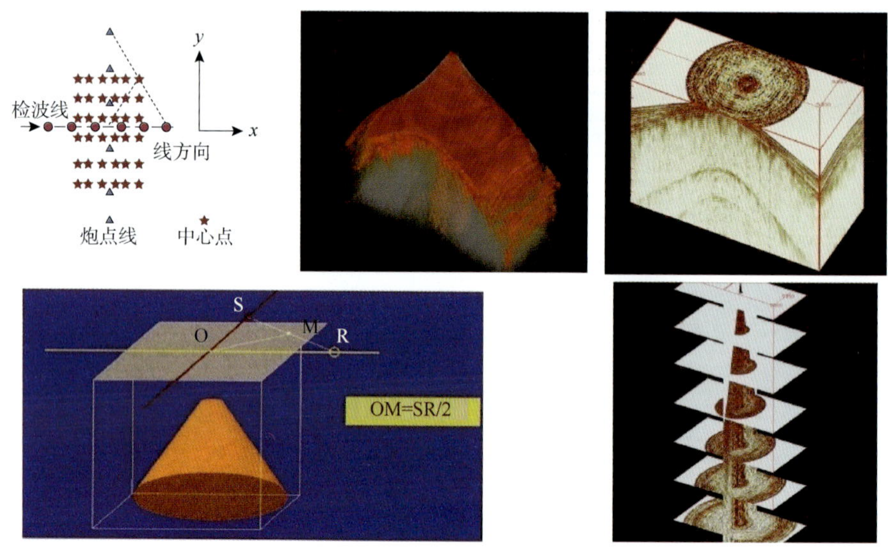

图7－4　十字交叉排列的二维与三维示意图

图7－5所示为威荣地区十字交叉排列自适应面波衰减前后单炮对比，从图中可以看出，通过自适应面波衰减后，面波得到有效去除，深层有效反射信号得到很好的保护，地震记录的信噪比得到显著提高。

2）高密度Q体补偿技术

地表一致性反褶积、道集时变谱整形处理后，资料的分辨率有较大提高，为了进一步提高深层页岩的分辨能力，突出五峰组－龙马溪组龙一段地震反射特征，可以采用高密度Q体补偿技术，进一步提高成果数据分辨率，并缩小不同位置的频率差异，突出龙一段

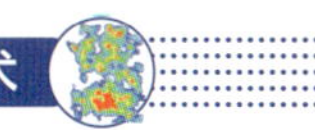

“双强波谷、中间夹弱波峰”的反射特征（图7-6）。

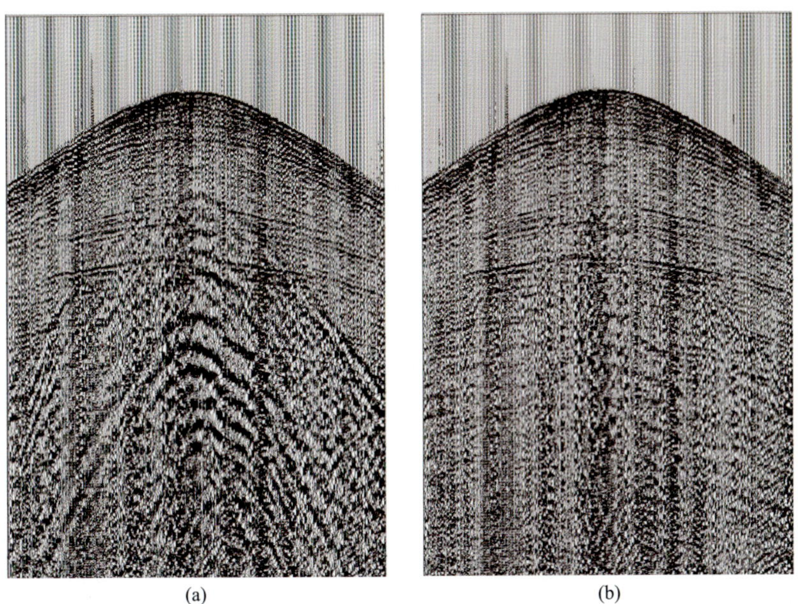

图7-5　十字交叉排列域自适应面波衰减前（a）后（b）单炮对比

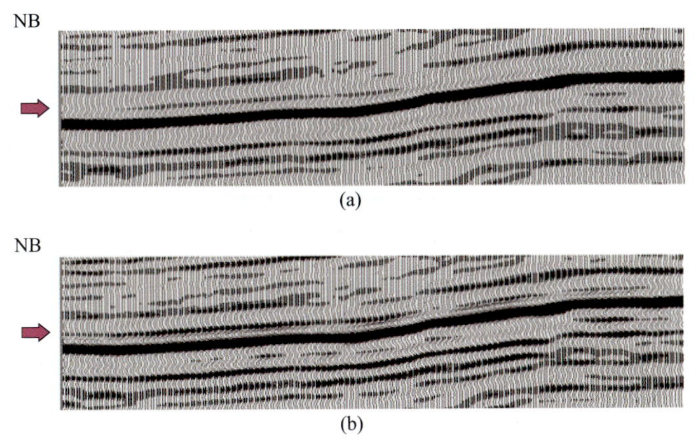

图7-6　高密度Q体补偿前（a）后（b）叠加剖面对比

3）高密度VTI介质各向异性处理技术

VTI（Vertical Transverse Isotropy）介质是具有纵向对称轴的水平各向异性介质，如水平地层层理等，会引起地震波走时的非双曲特征。2000年，Siliqi和Bousquie提出了基于VTI介质的反射波时距方程：

$$t(v,\ \eta)=t_0\frac{8\eta}{1+8\eta}+\sqrt{\left(\frac{t_0}{1+8\eta}\right)^2+\frac{x^2}{(1+8\eta)\ V^2}} \tag{7-4}$$

式中，x为炮检距；t为反射波在炮检距x处对应的旅行时；t_0为反射波双程垂直旅行时；v为动校正速度；η为非椭圆率参数。

若要应用式（7－1）进行高精度动校正，必须先求得参数 v 和 η。对于这两个参数，直接获取是非常困难的，比如按常规扫描速度谱的方法，直接扫描、求取参数。从式（7－4）可知，计算量非常庞大，处理代价极其高昂。为了解决这个矛盾，Siliqi 等又引入了两个新的参数τ_0、dt_n代替 V、η，以便简化公式，实现双参数扫描。

图7－7所示为VTI各向异性速度 v、τ_0、dt_n参数图，图中可以看出明显的VTI各向异性特征。图7－8所示为VTI各向异性处理前后的CRP道集对比，可以看出，在1.9s左右的龙马溪组主要目的层，通过VTI各向异性处理，大偏移距同相轴实现校平。图7－9为VTI各向异性处理前后的CRP叠加对比，可以看出，经过处理后，个别位置成像效果得到明显改善。

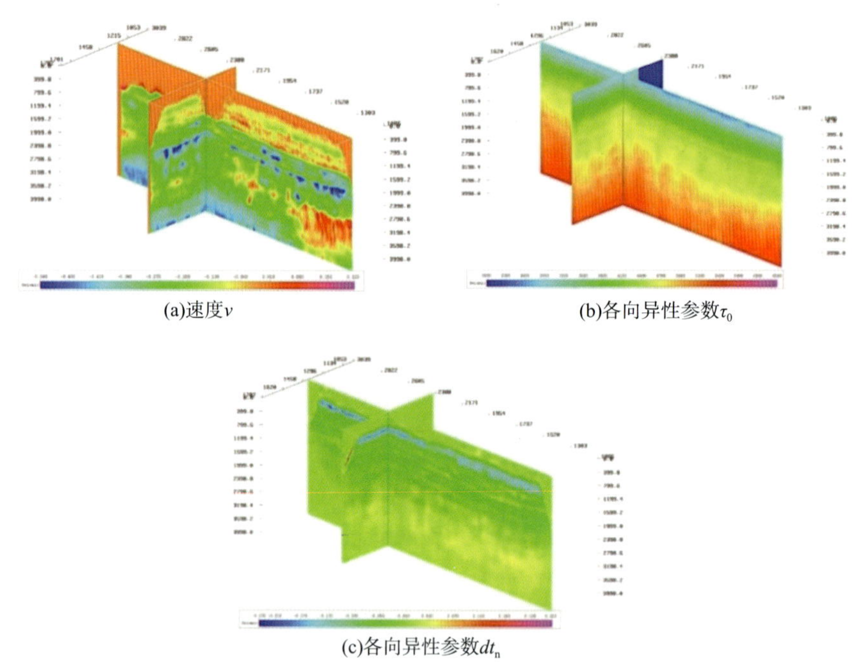
(a)速度v　(b)各向异性参数τ_0　(c)各向异性参数dt_n

图7－7　VTI各向异性处理速度及各向异性参数图

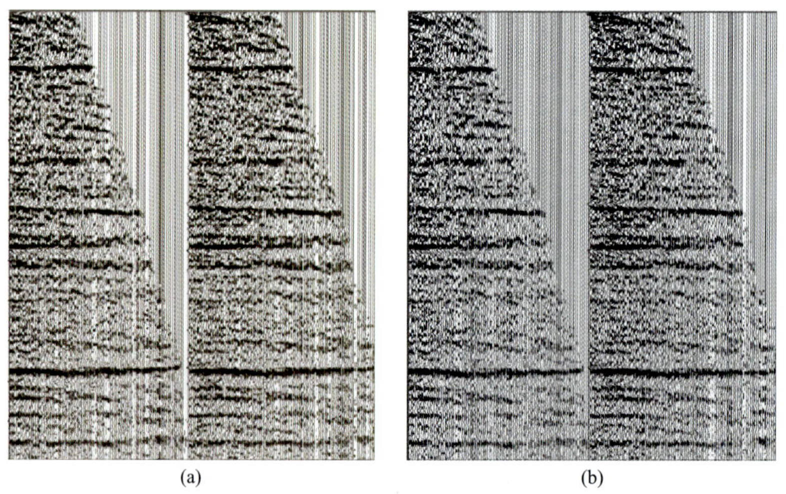
(a)　(b)

图7－8　VTI各向异性处理前（a）后（b）CRP道集对比

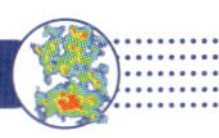

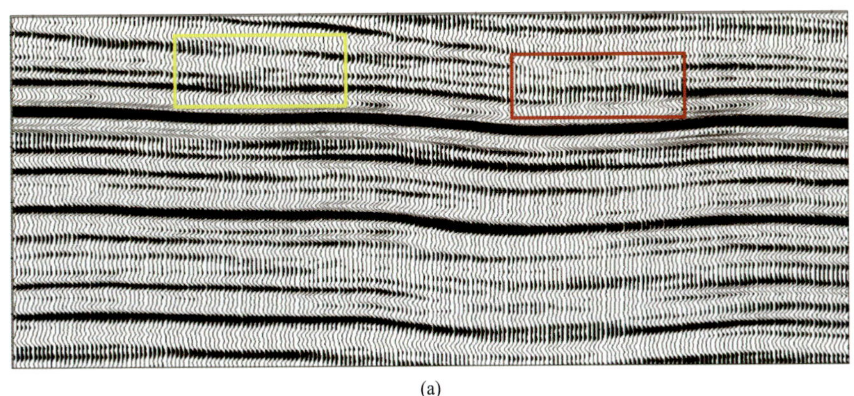

(a)

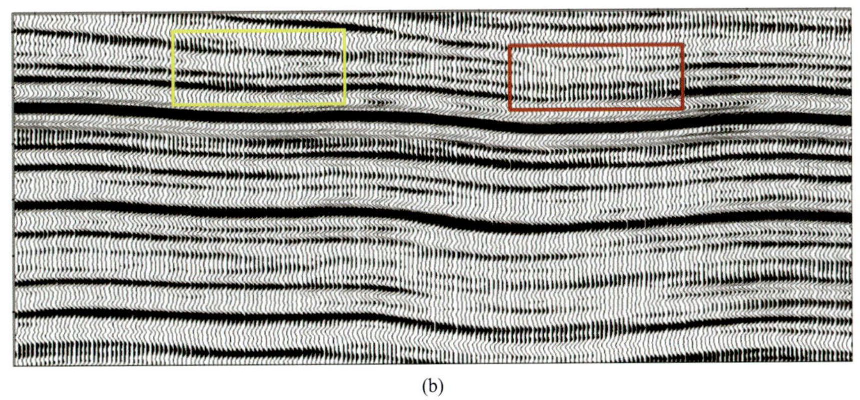

(b)

图 7－9 威荣三维 VTI 各向异性处理前（a）后（b）CRP 叠加对比

4）基于 HTI 介质理论的宽方位数据处理技术

HTI（Horizontal Transverse Isotropy）介质是指具有水平对称轴的垂向各向异性介质，如定向排列的垂直裂隙等，会引起严重的方位各向异性特征。

P 波动校正公式（Tsvankin，1997）改进后可以得到 HTI 介质的纵波动校正公式：

$$t^2 = t_0^2 + \frac{\chi^2}{\nu_{nmo}^2} = t_0^2 + \left(\frac{\cos^2\alpha}{\nu_{fast}^2} + \frac{\sin^2\alpha}{\nu_{slow}^2}\right)\chi^2 \tag{7-5}$$

式（7－5）是一个椭圆方程，具有纵波动校正速度随观测方位的变化呈椭圆分布的特点。针对方位各向异性介质，求取随方位角变化的速度函数，步骤如下：

（1）在偏移后的方位角道集上拾取时差。

（2）根据拾取的带有方位角信息的时差，依据速度随方位角变化呈椭圆分布的规律，采用曲面拟合的方法，求取快、慢波速度场及方位角体等。

（3）用求取的带有方位角信息的速度体进行方位各向异性校正。

图 7－10 所示为方位各向异性校正前后的偏移叠加剖面，可以看出，方位各向异性校正后，一方面，进一步改善了偏移成像效果；另一方面，还可以得到快、慢波速度场，裂缝发育方位，以及发育密度，为裂缝预测提供更加丰富的信息。

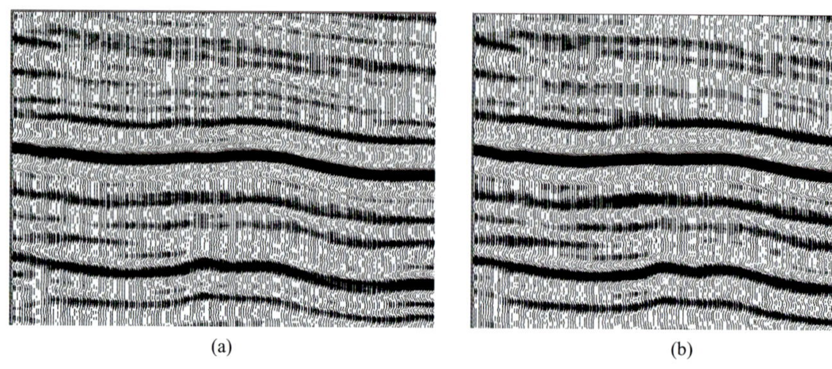
(a) (b)

图7－10 方位各向异性校正前（a）后（b）的叠加剖面对比

5）保持AVO特征的道集优化处理技术

叠前时间偏移处理技术已非常成熟，但是由于偏移后的CRP道集存在噪声重、道集不平、远偏移距同相轴存在动校拉伸等问题，该道集难以满足叠前弹性参数反演的要求。为此，针对CRP道集，需要建立一套保持AVO特征的道集优化处理技术流程。

道集优化处理需要严格按照保幅、保AVO特征的标准进行，严格质控。首先，针对CRP道集进行品质评价，判断其覆盖次数、入射角等是否满足叠前反演，结合工区钻井开展叠前道集正演，分析CRP道集品质；其次，采用随机噪声衰减技术、线性噪声压制技术、精细道集切除等，不断提高CRP道集的信噪比及连续性；在此基础上，采用可变时窗波形匹配互相关技术开展动校剩余时差校正，校平CRP动校道集；最后，针对远偏移距同相轴的动校拉伸采用反余弦滤波技术进行校正，补偿地震资料动校正过程中丢失的高频成分，提高大角度道集的分辨率和保真度。通过道集优化处理，优化后的CRP道集更好地保持了道集的AVO特征，有利于后续的叠前弹性参数反演。

图7－11所示为该技术的应用效果图，可以看出，大偏移距同相轴弯曲得到了明显的改善，消除了速度各向异性对道集质量、叠加成像的影响，同时更好地保持了道集的AVO特征。

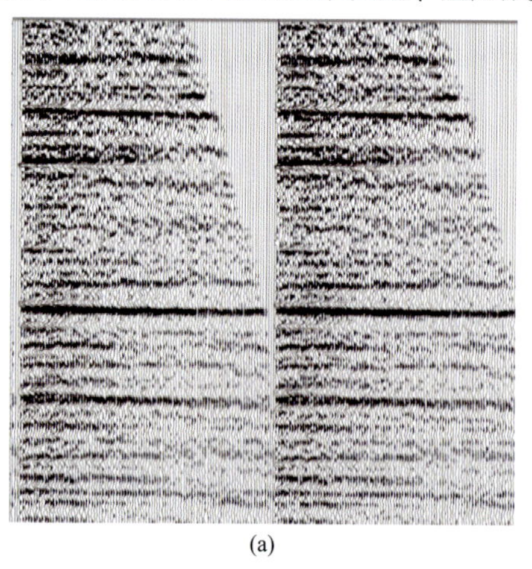
(a)

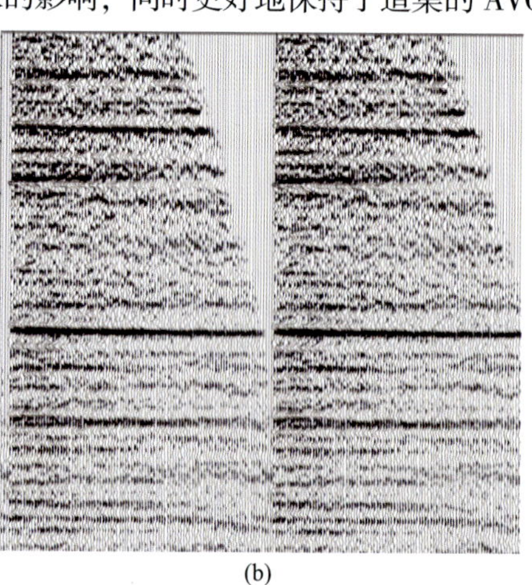
(b)

图7－11 道集优化处理技术应用前（a）后（b）效果对比

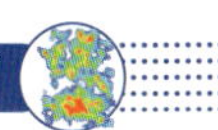

三、深度域高精度成像技术

1. 深度域高精度速度建模技术

1）网格层析反演速度建模

利用网格层析反演技术优化深度域速度模型，可以弥补传统层析成像技术对垂向速度模型优化的缺陷。其主要利用偏移和层析交替迭代的方法进行速度更新，能够恢复速度场中的高波数信息和低波数信息，速度建模精度较高。

三维叠前深度偏移的速度建模是一个地质信息综合分析的过程。在实际应用中，首先需要根据工区的常规偏移得到的地震剖面，结合该地区地质认识，建立构造层位模型，结合测井、钻井和时间域速度建立初始速度模型。在此基础上，进行控制线叠前深度偏移，再对偏移后的共成像点道集进行剩余时差分析，采用模型优化方法逐步逼近，直到获得比较合理的速度－深度模型。因此，叠前深度偏移过程中所使用的速度模型建立技术分为两个过程：初始速度模型的建立和速度模型的优化。

2）全波形反演速度建模

传统的偏移速度分析方法和走时层析反演方法都只能得到宏观速度场，即速度的低频成分。全波形反演（FWI）以地震数据的波形信息为依据，直接基于波动方程，可以反演得到地下速度场的中高频信息。全波形反演的结果受多种因素影响：

（1）数据完备性。首先，时间域全波形反演对低频成分要求较高，长排列大偏移距地震记录包含了丰富的低频信息，能够为全波形反演提供好的背景速度场；其次，宽方位角采集增加了数据的完备程度，这对于全波形反演是非常有用的。

（2）数据噪声。首先，要厘清全波形反演是基于哪种理论的波动方程进行正演模拟的，以确定正演过程中可以表征的波型（或信号类型）；其次，针对特定的波现象和波型信息，研究相应的噪声压制或消除方法；最后，在最大程度保证有效信号（正演过程能够模拟的信号）的前提下，进行噪声压制或者消除。

（3）正问题。主要涉及正问题的描述与表征、震源子波估计与反演、正问题的边界条件及频散等。

（4）初始模型。全波形反演本质上的强非线性性质要求输入一个较为准确的初始速度，以避免出现“跳周”现象。

（5）正则化。全波形反演的解存在不确定性，需要给全波形反演提供一种约束和预期，让其沿着这种先验约束和预期逐步获得一个精确度较高的反演结果。

（6）多尺度问题。首先，利用大的空间网格，限定数据频带范围以满足稳定性，计算大尺度的宏观背景速度；其次，利用更新速度作为下一尺度反演的输入，通过逐步缩小速度网格来达到多尺度反演的目的。

威荣地区在水平井实钻中，发现部分水平井地震预测产状与实钻产状局部具有一定偏差，存在局部虚假微幅构造问题（图 7－12）。针对这一问题开展了深度域全波形反演速度建模处理。从图 7－13、图 7－14 可见，与网格层析反演相比，全波形反演速度模型的细节更丰富，精度更高。针对虚假微幅构造问题，与网格层析反演方法相比，全波形反演偏移剖面方法将问题解决得更好。

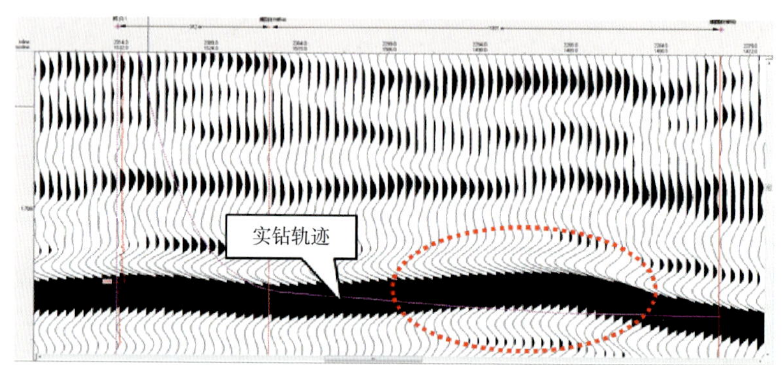

图 7－12　威荣地区前期地震成果存在的虚假微幅构造问题（过威页 1 井剖面）

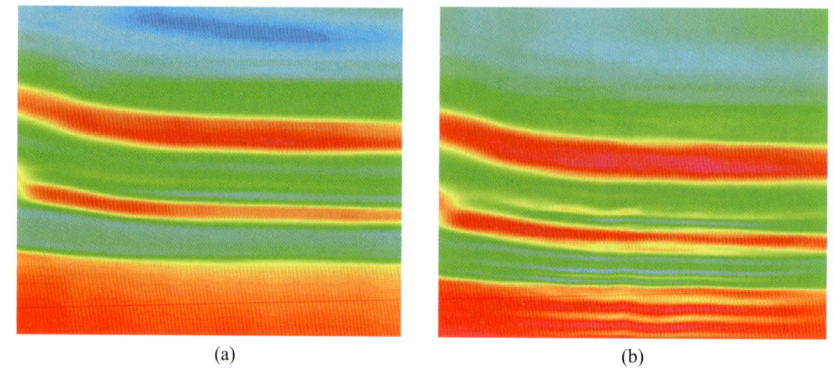

图 7－13　威荣地区威页 9 井网格层析反演速度模型（a）与全波形反演速度模型（b）对比

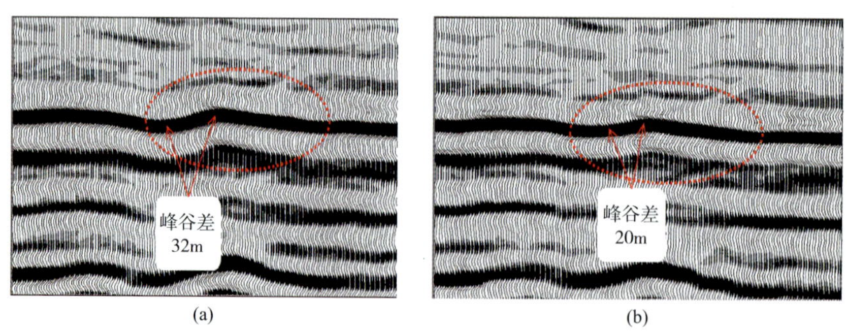

图 7－14　威荣地区网格层析反演偏移剖面（a）与全波形反演偏移剖面（b）虚假微幅构造对比（过威页 9 井剖面）

2. 深度域高精度偏移技术

1）高斯射线束深度偏移

高斯射线束偏移方法是克希霍夫偏移方法的改进，既具备克希霍夫偏移方法的灵活高

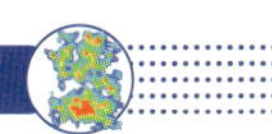

效和适应性，又能解决焦散、多值走时等问题，其成像效果接近单程波偏移方法，同时还能克服单程波偏移的倾角限制。

从威荣地区处理成果（图 7－15）可见，与叠前时间偏移相比，高斯束深度偏移在目的层及以下成像的连续性、稳定性更好。

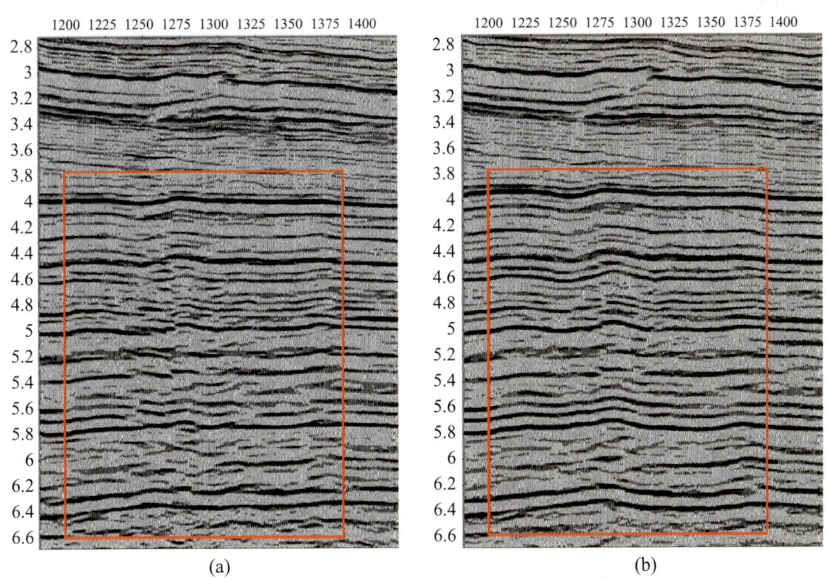

图 7－15 威荣地区叠前时间偏移剖面（a）与高斯束深度偏移剖面（b）对比

2）叠前深度逆时（RTM）偏移方法

逆时偏移方法是通过双程波波动方程在时间上对地震资料进行反向外推来实现偏移的。在逆时偏移过程中使用了双程波波动方程，避免了上、下行波的分离，因而最准确，且不受倾角的限制，适应任意的横向变速，具有正确的振幅和相位信息，并能使回转波较好地成像。与射线类深度偏移方法和单程波偏移方法相比，逆时偏移方法更有助于对复杂地质构造精确成像。

逆时偏移方法主要包括基于双程波方程的逆时波场外推和成像条件应用两个步骤。方法实现过程是：首先，利用双程波方程对震源波场进行正向外推，并保存外推波场；然后，利用逆时双程波方程对接收波场进行反向外推，每反向外推一步，应用成像条件进行求和，得到局部成像数据体；最后，将所有炮集的逆时偏移结果进行叠加，得到最终的叠前深度偏移成像结果。

图 7－16 所示为威荣地区深度偏移成果，同样的速度模型条件下，与克希霍夫深度偏移方法相比，逆时偏移成果剖面在成像的连续性、稳定性方面更好，断点成像更清晰。

3）各向异性深度偏移高精度成像技术流程体系

为满足页岩气勘探开发对深度域成像更高精度的要求，建立各向异性高精度成像技术流程（图 7－17）。

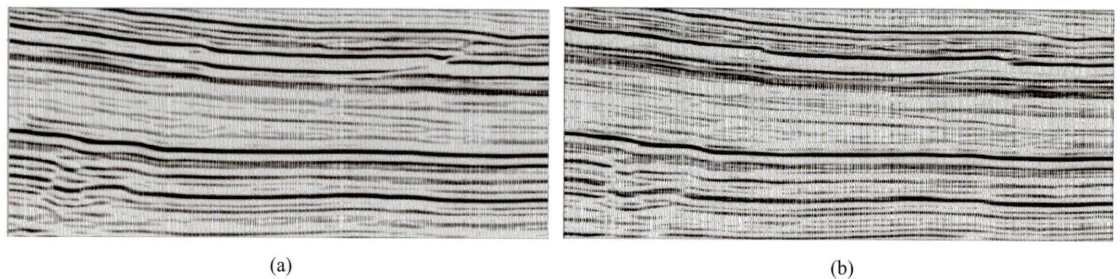

图 7－16　威荣地区逆时偏移剖面（a）与克希霍夫深度偏移剖面（b）对比

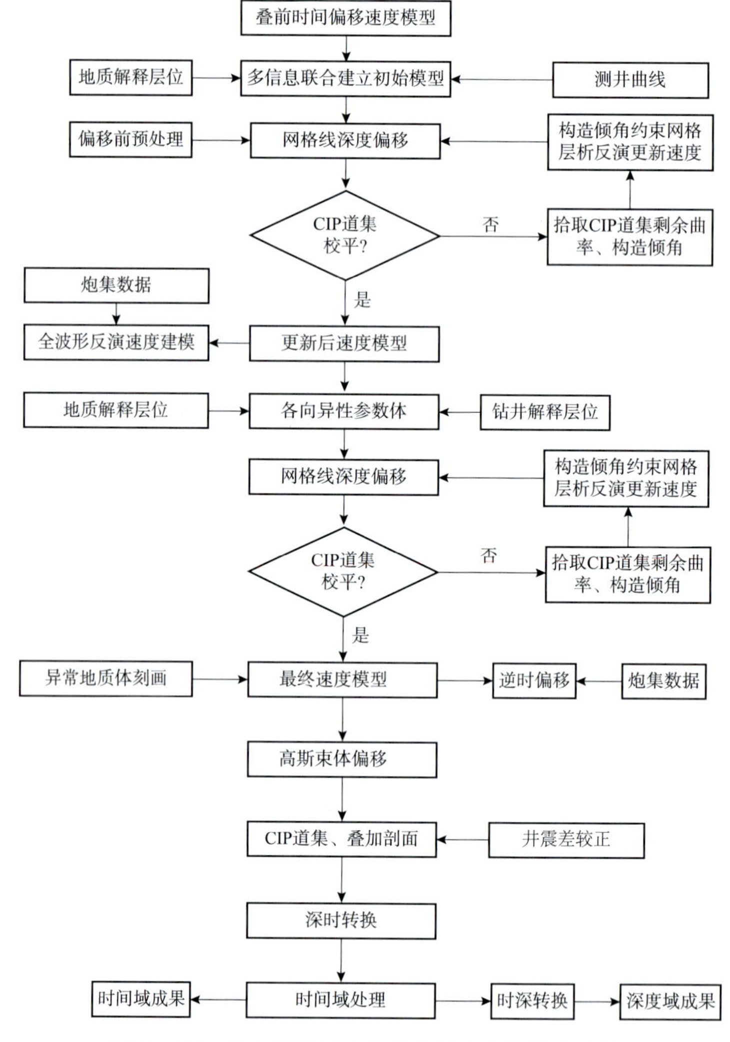

图 7－17　各向异性深度偏移高精度成像技术流程

（1）通过地质、测井、钻井、叠前时间偏移等多信息联合约束，建立更合理的深度域初始速度模型。

（2）通过构造倾角约束的网格层析反演迭代，更新速度模型，逐步丰富速度模型的中高频信息，提高各向同性速度模型精度，直至共成像点道集被“拉平”。

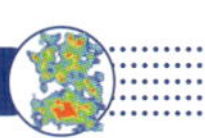

（3）以更新后的速度模型作为初始速度模型，进行全波形反演速度建模，进一步丰富工区速度模型的高频信息，提高速度模型精度。

（4）接步骤（2）或步骤（3）更新后的速度模型，利用井震偏差计算工区 VTI 各向异性参数，通过网格层析反演迭代，更新各向异性参数体，提高参数体精度。

（5）针对局部地质体，进行异常体刻画，填充速度，进一步提高速度模型精度，得到最终速度模型。

（6）分别进行偏移参数测试，提交射线类深度域体偏移，或 RTM 体偏移。

（7）对体偏移成果进行井校正，得到最终成果。

如图 7－18 所示，威荣地区各向同性偏移成果剖面的五峰组地层产状与实钻轨迹较为吻合，但微幅构造的顶端仍存在虚假凹凸现象。相较于各向同性偏移，各向异性偏移成果的地层产状与实钻轨迹更加吻合。

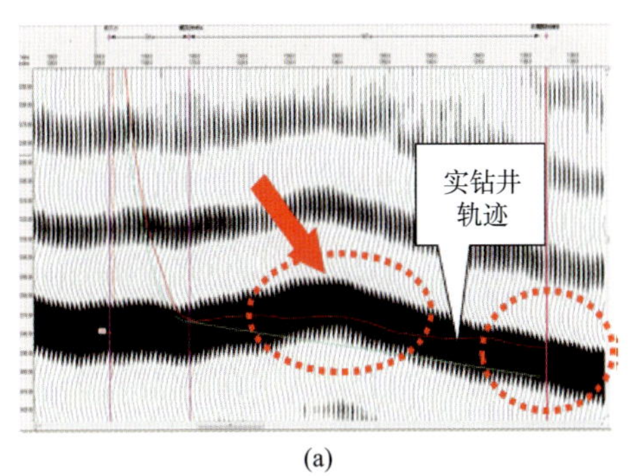

(a)

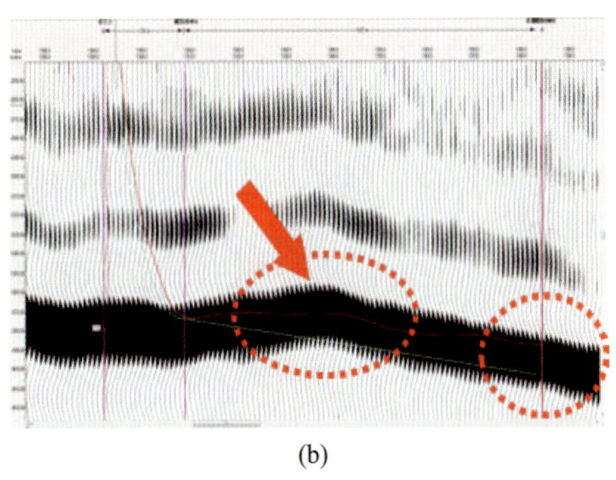

(b)

图 7－18　威荣地区各向同性深度偏移剖面（a）和各向异性深度偏移剖面（b）对比

四、深层页岩气构造与断层精细解释技术

在深层页岩气勘探开发中，有的区域地层稳定、构造简单，而有的区域构造、断裂复杂，对构造与断层解释要求较高。由于局部的小断层和微幅构造对页岩气水平井部署和跟踪影响较大，需要尽可能落实小断层、微幅构造的展布特征。涉及的构造与断层解释技术主要包括 3 种。

1. 层位对比追踪

反射层位的对比追踪应严格遵守地震波对比原则和要求，层位对比解释是以构造模型和变形样式分析为基础，在地震波形剖面和其他属性剖面进行全工区解释的过程，精细构造解释要确保异常地质体、局部微幅构造及小断层不被遗漏，解释过程中应尽可能应用三维可视化技术，充分挖掘、使用三维地震信息。

2. 小断裂刻画与识别

在层位精细解释的基础上，采用地震叠后属性分析方法，开展不同尺度断裂和裂缝预测，并运用已钻井进行匹配性验证，以选取合适参数的地震属性如相干、曲率属性等，利用沿构造层位提取的沿层属性切片，指导小断层的解释和断层平面组合。

3. 小尺度精细构造成图

构造成图过程中，为了成图效果，需要在大的半径下进行平滑插值，以满足大范围成图的合理性和稳定性，但会影响小井区精细的构造落实。为此，采用小尺度的平滑、滤波参数及合理的插值方法，有助于提高小井区局部构造成图精度。

第三节　深层页岩气地震响应特征及储层敏感参数分析

一、深层页岩气地震响应特征

非常规页岩气储层具有明显的“三高三低”测井响应特征，即高自然伽马，高铀，高电阻率，低钍、铀含量比，低密度，低中子。上述测井响应特征反映了页岩气储层具有比较低的纵波阻抗，在地震反射资料中具有明显的强波谷、低阻抗地震响应特征。随着页岩储层含气量的增加，地震响应特征更加突出。

在储层精细标定的基础之上，针对页岩气储层，利用模型正演开展储层地震响应特征分析，从而建立页岩气储层的地震响应识别标志。在威荣地区，储层精细标定分析表明，五峰组－龙马溪组下部含气优质页岩发育稳定。优质页岩层段具有明显的低纵波速度、低密度、低纵波阻抗特征，导致优质页岩底部形成一个强波谷－强波峰的反射界面，易于识别，是该区域研究的标志层。图7－19所示为威荣地区过威页1井的叠前时间偏移剖面，可以看出，五峰组－龙马溪组优质页岩引起的地震强波谷－强波峰反射横向稳定，反映了优质页岩横向展布稳定。

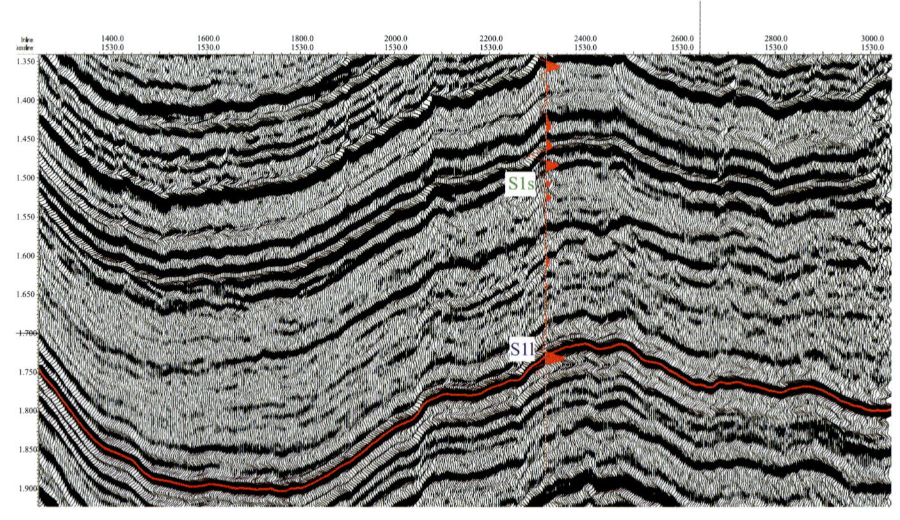

图7－19　过威页1井叠前时间偏移地震剖面

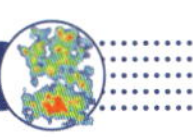

川南地区龙马溪组龙一段自下而上由含灰质硅质页岩过渡到含碳质粉砂质泥岩，水体由深水陆棚过渡到浅水陆棚，连续沉积，从下到上物性是渐变的。标定结果表明（图7－20），龙一段顶部6号页岩层阻抗明显降低，顶部有明显中强波谷反射，4号层顶部有明显的强波峰特征，1号层五峰组底部与临湘组灰岩接触，物性差异明显，阻抗差异大，表现为强波谷－强波峰特征。阻抗剖面上，五峰组－龙马溪组1～3^2号小层基本可以作为一个预测单元，阻抗变化特征明显，3^3～4号小层和5、6号小层也可以作为一个预测单元。根据地质研究需要和地球物理预测分辨能力，也可以将预测单元合并为1～4号层或1～6号层来研究。地震剖面①～④号层或①～⑥号层储层段波组特征及阻抗特征明显，都可横向连续识别追踪，预测出两个不同组合单元的顶界，也作为后续其他弹性参数预测的层位控制依据。

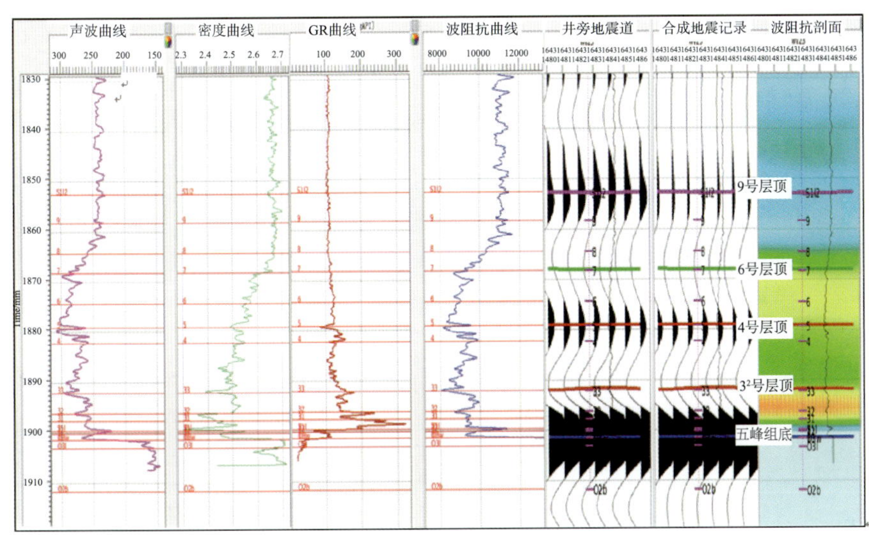

图7－20　威荣地区威页23井合成地震记录标定

二、深层页岩气储层“甜点”预测敏感参数分析

1. 岩石物理建模

地震岩石物理分析是连接测井与地震的桥梁，采用交会分析、多元线性回归等手段建立地震弹性参数与储层地质参数的定量关系，可以实现页岩气储层“甜点”预测敏感参数分析。相比于常规陆相砂泥岩储层，非常规页岩气储层矿物成分复杂，包括石英、方解石、黏土、黄铁矿等。因此，准确求取页岩矿物组分，建立精确地质模型，对岩石物理建模至关重要。

为使岩石物理建模流程的最终输出结果较准确地反映建模对象的实际弹性性质，针对页岩必须采用各向异性的岩石物理模型来表征颗粒的定向排列所引起的页岩各向异性。而流程中起过渡作用的等效介质，如石英、方解石、黄铁矿等无机矿物组成的固体混合物，

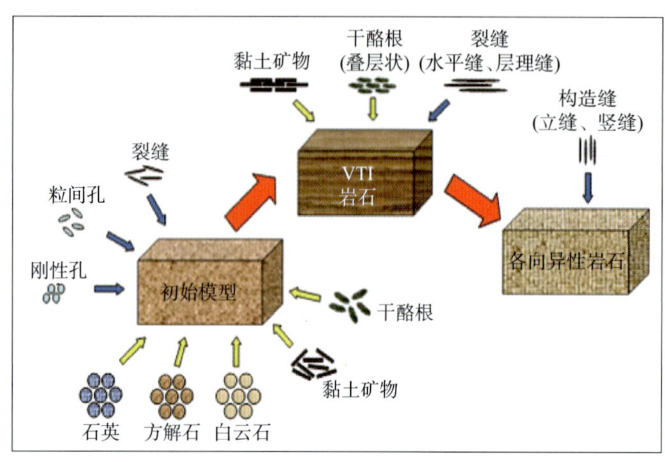

图 7－21　页岩岩石物理建模流程

孔隙中不同流体构成的流体混合物，黏土与其束缚水形成的等效黏土等，则适合用各向同性岩石物理模型来处理。图 7－21 所示为 Guo 等（2013）提出的基于 Backus 平均的岩石物理建模流程，可用于预测岩石的脆性指数、矿物组分及孔隙度含量。

流程中，首先用 SCA 或 DEM 模型计算黏土与束缚水混合物的等效弹性模量，用 KT 模型计算干酪根与相关流体混合物的等效弹性模量，流体包括油、气、水 3 种，混合后的等效弹性模量用 Wood 方程求取。其次，随机分布的矿物颗粒和孔隙流体组成的各向同性物质由 SCA 或 DEM 模型来获取。最后，用 Backus 平均模型考虑由黏土矿物与干酪根颗粒定向排列所引起的 VTI 各向异性，其中的各向同性部分、黏土矿物及干酪根被看作 3 个独立的单层。

2. *岩石物理参数分析*

对于非常规页岩气储层而言，需要建立优质页岩有机碳含量、孔隙度、含气量与脆性等参数与地震弹性参数（纵波阻抗、横波阻抗、纵横波速比、密度、岩石模量、体积模量、拉梅常数等）的关系，从而实现储层定量预测。

1）有机碳含量敏感参数分析

有机碳含量反映岩石中有机质的丰度，是页岩气储层生烃能力评价的主要指标。通过

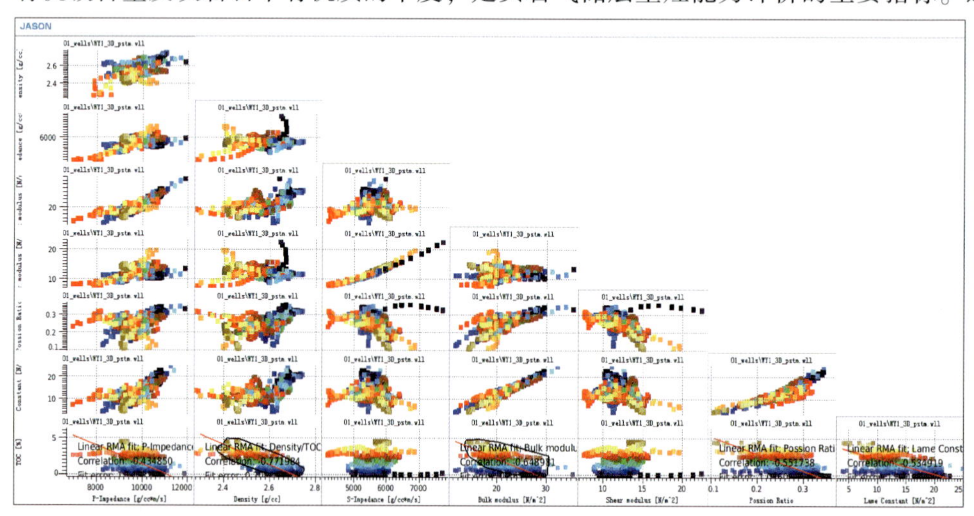

图 7－22　威荣地区有机碳含量与弹性参数矩阵交汇分析（软件出图）

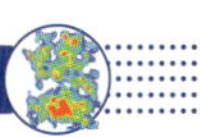

对岩心、岩屑样品进行有机地化分析，可以获得有机碳含量参数。图 7－22 所示为 1～4 号层有机碳含量与纵波阻抗、密度、横波阻抗、体积模量、剪切模量、拉梅常数及泊松比矩阵交汇结果。分析表明，密度与体积模量和有机碳含量具有较好的线性负相关关系。

2）孔隙度敏感参数分析

分析表明，深层页岩气储层含气性以游离气为主。因此，作为度量储层储集能力的重要指标，开展孔隙度参数预测也很重要。

图 7－23 所示为龙马溪组优质页岩孔隙度与纵波阻抗、密度、横波阻抗、体积模量、剪切模量、拉梅常数及泊松比矩阵交会结果。分析表明，密度参数与孔隙度相关性较好，其他参数与孔隙度的相关性不太好，需要考虑采用多参数多元回归方式来寻求对应的敏感参数。表 7－3 所示为威荣地区孔隙度参数与地震弹性参数相关性分析排列结果，表明孔隙度与密度、拉梅常数、纵横波速比具有较好的相关性。

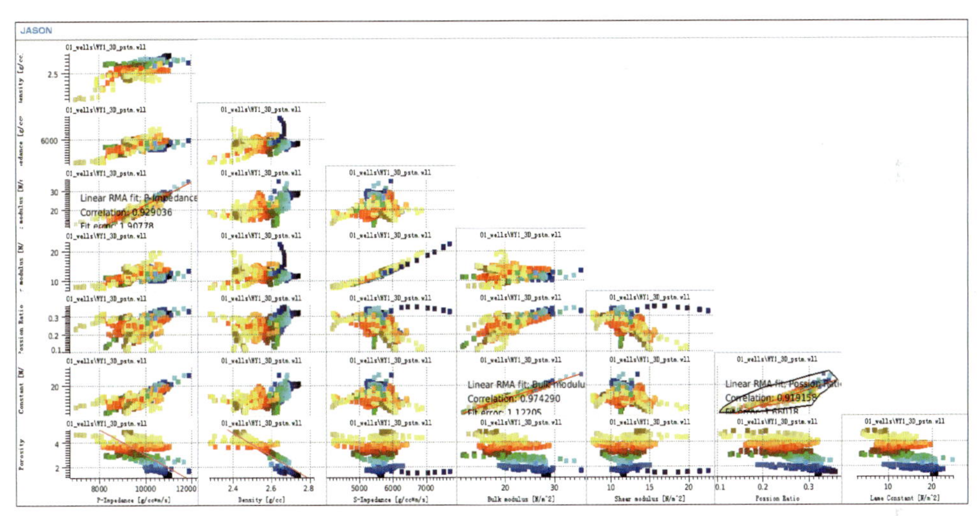

图 7－23　威荣地区孔隙度与地震弹性参数矩阵交汇分析（软件出图）

表 7－3　威荣地区孔隙度与地震弹性参数相关性分析

参数名称	密度/(g/cm^3)	拉梅常数/MPa	纵横波速比	体积模量/MPa	泊松比	纵波阻抗/[(g/cm^3)·(m/s)]	脆性指数	杨氏模量/MPa	横波阻抗/[(g/cm^3)·(m/s)]
相关系数	0.88	0.72	0.69	0.68	0.65	0.65	0.58	0.12	0.04

3）含气量敏感参数分析

含气量参数是表征页岩气储层含气性的重要指标，反映了页岩储层是否具有商业开采价值。因此，含气性预测至关重要。图 7－24 所示为含气量与地震参数、其他地质评价参数矩阵交汇分析结果。分析表明，优质页岩含气量与密度及 TOC 含量具有较好的线性关系。

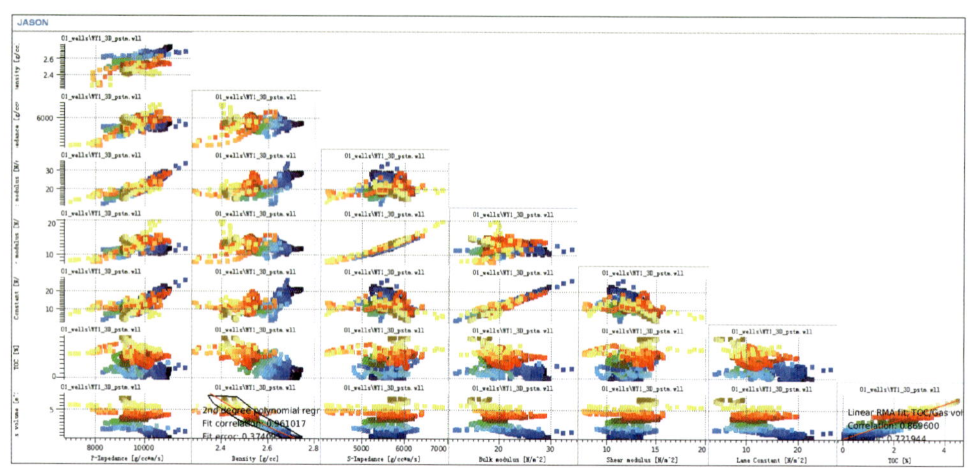

图 7-24　威荣地区含气量与地球物理参数其他地化参数矩阵交汇分析（软件出图）

由于 TOC 含量与密度本身具有良好的正相关性，需进一步对含气量与其他弹性参数的相关性进行分析。表 7-4 表明，含气量与密度及脆性具有较好的线性相关关系（大于 0.7）。

表 7-4　威荣地区含气量与地震弹性参数相关性分析

参数名称	密度/（g/cm³）	脆性系数	拉梅常数/MPa	纵横波速比	体积模量/MPa	泊松比	纵波阻抗/[（g/cm³）·（m/s）]	杨氏模量/MPa	横波阻抗/[（g/cm³）·（m/s）]
相关系数	0.89	0.73	0.65	0.64	0.64	0.62	0.55	0.23	0.04

4）脆性指数敏感参数分析

高脆性矿物含量是天然缝与后期压裂改造形成裂缝的基础。含脆性矿物较高的岩石结构导致页岩地层具有高杨氏模量与低泊松比的特征，更易于形成天然裂缝及复杂的人工改造缝，有益于端页岩气的储存、释放及压后的高产、稳产。目前，表征岩石脆性指数的方式主要有两种，分别为岩石矿物组分法与弹性模量法，具体如下：

（1）矿物组分法。

该方法主要通过计算地层中的脆性矿物含量（包括石英、方解石、黄铁矿等）来计算地层脆性指数，也叫矿物脆性指数。脆性矿物含量越高，地层脆性条件越好。即：

矿物脆性指数（BI）＝（石英含量＋方解石含量＋黄铁矿含量＋菱铁矿含量）/（石英含量＋方解石含量＋黄铁矿含量＋菱铁矿含量＋黏土含量）

（2）弹性模量法。

Rickman 等于 2008 年提出了利用岩石杨氏模量与泊松比交会识别计算岩石脆性的方法。该方法以泥页岩杨氏模量与泊松比交汇结果统计为基础，通过归一化计算杨氏模量和泊松比的平均值来得到脆性指数，也叫力学脆性指数。

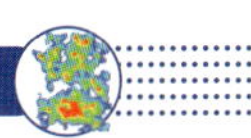

图7-25所示为威荣地区优质页岩层段杨氏模量与泊松比交汇结果。通过交汇分析可知，威荣地区龙马溪组优质页岩的泊松比范围为0.12～0.36，杨氏模量范围为20～42GPa。因此，适合威荣地区基于弹性参数法的脆性指数（BI）计算公式为：

$$\begin{cases} BI = (YM\_BI + PR\_BI)/2 \\ YM\_BI = (YMS\_C - 20)/(42 - 20) \times 100 \\ PR\_BI = (PR\_C - 0.36)/(0.12 - 0.36) \times 100 \end{cases} \tag{7-6}$$

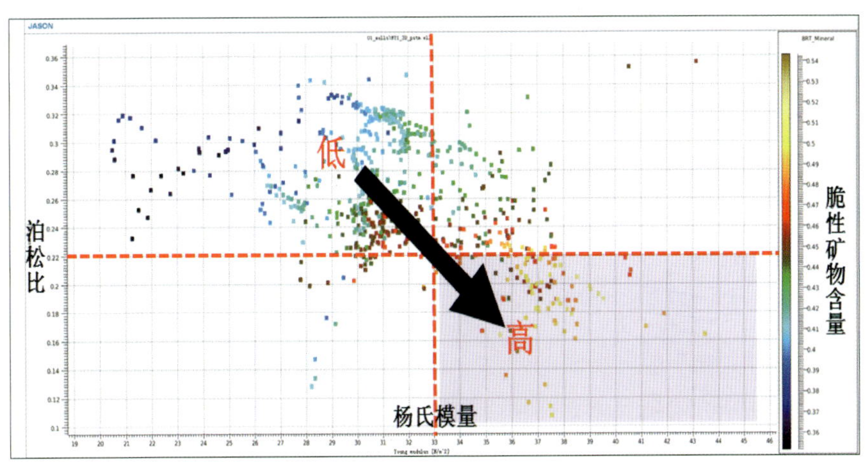

图7-25 威荣地区龙马溪组优质页岩段杨氏模量与泊松比交汇结果

3. 页岩气储层岩石物理响应特征

通过页岩气岩石物理建模、测试分析、敏感参数分析等研究，可以总结川南深层页岩储层岩石物理响应特征，即页岩储层的密度、孔隙度、有机碳含量、脆性、含气量、层理缝、黏土含量等页岩气储层品质参数，随着速度、纵横波速度比、泊松比、杨氏模量、剪切模量、体积模量等岩石物理参数的变化规律（表7-5）。

表7-5 优质页岩储层品质与岩石物理参数变化关系表

岩石物理参数	优质页岩储层参数					
	孔隙度↑	TOC↑	含气量↑	脆性↑	黏土含量↓	层理缝↑
阻抗	↓	↓	↓	↓	↑	↓
密度	↓	↓	↓	↓	↑	↓
纵波速度	↓	↓	↓	↓	↑	↓
纵横波速度比	↓	↓	↓	↓	↑	↓
杨氏模量	↓	↓	↓	↑	↑	↓
拉梅系数	↓	↓	↓	↑	↑	↓
剪切模量	↓	↓	↓	↑	↑	↓
泊松比	↓	↓	↓	↓	↑	↓
各向异性系数	↑	↑	↑	↑	↓	↑

注：“↑”表示增大；“↓”表示减小。

总之，优质页岩段低密度反映高 TOC，孔隙度与纵波阻抗相关性好，含气量与 TOC 具有较好的线性关系，脆性页岩具有高杨氏模量和较低泊松比的特征。在掌握“甜点”要素岩石物理响应特征的基础上，建立岩石物理、测井与地震数据之间的数学关系，利用叠前反演手段获得纵波阻抗、密度、纵横波速度比、泊松比、弹性模量等参数，即可实现深层页岩气地质与工程“甜点”预测。

第四节　深层页岩气“三品质”地震预测技术

深层页岩气储层品质、工程品质、富集品质地震预测技术合称“三品质”地震预测技术。

一、深层页岩气储层品质地震预测技术

基于叠前高精度概率地震反演的弹性三参数反演，依据贝叶斯理论框架，结合岩石物理模型和敏感参数分析结果，建立高精度深层页岩储层品质（厚度、TOC、孔隙度）地震预测技术。

1. 基于贝叶斯理论的概率反演技术

概率地震反演是一整套基于线性地震模型、统计岩石物理模型、贝叶斯反演模型和马尔科夫链蒙特卡罗（MCMC）理论的，实现从地震数据直接反演储层物性参数和含油气性的地震反演技术。该技术通过线性地震模型将地震信息（旅行时、振幅、频率和相位）等信息同岩石弹性参数联系起来：首先，通过地震数据反演储层岩石弹性参数，这一点同常规的叠前弹性参数反演类似；然后，通过岩石物理建模和分析建立储层物性参数和含油气性同储层岩石弹性参数之间的关系，实现利用弹性参数反演储层物性参数的过程。不同于常规反演方法，这两步反演都是基于贝叶斯理论的，利用概率统计的思想定量反演储层的弹性参数和物性参数，并定量评价反演结果的不确定性。反演过程中，还需要用到蒙特卡罗仿真模拟技术，并利用岩石流体类型的先验分布定义马尔科夫链模型。

概率地震反演的概念首次出现是在 Kyle Spikes 等于 2007 年在 Geophysics 上发表的一篇文章（*Probabilistic seismic inversion based on rock - physics models*）中。其后，Avseth 等提出了典型统计岩石物理方法应用流程：首先，需要用确定性岩石物理模型建立储层物性参数同岩石弹性参数之间的关系；然后，结合蒙特卡罗仿真生成所有可能的储层实现，在统计岩石物理模型生成过程中，要充分考虑实际数据误差，并给出模型精确度描述。

传统贝叶斯反演框架已大量应用于弹性参数反演领域（Buland、Omer，2003），近年来又被频繁用于基于地震数据的岩性流体预测中（Larsen 等，2006；Gunning、Glinsky，2007；Buland 等，2008）。Mukerji（2001）和 Eidsvik（2004）介绍了利用统计岩石物理模

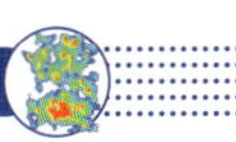

型预测储层物性参数的方法，并提出了不确定性分析。Bachrach（2006）利用统计岩石物理模型实现对孔隙度和含流体饱和度的联合反演，并应用到实际工区中。Larsen 等（2006）引入马尔科夫链作为岩性流体垂向先验分布，成功实现了利用该方法对岩性流体的预测。Gallop（2006）应用该方法实现了对储层相态空间分布预测。国内这一方面的研究成果很少，只有王尚旭等（2009）实现了基于统计岩石物理模型联合反演孔隙度和含水饱和度。

在叠前弹性参数反演的基础上，应用页岩储层各向异性岩石物理模型结合贝叶斯反演理论预测页岩储层 TOC。该方法的流程如下（图 7－26）：

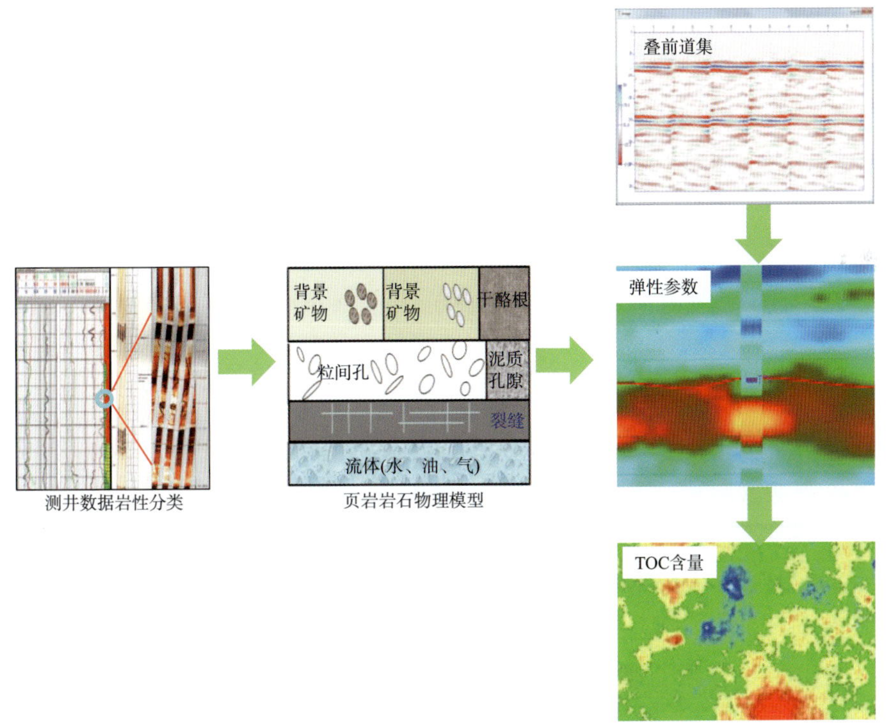

图 7－26　基于概率地震反演方法预测 TOC 流程

（1）岩石物理模型标定。岩石物理模型用来建立岩石弹性属性、各向异性特征同 TOC 及岩性参数之间的关系。

（2）线性贝叶斯反演。从部分叠加地震数据中反演岩石弹性参数（纵波速度、横波速度及密度）。

（3）条件概率估计。在多属性、多尺度模型下计算 TOC 的概率，在这个过程中需要考虑地震和测井尺度不同所造成的影响。

从地震数据预测 TOC 发生概率的过程涉及 3 个条件概率：①给定叠前地震数据，在贝叶斯框架下反演岩石弹性参数概率（Buland、Omer，2003）；②在已知大尺度（地震数据）下弹性参数的概率的条件下，计算弹性参数在小尺度（测井数据）下的概率，即尺度匹配；

③结合岩石物理模型和蒙特卡罗仿真模拟，计算已知岩石弹性参数时 TOC 的概率，即最终解。

在求解条件概率及后验概率分布时，引入了 EM 算法。EM 算法是一种迭代优化策略，由于它的计算方法中每一次迭代都分两步进行［其中一个为期望步（E 步），另一个为极大步（M 步）］，所以该算法被称为 EM 算法。EM 算法受到缺失思想影响，最初是为了解决数据缺失情况下的参数估计问题，其算法基础和收敛有效性等问题在 Dempster、Laird、Rubin 3 人于 1977 年发表的文章 *Maximum likelihood from incomplete data via the EM algorithm* 中作出了详细的阐述。其基本思想是：首先，根据已经给出的观测数据估计出模型参数的值；然后，依据上一步估计出的参数进一步估计缺失数据的值，再根据估计出的缺失数据加上之前已经观测到的数据重新对参数值进行估计，然后反复迭代，直至最后收敛，迭代结束。

在具体的实施过程中，通过页岩岩石物理模型建立页岩气储层 TOC 含量与弹性参数、各向异性参数之间的先验关系，采用蒙特卡罗仿真模拟技术获取先验关系的全区分布，利用复合贝叶斯公式求取 TOC 含量参数后验概率分布，建立 TOC 含量与弹性参数、各向异性特征之间的关系，并基于 EM 算法实现 TOC 含量反演。该方法拥有传统 TOC 含量预测方法无法比拟的优势：①能够联合应用不同类型、不同精度的数据约束反演过程；②能够定量描述反演结果的不确定性；③通过多种弹性参数及岩石物理模型的综合约束，能够有效避免常规简单基于密度参数拟合计算 TOC 中，由于密度参数计算不准确所导致的不确定性。

图 7－27 所示为威荣地区五峰组－龙马溪组页岩平均 TOC 预测结果。结果与测井实测值基本吻合，横向变化规律与纵波阻抗和密度反演结果基本一致，1～4 号优质页岩层 TOC 参数平均值在 2%～3.5% 之间。

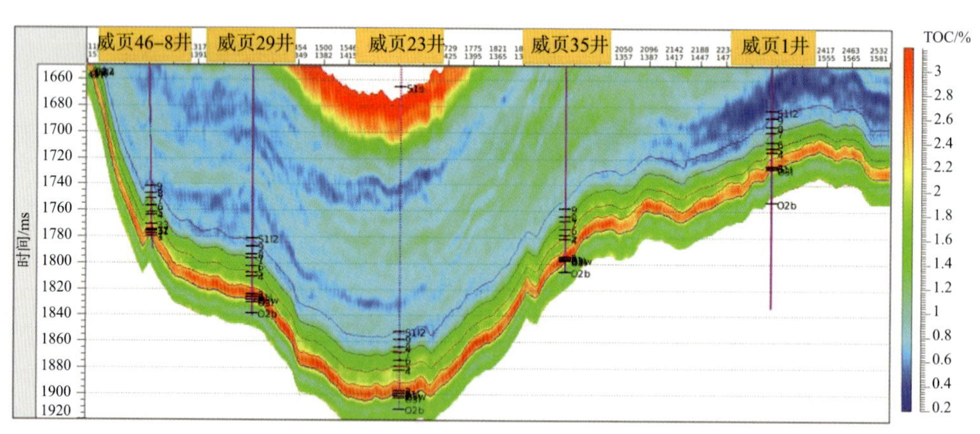

图 7－27　威荣地区五峰组－龙马溪组页岩 TOC 预测剖面

2. 深层页岩孔隙度预测技术

基于岩石物性敏感参数分析，在叠前地震弹性参数反演的基础上，进行高分辨率小层划分对比，逐层建立弹性参数与孔隙度的关系，采用高斯协模拟的方法，实现高精度孔隙

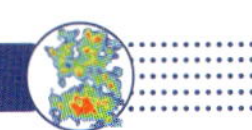

度预测。预测的流程如图 7－28 所示。

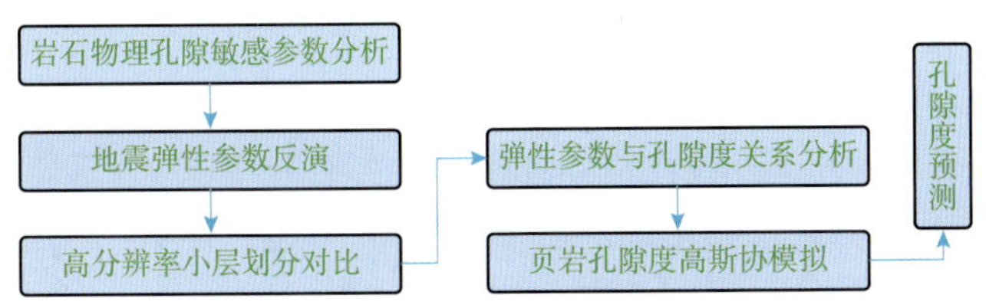

图 7－28 深层页岩孔隙度预测

从威荣地区五峰组－龙马溪组页岩孔隙度预测剖面来看（图 7－29），与测井实测曲线基本吻合，横向变化规律与纵波阻抗和密度反演结果基本一致，1～4 号层优质页岩孔隙度参数平均值在 4%～6% 之间。

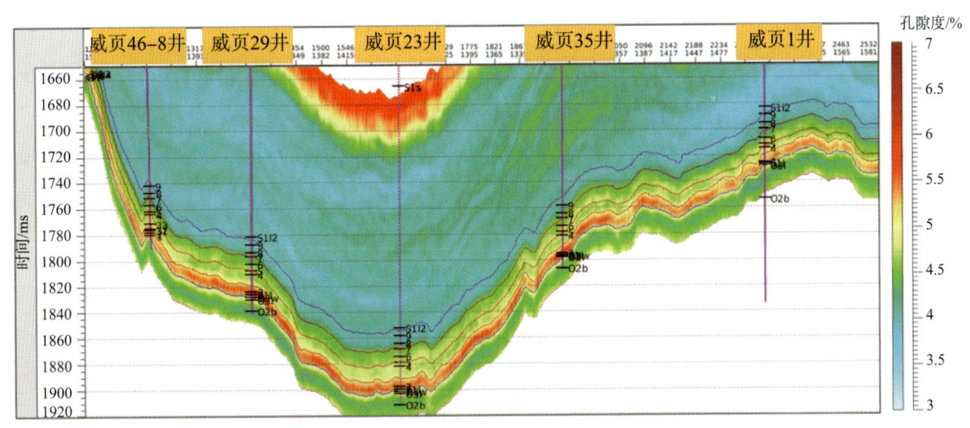

图 7－29 孔隙度反演剖面

二、深层页岩气工程品质地震预测技术

通过基于 HTI 各向异性介质理论建立的地应力预测技术和基于 VTI 介质弹性理论建立的页岩脆性预测技术，可以实现深层页岩气工程品质的高精度定量预测。

1. 深层页岩气地应力预测技术

有效应力是指岩石骨架所承受的地应力，孔隙压力是指孔隙流体所承担的压力，两者共同承担了地层的全部应力。1923，Terzagpi 提出了有效应力计算公式：

$$S = \sigma + p_b \tag{7-7}$$

式中，S 为岩石所承受的地应力，主要是重力和构造应力的叠加；σ 为岩石骨架承受的有效应力；p_b 为岩石孔隙流体所承受的压力。

在构造复杂地区，强烈构造挤压是影响地应力的主要因素之一。

方位各向异性反演地应力为近几年发展起来的新技术。该方法基于 Schoengerg 线性滑动等效介质理论，将 Ruger 方位各向异性介质近似反射系数方程表示成 6 个独立的参数。

通过反演 6 个弹性参数并引入胡克定律来计算地应力。

1）Schoengerg 线性滑动等效介质理论

裂缝诱导的方位各向异性地层等效介质理论主要包括 3 种：Hudson 硬币理论、Thomsen 弱各向异性理论及 Schoenberg 线性滑动理论。前人研究表明，3 种理论深层次具有统一相似性。相比而言，Schoenberg 理论模型假设更实用。

Schoenberg 从柔度系数张量矩阵出发，引入两个无量纲参数——法向弱性与切向弱性：

$$\Delta N=\frac{(\lambda+2\mu)K_{\mathrm{N}}}{1+(\lambda+2\mu)K_{\mathrm{N}}}$$
$$\Delta T=\frac{\mu K_{\mathrm{T}}}{1+\mu K_{\mathrm{T}}} \tag{7-8}$$

式中，ΔN、ΔT 为法向弱性和切向弱性；K_{N}、K_{T} 为法向柔度和切向柔度。

进一步可将 HTI 介质的弹性参数分为背景围岩部分与裂缝扰动部分，推导获得单组垂直定向排列裂缝等效弹性矩阵如下：

$$Fractured\ rock=Rock+Fracture \tag{7-9}$$

$$C=S^{-1}=C_{\mathrm{b}}-\begin{bmatrix}(\lambda+2\mu)\Delta N & \lambda\Delta N & \lambda\Delta N & 0 & 0 & 0\\ \lambda\Delta N & \frac{\lambda^2}{\lambda+2\mu}\Delta N & \frac{\lambda^2}{\lambda+2\mu}\Delta N & 0 & 0 & 0\\ \lambda\Delta N & \frac{\lambda^2}{\lambda+2\mu}\Delta N & \frac{\lambda^2}{\lambda+2\mu}\Delta N & 0 & 0 & 0\\ 0 & 0 & 0 & 0 & 0 & 0\\ 0 & 0 & 0 & 0 & \mu\Delta T & 0\\ 0 & 0 & 0 & 0 & 0 & \mu\Delta T\end{bmatrix} \tag{7-10}$$

式中，$C=S^{-1}$ 为围岩的刚度矩阵；当 $\Delta N=\Delta T=0$ 时，不存在裂缝，为各向同性刚度矩阵。

2）Ruger 方位各向异性反射系数方程

$$R_{\mathrm{pp}}(i,\ \phi)=\frac{1}{2}\frac{\Delta Z}{Z}+\frac{1}{2}\left\{\frac{\Delta\alpha}{\bar{\alpha}}-\left(\frac{2\bar{\beta}}{\bar{\alpha}}\right)^2\frac{\Delta G}{\bar{G}}+\left[\Delta\delta^{V}+2\left(\frac{2\bar{\beta}}{\bar{\alpha}}\right)^2\Delta\gamma\right]\cos^2(\phi-\phi_{\mathrm{s}})\right\}\sin^2 i+$$
$$\frac{1}{2}\left[\frac{\Delta\alpha}{\bar{\alpha}}+\Delta\varepsilon^{V}\cos^4(\phi-\phi_{\mathrm{S}})+\Delta\delta^{V}\sin^2(\Phi-\Phi_{s})\cos^2(\phi-\phi_{\mathrm{S}})\right]\sin^2 i\tan^2 i \tag{7-11}$$

Ruger 结合一阶扰动量法将高度非线性化的精确反射系数表达式进行了近似，得到式（7－11）。

式中，$Z=\rho\alpha$；$G=\rho\beta^2$；$\bar{\alpha}=\frac{1}{2}(\alpha_1+\alpha_2)$；$\Delta\alpha=(\alpha_2-\alpha_1)$；$\bar{\beta}=\frac{1}{2}(\beta_1+\beta_2)$；$i$、$\phi$、$\phi_{\mathrm{s}}$ 分别为入射角、炮检线方位角与 HTI 介质对称轴方位，即垂直裂缝走向方位；ρ_1、ρ_2、α_1、α_2、β_1、β_2 分别为上、下层介质的密度、纵波速度和横波速度；δ^V、ε^V、γ 分别为 Thomsen 各

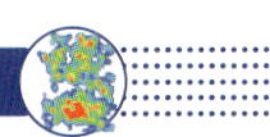

向异性系数；上标 V 代表等效 VTI 介质的 Thomsen 各向异性系数。

3）方位各向异性反演流程

前人研究发现，方位各向异性介质反射系数可以表示成傅立叶级数形式。引入 Schoenberg 线性滑动理论后，HTI 介质反射系数方程表示成：

$$R_{pp}(\phi,\theta)=r_0+r_2\cos[2(\phi-\psi)]+r_4\cos[4(\phi-\psi)] \tag{7-12}$$

其中：

$$r_0(\theta)=A+B\sin^2\theta+C\sin^2\theta\tan^2\theta$$

$$r_2(\theta)=\frac{1}{2}[B_{ani}+g(g-1)\Delta\delta_N\tan^2\theta]\sin^2\theta$$

$$r_4(\theta)=\frac{1}{8}g\kappa\sin^2\theta\tan^2\theta$$

其中：$r_0(\theta)$ 为各向同性 AVO 反射系数三项式方程；B_{ani} 为各向异性梯度：

$$B_{ani}\approx g(\Delta\delta_T-\chi\Delta\delta_N),\ \chi=1-2g$$

$$\kappa=g(\Delta\delta_T-g\Delta\delta_N),\ g=\left(\frac{V_s}{V_p}\right)^2$$

对于宽方位采集地震数据，通过宽方位、各向异性处理流程可获得各个方位角、各个入射角的部分叠加数据体。以此作为输入，可以用于反演获得纵波阻抗、横波阻抗、密度、法向弱性、切向弱性、HTI 介质对称轴方位等参数（图 7－30）。在此基础上可以直接获得裂缝走向方位、裂缝密度、纵波阻抗、横波阻抗以及密度参数。进一步，可以利用法向弱性与切向弱性参数衍生计算一系列弹性参数及地应力参数。

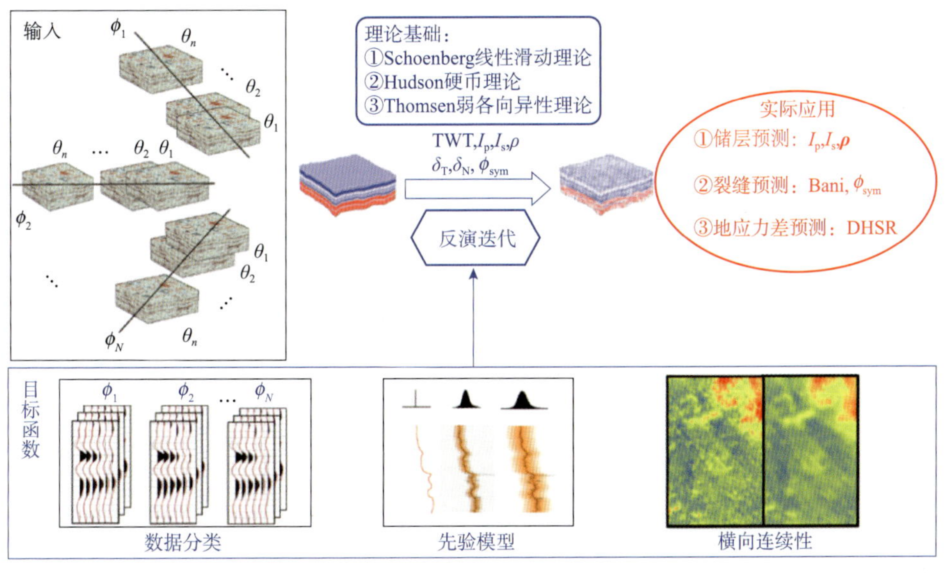

图 7－30 方位各向异性地应力反演流程示意图

4）地应力计算

根据 Schoenberg 线性滑动理论（LSD）与胡克定律可得：

$$\begin{bmatrix}\varepsilon_{h}\\ \varepsilon_{H}\\ \varepsilon_{z}\end{bmatrix}=\begin{bmatrix}\frac{1}{E}+Z_{N} & -\frac{\upsilon}{E} & -\frac{\upsilon}{E}\\ -\frac{\upsilon}{E} & \frac{1}{E} & -\frac{\upsilon}{E}\\ -\frac{\upsilon}{E} & -\frac{\upsilon}{E} & \frac{1}{E}\end{bmatrix}\cdot\begin{bmatrix}\sigma_{h}\\ \sigma_{H}\\ \sigma_{Z}\end{bmatrix} \tag{7-13}$$

式中，E 为杨氏模量；υ 为泊松比；ε 为应变；Z_N 为法向柔度。

假设水平方向的应变为0，则有：

$$\begin{cases}\varepsilon_{h}=\left(\frac{1}{E}+Z_{N}\right)\sigma_{h}-\frac{\upsilon}{E}(\sigma_{H}+\sigma_{Z})=0\\ \varepsilon_{H}=\frac{1}{E}\sigma_{H}-\frac{\upsilon}{E}(\sigma_{h}+\sigma_{Z})=0\end{cases} \tag{7-14}$$

则两个水平主应力可表示为：

$$\begin{cases}\sigma_{h}=\sigma_{z}\frac{\upsilon\ (1+\upsilon)}{1+E\cdot Z_{N}-\upsilon^{2}}\\ \sigma_{H}=\sigma_{z}\frac{\upsilon(1+E\cdot Z_{N}-\upsilon)}{1+E\cdot Z_{N}-\upsilon^{2}}\end{cases} \tag{7-15}$$

最终可求取水平主应力差（DHSR）：

$$\mathrm{DHSR}=\frac{\sigma_{H}-\sigma_{h}}{\sigma_{H}}=\frac{E\cdot Z_{N}}{1+E\cdot Z_{N}+\upsilon} \tag{7-16}$$

通过上式，可以计算求得水平主应力差，用于表征储层压裂改造有利区域。通常，水平主应力差异系数越小，则越能改造获取网状裂缝，压裂效果越理想；反之，则容易产生定向排列裂缝，不利于页岩储层压裂及产量提升。

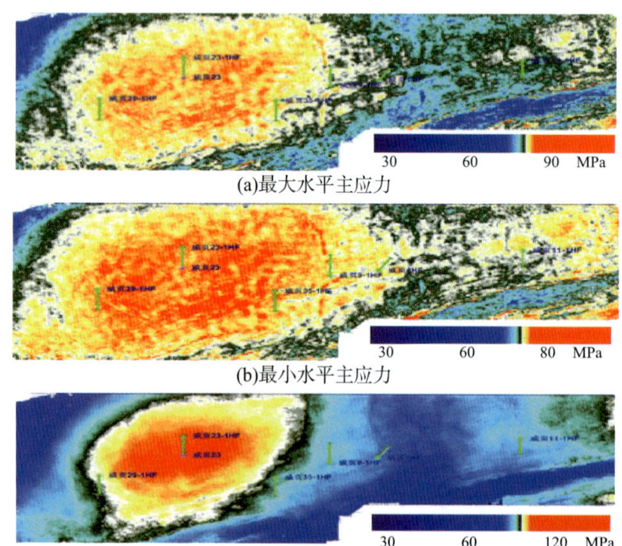

(a)最大水平主应力

(b)最小水平主应力

(c)垂向应力

图7－31　威荣地区龙马溪组页岩气目标地层地应力平面预测图

图7－31、图7－32分别是威荣地区三轴应力和应力差异系数（DHSR）及方向预测结果，最大水平主应力方向为北东东向－近东西向，介于70°～89°之间，受断裂及构造影响，部分区域有微幅偏转；最大垂向主应力为84.7～97.6MPa，DHSR介于0.12～0.15之间。由于地层隆起区（威页1井区）应力释放，应力减小，DHSR相对减小。随着凹陷区（威页23－1井区）应力相对集中

及地层埋深的加大，应力增加，DHSR 相对较大。

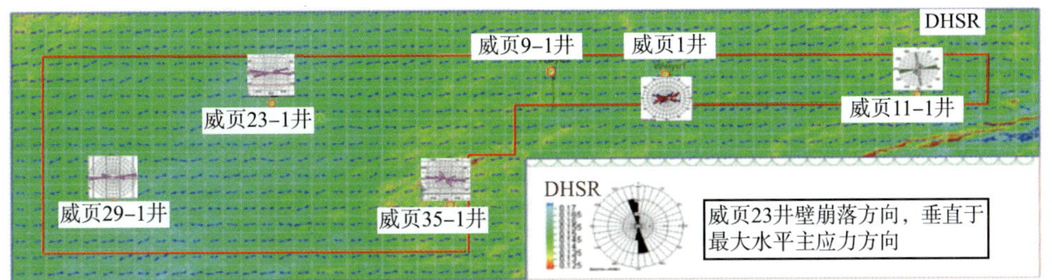

图7-32 威荣地区龙马溪组页岩气目标地层应力差异系数及方向预测图

2. 基于 VTI 介质弹性理论的页岩脆性预测技术

脆性物质的定义指出，若一种物质在极限受力时突然破裂并释放全部弹性能量，且在破裂前仅产生了很小的应变，此即为脆性物质。可见，物质的脆性与应力、应变、能量密切相关。Rickman 等（2008）采用脆性系数描述 Barnett 页岩的脆性，将脆性系数定义为：

$$B = \left(\frac{E-1}{14} + \frac{0.4-\sigma}{0.5}\right) \times 100\% \tag{7-17}$$

式中，B 为各向同性脆性系数,%；E 为杨氏模量，10^4kPa；σ 为泊松比。

在各向同性介质中，弹性参数 E 和 σ 的表达式（Leon Thomsen，2013）分别为：

$$\begin{cases} E = \dfrac{\mu_0 \left(3M_0 - 4\mu_0\right)}{M_0 - \mu_0} \\ \sigma = \dfrac{M_0 - 2\mu_0}{2\left(M_0 - \mu_0\right)} \end{cases} \tag{7-18}$$

式中：μ_0 为剪切模量，10^4MPa，$\mu_0 = \rho V_{S0}^2$；M_0 为纵波模量，10^4MPa；$M_0 = \rho V_{P0}^2$；λ_0 为拉梅系数，10^4MPa，$\lambda_0 = M_0 - 2\mu_0$；K_0 为体积模量，10^4MPa；$K_0 = M_0 - \frac{4}{3}\mu_0$；$V_{P0}$、$V_{S0}$ 分别为纵波速度和横波速度，m/s；ρ 为介质密度，kg/m^3。

在 VTI 介质中，刚度矩阵为：

$$S^{\text{aniso}} = \rho \begin{pmatrix} V_{P90}^2 & \dfrac{\lambda_{12}}{\rho} & \dfrac{\lambda_{13}}{\rho} & 0 & 0 & 0 \\ \dfrac{\lambda_{12}}{\rho} & V_{P90}^2 & \dfrac{\lambda_{13}}{\rho} & 0 & 0 & 0 \\ \dfrac{\lambda_{13}}{\rho} & \dfrac{\lambda_{13}}{\rho} & V_{P0}^2 & 0 & 0 & 0 \\ 0 & 0 & 0 & V_{S0}^2 & 0 & 0 \\ 0 & 0 & 0 & 0 & V_{S0}^2 & 0 \\ 0 & 0 & 0 & 0 & 0 & V_{S9090}^2 \end{pmatrix} \lambda_{12} = \rho V_{P90}^2 - 2\rho V_{S9090}^2 \tag{7-19}$$

式中，V_{P90} 和 V_{P0}、V_{S9090} 和 V_{S0} 分别为水平方向和垂直方向的纵波速度、横波速度；λ_{12} 和 λ_{13} 分别为具有方向性的拉梅系数。

在各向异性介质中，弹性参数与各向同性介质不同（Leon Thomsen，1986，2013；Colin M. Sayers，2010）。在式（7－19）所示的各向异性介质的刚度矩阵中，有5个独立参数，12分量、13分量和23分量中，展示出了2个不同的拉梅系数λ_{12}和λ_{13}：

$$\varepsilon = \frac{1}{2}\left(\frac{V_{P90}^2}{V_{P0}^2} - 1\right) \tag{7-20}$$

$$\gamma = \frac{1}{2}\left(\frac{V_{S9090}^2}{V_{S0}^2} - 1\right) \tag{7-21}$$

$$\delta = \frac{1}{V_{P0}^2}\left(\frac{\lambda_{13}}{\rho} + 2V_{S0}^2\right) - 1 \tag{7-22}$$

利用Thomsen各向异性参数与速度的关系（Thomsen，1986），可以推导出杨氏模量和泊松比的各向异性（VTI）表达式（Thomsen，2010，2013），进而推导出VTI介质中水平方向（B_{11}）和垂直方向（B_{33}）的岩石脆性系数，即：

$$B_{11} = \left(\frac{E_{11}-1}{14} + \frac{0.4-\sigma'}{0.5}\right) \times 100\% \tag{7-23}$$

$$B_{33} = \left(\frac{E_{33}-1}{14} + \frac{0.4-\sigma'}{0.5}\right) \times 100\% \tag{7-24}$$

分析E_{11}、E_{33}、σ'的表达式可知，B_{11}和B_{33}均隐含了Thomsen各向异性参数ε、γ、δ，说明岩石的脆性与各向异性密切相关。

图7－33所示为威荣地区龙马溪组页岩气目标层，岩石脆性系数高值异常区（黄、红色）主要集中在西部区域。对比脆性系数分布，各向同性与VTI介质条件下的脆性系数分布存在的差异比较明显，由于VTI介质更接近页岩实际地层，因而基于VTI介质理论预测的页岩脆性精确度更高，页岩的脆性更加接近地下实际情况。

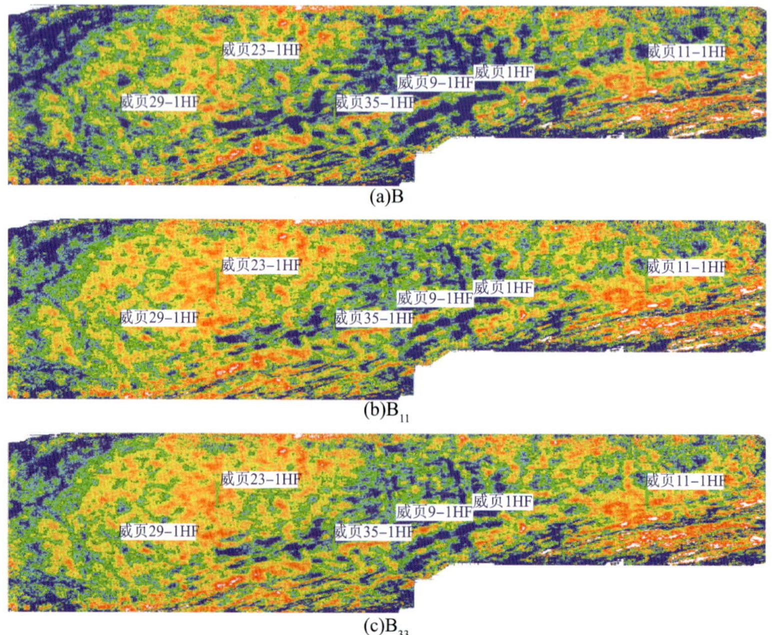

图7－33　威荣地区龙马溪组底部脆性系数（红色为脆性好的区域）

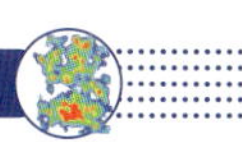

页岩脆性越强，预示着页岩地层中岩石抗压、抗张和抗剪的能力越差；在外力作用下，容易断裂破碎，有利于裂缝发育。威荣地区页岩底部脆性矿物成分含量较高（表7－6），随着岩石强度和弹性模量增大，压裂更容易产生形变破裂，从而增加人工改造裂缝的密度。

表7－6 威荣地区页岩气脆性矿物含量统计表 单位：%

地层	威页29－1井	威页23－1井	威页35－1井	威页1井	威页11－1井
9	—	41.0	—	41.3	41.6
8	—	41.8	—	42.8	39.0
7	—	41.0	44.0	44.4	41.7
6	54.6	48.6	47.8	50.2	47.1
5	51.3	46.4	44.7	49.1	45.6
4	64.6	55.2	60.5	53.6	61.3
3	65.6	60.1	65.5	66.4	64.0
2	70.6	67.2	70.5	55.8	71.0
1	76.0	65.3	60.0	—	—
1～4	67.4	61.4	65.2	63.9	64.3

图7－34所示为威荣地区龙马溪组底部页岩脆性与各向异性（δ）的叠合显示。由图可见，在脆性异常较强的区域，部分区域也呈现出较强的各向异性，但并非脆性较强的区域，各向异性一定就强。这种脆性与各向异性分布的差异，应该是由地层的页岩层理发育形成的，以及所承受的地应力作用不均匀所导致的。

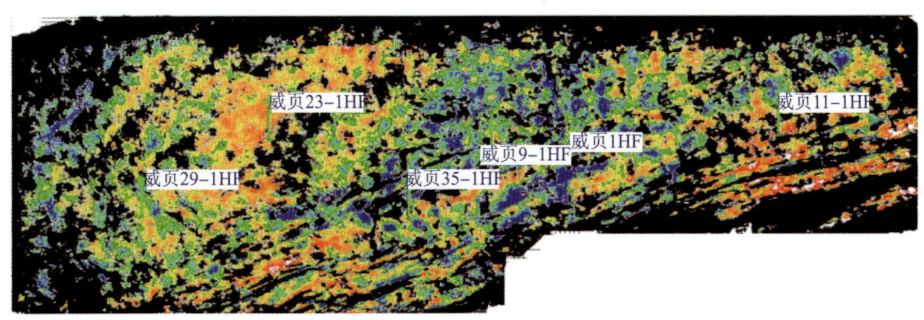

图7－34 威荣地区龙马溪组底部脆性系数＋各向异性系数δ（黑色）叠合显示

图7－35所示为威荣地区龙马溪组脆性、各向异性和裂缝的叠合显示。由图可见，页岩地层脆性、各向异性和裂缝的空间分布具有一定程度的相关性。裂缝和各向异性较强的区域，脆性也相应较强。总体来看，脆性总体较高，在外力作用下，各向异性突出，裂缝更加发育。

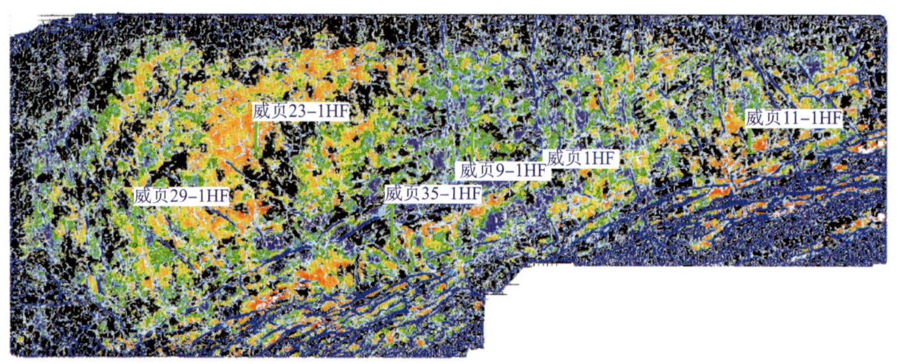

图7－35　威荣地区龙马溪组底部脆性系数＋各向异性系数δ（黑色）＋曲率（深蓝色）叠合显示

为了对比脆性、各向异性、裂缝和外力作用之间的关系，将脆性预测结果与微地震压裂监测效果叠合分析，可以直观地评判脆性预测的可靠性（图7－36）。由图可见，脆性较强的区域，微地震事件明显偏高，证明了基于VTI介质理论的脆性预测可靠性较高，同时，也说明在后期的压裂改造过程中，脆性岩层压裂后产生了更多的人工裂缝，其与储层中不同期次、类型的垂直缝、水平缝等组成裂缝网络系统，极大地改善了页岩气储层渗透性，为页岩气压后高产、稳产奠定了良好的岩石力学基础。

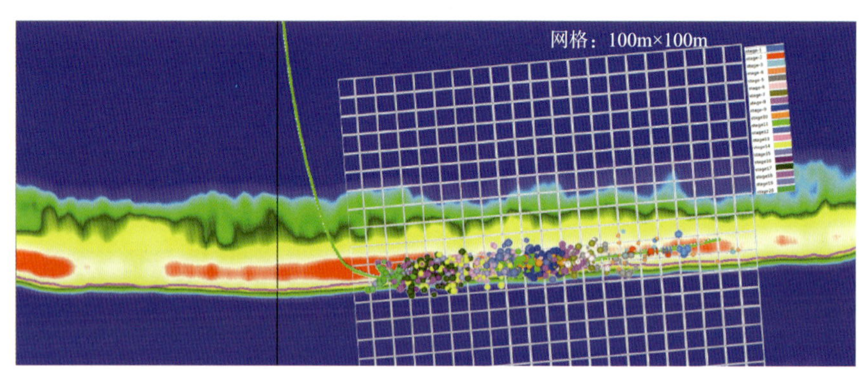

图7－36　威荣地区龙马溪组底部脆性系数＋微地震监测叠合显示

这些应用表明，针对威荣地区龙马溪组页岩气储层，基于VTI介质弹性参数的脆性系数（B、B_{11}、B_{33}）较好地反映了储层的力学脆性特征。应用结果表明，在威荣地区龙马溪组，脆性较差的页岩，存在“甜”而“不脆”的特征，天然裂缝不发育、裂缝密度低，后期压裂改造难以形成有效裂缝网络；相反，脆性较强的页岩，具备既“甜”又“脆”的特征，易于被压裂改造，人工裂缝与天然裂缝能有效沟通，形成有利于页岩中天然气渗流的通道，最终获得更高的产能。

总之，页岩的脆性与矿物含量、孔隙结构等影响力学性质的因素相关，基于弹性参数的脆性系数计算方法（Rickman，2008）融合了杨氏模量和泊松比两个力学性质参数，在国内外已经被广泛应用。但是，在各向同性与各向异性介质（如VTI介质）中，杨氏模量

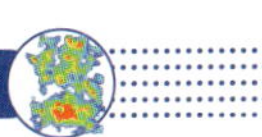

和泊松比均具有不同的数学表达形式。因此，在各向同性与各向异性条件下，页岩的物性差异大，力学性质也不一样，其脆性系数显然也应具有不同的数学表达式。研究表明：

（1）在各向异性条件下，弹性参数（杨氏模量、泊松比）与 Thomsen 参数 ε、γ、δ 有关，本小节推导的页岩脆性指数计算公式实质上包含了 Thomsen 参数，把页岩的脆性和各向异性联系了起来，更加符合特有的工程地质特征。

（2）在威荣地区龙马溪组优质页岩层段，有机碳丰度高，脆性高，可促使储层孔隙、裂缝等进一步发育，有利于页岩气富集和储层后期压裂并获得高产，可以通过脆性与拉梅常数（λ）的比值，即 $E/$（λ）脆性，来表达页岩的双“甜点”属性。

三、深层页岩气富集品质地震预测技术

1. 基于多尺度吸收属性的含气丰度预测

多尺度吸收属性（Multi－Scale Absorption，MSA），是揭示地震波能量衰减变化的一种新计算方法，主要利用小波函数在时间域和频率域均具有较高分辨率的优势，克服了常规方法提取吸收属性过程中受计算时窗影响的局限，已经在致密砂岩气藏、碳酸盐岩气藏的勘探开发中取得了良好的应用效果。页岩气藏与常规油气藏的地震波吸收属性类似，可以利用地震波的吸收属性描述页岩及油气充注特征。

频率与地震信号传播能量的关系十分密切，利用小波函数［式（7－25）］具有良好的时间域与频率域局部化特征的优势，对 Aki&Richards（1980）提出的振幅公式［式（7－26）］进行小波变换［式（7－27）］，获得小波变换系数 F_A（σ，τ）、小波尺度 σ 与品质因子 Q 之间的数学关系［式（7－28）］，可以用于描述地震信号随传播时间和频率的变化而产生的能量变化。

$$\psi(t)=e^{i\omega_0 t}e^{-\frac{1}{2}(ct)^2} \tag{7-25}$$

$$A(\omega,t)=A(\omega,0)\,e^{i\omega t-\frac{\omega t}{2Q}} \tag{7-26}$$

$$F_A(\sigma,\tau)=<A(\omega,t),\psi_{\sigma,\tau}(t)>=\int_{-\infty}^{\infty}A(\omega,t)\frac{1}{\sqrt{\sigma}}\psi^*(\frac{t-\tau}{\sigma})\mathrm{d}t \tag{7-27}$$

$$F_A(\sigma,\tau)=\frac{1}{\sigma\sqrt{\pi}}\exp\left\{-\frac{\omega_0 t}{\sigma Q}+(\frac{ct}{2\sigma Q})^2-[\frac{c(t-\tau)}{\sigma}]^2\right\} \tag{7-28}$$

在地震信号的振幅和主频已知的前提下，利用式（7－10）计算出小波尺度 σ 和相应的小波变换系数 F_A（σ，τ），然后将 F_A（σ，τ）、σ 和 ω_0 代入式（7－11），就能计算出品质因子 Q。Q 是反映地震信号能量衰减程度的参数：Q 值越大，能量衰减越小；反之，则衰减越大。小波尺度 σ 与角频率 ω_0 呈反比，即 ω_0 越低，σ 越大；ω_0 越高，σ 越小。因此，利用不同的小波尺度 σ 就能计算出不同频率下的品质因子 Q，获得不同频率下地震信号的能量衰减特征。由此，定义该方法计算的 Q 为地震信号的多尺度吸收属性。

页岩中总含气量较高时，岩石密度降低，黏弹性增强，地震波的传播速度降低，能量

衰减发生异常。据此，可将地震信号的多尺度吸收属性应用于页岩的含气丰度预测，拓展地震油气识别技术的应用领域。由于优质页岩中地震波的能量衰减现象可以用多尺度吸收属性进行描述，在高 TOC 含量、较厚的页岩地层中，含气量（特别是游离气含量）更高，地震波传播时发生吸收衰减的可能性更大，利用多尺度吸收属性就能更好地预测页岩气储层中的含气丰度相对高低。

图 7－37 所示为威荣地区五峰组－龙马溪组底部页岩基于多尺度吸收属性的含气丰度剖面，图 7－38 所示为威荣地区龙马溪组底部页岩含气丰度的平面分布情况。可见，威荣地区以威页 23－1HF 井为中心的西部区五峰组－龙马溪组底部多尺度吸收异常越强烈，页岩含气丰度高，东部相对较差。这与该区优质储层厚度分布、TOC 高低等具有良好的一致性，压裂测试结果也很好地反应了这些差异，预测的含气量误差小于 0.4%。

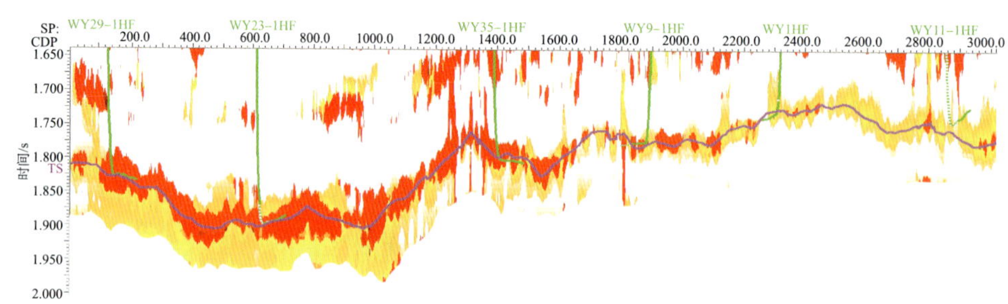

图 7－37　威荣地区五峰组－龙马溪组底部多尺度吸收属性页岩气识别剖面

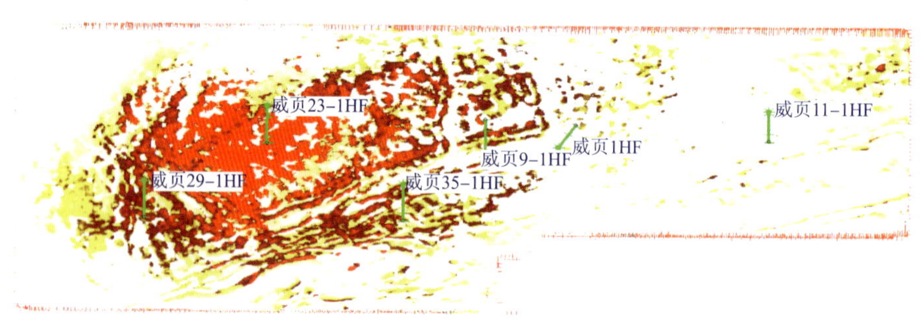

图 7－38　威荣地区五峰组－龙马溪组底部多尺度吸收属性页岩含气丰度预测图

2. 基于 Caffe 人工智能的游离气定量预测

深层页岩气的游离气比重较大，但游离气的分布直接预测难度大。采用地震技术进行页岩游离气的识别需要使用相关地震属性，但是地震属性受构造、岩性等多种地质因素的影响，存在两方面问题：①信号受采集、处理等多重因素影响呈现出非理想规则特征；②预测识别存在多解性。为此，尝试利用深度学习的技术进行解决。

1）Caffe 的基本原理

Caffe（Convolutional Architecture for Fast Feature Embedding），是一种常用的深度学习框架，在视频、图像及数据处理方面应用较多，通过组合低层特征形成更加抽象的高层表示属性类别或特征，以发现数据的分布式特征表示方式。Caffe 学习框架最大的优点是速度快，针对海量地震数据比较适用，Caffe 框架的主要结构是由 Blob（数据）和 Layer（层）组成的 Net（网络），采用 Slover（求解器）求解。

基于 Caffe 的页岩游离气识别，主要利用 Caffe 的深度学习框架，研究设计出多层的 LSTM 和 GRU 深度学习网络，通过对目标层的地震数据学习，从页岩气的多种属性特性找到不同，解决以往单一方法或属性识别游离气存在的人为主观性和多解性问题。

构建基于 Caffe 的页岩游离气识别算法原理，如图 7－39 所示。

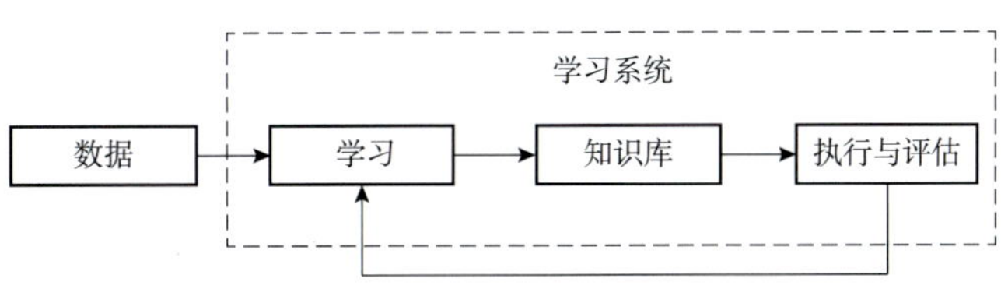

图 7－39 基于 Caffe 深度学习的原理

在这个框架下，主要采用 RNN（Recurrent Neural Networks）循环神经网络进行训练学习。RNN 是一种节点定向连接成环的人工神经网络，可以看作同一神经网络的多次复制，每个神经网络模块会把消息传递给下一个，其内部状态可以展示动态时序行为。与神经网络不同之处是 RNN 可以利用内部的记忆处理任意时序的输入序列，它可以更容易处理类似不分段的手写识别、语音识别等信息。

2）基于 Caffe 的页岩游离气识别技术思路

基于 Caffe 的页岩游离气识别的主要技术思路主要遵循以下几点：

（1）对地震数据预处理后，进行地震数据流体特征训练。由于采取深度学习的方法来实现游离气识别，因此，在进行游离气识别预测之前需要通过大量的地震数据进行流体特征模型的训练，训练的输入数据主要是地震叠后数据，将数据输入深度学习网络，利用研究的算法进行流体特征模型训练，训练结果持续通过输入数据进行修正。

（2）对目的层数据进行非线性的寻优和拟合，通过流体特征建立模型。深度学习网络主要采用两套卷积网络连接而成；第一套网络主要提取地震数据的特征进行拟合；第二套网络主要对特征进行进一步学习和分类，最终输出流体预测的概率分布。

（3）循环训练，改善地震数据流体特征的数据模型。由于页岩从物理原理上来说是稳定的，因此，对训练结果可以通过多个不同数据进行修正，防止过拟合的情况出现，可以利用参数范数惩罚、数据增强及提前终止等方法进行模型的修正。

（4）通过模型进行页岩游离气预测。通过大量地震数据进行训练后的模型，具有一定的适用性，针对新的页岩地震数据可以按照以往的训练经验输出该批地震数据的页岩游离气预测结果。

系统整体结构框架如图 7－40 所示，基于 Caffe 的页岩游离气预测系统主要分为两个部分：

一个部分是基于 Caffe 框架进行页岩游离气特征的训练部分，主要包含数据管理、数据预处理、Caffe 学习网络（其中含有两套网络）、概率模型。首先通过数据管理将地震数据输入系统，通过数据管理可以将数据转换为软件所能处理的内部格式；数据输入软件系

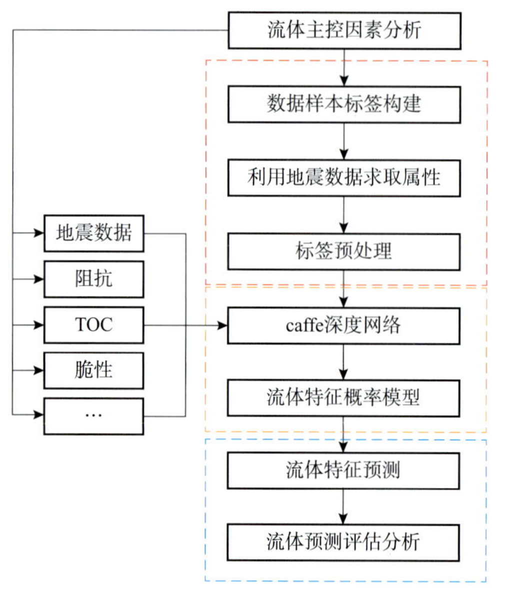

图7－40　Caffe页岩游离气预测系统整体结构框架图

统后，需要调用数据进行预处理，将输入的地震数据进行预处理，主要包含数据的转换、重排列、数据的对齐及针对后续的训练网络进行特殊的去噪等；经过预处理的数据已经按照网络输入的要求打包，送至基于Caffe的学习网络中，第一套网络接收到输入的数据进行特征学习，输出特征结果，第二套网络在特征的基础上进行进一步的分类处理，最终输出页岩游离气预测概率分布结果；然后通过再次的地震数据进行训练，直到模型能够很好收敛。训练的过程比较耗费时间，需要较长时间反复多次的学习。

另一个部分主要是流体预测部分，该部分功能主要由数据管理和数据预处理、概率模型组成，主要是针对新的地震数据进行流体特征的预测。采用与训练类似的方法将地震数据导入软件系统中，利用已经训练好的概率模型直接进行预测，这个过程相对较快，且只需要进行一次计算。

图7－41所示为通过Caffe深度学习框架学习，分析地球物理数据规律，得到的威荣地区页岩气目标层反映了游离气含量的地震频变属性分布差异规律。图7－42所示为基于Caffe人工智能的页岩储层游离气定量预测结果。

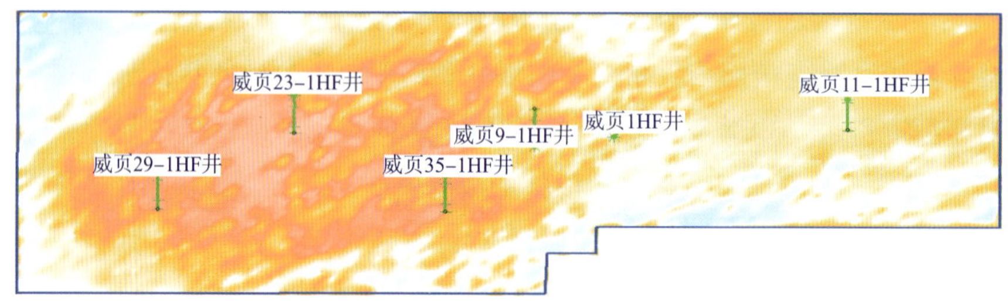

图7－41　威荣气田龙马溪组底部反映游离气丰度的地震频变属性图

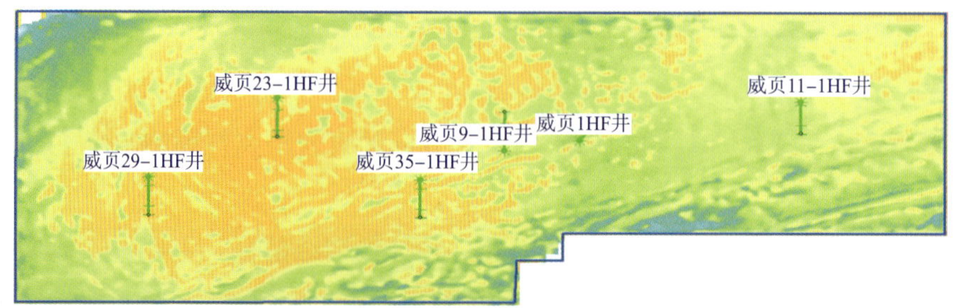

图7－42　威荣气田龙马溪组底部基于Caffe人工智能的游离气含量预测图

3. 地震多参数含气量定量预测技术

对于页岩气来说，页岩含气性的直接表现就是含气量的高低。页岩含气量是由多种因素决定的，是页岩气所有的形成与富集条件的综合反应，包括埋藏深度、TOC 含量、R_o、页岩厚度、孔隙度、地层压力、保存条件等，含气量高低决定了页岩气储层含气丰度的高低和工业开采价值。

本章第三节中详细分析了含气量与地震弹性参数间的关系，因此，含气量的预测可由下列公式获得：

$$G_{total} = G_{free} + G_X \tag{7-29}$$

$$G_{free}\left(\text{Den},\ \frac{V_P}{V_S},\ E,\ \mu\right) = A\ \text{Den}^a + B\ \left(\frac{V_P}{V_S}\right)^b + CE^c + D\mu^d + E \tag{7-30}$$

$$G_X = 0.7592\text{TOC} + 1.258 \tag{7-31}$$

$$\text{TOC}(V_P,\ V_S,\ \text{Den}) = AV_P{}^a + B\ V_S{}^b + C\text{Den}^c + D \tag{7-32}$$

图 7－43 为威荣地区龙马溪组底部基于反演参数的含气量剖面。从含气量反演剖面看，纵横向变化与 TOC 变化基本一致，纵向上含气量高的优质页岩气储层主要集中在 1～6 号小层，含气量为 2～5m^3；平面上，高含气量优质页岩气储层分布与 TOC 分布基本一致，西部略好于东部，含气量为 3～5m^3/t（图 7－44）。

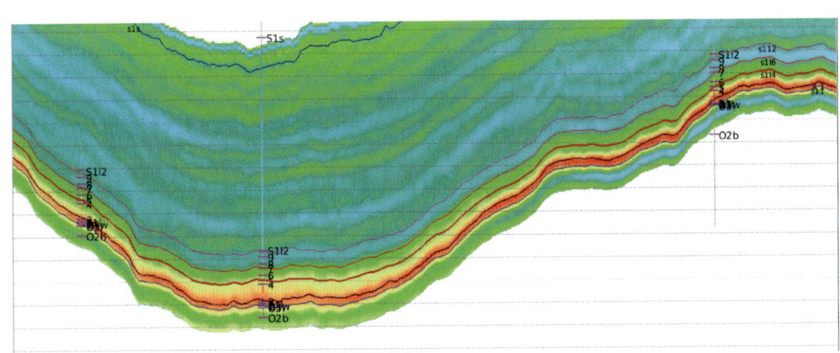

图 7－43 威荣地区五峰组－龙马溪组含气量反演剖面

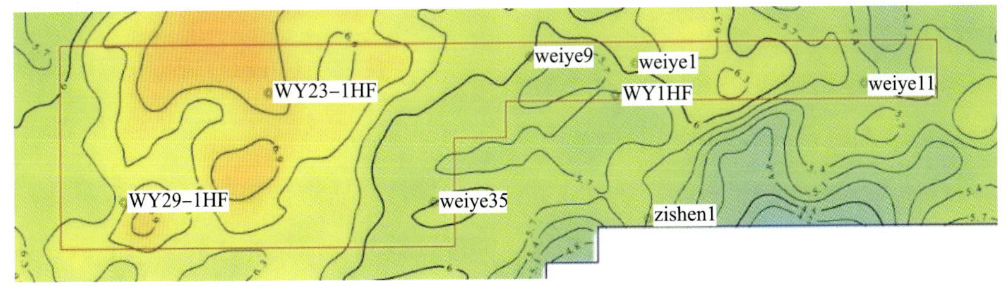

图 7－44 威荣地区 1～6 号页岩气层平均总含气量预测平面图

4. 深层页岩气多尺度裂缝预测技术

页岩品质及生烃潜力是页岩气获产的物质基础，而微裂缝发育与否是页岩气高产稳产的重要因素之一。页岩中微裂缝发育可改善储集性能和渗滤能力，页岩地层中的微裂缝，尤其是发育均匀、成网状的微裂缝体系，能够促使页岩气水平井水力压裂改造形成大规模缝网络体系统，有效增加 ESVR。但大尺度的裂缝或断层，可能对页岩气的保存和压裂改造造成不良影响。因此，需要地质、地震综合，在区域应力场研究、构造精细解释基础上，运用多种裂缝预测技术进行深层页岩气多尺度裂缝综合预测。

1）钻井岩心裂缝识别与 FMI 成像测井裂缝分析

井筒数据是所有地质、地震研究的基础和硬约束。收集岩心、薄片和钻录井资料研究裂缝发育程度、裂缝充填特征和产状，对裂缝进行分类，结合区域构造背景资料，可以研究裂缝发育期次与埋藏史、生烃演化史的时空配置关系。FMI 成像测井主要研究小尺度裂缝，包括裂缝密度、方位、倾角、开度等参数，是地震裂缝预测的重要结果和检验信息。

2）地质构造成因裂缝模拟

地质成因裂缝模拟通过对地层的构造发育历史进行反演，得出正确的三维地质模型，然后再根据正演来计算每期构造运动对地层产生的应变量，同时对解释方案进行检验，然后应用应变量作为主控参数，考虑地层厚度、岩性、裂缝方向等参数对裂缝发育强度及主要发育方向进行预测，并对裂缝的特性进行分析。在构造复原中有两个前提假设，即面积不变和体积不变，其算法可以分成两组：非运动学恢复：忽略断层几何形态；运动学恢复：考虑了断层几何形状对上盘变形的影响。

非运动学恢复算法主要包括弯曲去褶皱、“拼版”恢复两种，运动学恢复算法主要包括斜剪切、弯曲滑动、断层平行流算法。通过非运动学恢复或运动学恢复，可以得到精确的三维地质模型。在构造正演过程中，得到地层受构造运动产生的应变量。以得到的应变量为主控参数，同时考虑地层厚度、裂缝发育方向等参数，用随机模拟方法预测裂缝发育密度和方向。应变量预测裂缝时，通过随机模拟算法，以得到的应变量作为控制裂缝生长参数，应变强度越大，则产生的裂缝越多。裂缝方向可以用地层产状控制，也可以用断层产状控制，需要对区内钻井、测井资料的裂缝统计结果进行分析。

从原理上来看，这种裂缝预测可以获得研究目的层在不同地质历史时期的古构造形态及形变量，从而预测不同期次的裂缝。但是，由于三维构造建模及三维构造平衡恢复比较困难，一般采用基于属性的约束方法进行裂缝模拟。

3）方位各向异性地震微裂缝检测

物理模拟与数值模拟表明，当纵波在方位各向异性介质中传播时，具有以下特征：

（1）P 波在通过垂直裂缝体时表现出很强的方位各向异性特征，裂缝对 P 波的响应影响主要取决于裂缝方位与观测测线走向之间的夹角及裂缝密度。

（2）裂缝顶层的反射 P 波走时不随方位变化，振幅随方位角有微弱的变化，对各向异性反映不明显。

（3）裂缝体底层反射 P 波表现出很强的方位各向异性，P 波反射振幅及走时与测线和裂缝方位有关，测线与裂缝平行时振幅最强、走时最短；随着测线与裂缝夹角的增大，振幅逐渐减弱、走时逐渐变长；至测线与裂缝方向垂直时，振幅最弱，走时最长。其振幅近似为周期 180°的正余弦曲线。

（4）P 波通过垂直裂缝体后，与均匀介质相比，均表现为振幅降低、速度减小、频率衰减、时差变长等综合响应特征。对裂缝模型施加不同的压力，呈现出 P 波方位各向异性幅值的不同响应。

图 7－45、图 7－46 为在固定偏移距下模拟的裂缝发育层、各向同性地层底界面走时及顶界面振幅随方位的变化特征，表明在存在裂缝诱导的方位各向异性时，P 波走时与振幅呈现近似椭圆变化。在裂缝走向方位，振幅极大，走时极小；在垂直裂缝走向，走时极大，振幅值极小。基于上述特征，P 波裂缝预测研究主要包括：P 波振幅随方位角的变化分析，P 波 NMO 速度的方位角变化分析，以及 P 波时差的方位角变化及波阻抗随方位角的变化分析。

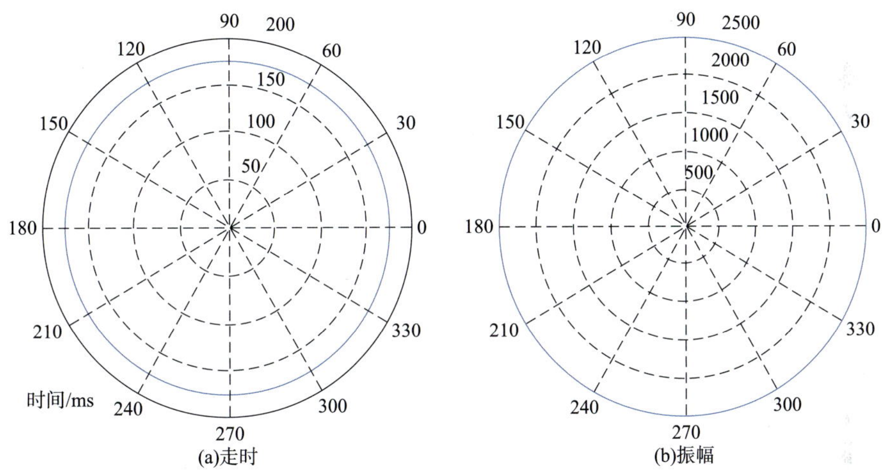

图 7－45 各向同性介质 P 波走时振幅随方位角的变化

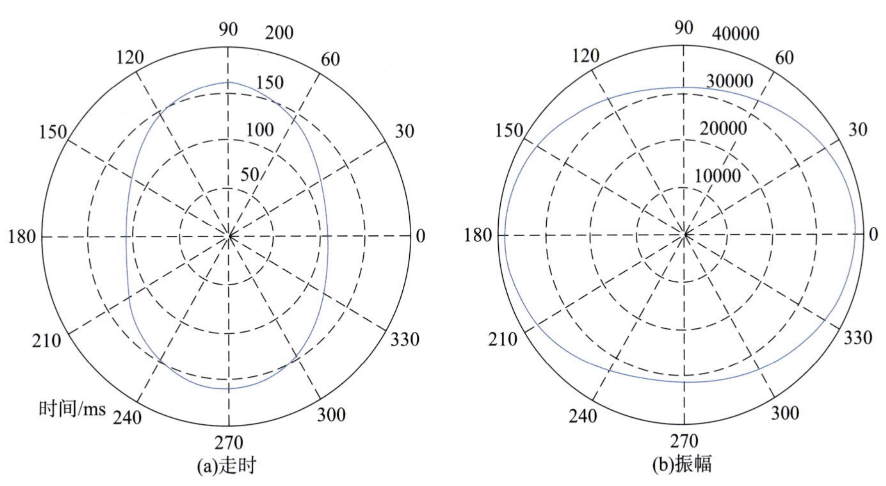

图 7－46 裂缝介质 P 波走时和振幅随方位角的变化

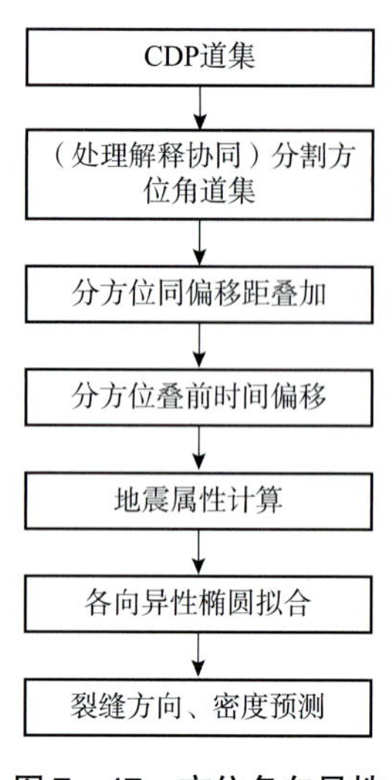

图 7－47 方位各向异性地震微裂缝检测流程

依据以上原理，可以利用 P 波波场参数反演方位各向异性属性。目前，最常用的是采用分方位 P 波振幅进行椭圆拟合反演。通过 P 波反射振幅在固定偏移距下的表达关系，利用多个方位角的地震数据反演可得到裂缝走向和垂向。对于叠前数据，可以对每个偏移距进行计算，然后取加权结果；对于叠后数据，可以将多个方位的叠加振幅利用最小二乘法进行拟合计算，从而实现方位各向异性地震微裂缝检测。流程如图 7－47 所示。

以威荣地区龙马溪组为例，根据构造因素和三维地震资料条件，开展地震叠后属性裂缝预测（包括增强型相干属性、曲率属性）及 P 波叠前方位各向异性裂缝检测等方法来研究该区裂缝发育情况（图 7－48～图 7－50），整体上，威荣地区大－中尺度裂缝（>5m）不发育，小－微尺度裂缝（<5m）相对发育。

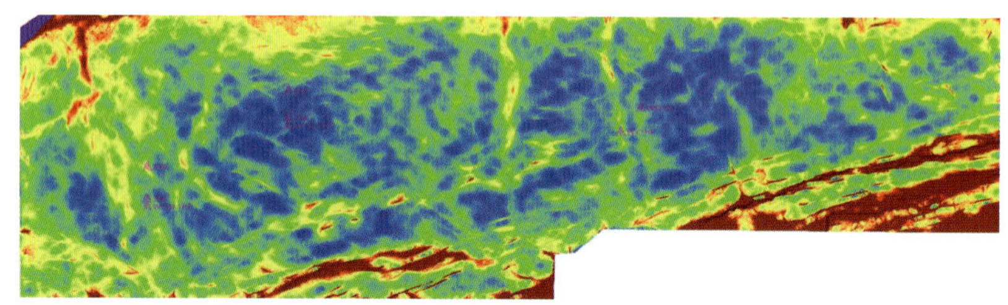

图 7－48 威荣地区龙马溪组目标层 AFE 断层增强属性裂缝预测图

图 7－49 威荣地区龙马溪组目标层相干属性裂缝预测图

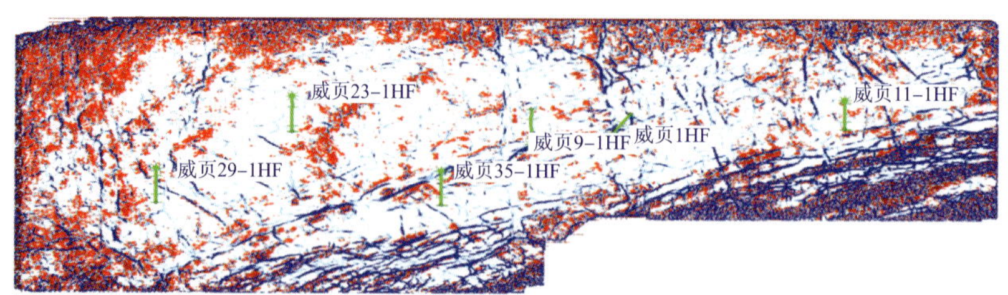

图 7－50 威荣地区龙马溪组目标层纵波各向异性（红）＋曲率（蓝）裂缝预测图

5. 深层页岩压力预测技术

目前利用地震信息进行压力预测主要有两种方法，大致可以分为图解法和公式计算法。图解法包括等效深度图解法、比值法或差值法、量板法；公式计算法包括等效深度公式计算

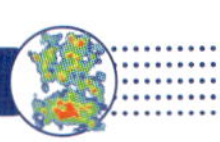

法、Eaton 法、Fillippone 法和刘震法、Stone 法、Martinez 法等。其中，公式计算法又可分为依赖正常压实趋势线的公式计算法（等效深度法、Eaton 法等），以及不依赖正常压实趋势线的公式计算法（Fillippone 法）。等效深度法及 Eaton 法是目前应用最广泛的方法。

Pervukhina、Han 等近年来提出了一种名为 CPS（clay plus silt）的泥页岩岩石物理模型，并通过实际应用证明了该模型可用于求取正常压实情况下的声波时差，且相对于基于数据拟合得到的地区压实趋势线具有更高的压力预测精度。然而，上述模型是针对普通泥页岩建立的，模型中并未考虑生烃物质（有机质）的影响。有机质的存在不仅会大大降低岩石的硬度，而且其定向排列的空间分布形态往往会进一步加强岩石的各向异性。要想将这种利用岩石物理模型来构建压实趋势线的思路用于富含有机质的页岩气储层中，需对上述模型进行改进，使之适用于川南深层页岩气的压力预测。

1）页岩 CSO 压力预测模型

CPS 模型能计算正常声波时差的理论基础在于：模型假设岩石孔隙均与黏土相关，孔隙流体与黏土颗粒构成湿黏土混合物。实验数据表明，湿黏土混合物的弹性张量与湿黏土孔隙度（湿黏土中流体的体积含量）呈线性负相关关系，而与黏土的矿物组分无关。因此，湿黏土的弹性张量可由湿黏土孔隙度单一确定，整个泥页岩的弹性张量可由湿黏土孔隙度和砂质混合物（除黏土以外的其他矿物组分）的体积含量共同确定。与此同时，地层压力的变化只会影响岩石中软孔隙的开启和关闭，而软孔隙对总孔隙度的影响可以忽略不计，故影响泥页岩弹性张量的两个因素均不受异常压力的影响，模型可计算出正常压实情况下岩石的速度或时差。

对 CPS 模型进行改进，依然假设黏土与孔隙流体构成湿黏土混合物，而石英、长石、方解石、黄铁矿等硬性矿物组成砂质混合物，不同的是，模型的构成组分由原来的湿黏土、砂质混合物两相变为湿黏土、砂质混合物及有机质 3 相。将改进的新模型称为 CSO 模型。相比于原模型中采用微分等效介质理论（DEM 模型）来求取两相混合物的等效弹性张量，CSO 模型中选用 Backus 平均公式来求取湿黏土、砂质混合物及有机质三相所构成的等效介质。而由于 Backus 平均公式具有显式表达形式，较需要迭代求解的 DEM 模型具有更高的计算效率，因而已被不同学者用在富含有机质页岩的岩石物理建模中。

2）地震压力预测技术

常规压力预测方法大多数基于速度谱或者地震层速度资料，其预测机理是基于泥岩常压实趋势，分辨率低，不适用于页岩内部以生烃增压为主的异常孔隙压力预测。基于叠前地震反演获得的纵波速度和密度资料进行地层孔隙压力预测的方法通常会受到密度参数反演结果不准确的影响，密度参数不准确就不能准确求取上覆地层压力，从而影响地层孔隙压力预测结果的稳定性。而基于阻抗信息直接进行压力预测的方法兼具了地震资料分辨率高的特点，同时还可以忽略基于叠前反演获得密度参数通常不太准确的问题，能够获得稳定、可靠的压力预测结果。Rasolofosaon（2009）提出的基于波阻抗的地层压力预测方法（RT 法）是页岩储层压力预测的有效手段。该方法具有以下优势：①地层压力与纵波阻抗具有良好的相关性；②基于地震资料获取纵波阻抗（拟声阻抗）的技术成熟、手段丰富、分辨率高；③它的实现不同于 Pillippone 法，是基于有效应力原理的。基于改进 RT 法的地层压力地震预测技术，其技术流程如下（图 7－51）：

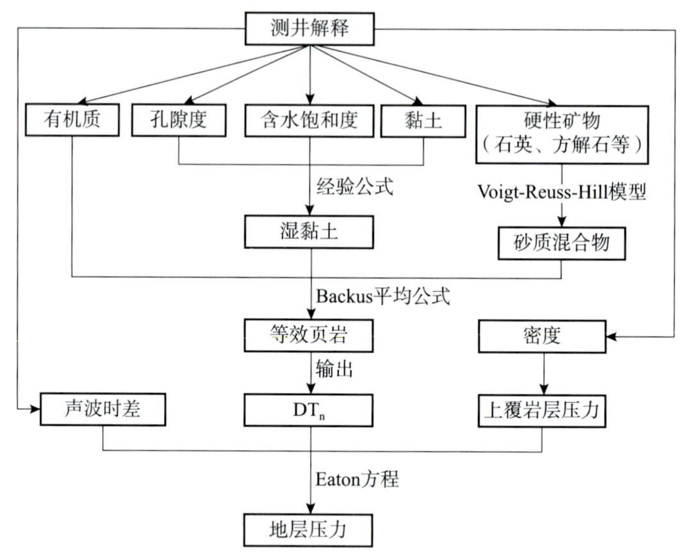

图 7－51　基于岩石物理模型的页岩气储层单井压力预测流程图

（1）基于叠前地震数据体，通过叠前波阻抗反演，获取高精度纵波阻抗信息。

（2）基于测井数据，通过时深转换和数据分析，建立基于测井资料的地层等效应力和纵波阻抗的关系。

（3）将步骤（1）获得的纵波阻抗代入该关系式，即可计算得到与波阻抗数据范围大小一致的地层有效压力数据体。

（4）通过步骤（1）获得的纵波阻抗，确定上覆地层压力。

（5）通过获得的地层等效应力和上覆地层压力，计算地层孔隙压力。

威荣地区基于 CSO 模型和等效应力原理，结合高精度压实趋势线，进行地层压力预测，计算结果如图 7－52、图 7－53 所示，可以看出，目的层压力系数介于 1.7～2.05 之间，向斜区压力系数大。地震地层压力预测结果与实测地层压力结果吻合较好，龙马溪组底部地层压力明显偏高，属于超压页岩气藏。

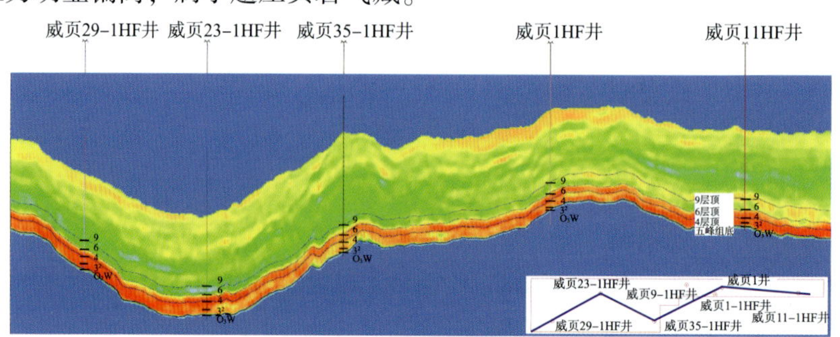

图 7－52　威荣地区龙马溪组地层压力系数剖面

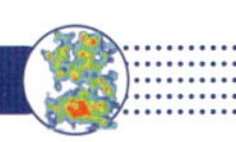

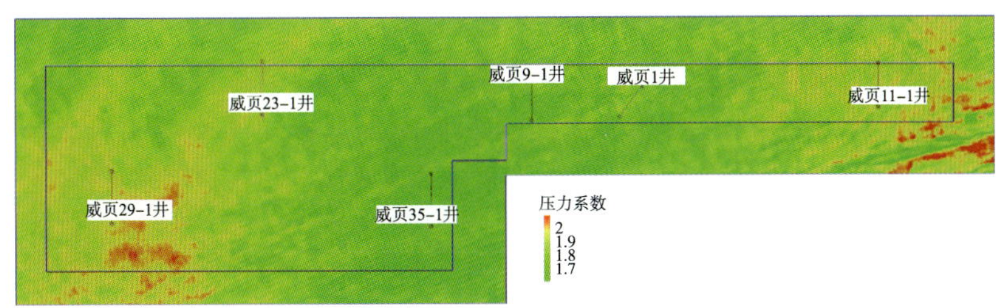

图7-53 威荣地区龙马溪组目标层基于CSO的地层压力系数预测分布图

第五节 深层页岩气“甜点”地震综合评价

页岩气“甜点”综合评价的研究思路是以地质分析为指导，以页岩气形成富集条件为依据，以岩石物理分析为基础，以页岩气形成富集主控因素为研究目标，形成的包含TOC预测、孔隙度预测、含气量预测、压力预测、页岩分布预测等在内的技术体系。通过有针对性的地震预测技术（包括构造解释、地震反演、压力预测、TOC预测及裂缝预测等）开展页岩气形成富集有利区的分布预测。参照中国石化海相页岩气目标评价标准，以页岩气关键评价参数预测结果为基础，实现页岩气储层品质、工程品质和富集品质评价，最后集合结果，完成页岩气有利区地震综合评价（表7-7）。

表7-7 川南页岩气选区地震综合评价赋值

参数类型	参数	权值	分值			
			1.0~0.75	0.75~0.5	0.5~0.25	0.25~0
储层品质	储层厚度/m	0.4	>30	30~20	20~10	<10
	有机碳含量/%	0.2	>3.5	2.0~3.5	2.0~1.0	<1.0
	孔隙度/%	0.4	>6	6~4	4~2	<2
工程“甜点”	脆性指数/%	0.5	>2.0	1.9~2.0	1.8~1.9	<1.8
	DSHR	0.5	<0.18	0.18-0.2	0.2-0.22	>0.22
富集品质	含气量/%	0.4	>4	4~2	2~1	<1
	压力系数	0.3	>1.8	1.8-1.5	1.5-1.2	<1.2
	微裂缝发育程度	0.3	发育	较发育	发育一般	不发育

在页岩储层品质评价方面，主要考虑页岩的厚度、TOC、孔隙度等；在页岩气工程品质评价方面，主要考虑页岩地应力和页岩脆性等；在页岩气富集品质评价方面，主要考虑含气量、裂缝发育以及地层压力等。根据各项评价参数赋值条件，实现页岩气综合评价。威荣地区五峰组-龙马溪组1~4小层全区发育稳定，厚度变化范围为30~50m、页岩TOC平均变化范围为1.2%~3.2%，含气量变化范围为3.0%~7.5%，压力系数变化范

围为1.6~2.0。脆性指数表明，1~4小层脆性条件较好（威页35井区略差），地应力方向整体为近东西向，主要参数表现为西部页岩气层优于东部。按照页岩气评价标准，1~4小层优质页岩气层分为有利区和较有利区两类评价区，其中，中西部为有利区，东部主要为较有利区。

为了提高预测精度，在采用参数系数赋值方法的基础上，进一步选用深度学习神经网络处理评价不确定性和不精确性问题，将数值方法和模糊逻辑方法结合，将符号逻辑推理方法与联结机制方法相结合。该方法对数据内部结构的表征能力可解决传统的神经网络算法预测精度不高，容易陷入局部最小值，出现过拟合等问题。该方法通过对数据特征的自动提取和抽取，有效避免了过拟合的缺点。一般来说，深度神经网络学习包括3个步骤：①定义一组样本；②评估样本；③选择最优函数。

参照川南地区地震综合评价赋值，对威荣地区五峰组－龙马溪组1~4号层开展地震预测评价，编制威荣地区综合评价图（图7－54），并结合单井测试效果，优选出Ⅰ类和Ⅱ类（“甜点”）有利区，Ⅰ类（“甜点”）有利区面积为95.1km²，具有厚度大（37m）、高孔隙度（5.4%）、高脆性（61%）的特点；Ⅱ类（“甜点”）有利区面积为24.9km²，具有厚度中等（32m）、中孔隙度（5.0%）、中脆性（59%）的特点；较有利区面积为23.77km²，具有厚度薄（27m）、中孔隙度（5.0%）、中脆性（58%）的特点。

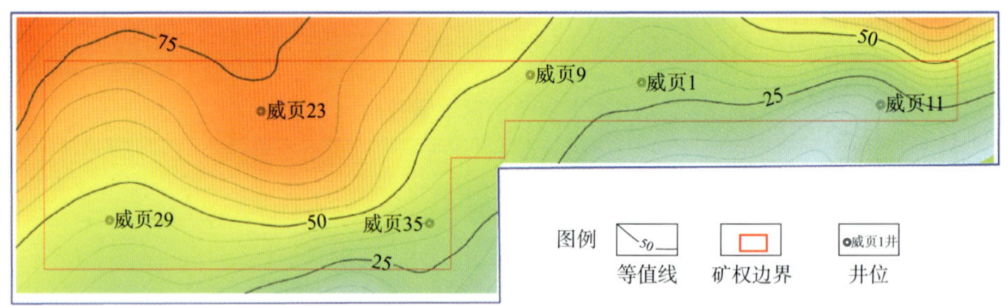

图7－54　威荣地区五峰组－龙马溪组储层品质综合评价图

第八章　深层页岩气一体化现场支撑保障技术

美国页岩气革命和我国的页岩气勘探开发实践证明，地质、工程一体化是非常规油气高质量勘探和效益开发的重要途径。在钻井轨道设计阶段，通过对页岩气储层精细描述，优选出“地质工程”纵向“甜点”层，通过对地应力性质及裂缝展布的预测，明确水平井方位、靶窗和轨道位置，地质、工程相结合可设计出合理的水平井轨道。在现场钻井实施阶段，为保障页岩气水平井优质储层钻遇率，奠定高产基础，优化压裂分段分簇评估压裂效果，提升压裂工艺，获得商业产能气流，必须将地质、物探、工程多学科一体化深度融合，建立深层页岩气水平井轨迹全天候实时监控、优化、调整的工作方法和技术方案。通过近几年来的摸索，形成了深层页岩气一体化现场支撑保障系列技术，包括地质、物探、工程一体化轨迹综合调整控制技术，地质、物探、工程一体化水平井压裂分段分簇优化及现场检测技术，等等。该系列技术的应用，使威荣深层页岩气优质储层钻遇达到95%以上，压裂整体覆盖率达到85%以上，为威荣深层页岩气田的高效勘探和效益开发提供了坚实支撑。

第一节　地质、物探、工程一体化轨迹综合调整控制技术

一、一体化轨迹综合设计调整控制方案

页岩气属于典型的人工改造气藏，地质、工程一体化深度融合的思想贯穿全局，勘探开发一体化密不可分，高昂的建井成本决定了页岩气水平井必须最大限度地实现规模压裂，充分动用井筒附近的资源获得更高产能。在水平井钻进过程中，通过地质、物探、工程一体化轨迹综合调整控制确保水平井轨迹在“甜点”层中穿行，为高效压裂创造条件，奠定了提高单井产能的基础。

通过威荣深层页岩气勘探实践，形成了川南地区钻前轨道设计与预案 + 钻中实时识别校正优化的页岩气水平井轨迹控制方案（图 8 - 1）。该控制方案包括钻前、钻中两大部分：钻前部分包括依据地质认识获得的靶窗、钻井方位选择，依据地震预测获得的精细构

造解释和深度预测结果获得的水平井轨迹优化结果，根据直井（导眼井、邻井）测井自然伽马特征选取的控制点、预警点、辅助控制点组成的着陆点控制方案等，形成了基于三维地质模型的轨道设计技术；钻中部分包括依据旋转导向（或滑动导向）+随钻方位自然伽马+元素录井（XRF）获得的资料判断钻头位置（与预案位置比较），地震实时的深度和微幅构造校正，水平井轨迹实时优化和调整，等等，形成了水平井地质识别、物探校正和工程实时优化等一系列技术。

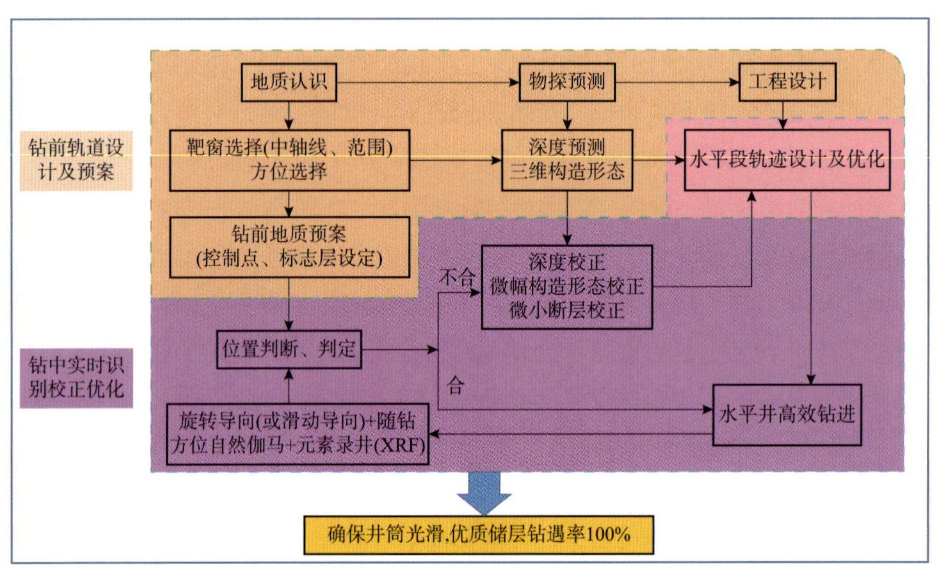

图 8-1　川南深层页岩气水平井一体化轨迹综合设计调整控制方案流程图

该方案在轨迹控制方面包括 4 个核心内容：

（1）轨迹优化设计：精细构造解释，深度预测，确保轨迹光滑合理。

建立基于三维精细构造解释和深度预测的三维地质模型，结合入靶方式的选择和有针对性的特殊构造特征（上凸下凹、断层上下盘等）确定轨迹优化方案，进行井轨迹优化设计，在保障最大优质储量钻遇率的同时，达到工程施工安全性和后期改造的稳定性，减少工程风险。

（2）着陆控制：精心制定预案，设置多级预警点，确保精确着陆中靶。

钻前开展导眼井或邻井直导眼各标志层对比研究。以自然伽马、常量元素为主，参考气测、TOC 变化设置控制点。以威荣地区为例，控制点分为三级（图 8-2）：一级控制点一般位于靶点 40m 以上，井斜角 $<60°$，观察钻进、轨迹不做调整；二级控制点一般位于靶点之上 30m 以内，井斜角 $\geq 65°$，计算地层视倾角、重新预测入靶垂深，进行轨迹优化调整；三级控制点距离靶点在 10m 以内，井斜角接近 80°，此时，需要精确计算地层视倾角，准确预测入靶垂深，以最小靶前距、最佳井斜角优化入靶轨道。

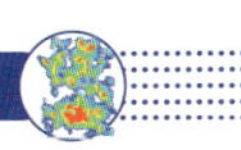

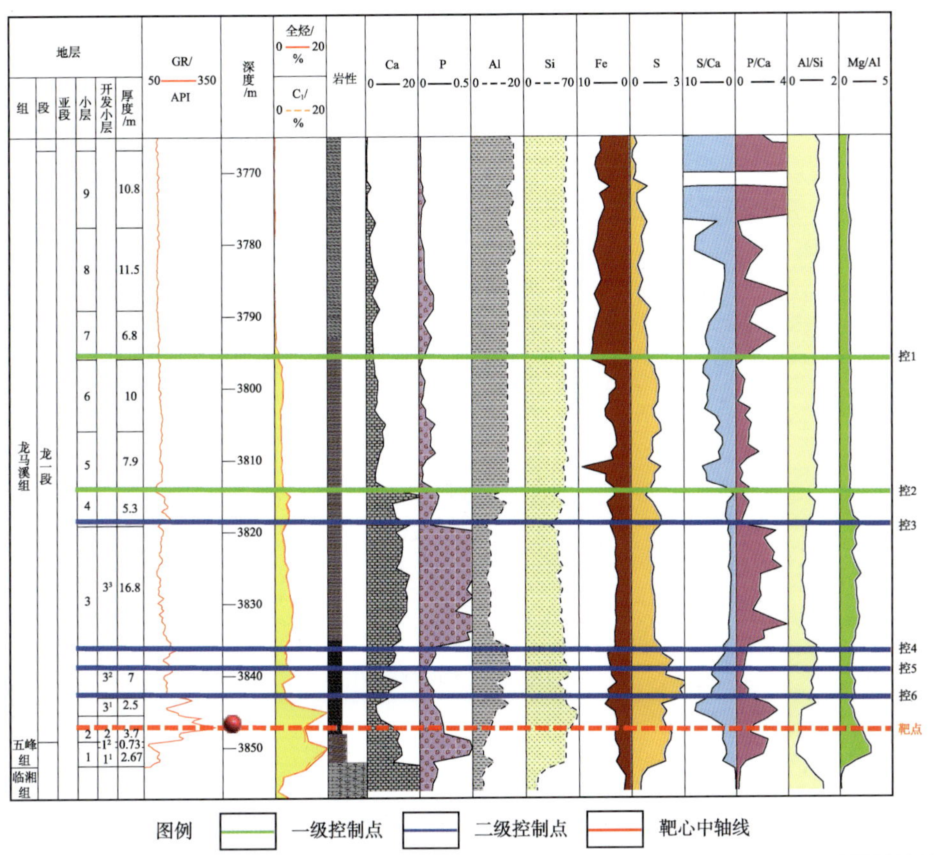

控制点	位置	威页23-1井			变化特征	
		直导眼垂深/m	距离Ⅲ峰尖垂距/m	预计井斜角/(°)	GR	元素
1	7层底	3796	51	60	岩屑颜色由灰变黑，GR由110API增至117API	Ca含量增多，Fe含量减少，S含量增多
2	5层底	3814	33	65	GR由120API降至83API	Ca含量增多，Fe含量减少，S含量减少
3	4层峰尖	3818	29	67	GR由155API降至108API	Ca含量增多，Fe含量增多，S含量减少
4	Ⅰ峰尖	3836	11	79	GR由180API降至126API	Ca含量增多，Fe含量增多，S含量增多
5	Ⅰ峰下半幅峰尖	3839	8	83	GR由160API降至136API	Ca含量增多，Fe含量减少，S含量增多
6	Ⅱ峰尖	3843	4	84.5	GR由170API增至233API	Ca含量减少，Fe含量增多，S含量减少
A靶	Ⅲ峰尖	3847	0	90	GR由170API增至233API	Ca含量增多，Fe含量增多，S含量增多

图8-2　水平井着陆控制点识别（以威荣威页23-1井为例）

（3）水平段钻进控制：定量分析靶窗内识别标志，保证井轨迹在设计靶窗内穿行。

对设计靶窗控制点进行精细定量识别标志研究，明确上、下报警界面随钻自然伽马、方位自然伽马、录井元素（XRF）及其比值、气测的变化标志（图8-3），同时在上、下报警界面之上设置二级控制界面，防止井轨迹大幅偏离靶窗。

（4）多学科紧密结合：实时调控，确保井眼光滑和高优质储层钻遇率。

地质专业密切关注地层变化，对比直导眼与水平段各控制点位置，根据控制点自然伽马值特征、上下自然伽马大小，结合各控制点元素特征，综合分析判断目前钻头位置，井轨迹相对地层的上、下行关系；根据不同控制点，井轨迹钻遇同一标志层的垂深、水平位移来计算地层视倾角；据地层倾角，预测 A 靶、K 点（控制点）、B 靶等关键点位的垂深。

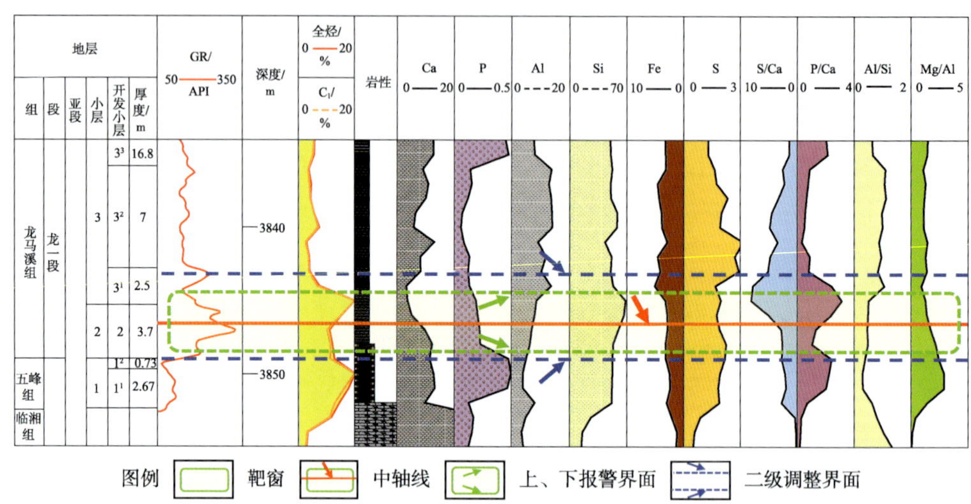

靶窗段随钻GR、元素特征变化表

序号	位置		GR/API	方位GR	元素特征
	开发小层	峰			
1	3^1上	Ⅱ峰下半幅	160~230	上GR>下GR	中–低Ca含量，低P含量，高Al含量，高Ti/Al
2	3^{1-2}	Ⅱ~Ⅲ峰间	135~160	上、下GR交错	Ca含量减少，P含量增多，Al含量减少，Ti/Al含量减少
3	2下	Ⅲ峰副峰下半幅	240~268	上GR>下GR	中Ca含量，P含量增多，Al含量减少，Ti/Al含量增多
4	2底	龙马溪组底部	150~190	上GR>下GR	Ca含量增多，P含量增多，Al含量减少，Ti/Al含量增多
5	1	五峰组	65~115	上GR<下GR	高Ca含量，高P含量，低Al含量，高Ti/Al

图 8－3　水平井靶窗内控制点（以威页 23－1 井为例）

物探专业根据实钻井轨迹、钻遇地层情况，动态校正地震深度剖面，开展地震微幅构造校正，使其符合实钻情况，并根据最新校正地震剖面，预测钻头前方地层产状、可能钻遇的断层、地层揉皱等情况，为后续水平井井轨迹调整提供地震依据。

工程专业根据地质、物探综合预测的关键点位的垂深，进行轨迹优化，计算出最新的井轨迹数据，交由钻井方、定向方实施。在优先确保井轨迹在优质页岩穿行的情况下，尽最大可能确保井眼轨迹平滑，为后期测井、下套管作业、测试压裂等完井施工提供光滑的井眼条件。

总之，地质、物探、工程一体化轨迹综合调整控制就是利用地质、物探、工程专业手段，采用水平井轨迹控制技术准确识别井底钻头所处层位，计算地层视倾角，判断轨迹相对于地层的上、下行关系，优化前方井轨迹，利用钻井导向工具进行增、降斜作业，保证水平井优质储层高钻遇率的技术手段，为后期完井、压裂提供最佳井筒条件。

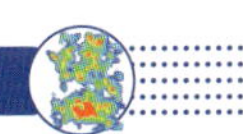

二、基于三维地质模型的轨道优化设计技术

基于三维地质模型的轨道优化设计技术包括三维地质模型的建立、入靶方式选择、井眼剖面类型优选、井眼曲率选择、造斜点选择、稳斜段井斜角选择、特殊构造轨迹优化等多个方面。

1. 轨道设计原则与依据

包括以下 5 个方面，核心是确保实现钻井的目的，满足深层页岩气井打成、打好的目标，为后期的压裂改造和产能突破奠定基础：

①充分考虑现有的装备条件和技术能力；②根据精细的构造特征，考虑地层微小构造变化对轨迹控制的影响；③选择造斜点、造斜率等参数时，应满足钻井、采气和修井作业要求；④在满足钻井目的的前提下，尽可能选择比较简单的轨道类型，以有利于安全、快速钻井，降低钻井成本；⑤最终设计的轨道要满足摩阻扭矩相对最小的要求，以利于后期作业。

2. 三维地质模型的建立

通过地震资料层位跟踪分析，结合已钻井分层数据，对储层构造进行精细刻画，特别是加强对断缝、微构造的精细解释，在构建地质模型的基础上，利用钻井分层数据追踪解释标志层五峰底的层面，然后以地震解释的断层、标志层层面成果为主要输入数据，以井的分层为辅助输入数据，将地层厚度横向预测结果作为约束条件，分别对各小层顶层位面模拟，从而建立准确的三维地质构造模型。

3. 入靶方式选择

目前，常用的入靶方式有 3 种：上靶窗入靶模式、靶心入靶模式和下靶窗入靶模式。上靶窗入靶模式即井斜角与地层倾角小角度相交，触碰设计要求靶窗范围上轨线，缓慢进入靶心，距目标靶心 2m，距靶窗下轨线 4m；靶心入靶模式即井轨迹进入上靶窗后，继续钻进至靶心附近，轨迹与地层倾角达到近平行的方式入靶；下靶窗入靶模式即井斜角与地层倾角大角度相交，由上靶窗进入后穿出下靶窗，采用减小与地层入射角的方式重新回探下靶窗轨线入靶的方式。各入靶方式各有特点（表 8－1）。川南地区由于微幅构造多（真假难辨），部分地区断缝发育（10m 级小断层），地层倾角变化大，预测难度大，五峰组观音桥段可钻性差，且靶窗范围要求较高，纵向偏差小于 2m，狗腿度小于 10°/100m，非特殊及必要情况不得超出该限制，等等。设计轨迹入靶优选为上靶窗入靶模式。

表 8－1　入靶模式及其特点对比表

入靶方式	示意图	特点
上靶窗入靶模式：	上靶框 下靶框	井轨迹调整余量大，增大了储层钻遇率，减小了狗腿度，减小了工程风险

续表

入靶方式	示意图	特点
靶心入靶模式	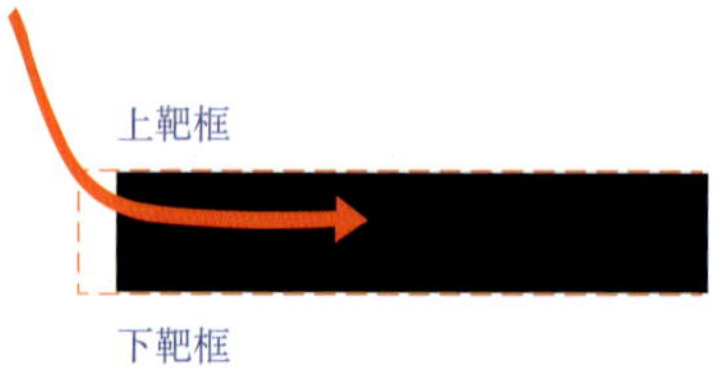 上靶框 下靶框	该方式为设计极为精准情况下的理想状态，现场实际操作中很难实现，且存在若地层倾角预测误差较大时，井轨迹调整余量相对较小，容易穿出下靶窗的风险
下靶窗入靶模式	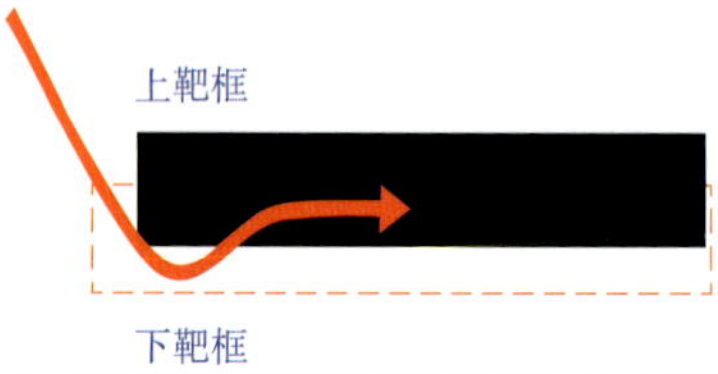 上靶框 下靶框	属于两次中靶，能更全面地了解靶窗情况，但增大了工程风险，可能造成狗腿度的增加，靶前位移增加，完钻井深增加

4. 井眼轨道剖面类型优选

主要的定向水平井钻井轨道剖面类型有单增剖面、双增剖面、三增剖面、悬链线剖面等。从减小摩阻扭矩的角度来讲，悬链线剖面具有优势，但以目前定向技术条件，难以钻出悬链线轨迹，原因在于悬链线剖面钻柱大部分处于受拉状态，张力促使脱离下井壁，摩阻扭矩较小，变曲率控制难度较大，因而很少使用。

单增剖面一般用于靶前位移小、目标层厚、深度较准确的水平井，要求工具造斜率高，适用于较小尺寸的井眼。双增剖面一般用于靶前位移大、深度不准确的水平井，要求工具造斜率较低，适用于较大尺寸的井眼，应用较广泛，剖面简单。三增剖面一般用于油顶不清楚的水平井中，第二稳斜段探油顶，第三增斜段为强增斜段，在探顶后快速增至设计井斜角。

目前一般采用多段圆弧组合设计的井眼轨道，比较常用的是双增剖面或三增剖面，如果使用旋转导向钻具组合，采用“直－增－稳－增－平”剖面；如果使用螺杆马达钻具组合，二维井采用“直－增－稳－增－平”剖面（稳斜段短），三维井（稳斜段长）考虑到轨迹调整能力及提速方面的优势，采用“直－增－微增－平”剖面。

5. 井眼曲率、造斜点及井斜角优选

井眼曲率主要考虑工具造斜能力的限制和钻具刚性的限制，结合地层的影响，保证设计轨道能够实现。在能满足设计和施工要求的前提下，应尽可能选择比较低的造斜率。这样，钻具、仪器、套管及压裂桥塞都容易通过。另外，造斜率过低，会增加造斜段的工作量。因此，结合国外页岩气和涪陵页岩气（设计 4.5°/30m 左右）开发采用的井眼曲率情况，综合考虑将造斜率范围确定为 4°/30m～6°/30m。

造斜点的选择应充分考虑地层稳定性、可钻性的限制。尽可能把造斜点选择在比较稳定、均匀的硬地层，避开软硬夹层、岩石破碎带、漏失地层、流沙层、易膨胀或易坍塌的地段，以免出现井下复杂情况，影响定向施工。造斜点的深度应根据设计井的垂深、靶前位移、井眼曲率及轨道类型来决定，并考虑满足采油工艺的需求。应充分考虑井身结构的要求，以及设计垂深和位移的限制，选择合理的造斜点位置。对于二维井造斜点，可以选

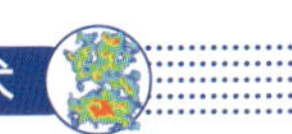

在龙马溪组上部，三维井造斜点根据偏移距和靶前位移确定。

井斜角的大小，直接影响了轨迹的控制。井斜角太小时，方位不好控制。而井斜角太大时，施工难度却又增加。因此，稳斜段井斜角的选择，应充分满足轨迹控制的需要。另外，它对方位控制、电测、钻速都有明显的影响。一般来讲，井斜角的大小与轨迹控制的难度有下列的关系：当井斜角小于15°时，方位难以控制；井斜角为15°～40°时，既能有效调整井斜角和方位，也能顺利钻井、固井和电测，是较理想的井斜角控制范围；井斜角为40°～50°时，钻进速度慢，方位调整困难；井斜角大于60°时，电测、完井作业施工的难度很大，易发生井壁垮塌。因此，页岩气水平井稳斜段井斜范围为25°～35°，三维井初始扭方位井斜角为25°～35°。

6. 特殊构造轨迹优化

在钻井设计过程中，某些井轨迹难免会钻遇局部隆起、凹陷、断层等特殊情况，在追求高钻遇率的同时，也要计划好后期工程施工问题，为了确保井眼轨迹平滑，降低摩阻扭矩，减少后期钻井施工难度，保障下套管、压裂测试等工程施工能正常进行，应适当选择放弃部分优质储层钻遇率（图8－4）。

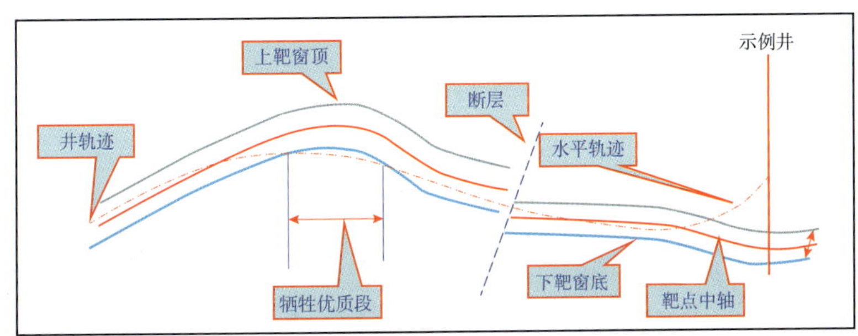

图8－4　钻遇特殊构造水平井轨迹优化示意图

三、水平井轨迹地质识别技术

水平井轨迹地质识别对于水平井轨迹控制与调整至关重要，以水平段过地震剖面上无法识别的小断层（断距小于10m）为例（图8－5），水平段过断层，关键在于确定钻头在穿过断层到达另外一侧后所处的地层位置，通过位置的确定和对比，才能确定是从断层下盘穿到了上盘，还是从断层上盘穿到了下盘，才能决定是增斜还是降斜。因此，只有做好水平井轨迹地质识别，才能为接下来的页岩气水平井轨迹调整打好基础。

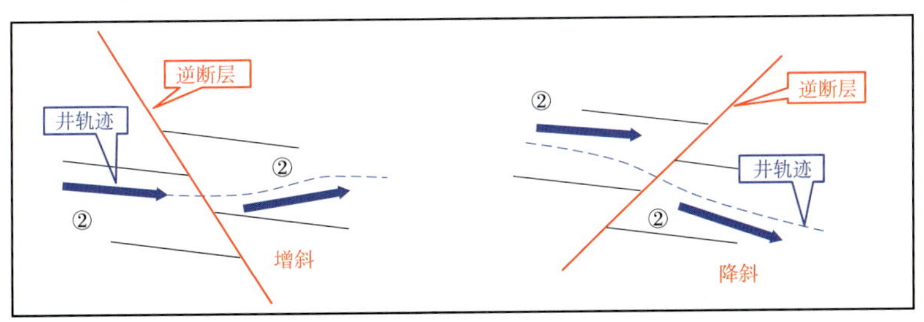

图8－5　实钻过程中钻遇断层水平井轨迹控制示意图

川南深层页岩气勘探实践过程中，形成了川南探区深层页岩气旋转导向（或滑动导向）+随钻方位自然伽马+元素录井（XRF）的页岩气水平井轨迹地质识别技术。该技术有两个关键点：①依据随钻方位自然伽马计算地层视倾角，判断井轨迹与地层的上、下行关系；②利用实时的元素录井（XRF）资料结合随钻自然伽马，落实井底钻头位置。

1. 井底钻头位置的判断

对于构造简单的地区来说，一般采用随钻方位自然伽马来判断钻头在地层中的位置，它利用随钻上、下方位自然伽马数据，判断钻头位于自然伽马尖峰上或下抑或位于相对自然伽马变化平稳的位置，以此作为调整井斜角的重要依据。当自然伽马上小下大时，表明钻头在尖峰上部；当自然伽马上大下小时，表明钻头在尖峰下部；当自然伽马上下一致时，表明钻头在尖峰处顶部，或位于自然伽马变化相对平稳的位置（图 8－6），具有反应灵敏、可靠性高的优点。

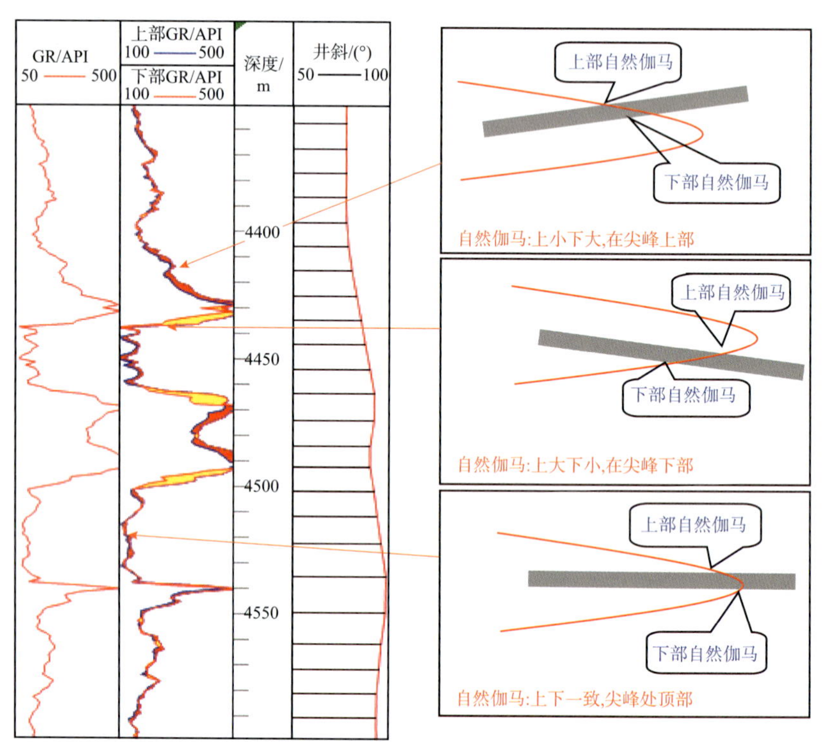

图 8－6　利用随钻方位自然伽马判断钻头位置示意图

对于钻遇的微小断层、微幅构造等，由于地层突然变化，利用单一的伽马值不能准确判断钻头位置，元素录井正好能弥补随钻伽马这一缺陷，元素录井的各类元素能很好地反应地层的变化情况，同一区域内各类元素具有可标定性，在不同层位具有不同的特征（表 8－2），且变化趋势明显。特别是穿越微小断层、微幅构造时，元素特征会出现明显的变化。

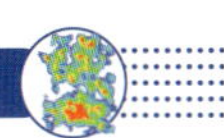

表 8－2　永川南区 1－5 小层元素变化特征表

位置	常规录井及元素特征	备注
5 小层底	Ca 含量增多，Fe 含量增多	
4 小层底	Ca 含量增多，Mg 含量减少	
3^2 小层底部	Ca 含量增多，Fe 含量减少	
3^1 小层中部	Ca 含量减少，Fe 含量减少	靶窗上边框
2 小层底	Ca 含量增多	靶窗下边框
1 小层底	Ca 含量增多，Si 含量减少	

2. 计算地层视倾角

方位伽马计算地层倾角的原理是利用钻井井眼与同一套地层层面以一定角度相交。在钻进方向上，同一地层界面会在井眼上、下先后出现，记录同一界面在钻进方向上的位移（图 8－7），与井眼直径联合求解，可以求得地层视倾角与井眼轨迹的夹角（χ）：

$$\chi = \arctan\left(\frac{D}{\Delta d}\right) \tag{8-1}$$

式中，D 为井径，cm；Δd 为同一地层 GR_U、GR_D 之间的位移，m。

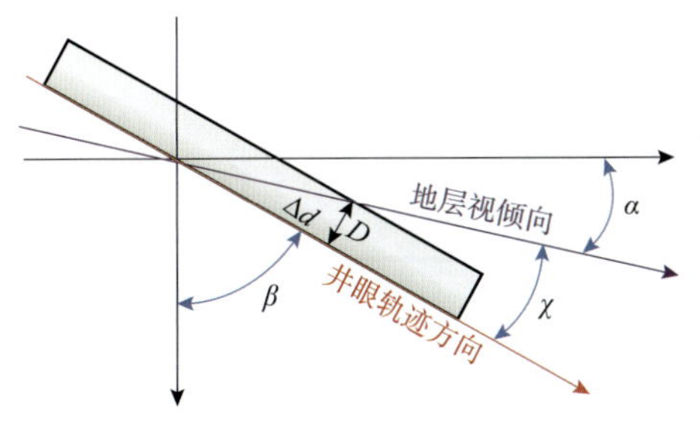

图 8－7　随钻方位伽马测量值计算地层视倾角示意图

通过与随钻定向仪器提供的井斜角联合求解，即可求得近钻头地层视倾角：

$$\alpha = \chi + \beta - 90° \tag{8-2}$$

其中，α 为地层视倾角，(°)；β 为井斜角，(°)。

四、水平井轨迹物探校正技术

川南地区存在较多虚假微幅度构造的情况，其形成的主要原因是上伏地层存在速度突变带，高（低）速突变会使地震反射时间变短（长），地震局部特征表现为凸起，地震速度分析精度不够，不能准确地确定速度微小变化，造成偏移归位不到位，从而形成异常凸（凹）起，造成虚假微幅度构造。速度突变带产生的原因有多种（表 8－3），针对不同原因，可以采用不同的分析与识别方法，从而有效解决水平井深度预测问题。

表 8－3　川南页岩气微幅构造发育特征统计表

发育区	机理	分析方法	识别方法
威荣地区	龙马溪组上部沉积相带变化	斜角反射追踪	波形分类
永川地区	龙一段顶部高速异常体	模型正演	振幅属性
	二叠系底部局部断层发育	模型正演	断层精细解释

1. 虚假微幅构造的识别

1）相带变化导致的虚假微幅构造的识别

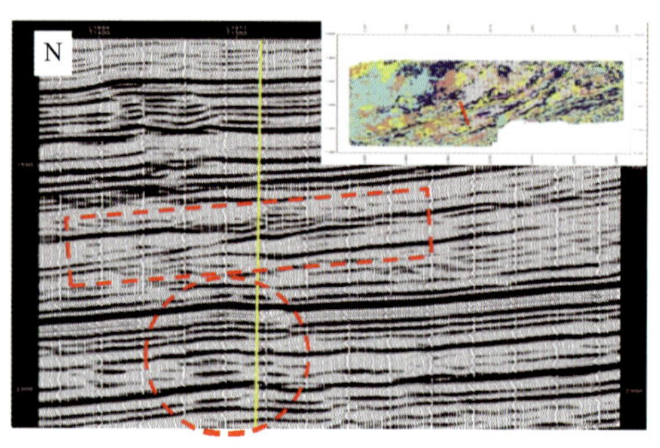

图 8－8　威荣地区龙马溪组底部异常微幅剖面分析图

威荣地区剖面上（图 8－8），上伏地层具有明显斜角反射，表明地层有相带变化，岩性差异会引起局部较大速度变化。高速斜交反射体会引起下伏地层反射时间缩短、局部地层凸起，在地震叠加速度分析精度不够的情况下会导致偏移校正不到位，从而无法将异常凸起偏移校正归位。可通过追踪上伏地层斜交反射带，确定异常微幅构造分布范围，也可以通过波形分类属性分析，确定异常分布范围及展布特征。

2）断层导致的虚假微幅构造的识别

若永川地区龙马溪组上部二叠系茅口组发育小断层，将导致茅口组局部地层加厚，而茅口组为一套岩性致密的灰岩地层，速度较大，会引起下部龙马溪组地层局部走时减少，造成局部的虚假微幅构造，模型正演验证了上述判断（图 8－9）。

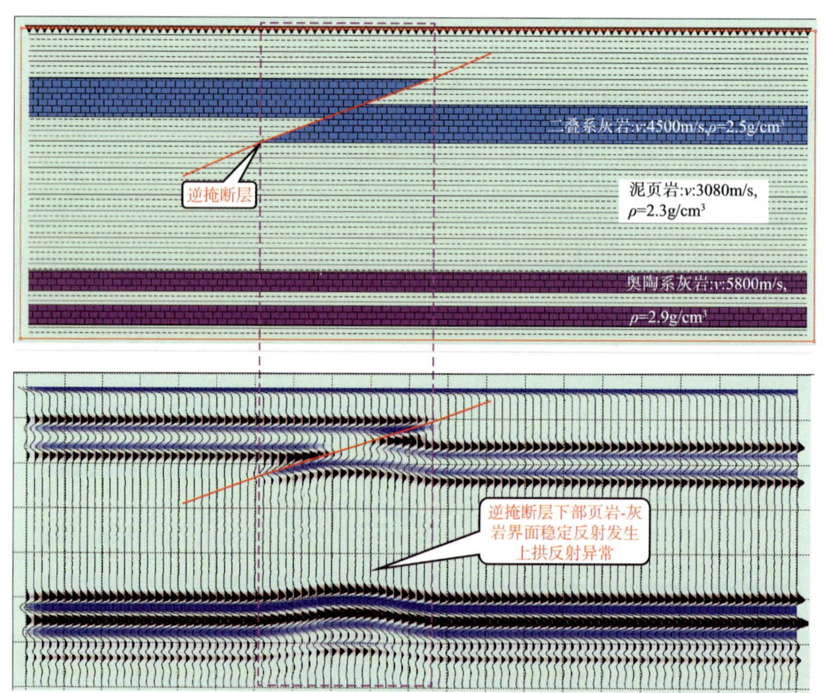

图 8－9　上覆断层引起的虚假微幅度构造模型正演分析

3）高速异常体导致的虚假微幅构造的识别

高速异常体同样会导致虚假微幅构造，模型正演结果表明（图 8－10）：当目的层上

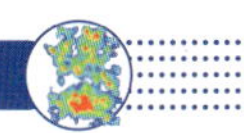

部存在距离较近的高速异常体时，会引起局部速度突变，导致局部地震反射同相轴偏移归位不准确，发生下部稳定反射层上拱的地震反射异常。

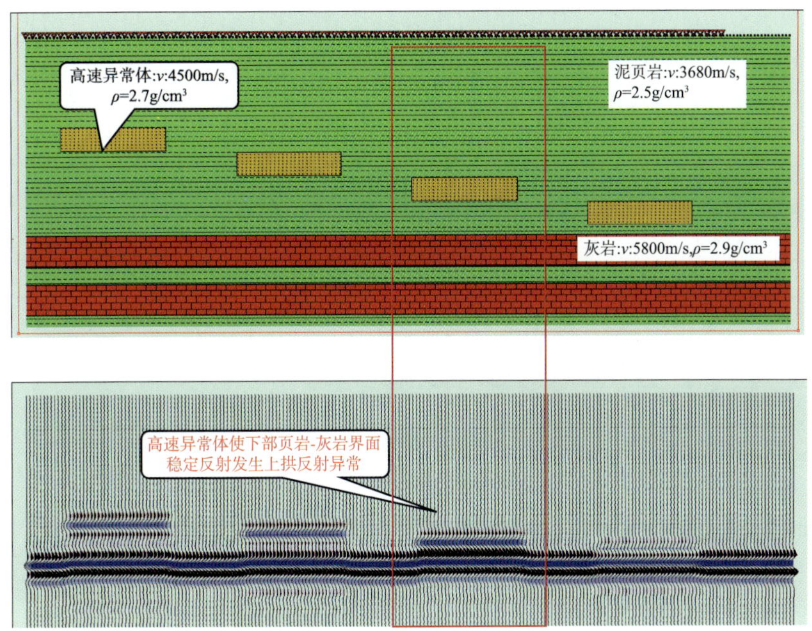

图8－10　高速异常体虚假微幅构造模型正演分析

永川北部向斜区就存在这样一个局部的高速异常体，通过地震振幅属性可有效识别该局部异常体的范围，在这个范围内，龙马溪组优质页岩储层底部地震反射同相轴发生了明显的畸变，出现了虚假微幅构造（图8－11）。

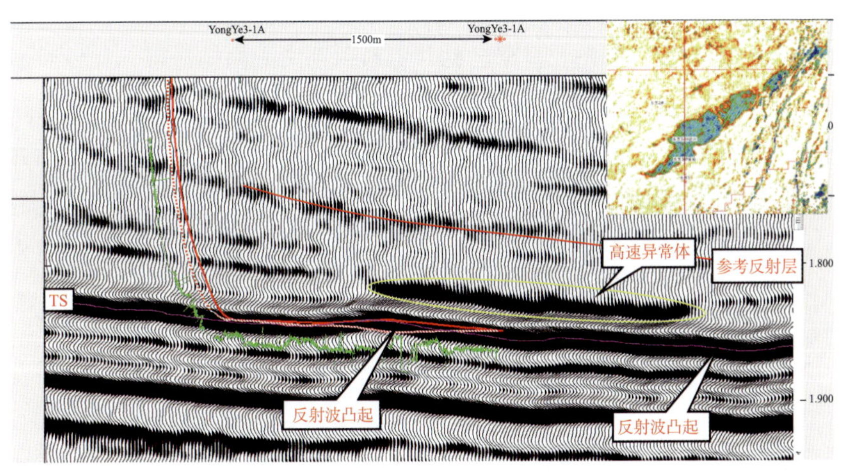

图8－11　永页2－2HF井“虚假”微幅构造特征

2. 微幅构造校正技术

通过分析虚假微幅构造产生的原因，开展旨在消除异常微幅构造的速度分析及时深转换方法研究，形成了利用已钻井资料和虚拟井（微幅构造区设置）约束，建立高精度初始深度域速度模型，消除虚假微幅构造，提高水平井轨道设计和调整精度的方法技术流程（图 8－12），即在三维可视化空间速度建模的基础上，分析速度空间分布的合理性，在 t_0 层位和实钻层速度的约束下局部调整不合理的速度控制点，优化速度数据体，并应用调整后的速度体进行时深转换，从而得到的深度域数据与实钻对比。若误差较大，则重复以上步骤，直至消除虚假微幅构造，使深度域资料与实钻情况吻合，并预测相应的水平井后续控制点深度。

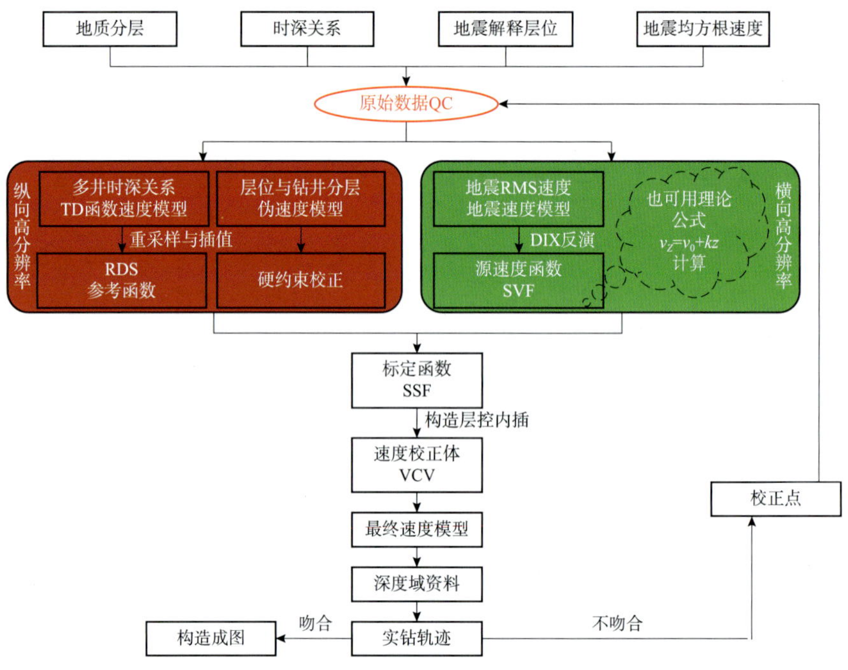

图 8－12　虚假微幅构造校正技术流程

以川南威荣地区为例，首先，根据已钻井资料识别出微幅构造带，并针对微幅构造带建立了 148 口虚拟井，各虚拟井点深度依据邻近钻井深度确定；然后，开展三维速度建模，依托地震均方根速度谱资料，通过对均方根速度编辑、速度转换、典型钻井深度校正等步骤建立起符合速度变化规律的校正速度体，再将目的层存在虚假微幅构造的时间域资料通过校正后的速度场转换为深度域资料，达到消除虚假微幅构造的目的（图 8－13）。

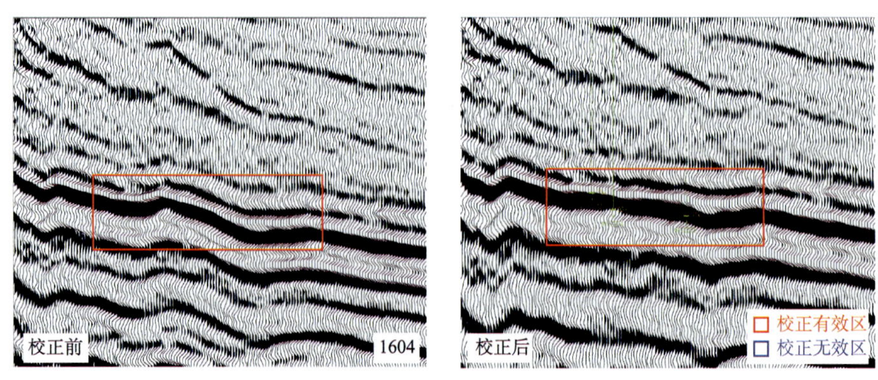

图 8－13　威荣地区 T_s 反射波组虚假微幅构造校正效果对比图

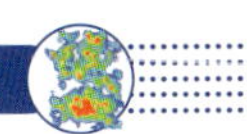

五、水平井轨迹工程实时优化

水平井钻井过程中，由于上述（构造、深度）等诸多因素的影响，实钻井眼轨迹往往偏离设计井眼轨迹。为了保证准确地钻达靶窗，当实钻井眼离开原设计井眼有较大偏差时，如不及时调整轨道和施工方案，就有脱靶的危险（图 8－14）。随钻修正轨道设计的目的就是为这种轨道调整提供施工依据，沿着调整后新设计的轨道钻进，才能钻达预计的靶窗，确保优质储层钻遇率。

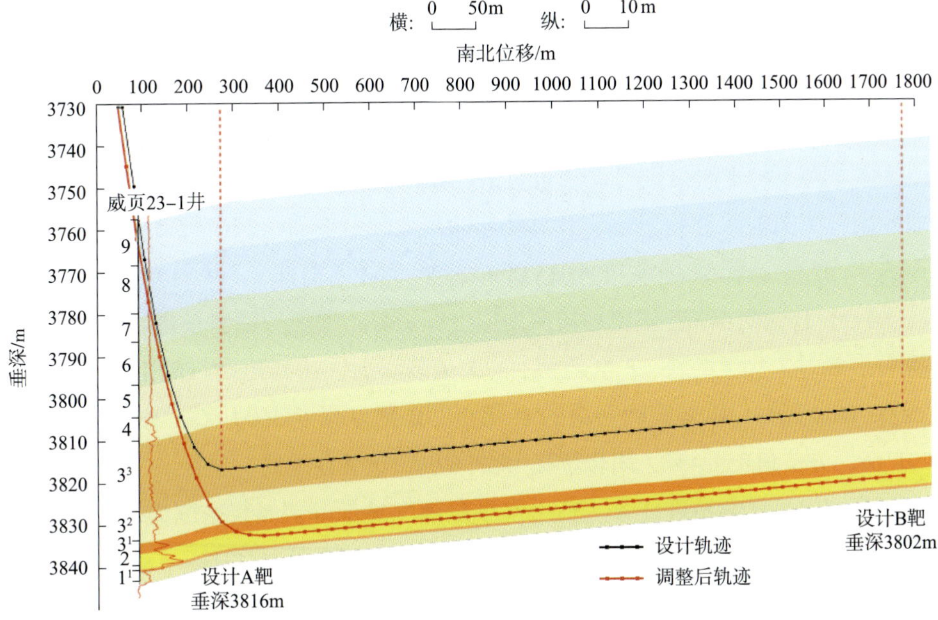

图 8－14　威荣地区水平井轨迹工程实时优化设计

在精细轨迹工程实时优化设计时，由于当前井底位置、井眼方向、待钻设计目标点的位置和井眼方向都是确定的，因此，采用非线性规划问题的解法进行优化计算，同时，根据动力钻具的使用情况，使优化轨迹的最大变斜率小于现场工具的最大变斜能力，最大变方位率小于现场工具的最大变方位能力，满足现场工具能力的要求，即设计出来的轨道具有最小的井斜角变化率、方位角变化率，最短的井深长度，最小的扭矩和摩阻力等特点，既能保障优质页岩储层的钻遇率，又能减少可能的井下复杂情况，缩短钻井周期，降低钻井成本，并有利于后续作业（如完井、测试、压裂等）的顺利进行。

六、水平井轨迹控制效果

页岩气地质、物探、工程一体化轨迹综合调整控制技术围绕“精确着陆中靶、高优质储层钻遇率、良好井眼轨迹条件”三大目标，以“旋转导向＋方位自然伽马＋XRF 元素录井＋地震实时深度校正＋水平井轨迹工程实时优化”为手段，以“标志层设定＋三级预警+两段控制+主动调控+工程设计”为关键，依托地质、物探、工程一体化，钻井、测井、录井多学科一体化协同实现实时调控，最终实现高优质储层钻遇率，为实现产能最大化奠定基础，为高效勘探开发提供有力支撑。

以威荣地区威页 23-2HF 井为例，该井钻至龙一段以后，根据预测控制点进行密集跟踪，在钻至控制点 1（7 层底）后，发现实钻与预测深度偏深 9.6m，在与直导眼深度综合对比后，及时调整了 A 靶深度，在原设计 3840m 的基础上加深 5m，调整 A 靶垂深为 3845m 后继续钻进。当钻至控制点 2（5 层底）后，发现实钻偏深 5.58m，建议观察钻进不做调整。当钻至控制点 3（4 层自然伽马曲线低尖处）实钻垂深 3819.58m，比更改设计该处深 7.18m，结合物探预测，钻头前方地层上倾，综合考虑后再次进行轨迹调整，将 A 靶点垂深下调 4m，即在垂深 3849m 处继续钻进。控制点 4（Ⅰ峰尖）实钻垂深 3841.91m，比调整后还深 3.01m，实钻轨迹较设计轨迹偏深，实钻中推测对应地质目标 A 靶点较设计偏深 8.80m，继续下调 A 靶垂深至 3851m 钻进。Ⅱ峰尖实钻垂深 3848.24m，和调整后该位置基本吻合，Ⅲ峰副峰实钻垂深 3849.86m，计算地层倾角上倾 1°左右，按中靶要求及时进行了轨迹优化，最终调整后 A 靶点深度为 4100.00m/3848.88m（垂深），井斜角 85.84°，方位角 357.42°，闭合位移 363.44m。中靶后按照地层上倾趋势，增斜后稳斜钻进，确保轨迹在Ⅲ峰上半幅穿行。经过 7 次微增斜、3 次增斜、1 次微降斜后，达到地质目的中靶，最终根据设计深度 5600.00m 完钻，以井底确立新的 B 靶点，B 靶点深度 5600.00m/3830.22m（垂深），井斜角 91.6°，方位角 359.43°，闭合位移 1862.69m。该井在地质、物探、工程人员的紧密配合下，顺利完成水平段的钻进任务。整个水平段油气显示好，泥浆密度为 2.07~2.14g/cm^3 的条件下，全烃为 4.882%~97.618%，平均为 32.3%；C_1 为 3.471%~89.078%，平均为 25.9%；水平段长 1500m，优质储层钻遇率为 100%，水平井轨迹几乎全部在 2 小层穿行。

2019 年，威荣地区完成水平段 95410m，其中，优质储层（2~3^1 小层）穿行段长 93968m，钻遇率达 98.5%，较 2018 年的优质储层钻遇率（95.4%）提高了 3.1%，完成了深层页岩气优质储层钻遇率大于 95% 的指标。同时，针对设计可能存在的误差，地质、地震、工程密切协作、实时调控，在实钻 A 靶与设计误差最高达 25.3m 的情况下，控制入靶平均垂深误差仅 0.98m，远远小于控制入靶平均垂深误差小于 5m 的要求，为水平段的压裂改造和后续施工奠定了坚实基础。

第二节　地质、工程水平井压裂分段分簇设计与优化技术

一、水平井分段分簇优化思路

页岩气水平井压裂分段评价多采用测井储层静态参数解释技术，对井筒页岩气储层进

行分类评价，方式较为单一。为实现精细化页岩气水平井分段评价，地质、工程结合实现了储层改造整体覆盖，提高了压裂改造效果，提出了地质、工程多参数水平井分段分簇优化思路，即以井眼穿行层位差异为基础，以测井、录井解释成果为依据，精细地质分段；以地质分段为基础，结合地应力参数、脆性指数、裂缝发育情况、固井质量等，优化工程分段。最后，在不跨工程分段的基础上，优化射孔段（分簇），为高效体积改造奠定了基础（图 8－15）。

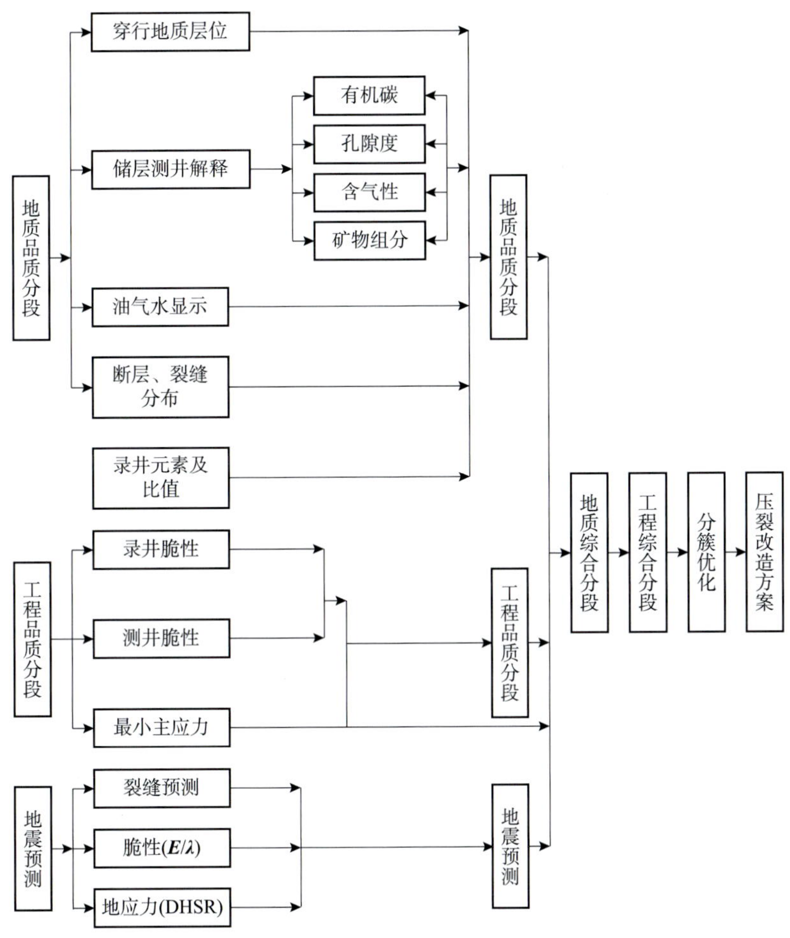

图 8－15　水平井压裂分段分簇优化流程

具体步骤如下：

（1）地质分段主要以井眼穿越的地质层位相对位置差异为基础。井筒穿行层位的差异，其实与储层静态参数直接相关，表现为有机碳含量、孔隙度、含气性、脆性及黏土矿物含量等的明显不同，根据静态参数的差异进行宏观控制。

（2）参考井筒地震预测结果，如裂缝、脆性（E/λ）、地应力 DHSR 剖面等预测成果，对比地质分段进行细化、优化。

（3）工程指标分段以水平井最小主应力和应力差为关键参数，综合套管节箍位置、固井质量评价结果，进行微观控制，同时叠加测井脆性指数及录井脆性指标。

（4）以地质品质为基础，以地震预测为参考，以工程品质分段为要素，以同段地质工程品质参数取得一致为原则，结合套管节箍和固井质量情况，确定工程分段方案。

（5）以工程分段为基础，根据段内地质参数品质、裂缝发育情况、地应力变化情况，优化射孔段（分簇）。

二、水平井分段分簇优化技术

页岩气水平井分段压裂技术是页岩气实现商业开发的关键技术，对页岩气水平井进行科学的评价分段是提高页岩气井产能的重要方法。为实现水平井高效改造，克服现有分段技术手段单一、难以满足地质工程一体化综合评价科学分段要求的问题，提出以水平井轨迹穿行的地质层位为基础，以测井、录井储层品质静态参数为依据，以地震裂缝、脆性、地应力预测为参考，综合固井质量进行综合分段评价的页岩气水平井压裂综合分段方法。主要包括如下几个方面的内容。

1. 基于储层静态参数识别水平井初步分段

为更加有效地进行水平井地质品质评价，推荐在水平井中开展九条常规测井（水平井储层参数评价）、偶极声波特殊测井（水平井段裂缝预测）。

首先，根据储层评价标准，优选出有机碳含量、孔隙度、含气量、脆性指数（BI）等储层参数作为最佳测井评价指标；利用直导眼或邻井岩心分析数据，建立测井解释模型，对储层静态参数进行解释评价，然后结合录井气测全烃、组分甲烷，开展储层静态参数优劣段划分。页岩气储层品质静态参数大小一般与井轨迹穿行位置密切相关。

孔隙度：多利用中子－声波、中子－密度交会计算，或是岩心孔隙度与单声波、岩性密度（或补偿密度）、补偿中子通过建立一元或多元关系式来计算。有直导眼的水平井孔隙度解释多采用多元线性回归法，即拟合常规测井曲线与岩心实测孔隙度之间的关系，得到多元线性回归关系，各曲线对应的系数视地区和地层而定，如威荣地区孔隙度 = 0.004GR + 0.253AC − 34.585CNL − 1.163DEN − 1.632RD − 6。另外，黏土约束的主元素分析法也较为常用，即将常规测井曲线提取出3个主要元素，通过岩心实测值建立泥质含量与主元素的拟合关系，然后计算出地层的总孔隙度及黏土孔隙度（含束缚水），去掉黏土孔隙度即求得孔隙度。

有机碳含量：常用方法有 $\Delta \lg R$ 方法、人工神经网络法、体积密度法、多元线性回归法、自然伽马能谱法、ECS与常规曲线结合法和LithoScanner测定法。结合当前水平段测井的实际情况，常采用岩心TOC与自然伽马或密度建立一元关系式，即 $TOC = a\mathrm{GR} + b$ 或 $TOC = a\mathrm{DEN} + b$。

含气量：常用的计算方法有求和计算法、多元线性回归法、TOC回归法。TOC回归法，即利用岩心含气量与TOC的关系建立一元关系式进行计算，含气量 = $a\mathrm{TOC} + b$。

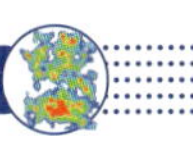

脆性指数（BI）：常用的有岩石矿物组分法、偶极声波计算法。岩石矿物组分法，即分别计算出硅质、泥质、碳酸盐岩含量，常采用岩心全岩分析数据与测井曲线（GR、AC、DEN 等）建立多元线性回归，或是用曲线交会法（AC－CNL）进行计算，然后计算出脆性指数，脆性指数（%）＝硅质含量/（硅质＋泥质＋碳酸盐岩）×100%

2. 基于常量、微量元素及其比值的细化分段

依据地化地层学原理，元素或其比值变化通常与沉积环境的改变直接相关。利用随钻元素录井（XRF）数据，选取具有指示沉积环境变化的常量、微量元素及其比值进行分段，常量元素一般选取 Si、Ca、Mg、Al 等，微量元素选取 Ti、K、Mn、P 等，以及 Si、Ca 含量比、Si、Al 含量比、Ti、Al 含量比等标志，按三者的变化进行分段划分、统计评价。

水平井裂缝发育段需要单独分段评价，为此，要开展裂缝层的识别。裂缝层的识别一般包括几个标志：首先是气测全烃、组分突然大幅上升（高于气测基值 5 倍以上），岩屑中见次生矿物（方解石或石英），元素录井 Ca 或 Si 含量急剧升高；此外，裂缝发育段测井声波突升或“跳波”、密度呈现低值、双侧向电阻率曲线表现为正差异。

总之，分析过程中，利用元素录井常量、微量元素及其比值，结合元素录井、气测录井，通过岩屑次生矿物标志识别裂缝型气层，根据测井声波、电阻率参数解释裂缝发育井段。

3. 基于应力、脆性和固井质量优化分段

根据常规或偶极声波测井的地应力解释成果进行分段控制，再叠合脆性指数进行细化，同时评价各段固井质量；结合井筒附近地震裂缝、脆性、地应力及应力差等预测成果，对井筒裂缝、脆性矿物发育段进行评价和分段优化。

地应力包括水平最大地应力、水平最小地应力、垂向地应力，测试分段主要采用水平最小地应力指标进行划分。采用适合页岩地层的组合弹性模型，计算公式为：

$$\sigma_h = \frac{\mu}{1-\mu}\sigma_v - \frac{\mu}{1-\mu}\alpha_{vert}P_p + \alpha_{hor}P_p + \frac{E}{1-\mu^2}\xi_h + \frac{\mu E}{1-\mu^2}\xi_H \qquad (8-3)$$

式中，σ_h 为最小水平主应力；σ_v 为总垂直应力；α_{vert} 为垂直方向的有效应力系数（Biot 系数）；α_{hor} 为水平方向的有效应力系数（Biot 系数）；μ 为静态泊松比；P_p 为孔隙压力；E 为静态杨氏模量；ξ_h 为最小主应力方向的应变；ξ_H 为最大主应力方向的应变。

首先，根据计算出的水平最小主应力差异进行分段；此后，结合测井解释脆性指数（BI）和录井元素脆性指数（Ca＋Si）进行细分，再参考测井解释的固井质量（胶结好、中等、差）进行分段调整。

井筒附近裂缝预测通常采用地震曲率参数，地震曲率可以揭示微小断层（裂缝）、断裂的发育情况。岩石的脆性是当岩石受力达到某个极限值并突然破裂时，全部能量以弹性能量的形式释放出来的一种性质，一般采用脆性指数来描述岩石脆性的强弱，通过地震叠前反演方法得到岩石力学参数（杨氏模量、泊松比），进而可以计算出表征储层脆性的新脆性指数 E/λ。E/λ 不仅避免了岩石孔隙度、流体、有机质等因素对杨氏模量、泊松比预测的影响，同时在脆性有利区及含气区判别上有较好的指示效果，具有了地质和工程双“甜点”的含义。利用井筒附近地震曲率、脆性、地应力差等剖面和平面预测结果，可以对压裂分段进行调整和优化。

总之，综合水平井所处构造位置，拟定分段权重指标，可以完成地质、工程一体化多参数综合分段，明确重点改造井段。即以水平井所处构造位置及水平井实钻结果，拟定综合分段各指标的主次关系，实现“一井一策”的精细分段评价，并通过综合分段优选，识别出地质、工程双“甜点”重点改造段。

三、水平井压裂分段分簇优化技术应用效果

以威荣地区威页 23－1HF 井为例，威页 23－1HF 井位于向斜构造最低位置。直导眼在五峰组－龙马溪组钻遇两层、厚 58.5m 的气层显示。录井、测井等综合评价 1～3 层为Ⅰ类储层，厚度为 33.4m。其中，2～3^1 小层厚 6.2m，具有高 TOC、高含气量、高孔隙度、高脆性矿物特征，评价为优质储层（$Ⅰ_A$ 类）。水平井完成水平段长 1500.54m，A、B 靶点垂深差 13.72m，地层向北上倾 0.6°；整个水平段钻遇 12 段、段长 1501m 的气层，在钻井液密度为 1.93～1.95g/cm^3 的情况下油气显示好，气测全烃为 11.98%～81.09%，C_1 为 10.78%～71.94%，在井深 4603～4610m 钻遇裂缝性气层，见次生方解石及灰质团块；通过水平井轨迹精确控制，确保该井 1500.54m 水平段保持在 3^1 小层（Ⅱ号峰）垂深差 2.2m 范围内穿行，优质储层钻遇率 100%。

完井后，参考地震预测成果，以井眼穿行的地质层位位置差异为基础，以测井、录井解释成果为依据，结合脆性指数及工程条件将威页 23－1HF 井综合划分为 18 段。参照中国石化页岩气评价分类标准，整个水平段均为 $Ⅰ_A$ 类储层，其中，最优段 7 段、累计段长 713m。其次，根据水平段脆性矿物含量变化、裂缝发育、应力变化情况进行了地质、工程双“甜点”压裂分段优化，设计出 23 段、61 簇的压裂方案。其中，重点改造段 15 段（表 8－4、图 8－16）。最终因施工套变，实际完成 20 段、45 簇压裂，累计加砂 1428.15m^3，压裂液 48020m^3，获得测试产量 26.01×10^{4}m^3/d、无阻流量 38×10^{4}m^3/d，取得了威远地区首口井商业产能突破，压后微地震检测证实该井压裂改造效果整体较好，覆盖率达到 87% 以上。

表 8－4　威页 23－1HF 井分簇分段主要数据表

序号	井段/m	储层类型	段数	簇数
1	5310～5508.15	裂缝有利区	3	9
2	5110～5310	相对不利区	3	12
3	4889～5110	脆性有利区	2	6
4	4800～4889	脆性裂缝区	1	3
5	4760～4800	裂缝有利区	1	2
6	4000～4760	脆性裂缝区	13	29

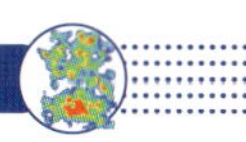

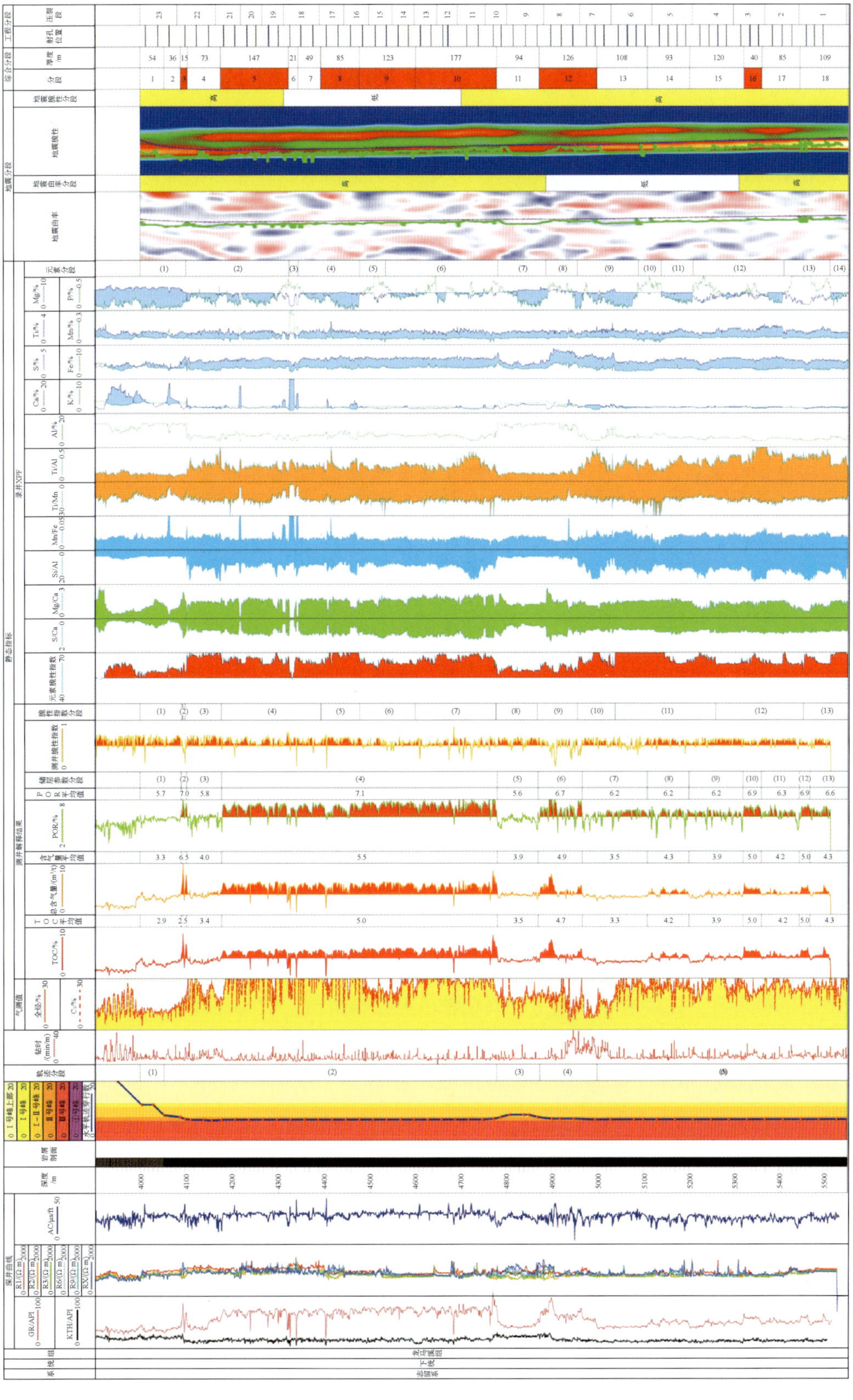

图 8－16 威荣地区威页 23－1HF 井水平段地质、工程综合分段分簇图

第三节　页岩气水平井压裂现场监测及压后评价技术

压裂效果的好坏直接影响最终的产能大小，提高产能和编制开发方案都需要对压裂效果有足够清晰的认识。以往的压裂监测通常采用压力分析、试井分析、示踪剂追踪和井温测井等间接方法。然而，这些方法缺乏直接性，或者监测范围有限，难以满足大型水力压裂的监测要求。因此，需要更加准确、可靠的压裂监测技术评估压裂效果，描述裂缝特征。

一、微地震压裂监测及压后评价技术

1. 微地震监测关键技术

微地震监测是地震学的一个分支，其技术从天然地震学发展而来，以声发射学为基础，通过观测、分析、定位、解译压裂过程中产生的微震事件来监测实时压裂效果，了解地层动态情况。因其技术优势，微地震技术被国内外广泛应用于水力压裂裂缝监测，是当前有效性和可靠性均较高的一种裂缝监测方式。微地震监测成果大多针对单压裂井监测，监测成果可呈现微地震事件点云的空间分布，描述压裂裂缝网络的几何形态。根据微地震监测结果分段和整体结果，可以刻画裂缝网络的长、宽、高等几何特征，进一步可估算储层改造体积（SRV）和渗透率模型。将监测结果与压裂曲线结合分析，根据事件的时间分布特征，可以对压裂效果进行实时评价，如遇偶然状况，可以对压裂参数调整提供指导意见。

微地震监测与勘探地震的差别主要在于：勘探地震能直接控制震源，震源位置和激发时间是已知的，而在微地震监测中，震源位置和激发时间是未知的。大多数微地震事件的频率范围介于 200～1500Hz 之间，持续时间小于 1s，能量通常为里氏 –3～1 级。在地震记录上，微地震事件一般表现为清晰的脉冲。地层破裂的长度越短，微地震事件越弱，其频率越高，持续时间越短，能量越小。因此，微地震信号很容易受到周围噪声的影响或遮蔽。从实际采集的微地震资料来看，在微地震剖面上，同相轴已经很难辨析，信噪比极低。

鉴于微地震资料的这些特点，为了识别出清晰的微地震事件，针对微地震数据的特殊性，首先，通过振幅处理，使微地震波形达到一致显示，从而为后续工作奠定基础；然后，对经过振幅处理的微地震资料进行适合其特性的滤波处理，先通过理论模型验证，再用于实际资料处理，以达到预期效果；最后，再对滤波成立后的微地震资料进行波场分离及谱整形处理，以清晰识别出微地震事件。

确定震源位置时，除了依靠准确的波至时间，还需要有准确的地层速度模型。在微地震资料处理中，通常使用测井资料提供速度信息。该速度信息不随着采集过程而发生变化。而实际上，测井资料提供的速度信息仅在井旁比较精确，随着离井距离的变大，会变得越来越不准确。并且，在压裂过程中，地下的介质速度也在发生变化，因此，如果想精

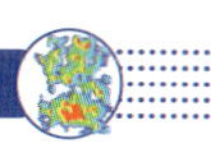

确地确定震源位置，必须进行地下介质速度的精细反演。

对微地震资料的精细反演通常采用下列步骤：

（1）建立正演理论模型。根据已知的速度信息和观测井与压裂井的位置关系，可以建立地下介质的模型。该模型为初始模型，会根据实际波至时间进行反演优化。

（2）初至拾取。使用自动加人工的方式拾取初至时间。初至时间作为已知量，参与模型反演。

（3）模型反演。把理论模型作为已知条件，利用射线追踪理论可以计算出模型对应的初至时间。如果计算出的初至时间和拾取的时间不一致，则调整模型。直到通过模型计算出的初至时间和拾取到的初至时间十分接近，则此时的模型逼近地下介质模型真实解。

（4）震源位置反演。利用步骤（2）（3）获得的地下速度信息和波至时间，结合多级检波器位置差异确定震源位置最优解，最终确定地下震源的位置。

精细反演的核心工作是确定接近地下介质真实速度的信息。在速度信息相对精确的基础上，实现微地震的精确定位，一般可采用纵横波时差法、同型波时差法、偏振分析定位法、Geiger 修正法、三圆相交定位法等。

2. 深层页岩气地面微地震监测

地震微地震监测是当前页岩气水平井水力压裂中实时监测、分析压裂情况和压裂效果的最有效手段。微地震监测根据地震信号接收采集方式，可以分为地面微地震监测、井中微地震监测、地面与井中微地震联合监测等形式。根据川南深层页岩气钻井、地表等实际情况，开展了川南地区 3500m 以深深层页岩气地面微地震监测。

威荣地区评价井威页 23－1HF 井开展了 20 段水力压裂改造的微地震监测，布置测线 14 条（图 8－17），完成物理点 1315 个，并在微地震监测前完成了导爆索采集接收和速度模型校正。地面监测过程中，会接收到比较丰富的微地震事件信号（图 8－18），以弱震级信号为主，事件震级主要集中在 －1.5 ~ －0.5 范围内（图 8－19），各种能级的有效信号均较好地接收到，为后续资料处理解释奠定了良好的基础。

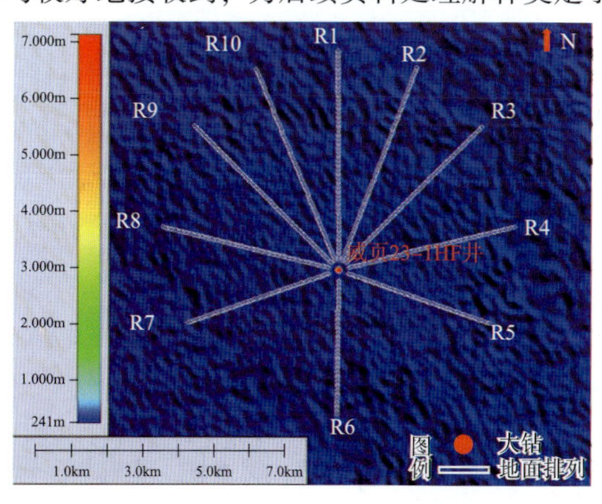

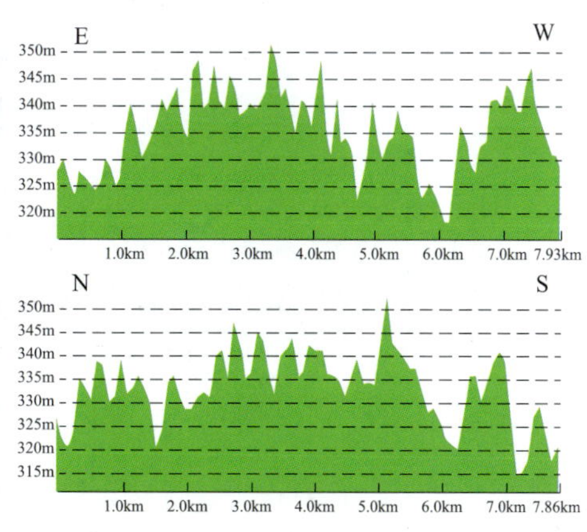

图 8－17　地面微地震监测测线排列及工区地形地貌

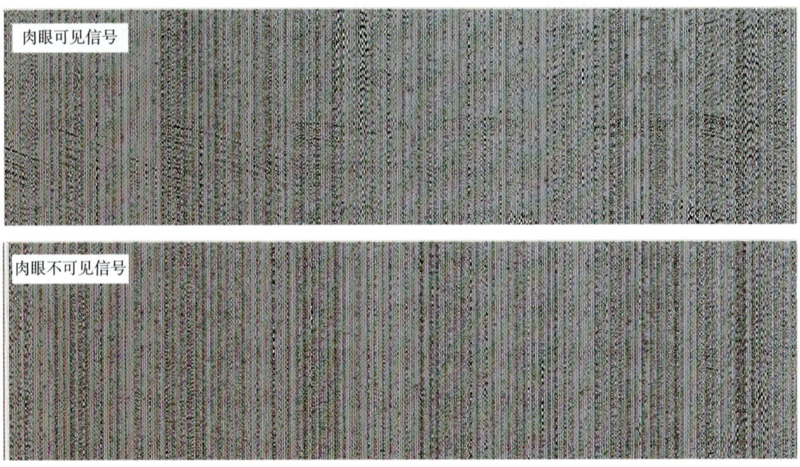

图 8－18　威页 23－1HF 井地面微地震监测典型事件记录效果图

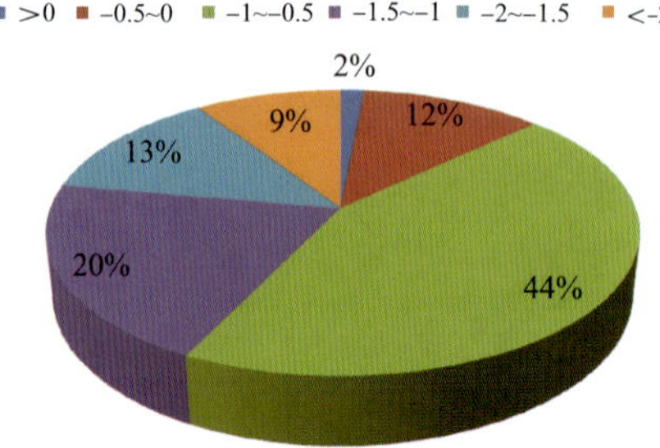

图 8－19　威页 23－1HF 井地面微地震事件震级统计图

处理中采用了弱信号提取、速度模型建立与优化、震源位置反演等相关技术对微地震资料进行处理和解释。

首先，结合背景噪声分析结果，利用弱信号提取技术，根据事件信号与噪声的能量、频率视速度等之间的差异，采用微地震地面监测配套的噪声压制技术，达到有效压制噪声的目的（图 8－20）。

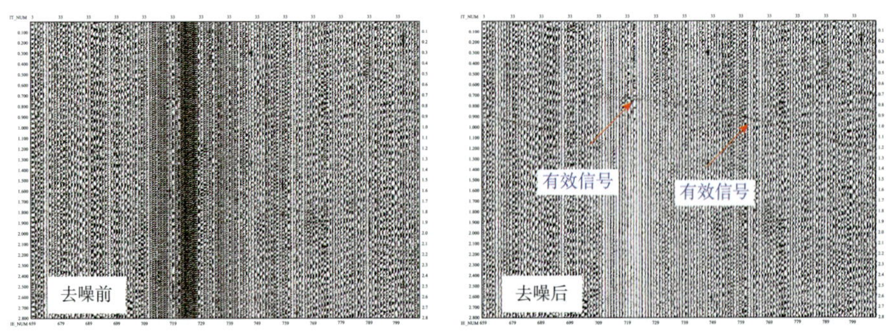

图 8－20　典型弱干扰事件记录噪声压制效果图

其次，利用声波测井曲线建立初始速度模型，通过导爆索信号定位进行速度模型初次优化，并在实施过程中，多次利用接收到的射孔信号不断进行验证，并优化速度模型，确

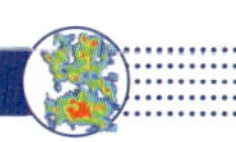

保定位精度。图 8－21 为威页 23－1HF 井定位处理结果，该井共完成了 20 段实时处理定位工作，累计有效微地震事件 730 个，从图中可以看出，除第 1～第 4 段外，其余各段的监测结果都能够较好地描述裂缝特征，并取得了较好的处理效果。

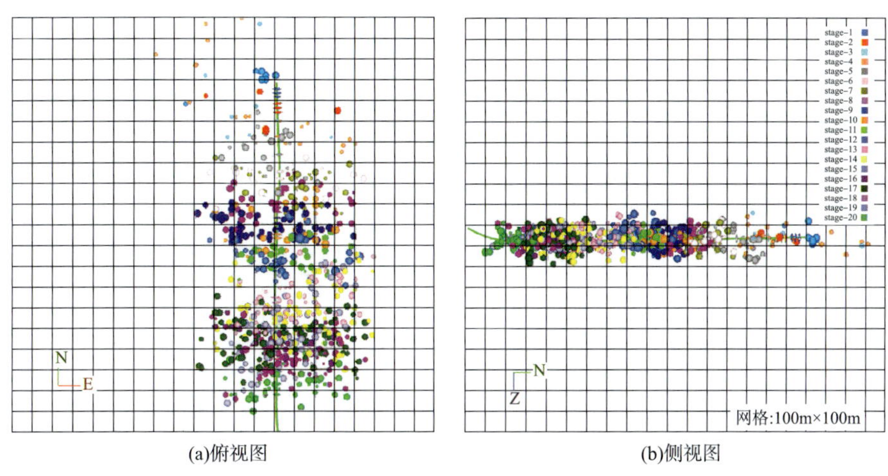

(a)俯视图　　(b)侧视图

图 8－21　威页 23－1HF 井微地震地面监测整体效果图

3. 深层页岩气微地震监测压裂改造效果分析

1）裂缝方位

威页 23－1HF 井微地震监测事件延伸方位主要在 82°～100°范围内，除裂缝发育区外，事件延伸方向变化较小（图 8－22）。

2）事件几何参数与密度

监测结果（图 8－23）显示，威页 23－1HF 井单侧事件延伸长度范围为 160～400m，宽度范围为 60～280m，高度范围为 80～150m，方位在 50°～145°范围内，事件沿井筒东侧延伸效果优于西侧，平均半缝长度约 260m，宽度约 123m，高度约 117m。其中，第 13～第 18 段延伸好。

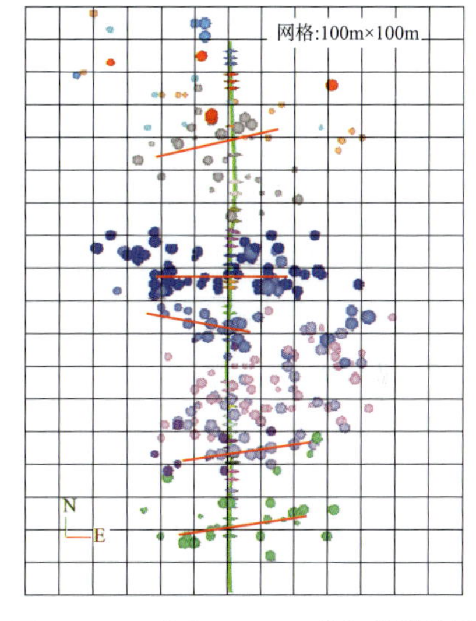

图 8－22　威页 23－1HF 井部分微地震事件描述裂缝方位示意图

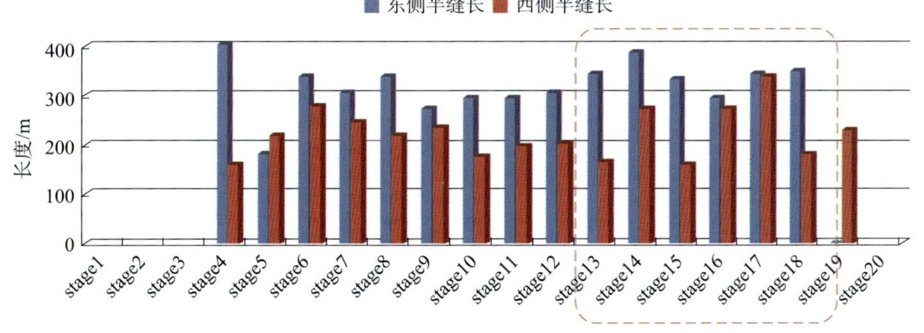

图 8－23　威页 23－1HF 井微地震事件延伸半长对比图

威页 23 - HF 井前后两压裂段的重叠率约为 15% ~90%，平均约为 47%。其中，第 14 ~第 19 段区域重叠范围较大（图 8 - 24），推测是受裂缝破碎带的影响。结合该井部分段段长统计情况，段长范围约 50 ~80m（根据设计获得），平均段长 75m，可见段间改造较为充分，但在裂缝发育区，段间重叠率较高。

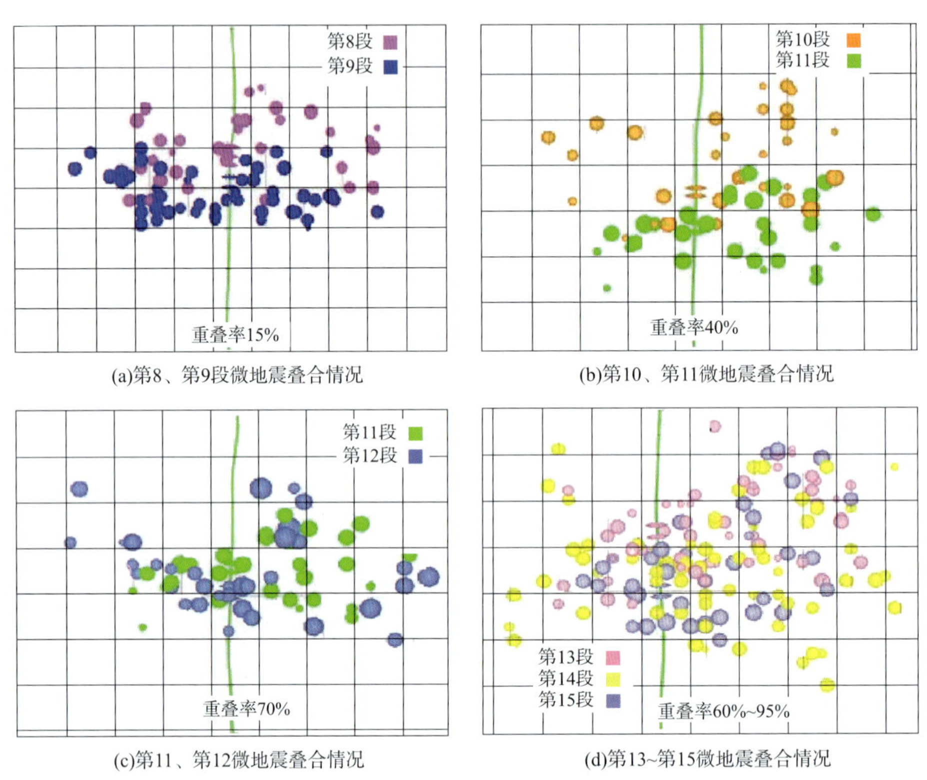

图 8 - 24　不同重叠率微地震事件分布俯视图

从事件密度体沿水平方向的切片看（图 8 - 25），第 1 ~第 5 段微地震事件较少，第 6 ~第 12 段次之，第 16 ~第 18 段区域事件密度最大，并且井筒东侧区域延伸范围较宽，事件集中。

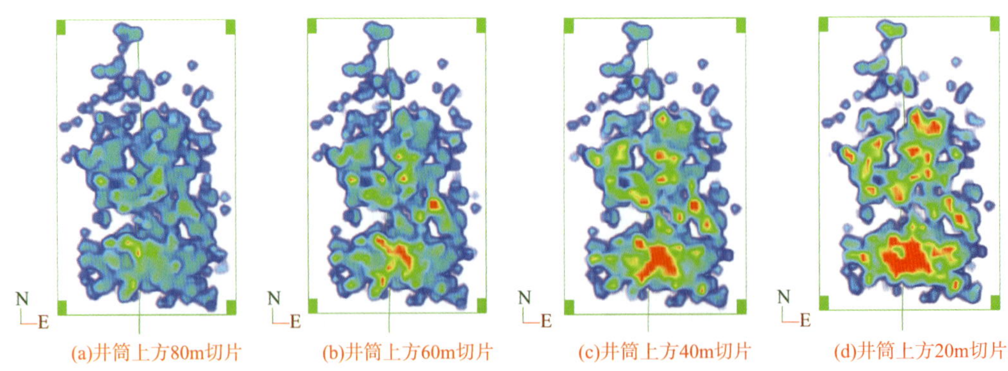

图 8 - 25　事件密度体沿不同深度位置平面切片图

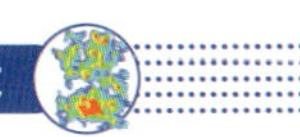

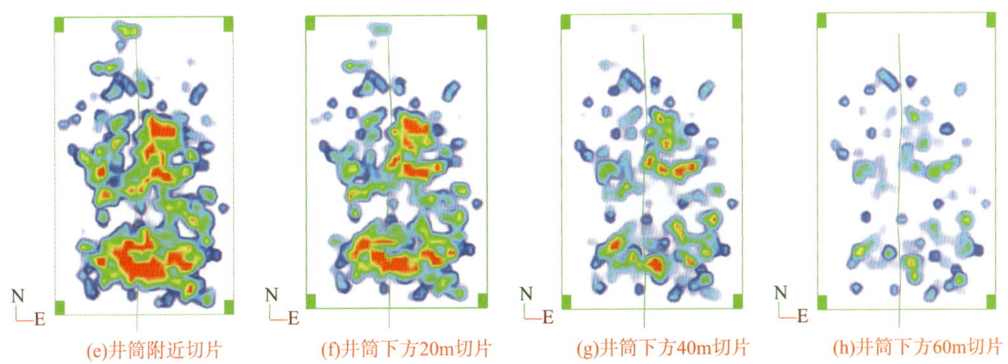

图8－25 事件密度体沿不同深度位置平面切片图（续）

3）复杂缝网

参考国外页岩气压裂研究成果，利用水力压裂裂缝形成机理，采用事件与射孔的距离和压裂时间进行交汇分析，分析压裂期间所形成的裂缝类型及改造效果，经统计分析（图8－26）表明，威页23－1HF井水力压裂过程中所形成的裂缝大多为较复杂的网状裂缝类型，局部存在形成明显的单一裂缝特征，平均裂缝复杂性指数为0.29。

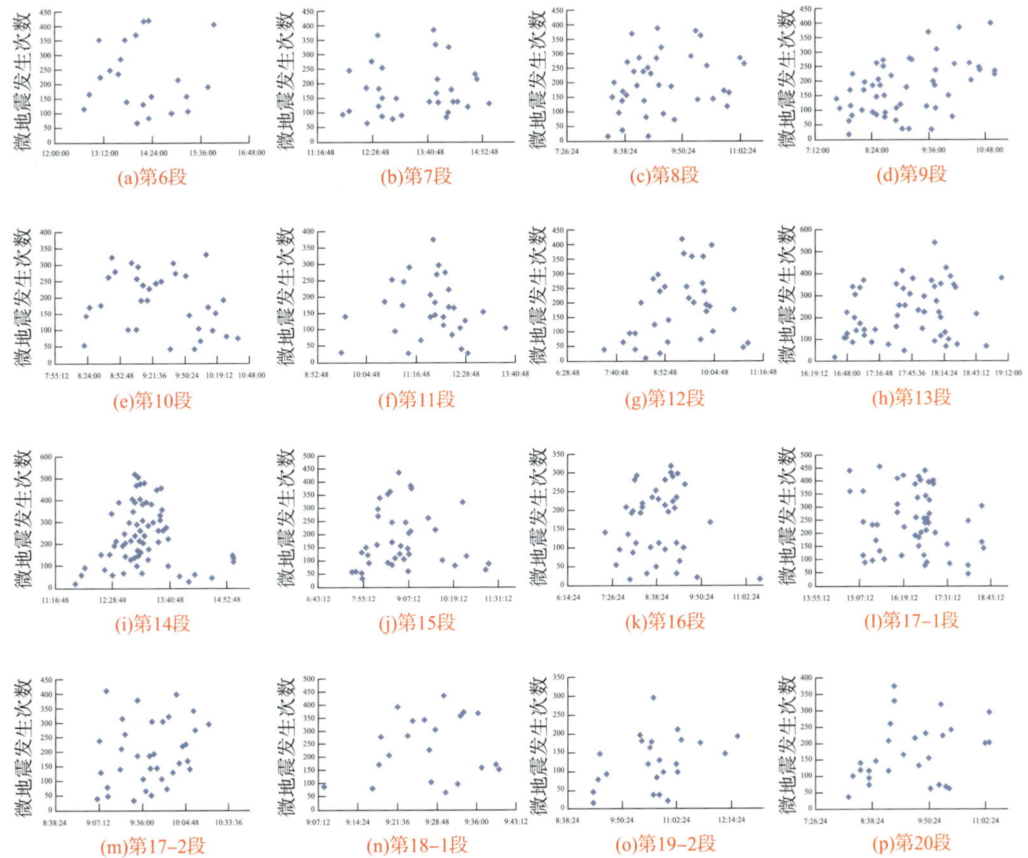

图8－26 威页23－1HF井各段裂缝形成机理示意图

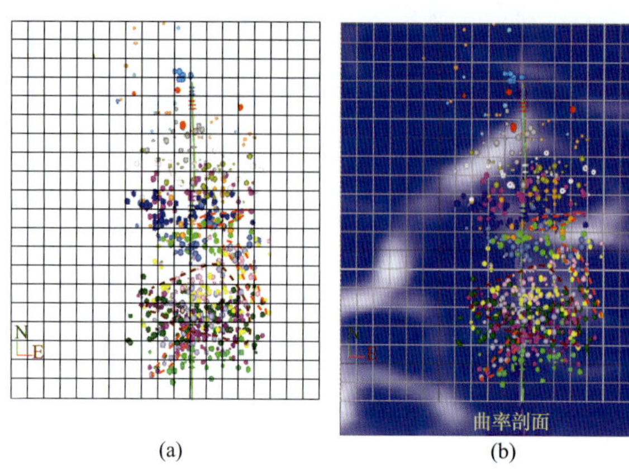

(a) (b)

图 8 - 27 威页 23 - 1HF 井微地震事件（a）与曲率属性切片（b）对比图

4）微地震事件与曲率、脆性等的关系

区域裂缝预测曲率剖面属性切片、脆性剖面等与微地震事件关系对比，从成果图（图 8 - 27 ~ 图 8 - 29）所描述的天然裂缝位置特征及裂缝方位与微地震事件对应关系看，除第 18 段西侧外，微地震事件显示的疑似微裂缝区域对应曲率剖面上均存在相应的地质特征响应，且方位趋势基本一致。将微地震事件与脆性剖面叠合对比看，靠入靶点井筒东侧疑似裂缝发育区，微地震事件密集，与脆性剖面显示结果存在一定相关性。根据区域应力剖面所反应的井周应力情况，该区域最大主应力方向为近东西向，与微地震事件所描述的区域压裂裂缝延伸方向基本一致。

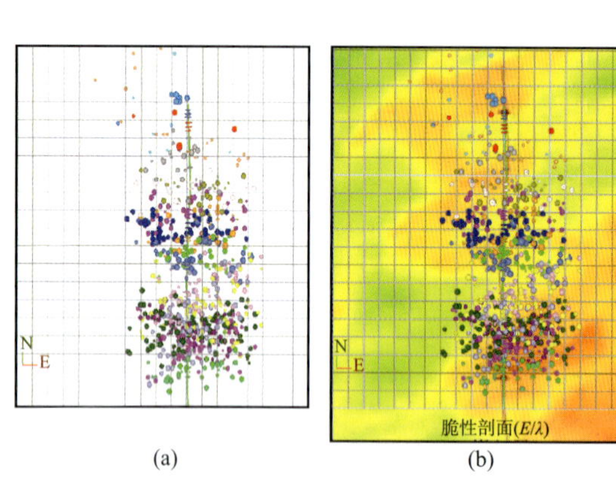

(a) (b)

图 8 - 28 威页 23 - 1HF 井微地震事件（a）与脆性属性切片（b）叠合图

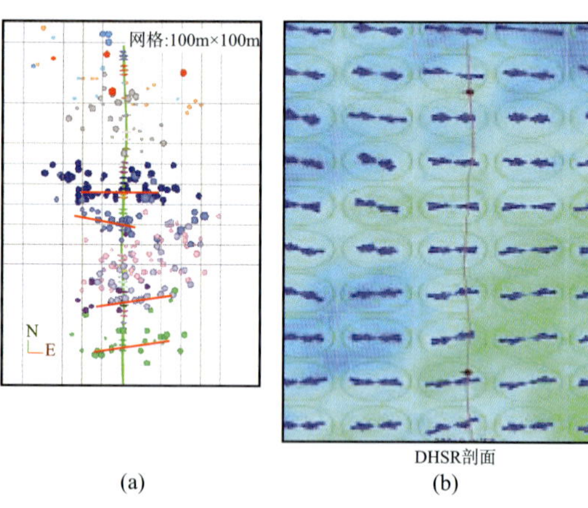

(a) (b)

图 8 - 29 威页 23 - 1HF 井微地震事件（a）与应力剖面（b）对比图

5）SRV 估算

根据微地震事件所描述的裂缝网络特征，利用专项的水力压裂裂缝建模技术，构建离散裂缝网络模型，分析裂缝类型及相关性，估算压裂改造体积。经计算，威页 23 - 1HF 井单井总改造体积为 $6570\times10^4m^3$（图 8 - 30），平均单段改造体积为 $539\times10^4m^3$。其中，位于裂缝发育区的第 13 ~ 第 18 段（表 8 - 5），通过单独计算得出该裂缝发育区 SRV 达 $2950\times10^4m^3$。

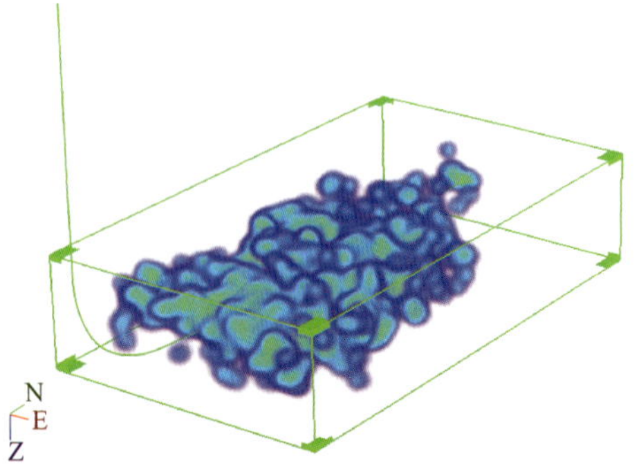

图 8 - 30 威页 23 - 1HF 井改造体积效果图

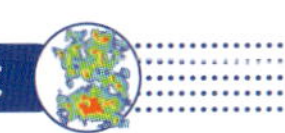

表 8 -5 威页 23 -1HF 井微地震监测 SRV 统计表

压裂段	SRV/$10^4 m^3$	压裂段	SRV/$10^4 m^3$
第 5 段	386	第 13 段	660.8
第 6 段	426.4	第 14 段	831.2
第 7 段	387.6	第 15 段	534.8
第 8 段	464.4	第 16 段	514.4
第 9 段	496.9	第 17 段	964
第 10 段	480.4	第 18 段	580
第 11 段	420	第 19 段	380
第 12 段	470.1	第 20 段	482
平均单段 SRV/$10^4 m^3$		539	
总 SRV/$10^4 m^3$		6570	

二、广义电磁法压裂监测技术

电磁感应法（电磁法）是地球物理电法勘探的重要分支，该方法主要利用地下介质的导电性、导磁性和介电性的差异，应用电磁感应原理观测和研究人工或天然形成的电磁场的分布规律（频率特性或时间特性），进而解决有关地质问题。在其百年的发展历程中，电磁法派生出许多分支，如感应法、强度法、航空电磁法等，但由于地球复杂的非均匀、强耗散介质特征，电磁波的传播方程求解困难，勘探深度不大且存在异常多解性，导致长期以来对电磁数据只能做定性分析或采用近似公式做定量分析。

广域电磁测深法是中国工程院何继善院士提出的一种新的人工源频率域电磁测深法，是相对于传统的可控源音频大地电磁（CSAMT）法和 MELOS 方法提出的。该方法继承了 CSAMT 法使用人工场源克服场源随机性的优点，也继承了 MELOS 方法非远区测量的优势；摒弃了 CSAMT 法远区信号微弱的劣势，扩展了观测适用范围，同时也摒弃了 MELOS 方法的校正办法，保留了计算公式中的高次项。该方法既不沿用卡尼亚公式，也不把非远区校正到近区，而是用适合于全域的公式计算视电阻率，大大拓展了人工源电磁法的观测范围，提高了观测速度、精度和野外工作效率。其将广域电磁法和伪随机信号电法结合起来，形成了独具特色的一种新的电法勘探方法。

1. 广域电磁法基本理论与探测技术

广域电磁法是一种人工场源电磁法，根据电磁信号在地下的穿透深度与地下介质的导电性质以及所用电磁波的频率密切相关，电磁波在地下的趋肤深度（δ）主要取决于地下介质的电阻率和电磁波的频率：

$$\delta = \sqrt{\frac{2\rho}{\mu\omega}} \tag{8-3}$$

式中，ρ 为大地的电阻率；ω 为电磁波的圆频率；μ 为介质的磁导率。

在均匀半空间中，地面以下深度为 δ 处的电磁波的强度是地面电磁波强度的 1/e，因此，常常粗略地将趋肤深度解释为电磁波在介质中透入的大体深度。它可以用来大致估计电磁波的探测深度，采用一系列频率不同的电磁波能够探测到不同深度的地电信息。

从推导的电磁场来看，不论在何种情况下，电磁场的分布都是频率（ω）、电阻率（ρ）、磁导率（μ）及观察点与源相对位置 r 和 ϕ 的复杂函数。在所有场的表达式中，r、ω 和 ρ、μ 并不单独影响场的性质，而是以 $-ikr$ 的形式出现：

$$-ikr = -(1+i)\frac{r}{\delta} = -(1+i)\,r\sqrt{\frac{\omega\mu}{2\rho}} \tag{8-4}$$

也就是说，距离的“远”和“近”，取决于几何距离（r）和趋肤深度（δ）的比值，即

$$p = \frac{r}{\delta} = r\sqrt{\frac{\omega\mu}{2\rho}} \tag{8-5}$$

式中，p 为电距离。

人们常根据 p 的大小，把场的分布范围划分为远区（$p \gg 1$）、近区（$p \ll 1$）及过渡带（$p \approx 1$）3 个区域（图 8－31）。

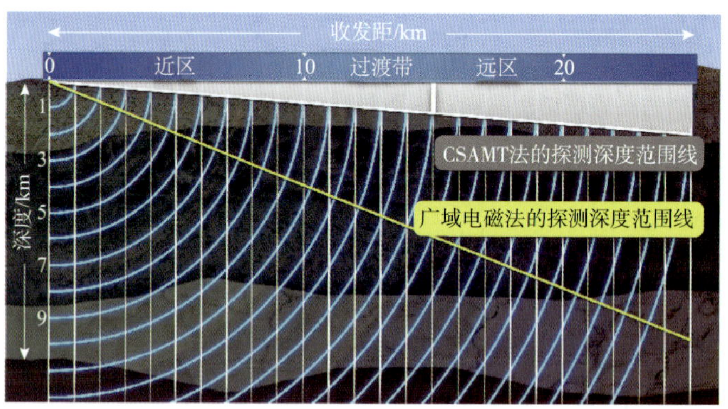

图 8－31　广域电磁法与可控源音频大地电磁法探测深度范围对比示意图

如果当地的电阻率（ρ）很高，使用的频率又很低，则趋肤深度（δ）很大。这时，即使距离（r）相当大，但 r/δ 并不大，只能算近区；反之，在同样的距离（r）上，如果当地电阻率（ρ）很低，使用的频率又很高，虽趋肤深度小，但 r/δ 却相当大，可以看成远区。因此，在电磁法中，远近是以趋肤深度（δ）为单位的距离（r）的大小来进行划分的。

在实际进行电磁测深时，地电条件、施工条件不同，测量结果往往差别很大。收发距越大，虽然越能满足远区的要求，但在一定供电功率下，收发距太大，信号必然太小，很难保证数据精度。为了能在不满足远区条件的广大区域进行电磁测深，何继善院士提出了广域电磁测深法。所谓“广域”就是指突破“远区”的局限，在包括远区，也包括非远区的广大地区进行测量，把电磁测深的观测范围扩大到非远区的广大区域。

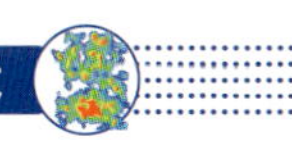

假设地球是均匀大地，采用水平接地电偶极源作为场源时，沿着场源方向的电场（E_x）和垂直场源方向的磁场（H_y）的严格表达式如下：

$$E_x = \frac{IdL\rho}{2\pi r^3}[3\cos^2\phi - 2 + e^{-ikr}(1 + ikr)] \tag{8-6}$$

$$H_y = \frac{IdL\rho}{2\pi r^2}\left[(1 - 4\sin^2\phi)I_1K_1 + \frac{ikr}{2}\sin^2\phi(I_1K_0 - I_0K_1)\right] \tag{8-7}$$

式中，I 为电流；dL 为发射源长度；i 为纯虚数；r 为收发距；ϕ 为 r 与发射源的夹角；ρ 为大地电阻率；$k=\sqrt{-i\omega\mu/\rho}$；$\mu$ 为磁导率；I_0、I_1 和 K_0、K_1 分别为以 $ikr/2$ 为变量的 0 阶、1 阶和第一类、第二类修正贝塞尔函数。

只需要观测电磁场的一个分量就能获得地下电阻率信息，不论观测哪一个分量，其中含有的电阻率都是同一个大地电阻率。广域电磁法的基本原理就是在包括远区也包括部分非远区在内的广大区域内进行测量，观测人工源电磁场的一个分量，获得广域视电阻率。

与 CSAMT 相比，在同等收发距上勘探深度增大；在同等条件下，广域电磁法比 CSAMT 法探测深度增加 3 ~ 5 倍；广域电磁法的信号强度是 CSAMT 法的 125 倍，抗干扰能力大大提高。在相同或者更高分辨率的前提下，只测量电磁场的单个分量，改变了过去 CSAMT 法必需测量两个相互正交的电、磁分量的历史，工作效率得以提高。广域电磁法一次发送包含多个频率的伪随机信号，同时接收多个频率的地电信息，突破了变频方案的技术瓶颈，使频率域电磁法的野外采集效率大大提高，有利于大面积快速扫面，使测量精度明显提高，为实现真正的三维电磁法勘探奠定了基础。

频谱密度和信噪比是制约频率域电磁法分辨率的关键，但传统人工源频率域电磁法存在两个瓶颈：①采用变频法，需要逐一改变激励场源的电流频率实现测深，并通过长时间叠加提高单一频率的信噪比，工作效率低，难以实现高频谱密度测量；②采用统计法或滤波法去噪，无法评估噪声对同频信号的污染程度，去噪效果难以保证。

人工源频率域电磁法数据的特点包括：①噪声存在于整个频谱中；②发射频率的个数有限，在频谱中的占比小于 1%；③除发射频率及其谐波处的噪声参数未知外，其余频谱中的噪声参数是已知的，即超过 99% 的噪声参数已知。何继善团队创造性地采用反演方法将噪声未知数（小于 1%）解出，只保留信号，攻克了同频干扰去噪难题，实现了信号、噪声的高度分离，除了获得发射频率信号外，还额外获得了比发射频率个数多 7 倍的谐波信号，极大地提高了频率数据密度，颠覆了传统的统计法或滤波法去噪思路。

2. 深层页岩气广域电磁法监测

页岩气压裂电磁实时监测技术是广域电磁法勘探技术的延伸，监测系统由发射系统与接收系统两部分组成。通过发射端向地下发射 19 个频率的伪随机信号，在接收端同频率接收，发射与接收系统在空间上相对独立且保持装置不变。发射端与接收端（监测区）的距离满足广域电磁法理论要求，发射端 A、B 供电偶极距一般为 1 ~ 3km，接收区域在垂直于 AB 连线 60°夹角范围内进行监测（图 8－32）。

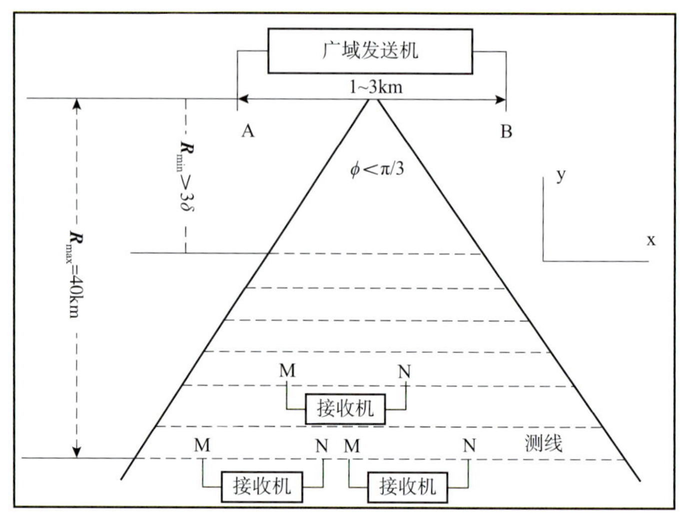

图 8－32　深层页岩气电磁监测布置示意图

电磁信号为广域$-\alpha_k^p$序列伪随机信号，为含有 k 个主频率的多频合成电流。这 k 个主频率可以事先人为选择，常用的是 $\alpha=2$，$p=n$（$n\in Z$）的2_k^n系列伪随机信号，具有包含主频多、频率分布合理、信号强度大而均匀、工作效率高、观测速度快的特点。

在使用该方法对深层页岩气进行压裂监测前，根据测井等相关电阻率数据建立了地质、地球物理初步模型并开展了论证，模型参数包括：频率为 0.03125～16Hz，发射源间距为 1.7km，收发距为 8～11km，异常体（压裂液）埋深为 3700m，异常体厚度为 60～70m，异常体长度为 1500m，压裂异常体电阻率为 5Ω·m。通过正演可得到电位差成果（图 8－33），可见压裂前后，电场曲线大致以 0.5～3Hz 为中心，形成较明显的异常，说明压裂监测理论可行。

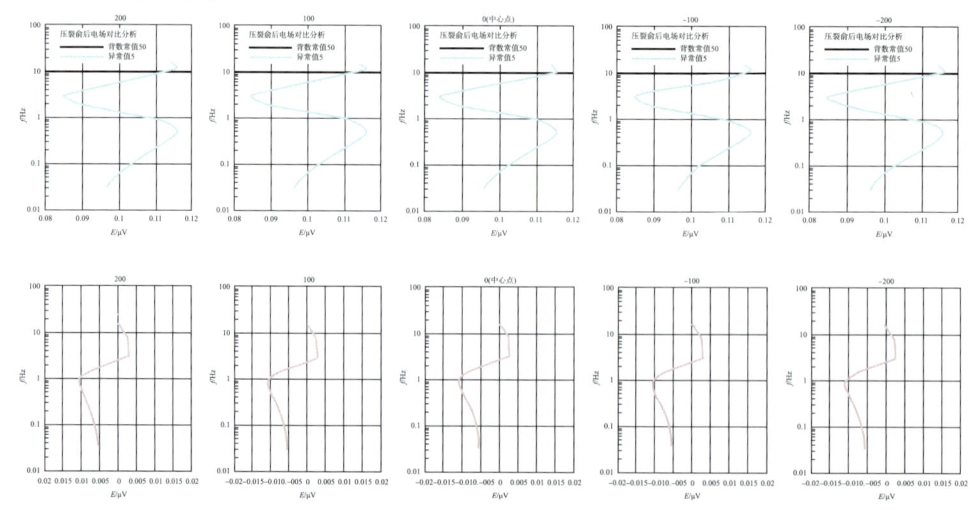

图 8－33　模型监测正演模拟成果

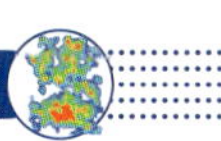

2019年，在威荣地区开展了3口井次的深层页岩气广域电磁法监测试验，其中，威页29-5HF井完成了第1~第3段、第19~第25段，共10段的监测；威页29-6HF井完成了第6~第20段，共15段的监测。43-1HF井第2~第19段合压18次（套管变形）且完成了第20、第21段的监测。监测选择了0.03125~16Hz频段伪随机信号的19个固定频率。监测过程中，针对威荣地区目层埋深大（3700~3900m）、水平压裂段厚度薄（60~70m）、信号弱的特点，采用大功率、大电流发射技术，增加采集信号强度，压制干扰；针对天然背景、高压输电、低压居民用电等干扰信号强、测量误差大的特点，主要采用数字相干技术与阵列去噪技术，降低测量误差。图8-34所示为在威荣地区采集的原始数据显示。针对压裂液注入时间快、分辨率要求高的特点，采用高效发射与接收频谱技术，提高数据更新速度，每组频率测量周期为256s；针对常规反演处理分辨率低的特点，直接采用观测到的电场、电流进行电磁资料AI学习差别技术处理等措施。

对原始数据进行编辑、去噪等处理，可得到压裂后的电场数据，数据可分为单时刻数据和多时刻数据，一般数据以曲线形式表示，单时刻曲线反映了单点某时间点原始电场数据随频率变化的信息［图8-35（a）］，图中，频率越低，表示勘探深度越大。多时刻曲线是单点多个不同时间原始电场数据曲线在同一图上的反映［图8-35（b）］，不同颜色的曲线表示不同时刻的电场曲线，有利于资料的对比分析。

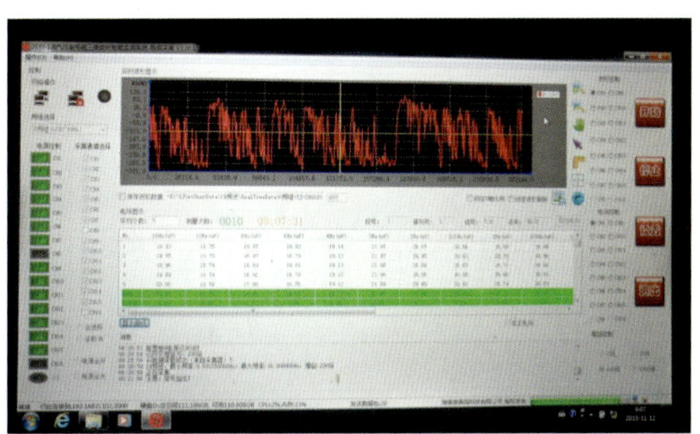

图8-34　威荣地区威页29-5HF井压裂电磁监测采集的原始数据显示

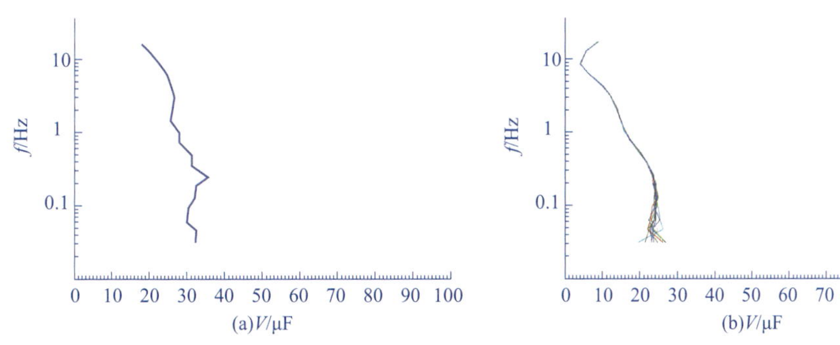

图8-35　单时刻与多时刻数据曲线

对电场数据作差分处理，可得压裂前后的相对异常幅度，而且可以对一个频率或多个频率的异常幅度叠加，考虑到观测电场（E）实际上是通过观测两点之间的电位差来实现的，即：

$$E \cdot MN = \Delta V \tag{8-8}$$

式中，ΔV 为观测电位差；MN 为测量电极距。

那么，第 i 次相对于 j 次各频点的异常幅度为：

$$\eta_{if}=\frac{\Delta V_{if}-\Delta V_{jf}}{\Delta V_{jf}}\cdot 100\% \tag{8-9}$$

第 i 次相对于第 j 次的总异常幅度为：

$$\eta_{if}=\sum_{f=1}^{N}\frac{|\Delta V_{if}-\Delta V_{jf}|}{\Delta V_{jf}} \tag{8-10}$$

式中，$i>j$，且 $j=0$，1，2，3…；ΔV_{if}为第 i 次测量（采集完成）的第 f 个频率的电位差，ΔV_{0f}为第 0 次压裂即压裂前的电位差。

当 $i=j+1$ 时，第 i 次的总异常幅度为：

$$\eta_{if}=\sum_{f=1}^{N}\frac{|\Delta V_{if}-\Delta V_{(i-1)f}|}{\Delta V_{(i-1)f}} \tag{8-11}$$

第 i 次相对于第 j 次的各频点的异常变化率为：

$$\xi_{if}=\frac{\eta_{if}}{t_i-t_j}=\frac{\Delta V_{if}-\Delta V_{jf}}{\Delta V_{jf}\ (t_i-t_j)} \tag{8-12}$$

式中，t 为时间。

第 i 次相对于第 j 次的总异常变化率为：

$$\xi_{if}=\frac{\eta_{if}}{t_i-t_{i-1}}=\sum_{f=1}^{N}\frac{|\Delta V_{if}-\Delta V_{(i-1)f}|}{\Delta V_{if}(t_i-t_j)} \tag{8-13}$$

当 $i=j+1$ 时，第 i 次的总异常变化率可以写成：

$$\xi_{i}=\frac{\eta_{i}}{t_i-t_{i-1}}=\sum_{f=1}^{N}\frac{|\Delta V_{if}-\Delta V_{(i-1)f}|}{\Delta V_{(i-1)}(t_i-t_j)} \tag{8-14}$$

通过对监测资料的处理解释，对每段压裂异常进行叠加，绘制成测区综合异常图，图中可见，监测区每段均有明显电磁异常，段与段之间的异常相互重叠，且异常幅度和范围各不相同。

威页 29－5HF 井经过 10 次压裂后（图 8－36），全井压裂液波及范围（改造面积）约为 309019m^2，第 1 段（橙色线框区域），异常区域分布于井筒东西两侧，呈北东－南西向延伸，规模约 290m×50m，并有向西侧延伸趋势，异常重叠，推测此区域压裂效果较好；第 2、第 3 段（蓝色线框区域），异常区域主要分布在井筒西侧，近东西向延伸，长约 220m，宽约 150m，推断此区域裂缝较为发育，压裂液向西侧运移；第 19～第 25 段（红色线框区域），异常区域在井筒周围对称分布，规模约 490m×380m，并有向东西两侧延伸趋势，段与段之间异常相互重叠，推测此区域压裂效果较好；第 23～第 25 段（黑色线框区域）电磁监测异常对称分布于井筒两侧，异常规模约 360m×180m，压裂液引起的异常区域，未波及邻井威页 29－4HF 井。因此，推测 5 井最后三段压裂施工，未出现与邻井（威页 29－4HF 井）压串等问题。

威页29－6HF井经过15次压裂后（图8－37），监测段压裂液波及范围（改造面积）约为588434m^2，第6～第20段（红色线框区域），电磁监测异常对称分布于井筒两侧，规模约500m×1050m，并有向东西两侧延伸趋势，段与段之间异常相互重叠，推测此区域压裂效果较好。

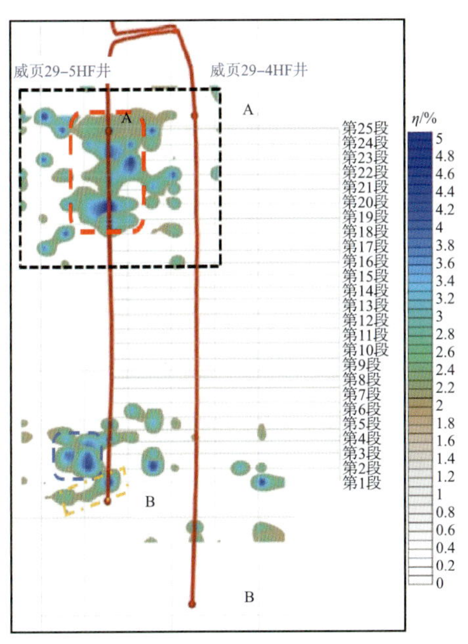

图8－36　威荣地区威页29－5HF井压裂效果总体评价图

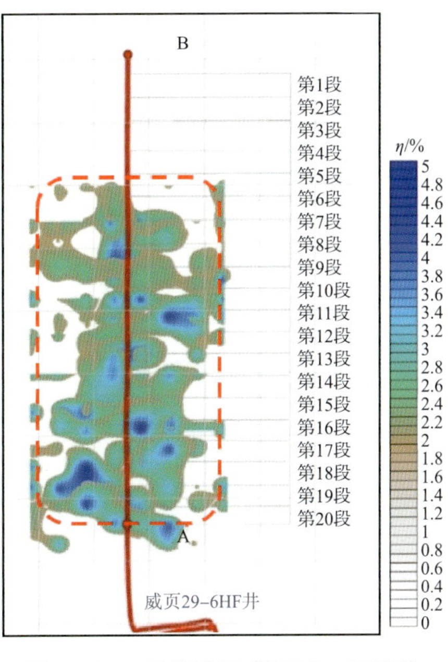

图8－37　威荣地区威页29－5HF井压裂效果总体评价图

威页43－1HF井经过20次压裂施工（图8－38），压裂液波及范围不断扩大，可能受到压裂暂堵转向影响，并朝着新开改造裂缝方向扩散。全井段压裂液波及范围（改造面积）约为559513m^2。其中，第3～第10段，异常区域主要分布于1井东西两侧，连接成一片，段与段之间异常重叠，推测此区域压裂效果较好（蓝色线框区域）；第11～第14段，异常区域主要分布在1井东侧，推断此区域裂缝较为发育，压裂液向东运移（红色线框区域）；第15～第20段，异常范围分布在1井东西两侧，异常相互叠加，并有向东西方向延伸的趋势，推断此区域压裂效果较好（黑色线框区域）；第21段，异常区域主要集中分布在1井东侧，推断此区域裂缝较发育，压裂液向东扩散（橙色线框区域）。

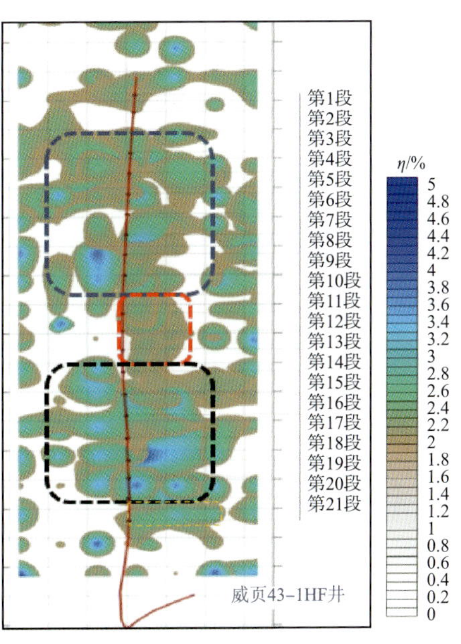

图8－38　威荣地区威页43－1HF井压裂效果总体评价图

3. 深层页岩气广域电磁法监测可靠性分析

1）无裂缝段压裂前后异常图对比

当单段压裂不受天然裂缝影响时，异常范围主要集中分布在当前段，并朝井筒两侧有延伸趋势，其他段附近异常较少且异常值也较小。

威页 29－5 井第 25 段压裂施工前，背景场几乎没有异常；在压裂过程中，随着压裂液的注入，逐渐形成一个东西向异常区（M12），延伸方位与区域应力场一致，异常区沿井筒两侧呈对称分布，推测为井筒周围均匀的岩体介质，主要为人工造缝所形成的压裂液波及范围，且横向波及范围较大（图 8－39）。

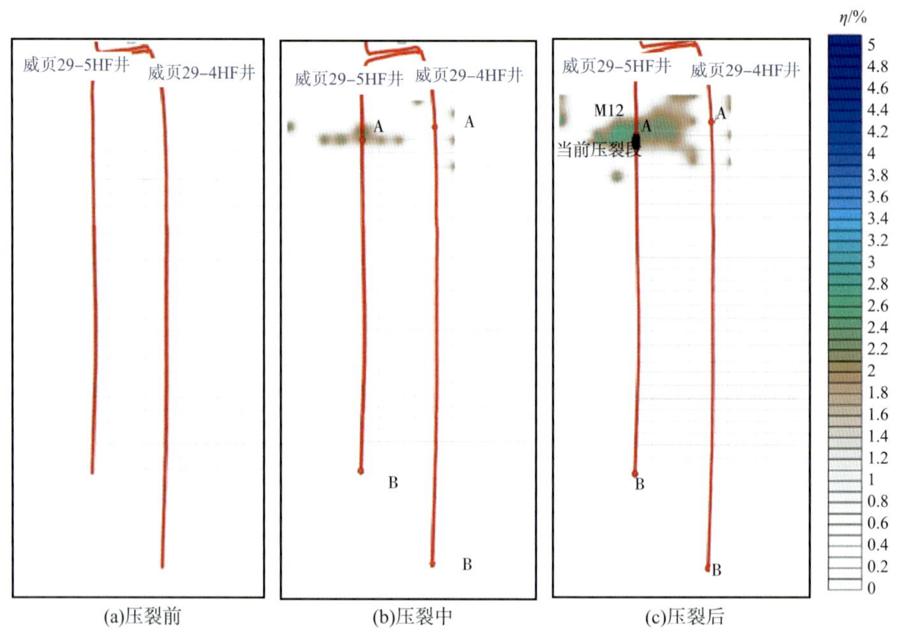

图 8－39　威页 29－5HF 井第 3 段压裂前背景场与压裂后异常场对比

同样地，威页 29－6 井第 16 段压裂施工前后，广域电磁法在当前压裂段监测到一个异常区，编号为 N11，长轴近东西向延伸，长约 370m，宽约 70m（图 8－40）。

2）有裂缝段压裂前后异常图对比

在裂缝发育的层段，压裂液容易沿着裂缝运移，异常范围沿裂缝方向集中分布，并朝井筒两侧有延伸趋势，长轴方向一般与天然裂缝走向相同。

如图 8－41 所示，威页 29－5HF 井第 20 段压电磁监测出长轴呈北东－南西向延伸，长约 280m，宽约 150m 的异常区 M6［图 8－41（a）］，与地震蚂蚁体裂缝预测结果［图 8－41（b）］一致。

图 8－42 为威页 29－6HF 井裂缝相对发育段预测与压后电磁监测结果对比图，可见在第 8、第 13～第 15、第 18、第 20 段异常区走向与天然裂缝走向密切相关，走向大体一致，虽然在细节上存在细微差别，但总体上符合压裂液在裂缝发育层段的运移规律。

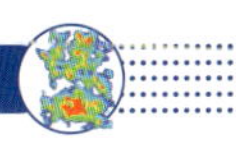

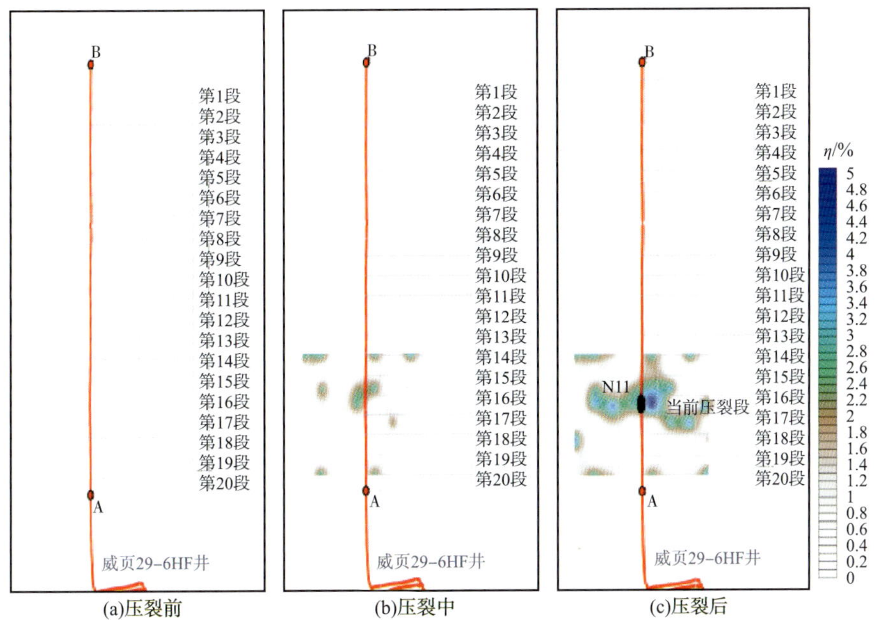

图 8－40　威页 29－6HF 井第 16 段压裂前背景场与压裂后异常场对比

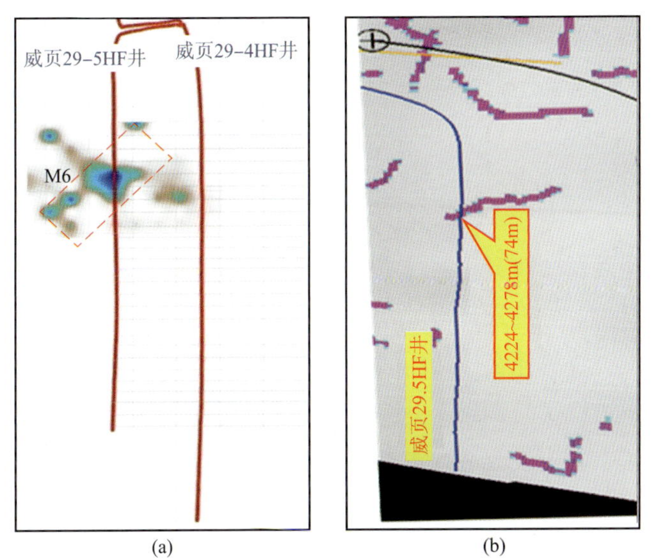

图 8－41　威页 29－5HF 井第 20 段压裂监测结果与蚂蚁体裂缝预测

总之，通过对深层页岩气广域电磁法监测异常特征分析可知，所有压裂段及其附近都发生了明显的电阻异常，异常形态规模与天然裂缝、压裂工程施工情况比较吻合，在远离压裂段，异常较弱且分布无规律。这说明，压裂能引起足够的异常，观测系统能压制主要干扰，数据处理后得到的异常结果，与压裂实际情况较吻合。同时，也能看出电磁监测在平面上能客观反映压裂液波及范围和运移扩散过程，但在纵向上可靠性较差。

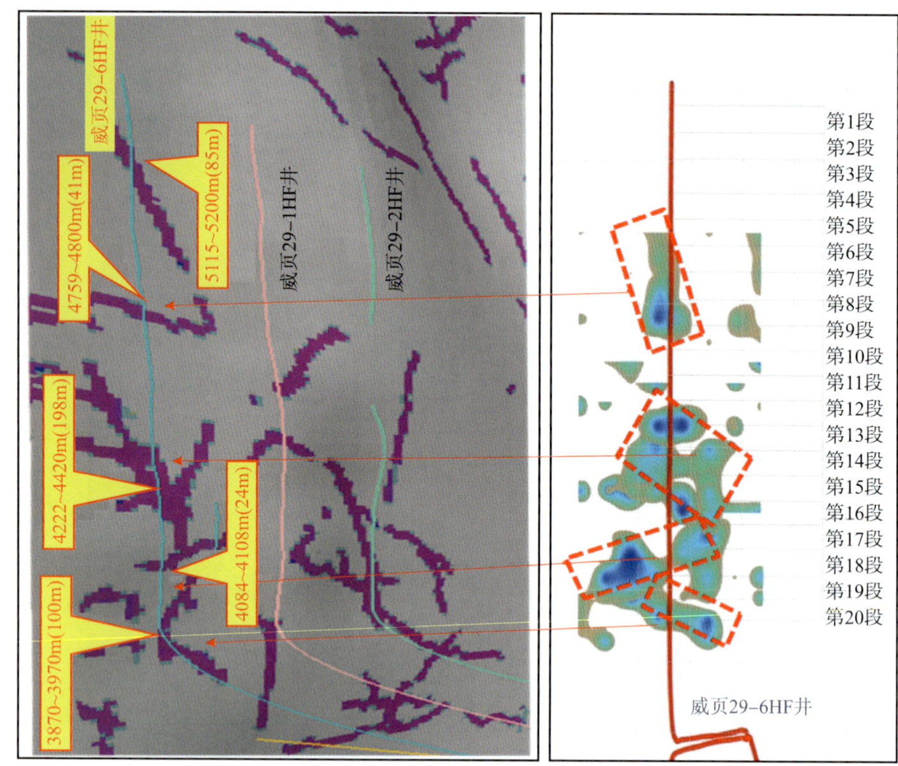

图8-42　威页29-6HF井蚂蚁体裂缝预测与第8、第13~第15、第18、第20段压裂监测结果对比

三、页岩气水平井压裂现场监测技术应用效果

对于页岩气勘探开发区而言，通过水平井压裂现场监测，可以明确适宜的开发技术政策（水平段走向、长度、井间距离等），为后期调整及方案优化提供可靠依据。同时，通过开展压裂动态监测，了解什么样的压裂方式、压裂参数能得到最佳的压裂效果，从而可以在现场对压裂方案进行实时调整，达到有效体积压裂改造的目的，对于压裂方案改进、形成适应该区地质特点的压裂改造方案具有重要意义。

1）压裂现场监测指导压裂工艺优化

川南威荣地区地应力高，在压裂施工期间多次出现施工异常情况。针对部分施工异常，现场施工实时，结合微地震监测结果对施工参数进行了及时调整，降低了施工风险，从而确保施工顺利推进。例如，在威页23-1HF井第15段压裂施工初期，监测到微地震事件响应无明显异常，当提升至15m^3/min排量时，已压裂的第17段井筒位置开始出现微地震事件响应，而此区域正是前期泵送桥塞出现多次遇阻的地点，随着施工的进行，该井筒位置微地震事件响应明显增加，现场及时调整施工参数，取消了18m^3/min高黏携砂，从而降低了井筒风险。从后续施工来看，该区域事件规模逐渐扩大，可见结合监测结果通过控制施工排量等措施在一定程度上降低了下一步施工的风险。

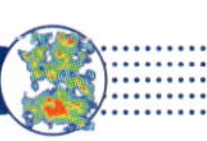

随着威荣深层页岩气田全面进入开发阶段，压裂施工规模不断扩大，微地震等压裂监测在压裂施工过程中将会更好地发挥实时指导或支撑作用，从而为工程施工方案及参数优化提供依据。

2）套变井多段混压效果实时监测

威页 43－1HF 井是一口套变井，套变位置发生在压裂段的第 20 段（4111～4121m），该处套变造成本井前 20 段无法开展分段压裂（桥塞过不去），为此，决定对该井前 20 段开展 18 次混合压裂施工，为了解压裂效果，开展了广义电磁法压裂监测。

从总的效果来看，广义电磁法压裂监测的二维监测成果比较可靠，提供了异常延伸长度和宽度，可以为压裂工程提供一定的指导，尤其是可以清晰地呈现每一次混合压裂形成的新的异常区、异常形状、方向方位（表 8－6），以及压裂液运移的全过程。图 8－43 所示为威页 43－1HF 井第 2～第 19 段第 17 次合压，10：20、11：40、12：40 这 3 个时刻对应于加砂前、加砂中、压裂结束，可以看出，异常状态逐渐变得更加明显，形态也在不断变化，能够看出压裂液波及范围随时间变化的过程。

表 8－6 威页 43－1HF 井监测异常成果统计表

压裂顺序（段号）	异常编号	异常走向	异常延伸长度/m			异常延伸宽度/m
			西向	东向	总长	
第 1～第 3 次合压	M1	近东西向	—	181	200	160
	M2	近南北向	—	77	180	80
第 4～第 6 次合压	M3	近东西向	288	263	550	170
	M4	近南北向	—	346	490	180
第 7～第 9 次合压	M5	北东－南西向	294	58	337	90
	M6	近东西向	106	77	180	110
	M7	近东西向	120	264	280	110
第 10～第 12 次合压	M8	近东西向	280	141	340	100
	M9	近东西向	113	170	240	90
第 13、第 14 次合压	M10	北东－南西向	95	341	400	100
第 15、第 16 次合压	M11	近南北向	183	—	170	100
	M12	北东－南西向	147	334	190	160
第 17、第 18 次合压	M13	近东西向	274	315	540	130

该井在压裂施工前，第 20 段（4111～4121m）泵送桥塞遇堵，出现了套变现象。根据电磁监测异常显示（图 8－44），第 8 次混合压裂电磁监测发现第 20 段出现异常，且主要位于第 20 段东侧，推断在套管变形区域，疑似套管破裂，压裂液从破裂口新开裂缝，最终在当前段东侧形成一个压裂液波及范围。这进一步说明利用电磁监测成果，有探索开展套变监测分析的可能性。

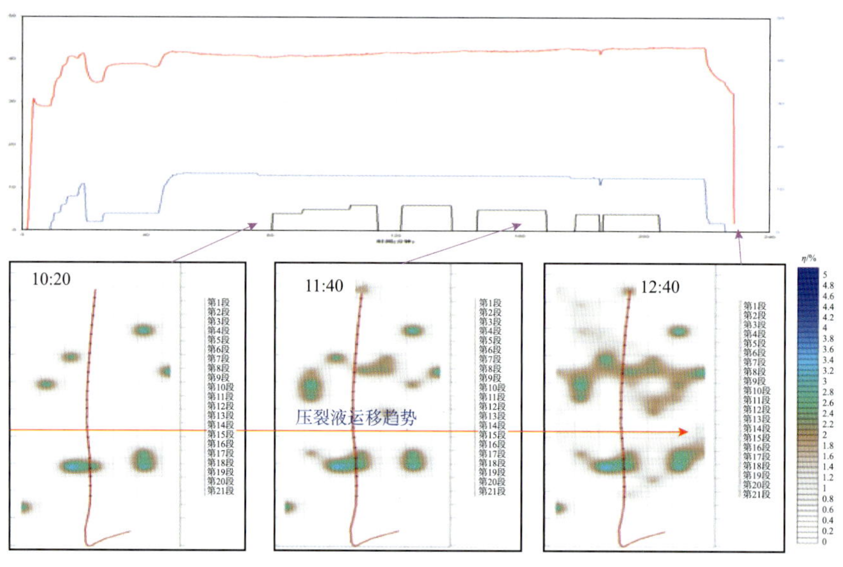

图 8-43　威页 43-1HF 井压裂不同时刻电磁异常图

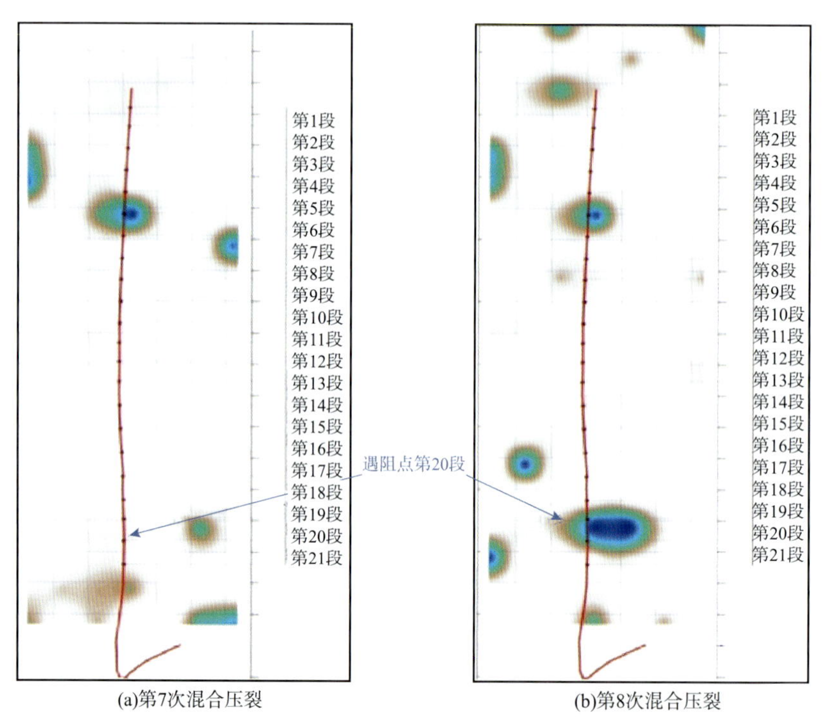

图 8-44　威页 43-1HF 井套管变形区域压裂过程中电磁异常图

另外，在该井压裂过程中，从第 10 次压裂开始，多次开展了长井段暂堵压裂，压裂监测显示有效地开启了新缝，确保该井压裂井段（1300m）最终改造较为充分。

3）压后评估及压裂方案优化

据微地震事件所描述的裂缝网络特征，利用专项的水力压裂裂缝建模技术，可以构建离散裂缝网络模型，分析裂缝类型及相关性，估算压裂改造体积，开展压后效果评估。在

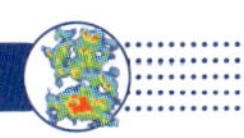

威页 23－1HF 井微裂缝监测后，利用微地震数据，结合威荣地区现代应力场条件、泊松比、杨氏模量等岩石力学属性参数和施工期间的井底压力，开展了压裂效果的模拟（图 8－45）。其后，根据压裂模拟结果，对压裂思路、压裂参数、主体工艺、泵注程序、射孔方式、压裂液性能、加砂过程等均开展了优化，改造效果进一步提升，页岩气井无阻流量由前期的 $24\times10^4m^3/d$，提高到 $37.55\times10^4m^3/d$，从验证的微地震监测结果（图 8－46）来看，波及高度、宽度、长度以及裂缝的复杂程度、覆盖率、单段改造体积等均有较大提高，相邻段重叠率减少，段间改造较为充分，达到了优化压裂方案的目的，目前压裂方案还在进一步的优化过程中。

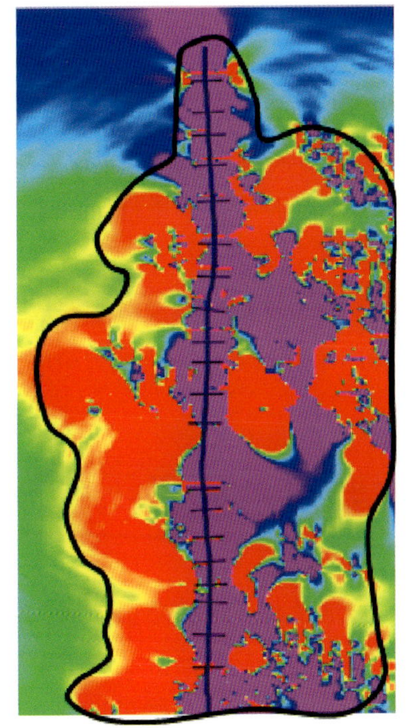

(a)23-1HF井压裂模拟结果
紫色代表挤压应变高值区,红色代表剪切应变高值区

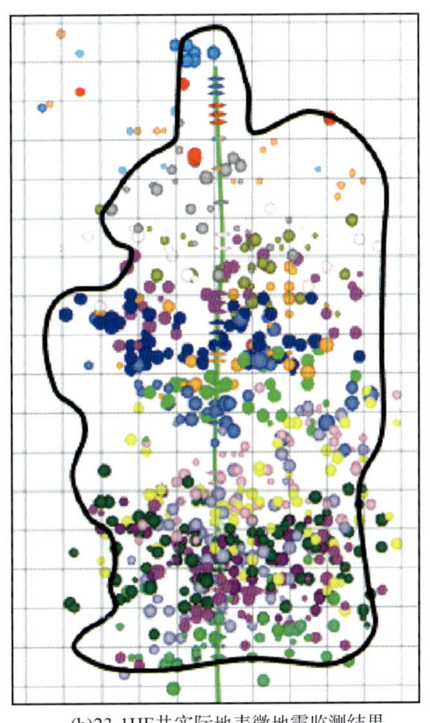

(b)23-1HF井实际地表微地震监测结果

图 8－45　威页 23－1HF 井压裂结果和实际微地震监测情况

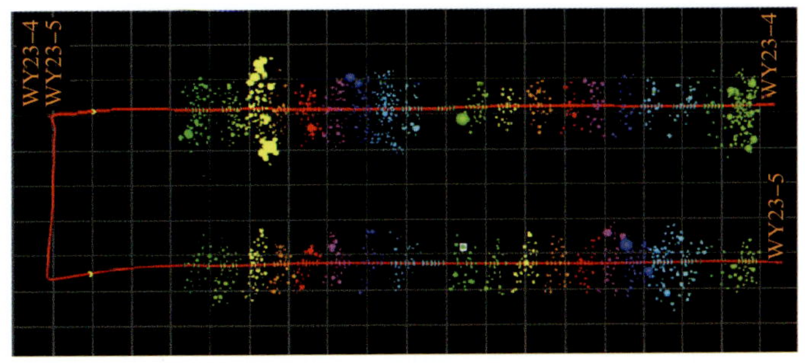

图 8－46　压裂微地震监测结果

第九章　勘探成果与启示

深层页岩气的勘探关键技术的应用与实践，打破了深层页岩气商业开发的技术瓶颈，推进了四川盆地深层页岩气的高质量勘探。技术应用后，威荣地区深层页岩气优质储层钻遇率从53%提高到98%，水平段有效改造覆盖率从65%提高到85%以上；测试无阻产量从$14\times10^4\sim17\times10^4m^3/d$提高到$24\times10^4\sim43\times10^4m^3/d$，较前期提高了1倍；评估最终可采储量由前期的$0.34\times10^8\sim0.6\times10^8m^3$提高到$0.8\times10^8\sim1\times10^8m^3$，较前期增长了1.5~2倍，配产$5.5\times10^4m^3/d$可稳产2年，达到了现有经济技术条件下的效益产出，为威荣深层页岩气田提交探明储量$1246.78\times10^8m^3$，为使其成为中国第一个深层千亿方大型页岩气田，提供了技术保障。系列勘探成果的取得及相关技术的发展对于解放四川盆地及周缘龙马溪组埋深大于3500m的页岩气资源，保障国家能源安全具有重大战略意义。

第一节　取得的主要技术成果

川南地区威荣深层页岩气田是中国石化在四川盆地及其周缘乃至全国勘探发现的第一个深层页岩气田。中国石化西南油气分公司组织开展深层页岩气评价及高质量勘探系列科技攻关，经过不懈努力，创新形成了深层页岩气4个方面（体系）的关键技术：

（1）地质评价方面：①建立了多尺度（层、小层、微层、纹层）、多视域（米、厘米、微米、纳米）页岩储层描述方法，可以精细刻画页岩储层内部微观特征及层间变化特征；②创建了深层页岩储层分类、富集分级评价技术和深层页岩储层评价技术流程，首次实现了龙马溪组页岩储层的地质分类，攻克了页岩储层差异性表征与定量评价难题，实现了页岩储层“好中选优，优中找富”的目标，为页岩气水平井靶窗及轨道位置优选提供了重要依据。

（2）测井定量评价方面：①创建了地质约束下复杂矿物组分定量评价新技术，该技术基于岩心实验分析数据建立地质定量约束方程，解决了纵向上因矿物规律突变导致的矿物组分计算结果不准确的问题，为岩石物理骨架模型的建立提供了依据；②创建了基于干黏土骨架的页岩孔隙度校正及评价新技术，该技术基于不同测试条件孔隙度差异及其关系，实现了页岩孔隙度统一平台定量评价；③创建了深层页岩游离气、吸附气含量测井评价新

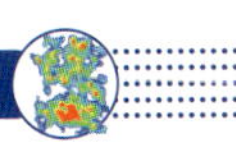

方法，该方法基于深层页岩气游离气含量评价新模型，以及修正的吸附气兰氏方程，实现了深层页岩气原地条件下页岩含气量的定量评价，评价结果更接近实际。页岩气测井定量评价技术的进步大幅提高了测井解释精度（由85%提高到92%以上），为储层精细评价及地震品质预测奠定了坚实基础。

（3）深层页岩气地球物理预测方面：①建立了深层页岩气“两宽一高”地震采集目标设计方法，该技术以深层页岩气“甜点”地震综合预测需求为导向，解决了目标地层的地震资料采集问题，夯实了地震原始资料基础；②建立了深层页岩气“三保三高”地震资料处理技术流程，该技术流程以满足高精度页岩储层地震预测为目标，为高精度地震预测奠定了基础；③建立了深层页岩气储层、工程、富集“三品质”地震预测技术体系，该技术体系包括11种参数的地震预测，其中，包括基于VTI介质弹性理论的页岩脆性预测新技术，基于Caffe人工智能的游离气定量预测新技术，等等。地球物理预测技术的创新与研发实现了深层页岩气“甜点”平面分布预测，为深层页岩气有利目标优选及富集区评价提供了可靠依据，支撑了井网部署、轨道设计及工程实施。

（4）深层页岩气一体化现场支撑保障方面：①建立了一体化轨迹实时监控、优化、调整的工作方法和技术流程；②建立了地质、工程一体化压裂分段分簇优化技术，提高了压裂分段有效性，确保了水平井压裂改造的有效覆盖；③初步形成了深层页岩气压裂现场监测及压后评价技术，通过微地震和广义电磁法对现场实时压裂监测，为现场压裂方案实时调整、后期方案优化提供了可靠依据。

第二节　取得的勘探开发成果

川南地区深层页岩气的勘探实践，特别是威荣深层页岩气田的勘探开发实践，形成了一套针对深层页岩气特点的高效勘探技术，集成的创新成果有力支撑了川南中国石化探区深层页岩气勘探部署、评价部署、储量提交、方案编制、产能建设等，取得了丰硕的油气勘探开发成果。

一、发现并培育了威荣千亿方级深层页岩气田。

中国石化西南油气分公司在川南地区海相页岩气勘探始于2009年，历经目标优选、勘探突破、商业发现、开发产建4个阶段。2015年，威荣地区在威页1HF井取得勘探突破后转入整体评价，部署了5口评价井。2017年，威页23－1HF井、威页29－1HF井实现商业突破。

在前述技术方案的支撑下，威荣探区通过1口探井、5口评价井，于2018年3月提交了千亿方级大型深层页岩气田探明储量，并通过了自然资源部审查，新增含气面积

143.77km^2，页岩气探明地质储量 1246.78 × 10^8m^3，技术可采储量 286.76 × 10^8m^3，经济可采储量 165.14 × 10^8m^3，剩余经济可采储量 164.85 × 10^8m^3，成为中国第一个深层千亿方级页岩气田。威荣页岩气田的探明成为中国页岩气探明储量突破万亿方的里程碑事件，引起了媒体的广泛关注。

2018 年 8 月，中国石化审查通过了《威荣页岩气田龙马溪组页岩气开发方案》和《威荣页岩气田龙马溪组页岩气产能建设项目可行性研究》报告，启动了威荣深层页岩气田一期 10 × 10^8m^3 产能建设，目前，威荣深层页岩气田共实施钻井 40 口，压裂 14 口，已建成产能 2.62 × 10^8m^3/a，开发平台平均无阻流量 38.5 × 10^4m^3/d，评估最终可采储量 0.9 × 10^8m^3，先后投产 14 口井，日产气 60 × 10^4 ~ 100 × 10^4m^3，累计产气 1.7 × 10^8m^3，预计该深层页岩气田将于 2022 年全面建成，届时年产量可达 25 × 10^8m^3。

二、推进川南永川、丁山等地区深层页岩气持续商业突破和产建

川南永川地区于 2016 年获得深层页岩气勘探突破，突破井永页 1HF 井（埋深 3970m）在井口压力 20.4MPa 下，获气 13.66 × 10^4m^3/d，无阻流量 19 × 10^4m^3/d。随即按“整体部署、分区推进”原则转入勘探评价，于永川北区开展甩开评价，于南区永页 1 平台开展井组评价。2018 年，永页 1 平台井组（4 口井）评价获得成功，并于 2019 年启动 3 台 11 井开发先导试验，产建 2.2 × 10^8m^3；同年 11 月，自然资源部审查批准了永川南区234.53 × 10^8m^3 探明储量，新增含气面积 26.51km^2，页岩气探明地质储量 234.53 × 10^8m^3。2020 年，永川南区第一口开发试验井永页 5 - 2HF 井获得高产，井口压力 38.33MPa 下获天然气产量 23.2 × 10^4m^3/d，无阻流量 37.4 × 10^4m^3/d。目前，永川页岩气田已建成产能 1.2 × 10^8m^3/a，先后投产 6 口井，日产气量 23 × 10^4m^3，累计产气 1.05 × 10^8m^3。

2019 年以来，中国石化加大了埋深大于 4000m 的深层页岩气的攻关，在丁山 - 东溪地区部署实施了埋深约 4100m 的丁页 4 井、丁页 5 井和埋深约 4300m 的东页深 1 井，分别获得日产 20 × 10^4m^3、16 × 10^4m^3 和 31 × 10^4m^3 的高产气流，进一步证实了深层页岩气资源丰富、商业开发潜力大，该地区预计将在 2021 ~ 2023 年期间提交 2000 × 10^8 ~ 3000 × 10^8m^3 探明储量。

第三节　重要认识及启示

中国石化西南油气分公司通过对四川盆地川南地区深层页岩气形成条件的系统研究和实践，实现了页岩气勘探开发由中深层向深层效益开发的历史性突破，获得了 3 项重要的认识及启示。

一、以目标为导向，深化基础研究，提升地质认识

四川盆地五峰组－龙马溪组深层与中深层页岩气储层和富集赋存的差异较大，储层差异主要体现在两个方面：①由沉积相带差异所造成的储层差异，包括储层变薄、矿物成分复杂等；②由埋深增大所造成的储层差异，包括裂缝发育、构造抬升、力学脆性变弱等。富集差异体现在页岩气保存条件上，川南地区深层页岩气普遍超压，大面积连续分布，保存条件已不是其富集的主控因素；赋存状态也有较大的变化，体现在深层页岩气游离气的比例比较高，压力系数高。前期由焦石坝地区页岩气勘探开发成果总结出的“二元富集”规律已不完全适用，川南地区深层页岩气的高质量勘探开发迫切需要新的地质认识的指导。

为此，针对川南地区深层页岩气勘探目标，中国石化西南油气分公司加大了深层页岩气沉积、地层、构造、储层等各项基础地质条件的研究，通过对深层页岩气形成富集、赋存状态及产出特征的深入剖析，紧紧抓住影响深层页岩气形成、富集、动用的3个关键要素——相带、演化、储层，提出了“有利微相是形成基础，适宜演化是富集保障，优质储层是动用关键”的深层页岩气“三元三控”新认识，明确了深层页岩气的评价核心是高富集、高动用的优质储层，为川南地区深层页岩气高质量勘探开发提供了理论支撑。

二、以问题为导向，聚焦储层评价，创新关键技术

如何评价深层页岩气高富集、高动用的优质储层，明确纵向上的地质、工程双“甜点”，是实现深层页岩气商业发现、获得效益产能的关键。川南地区的做法是科学划分储层，突出特征差异、细化定量评价。通过对储层开展差异性精细描述，按岩性类型科学划分储层，明确各类储层宏观、微观、含气性、脆性、电性、地震响应等各项特征，优选差异性的评价参数开展不受人为干扰的定量评价。在此过程中，还建立了多尺度－多视域页岩储层描述方法，创新形成了储层分类、富集分级评价关键技术和流程，实现了页岩储层“好中选优，优中找富”的目标，明确了优质储层纵向分布，明确了水平井靶窗及轨道位置。

为解决纵向上矿物组成规律突变导致的计算结果不准确、不同实验室页岩孔隙度测量结果差异大导致孔隙度测井评价难，原地条件下页岩含气量的定量评价不准确等问题，创建了基于地质约束下的复杂矿物组分定量评价技术、基于干黏土骨架的页岩孔隙度校正及评价技术、基于吸附相密度及质量守恒原理的游离气含量评价新模型及基于原地条件下吸附气兰氏修正方程的含气量测井评价新方法，使页岩气测井解释精度由85%提高到92%以上，为储层定量评价奠定了坚实基础。

针对“甜点”预测难度大的问题，从地震资料的采集入手，建立了针对4000m深层

页岩气目标的宽频带、宽方位、高覆盖次数地震资料采集设计方法，夯实了原始资料基础。建立了保持 AVO 特征、各向异性特征、频谱特征，实现高信噪比、高分辨率、高保真的精细目标处理技术及流程，处理成果显示构造形态更合理，深度精度更高，深度误差从过去的 3% 降至 3‰；小断层更清晰，断距 10m 以上断层可识别，剖面上优质储层地震响应特征突出。参数预测方面，针对深层页岩气工程品质（脆性、地应力）预测难题，创建了基于 VTI 介质弹性理论的页岩脆性预测技术，和基于 HTI 各向异性介质理论的地应力预测新技术，首次实现了水平方向和垂直方向的脆性预测，以及应力大小和应力差异系数（DSHR）预测，实现了深层页岩气工程品质的高精度定量预测。针对深层页岩气富集品质（含气性、地层压力、裂缝）预测问题，从多个角度、多种方法提高预测精度，创建了基于 Caffe 人工智能的游离气定量技术，预测误差小于 0.32%；创建了基于深层页岩 CSO 模型的地层压力精确预测方法（误差为 0.97%），创建了基于曲率 + 脆性、方位各向异性、Thomsen 各向异性系数的地震裂缝检测技术，精细刻画了深层页岩气多尺度裂缝发育状态，实现了深层页岩气“甜点”综合评价，支撑了井网部署、轨道设计及工程实施。

三、以结果为导向，强化现场保障，强化一体化协作

优质储层的高钻遇率是深层页岩气获得高产、稳产的关键因素之一，但在川南的威荣、永川地区，深层页岩气水平井靶窗仅为 4m，在实钻中稍有偏差优质储层的钻遇率就会达不到 90% 的要求，为此，需要地质、物探、工程一体化的强力现场保障，多专业、多学科的紧密结合，地质工作者明确靶点层位，物探工作者准确预测水平井靶点、控制点垂深和地层视倾角，工程工作者优化设计水平井轨道，同时，精心制定地质预案，依托信息化平台，准确判断钻头位置实时调控。目前，中国石化西南油气分公司在川南地区达到优质储层 100% 钻遇率的深层页岩气水平井占总井数的 80% 以上。

深层页岩气储层的有效压裂改造是获得高产、稳产的另一个关键因素，同样需要地质、物探、工程一体化的紧密结合，前期深层页岩气的压裂过程采用的是“控近扩远、提高裂缝有效性和分簇改造有效性”的压裂思路，通过工程地质特征、地质力学参数的精细描述和现场压裂监测和压后的评估，压裂技术持续优化，形成了深层页岩气“密切割 + 强加砂 + 控液控排、降低排液负担、保持地层能量”改造思路和“少段多簇 + 强加砂 + 变黏滑溜水”新一代压裂工艺技术，克服了前期压裂加砂量少、改造体积有限、裂缝复杂程度不足的难题，有效改善了地层渗流条件，大幅提高了单井产量。

参考文献

[1] 邹才能，张国生，杨智，等．非常规油气概念、特征、潜力及技术——兼论非常规油气地质学［J］．石油勘探与开发，2013，40（4）：385－399.

[2]董大忠，程克明，王玉满，等．中国上扬子区下古生界页岩气形成条件及特征［J］．石油与天然气地质，2010，31（3）：288－299.

[3]程克明，王世谦，董大忠，等．上扬子区下寒武统筇竹寺组页岩气成藏条件［J］．天然气工业，2009，000（005）：40－44.

[4]郭彤楼，张汉荣．四川盆地焦石坝页岩气田形成与富集高产模式［J］．石油勘探与开发，2014，41（1）：28－36.

[5]王兰生，邹春艳，郑平，等．四川盆地下古生界存在页岩气的地球化学依据［J］．天然气工业，2009，29（5）：59－62.

[6]张金川，李玉喜，聂海宽，等．渝页1井地质背景及钻探效果［J］．天然气工业，2010，30（12）：114－118.

[7]何治亮，胡宗全，聂海宽，等．四川盆地五峰组—龙马溪组页岩气富集特征与“建造—改造”评价思路［J］．天然气地球科学，2017（5）．

[8]蒋廷学，周健，张旭，等．深层页岩气井裂缝扩展及导流特性研究及展望［J］．中国科学：物理学 力学 天文学，2017（11）：33－40.

[9]马新华，谢军．川南地区页岩气勘探开发进展及发展前景［J］．石油勘探与开发，2018，045（001）：161－169.

[10]谢军，赵圣贤，石学文，等．川盆地页岩气水平井高产的地质主控因素［J］．天然气工业，2017（7）.

[11]何治亮，聂海宽，张钰莹．The main factors of shale gas enrichment of Ordovician Wufeng Formation－Silurian Longmaxi Formation in the Sichuan Basin and its adjacent areas［J］．地学前缘，2016，023（002）：8－17.

[12]聂海宽，张金川，马晓彬，等．页岩等温吸附气含量负吸附现象初探［J］．地学前缘，2013（06）：286－292.

[13]吉利明，吴远东，贺聪，等．富有机质泥页岩高压生烃模拟与孔隙演化特征［J］．石油学报，2016，037（002）：172－181.

[14]俞凌杰，范明，陈红宇，等．富有机质页岩高温高压重量法等温吸附实验［J］．石油学报，2015（05）：41－47.

[15]周尚文，薛华庆，郭伟，等．页岩气超临界吸附研究进展［J］．科技导报，2017，035（015）：63－69.

[16]李双建，沃玉进，周雁，等．影响高演化泥岩盖层封闭性的主控因素分析［J］．地质学报，2011，85（10）：1691－1697.

[17]陈作，曾义金．深层页岩气分段压裂技术现状及发展建议［J］．石油钻探技术，2016，000（001）：6－11.

[18]王世谦，陈更生，董大忠，等．四川盆地下古生界页岩气藏形成条件与勘探前景［J］．天然气工业，2009，000（005）：51－58.

[19]陈宗清，四川盆地下寒武统九老洞组页岩气勘探［J］．中国石油勘探，2012. 17（5）：71－78.

[20]张丽霞，姜呈馥，郭超，2012. 鄂尔多斯盆地东部上古生界页岩气勘探潜力分析［J］．西安石油大学学报：自然科学版，27（1）：23－26.

[21]陈祖庆，海相页岩 TOC 地震定量预测技术及其应用［J］. 天然气工业，2014.4（6）：24－29.
[22]丁文龙，许长春，久凯，等. 泥页岩裂缝研究进展［J］，地球科学进展，2011.26（2）：135－143.
[23]董宁，许杰，孙赞东等. 泥页岩脆性地球物理预测技术［J］. 石油地球物理勘探，2013.48（增刊1）：69－74.
[24]陈波，皮定成. 中上扬子地区志留系龙马溪组页岩气资源潜力评价［J］. 中国石油勘探，2009b，3：5－19.
[25]陈建渝，唐大卿，杨楚鹏. 非常规含气系统的研究和勘探进展［J］. 地质科技情报，2003，22（4）：55－59.
[26]陈章明，张树林，万龙贵. 古龙凹陷北部青山口组泥岩构造裂缝的形成及其油藏分布的预测［J］. 石油学报，1988，9（4）：7－15.
[27]董大忠，程克明，王世谦，等. 页岩气资源评价方法及其在四川盆地的应用［J］. 天然气工业，2009，29（5）：33－39.
[28]黄汲清. 中国东部大地构造分区及其特点的新认识［J］. 地质学报，1959，39（2）：115－134.
[29]黄籍中. 四川盆地页岩气与煤层气勘探前景分析［J］. 岩性油气藏，2009，21（2）：116－120.
[30]黄玉珍，黄金亮，葛春梅，等. 技术进步是推动美国页岩气快速发展的关键［J］. 天然气工业，2009，29（5）：7－10.
[31]贾承造，郑民，张永峰. 中国非常规油气资源与勘探开发前景［J］. 石油勘探与开发，2012，39（2）：129－136.
[32]江怀友，宋新民，安晓璇，等. 世界页岩气资源与勘探开发技术综述［J］. 天然气技术，2008，2（6）：26－30.
[33]李建忠，董大忠，陈更生，等. 中国页岩气资源前景与战略地位［J］. 天然气工业，2009，29（5）：11－16.
[34]李武广，杨胜来. 页岩气开发目标区优选体系与评价方法［J］. 天然气工业，2011，31（4）：59－62.
[35]李新景，胡素云，程克明. 北美裂缝性页岩气勘探开发的启示［J］. 石油勘探与开发，2007，34（4）：392－400.
[36]李新景，吕宗刚，董大忠，等. 北美页岩气资源形成的地质条件［J］. 天然气工业，2009，29（5）：27－32.
[37]李延钧，刘欢，刘家霞. 页岩气地质选区及资源潜力评价方法［J］. 西南石油大学学报（自然科学版），2011，33（2）：28－34.
[38]李艳丽. 页岩气储量计算方法探讨［J］. 天然气地球科学，2009，20（3）：466－470.
[39]刘魁元，武恒志，康仁华，等. 沾化、车镇凹陷泥岩油气藏储集特征分析［J］. 油气地质与采收率，2001，8（6）：9－12.
[40]龙鹏宇，张金川，唐玄，等. 泥页岩裂缝发育特征及其对页岩气勘探和开发的影响［J］. 天然气地球科学，2011，22（3）：525－532.
[41]卢双舫，黄文彪，陈方文，等. 页岩油气资源分级评价标准探讨［J］. 石油勘探与开发，2012，39（2）：249－256.
[42]卢衍豪. 云南昆明附近下寒武纪的地层及三叶虫群［J］，中国地质学会质，1941，21（1），71－90.
[43]马力，陈焕疆，甘克文，等. 中国南方大地构造和海相油气地质［M］. 北京：地质出版社，2004.
[44]聂海宽，唐玄，边瑞康. 页岩气成藏控制因素及我国南方页岩气发育有利区预测［J］. 石油学报，2009，30（4）：484－491.
[45]潘仁芳，伍媛，宋争. 页岩气勘探的地球化学指标及测井分析方法初探［J］. 中国石油勘探，2009，3：6－9.
[46]钱逸，华中西南区早寒武世软舌螺化石的研究及其地层意义［J］. 中国科学院南京地质古生物研究

所集刊，1977，11：1－50.
[47]王兰生，邹春艳，郑平，等. 四川盆地下古生界存在页岩气的地球化学依据［J］. 天然气工业，2009，29（5）：59－62.
[48]王社教，王兰生，黄金亮，等. 上扬子区志留系页岩气成藏条件［J］. 天然气工业，2009，29（5）：45－50.
[49]王志刚. 沾化凹陷裂缝型泥质岩油藏研究［J］. 石油勘探开发，2003，30（1）：41－43.
[50]沃玉进，汪新伟. 中、上扬子地区地质结构类型与海相层系油气保存意义［J］. 石油与天然气地质，2009，30（2）：177－187.
[51]闫存章，黄玉珍，葛春梅，等. 页岩气是潜力巨大的非常规天然气资源［J］. 天然气工业，2009，29（5）：1－6.
[52]叶军，曾华盛. 川西须家河组泥页岩气成藏条件与勘探潜力［J］. 天然气工业，2008，28（12）：18－25.
[53]张金川，金之钧，袁明生. 页岩气成藏机理和分布［J］. 天然气工业，2004，24（7）：15－18.
[54]张金川，徐波，聂海宽，等. 中国页岩气资源勘探潜力［J］. 天然气工业，2008，28（6）：136－140.
[55]张金功，袁政文. 泥质岩裂缝油气藏的成藏条件及资源潜力［J］. 石油与天然气地质，2002，23（4）：336－339.
[56]张利萍，潘仁芳. 页岩气的主要成藏要素与气储改造［J］. 中国石油勘探，2009，No. 3.
[57]郑和荣，高波，彭勇民，等. 中上扬子地区下志留统沉积演化与页岩气勘探方向［J］. 古地理学报，2013，15（5）：645－656.
[58]冉波，刘树根，孙玮，等. 四川盆地及周缘下古生界五峰组－龙马溪组页岩岩相分类［J］. 地学前缘，2016，23（2）：96－107.
[59]彭勇民，龙胜祥，胡宗全，等. 四川盆地涪陵地区页岩岩石相标定方法与应用［J］. 石油与天然气地质，2016，37（6）：964－970.
[60]王玉满，王淑芳，董大忠，等. 川南威荣及邻区下志留统龙马溪组页岩岩相表征［J］. 地学前缘，2016，23（1）：119－133.
[61]王玉满，李新景，董大忠，等. 上扬子地区五峰组－龙马溪组优质页岩沉积主控因素［J］. 地质勘探，2017，47（6）：720－732.
[62]梁兴，徐政语，张朝，等. 昭通太阳背斜区浅层页岩气勘探突破及其资源开发意义［J］. 石油勘探与开发，2020，47（1）：1－17
[63]冯建辉，牟泽辉. 涪陵焦石坝五峰组—龙马溪组页岩气富集主控因素分析［J］. 中国石油勘探，2017，22（3）：32－39.
[64]郭彤楼. 涪陵页岩气田发现的启示与思考［J］. 地学前缘，2016，23（1）：29－43.
[65]张晓明，石万忠，徐清海，等. 四川盆地焦石坝地区页岩气储层特征及控制因素［J］. 石油学报，2015，36（8）：926－939，953.
[66]王志刚. 涪陵焦石坝地区页岩气水平井压裂改造实践与认识［J］. 石油与天然气地质，2014，35（3）：425－430.
[67]郭旭升，胡东风，魏志红，等. 涪陵页岩气田的发现与勘探认识［J］. 中国石油勘探，2016，21（3）：24－37.
[68]郭旭升，胡东风，李宇平，等. 涪陵页岩气田富集高产主控地质因素［J］. 石油勘探与开发，2017，44（4）：481－491.
[69]郭彤楼，刘若冰. 复杂构造区高演化程度海相页岩气勘探突破的启示——以四川盆地东部盆缘 JY1 井为例［J］. 天然气地球科学，2013，24（4）：643－651.
[70]郭彤楼，张汉荣. 四川盆地焦石坝页岩气田形成与富集高产模式［J］. 石油勘探与开发，2014，41

(1)：28－36.
[71]腾格尔，申宝剑，俞凌杰，等．四川盆地五峰组—龙马溪组页岩气形成与聚集机理［J］．石油勘探与开发，2017，44（1）：69－78.
[72]金之钧，胡宗全，高波，等．川东南地区五峰组－龙马溪组页岩气富集与高产控制因素［J］．地学前缘，2016，23（1）：1－10.
[73]潘仁芳，龚琴，鄢杰，等．页岩气藏“甜点”构成要素及富气特征分析——以四川盆地长宁地区龙马溪组为例［J］．天然气工业，2016，36（3）：7－13.
[74]程鹏，肖贤明．很高成熟度富有机质页岩的含气性问题［J］．煤炭学报，2013，38（5）：737－741.
[75]刘树根，邓宾，钟勇，等．四川盆地及周缘下古生界页岩气深埋藏－强改造独特地质作用［J］．地学前缘，2016（1）：11－28.
[76]戴金星，宋岩，张厚福．中国大中型气田形成的主要控制因素［J］．中国科学，1996，26（6）：3－9.
[77]张金川，聂海宽，徐波，等．四川盆地页岩气成藏地质条件［J］．天然气工业，2008，28（2）：151－156.
[78]郭旭升．南方海相页岩气“二元富集”规律——四川盆地及周缘龙马溪组页岩气勘探实践认识［J］．地质学报，2014，88（7）：1209－1218.
[79]薛承瑾．页岩气压裂技术现状及发展建议［J］．石油钻探技术，2011，39（3）：24－29.
[80]汤庆艳，张铭杰，余明，等．页岩气形成机制的生烃热模拟研究［J］．煤炭学报，2013，38（5）：742－747.
[81]戴金星，倪云燕，黄士鹏，等．四川盆地黄龙组烷烃气碳同位素倒转成因的探讨［J］．石油学报，2010，31（5）：710－717.
[82]申宝剑，仰云峰，腾格尔，等．四川盆地焦石坝构造区页岩有机质特征及其成烃能力探讨——以焦页1井五峰－龙马溪组为例［J］．石油实验地质，2016，38（4）：480－488
[83]张金川，金之钧，袁明生．页岩气成藏机理和分布［J］．天然气工业，2004，24（7）：15－18.
[84]张金川，张培先，徐波，等．中国页岩气资源勘探潜力［J］．天然气工业，2008，28（6）：136－140.
[85]闫存章，黄玉珍，葛春梅，等．页岩气是潜力巨大的非常规天然气资源［J］．天然气工业，2009，29（5）：1－6.
[86]董大忠，程克明，王世谦，等．页岩气资源评价方法及其在四川盆地的应用［J］．天然气工业，2009，29（5）：33－39.
[87]曾祥亮，刘树根，黄文明，等．四川盆地志留系龙马溪组页岩与美国FortWorth盆地石炭系Barnett组页岩地质特征对比［J］．地质通报，2011，30（2－3）：372－384.
[88]郭秋麟．陈晓明．宋焕琪，等．泥页岩埋藏过程中孔隙度演化与预测模型探讨［J］．天然气地球科学，2013，24（3）：439－449.
[89]陈旭，陈清，甄勇毅，等．志留纪初宜昌上升及其周缘龙马溪组黑色笔石页岩的圈层展布模式［J］．中国科学：地球科学，2018（48）：1198－1026.
[90]陈作，曾义金．深层页岩气分段压裂技术现状及发展建议［J］．石油钻探技术2016（44）：6－11.
[91]董大忠，邹才能，杨桦，等．中国页岩气勘探开发进展与发展前景［J］．石油学报2012（33）：107－114.
[92]董文强，温度与有效应力对页岩储层应力敏感影响研究［J］．石油化工应用2018（37）：62－66＋72.
[93]范存辉，李虎，钟城，等．川东南丁山构造龙马溪组页岩构造裂缝期次及演化模式［J］．石油学报，2018（39）：379－390.
[94]吉利明，吴远东，贺聪，等．富有机质泥页岩高压生烃模拟与孔隙演化特征［J］．石油学报2016

(37)：172－181.

[95]金之钧，胡宗全，高波，等. 川东南地区五峰组－龙马溪组页岩气富集与高产控制因素［J］. 地学前缘，2016（23）：1－10.

[96]聂海宽，金之钧，边瑞康，等. 四川盆地及其周缘上奥陶统五峰组－下志留统龙马溪组页岩气“源－盖控藏”富集［J］. 石油学报，2016（37）：557－571.

[97]聂海宽，金之钧，马鑫，等. 四川盆地及邻区上奥陶统五峰组—下志留统龙马溪组底部笔石带及沉积特征［J］. 石油学报，2017（32）：160－174.

[98]谢军，赵圣贤，石学文，等. 四川盆地页岩气水平井高产的地质主控因素［J］. 天然气工业，2017（37）：1－12.

[99]姚光华，熊伟，胥云，等. 预加压测试页岩含气量新方法［J］. 石油学报，2017（38）：1189－1193，1199.

[100]李玉喜，乔德武，姜文利，等. 页岩气含气量和页岩气地质评价综述［J］. 地质通报，2011，30（2－3）：308－317

[101]邹才能，董大忠，杨桦，等. 中国页岩气形成条件及勘探实践［J］. 天然气工业，2011，31（12）：26－38.

[102]邹才能，张国生，杨智，等. 常规－非常规油气“有序聚集”理论认识及实践意义［J］. 石油勘探与开发，2013，40（4）：385－400.

[103]邹才能，董大忠，王玉满，等. 中国页岩气特征、挑战及前景（二）［J］. 石油勘探与开发，2016，43（2）：166－178.

[104]王世谦，王书彦，满玲，等. 页岩气选区评价方法与关键参数［J］. 成都理工大学学报（自然科学版），2013，40（6）：609－620.

[105]刘超英. 页岩气勘探选区评价方法探讨［J］. 石油实验地质，2013，35（5）：564－573.

[106]李建青，高玉巧，花彩霞，等. 北美页岩气勘探经验对建立中国南方海相页岩气选区评价体系的启示［J］. 油气地质与采收率，2014，21（4）：23－32.

[107]郭秀英，陈义才，张鉴，等. 页岩气选区评价指标筛选及其权重确定方法——以四川盆地海相页岩为例［J］. 天然气工业，2015，35（10）：57－64.

[108]张金川，李玉喜，聂海宽，等. 渝页1井地质背景及钻探效果［J］. 天然气工业，2010，30（12）：114－118.

[109]冯增昭，何幼斌，吴胜和. 中下扬子地区二叠纪岩相古地理［J］. 沉积学报，1993，11（3）：13－23.

[110]彭勇民，龙胜祥，胡宗全，等. 四川盆地涪陵地区页岩岩石相标定方法与应用［J］. 石油与天然气地质，2016，37（6）：964－970.

[111]王玉满，王淑芳，董大忠，等. 川南下志留统龙马溪组页岩岩相表征［J］. 地学前缘，2016，23（1）：119－133.

[112]吴靖，胡宗全，谢俊，等. 四川盆地及周缘五峰组－龙马溪组页岩有机质宏微观赋存机制［J］. 天然气工业，2018（8）：23－32.

[113]魏力民，王岩，张天操，等. 四川盆地南部深层页岩储层地质模型的建立［J］. 天然气工业，2019，39（S1）：66－70.

[114]纪友亮. 油气储层地质学［M］. 东营：中国石油大学出版社，2019.

[115]于炳松. 页岩气储层的特殊性及其评价思路和内容［J］. 地学前缘，2012，19（3）：252－258.

[116]涂乙，邹海燕，孟海平，等. 页岩气评价标准与储层分类［J］. 石油与天然气地质，2014，35（1）：153－158.

[117]郭英海，赵迪斐. 微观尺度海相页岩储层微观非均质性研究［J］. 中国矿业大学学报，2015，44（2）：300－307.

[118]乔辉，贾爱林，贾成业，等．页岩气储层关键参数评价及进展［J］．地质科技情报，2018，37（2）：157－164.

[119]陈更生，董大忠，王世谦，等．页岩气藏形成机理与富集规律初探［J］．天然气工业，2009，29（5）：17－21.

[120]朱华，姜文利，边瑞康，等．页岩气资源评价方法体系及其应用——以川西坳陷为例［J］．天然气工业，2009，29（12）：130－134.

[121]姜在兴，张文昭，梁超，等．页岩油储层基本特征及评价要素［J］．石油学报，2014，35（1）：184－196.

[122]蒋廷学，卞晓冰．页岩气储层评价新技术——甜度评价方法［J］．石油钻探技术，2016，44（4）：1－6.

[123]王汉青，陈军斌，张杰，等．基于权重分配的页岩气储层可压性评价新方法［J］．石油钻探技术，2016，44（3）：88－94.

[124]方辉煌，汪吉林，宫云鹏，等．基于灰色模糊理论的页岩气储层评价——以重庆南川地区龙马溪组页岩为例［J］．岩性油气藏，2016，28（5）：76－81.

[125]沈骋，任岚，赵金洲，等．页岩储集层综合评价因子及其应用——以四川盆地东南缘焦石坝地区奥陶系五峰组－志留系龙马溪组为例［J］．石油勘探与开发，2017，44（4）：649－658.

[126]蒋裕强，董大忠，漆麟，等．页岩气储层的基本特征及其评价［J］．天然气工业，2010，30（10）：7－12.

[127]孙玉平．低渗透储层综合评价方法研究［D］．中国科学院研究生院（渗流流体力学研究所），2008.

[128]刘超英，页岩气勘探选区评价方法探讨［J］．石油实验地质，2013，35（5）：564－569.

[129]张鉴，王兰生，杨跃明，等．四川盆地海相页岩气选区评价方法建立及应用［J］．天然气地球科学，2016，27（3）：433－441.

[130]陈祖庆．海相页岩 TOC 地震定量预测技术及其应用［J］．天然气工业，2014，4（6）：24－29.

[131]程冰洁，徐天吉，李曙光．频变 AVO 含气性识别技术研究与应用［J］．地球物理学报，2012. 55（2）：608－613.

[132]董宁，许杰，孙赞东，等．泥页岩脆性地球物理预测技术［J］．石油地球物理勘探，2013. 48（增刊1）：69－74.

[133]郭建春，周鑫浩，邓燕．页岩气水平井组拉链压裂过程中地应力的分布规律［J］．天然气工业，2015，（07）：44－48.

[134]蒋裕强，董大忠，漆麟，等．页岩气储层的基本特征及其评价［J］．地质勘探，2020. 30（10）：7－12.

[135]金吉能，潘仁芳，王鹏，等．地震多属性反演预测页岩总有机碳含量［J］．石油天然气学报，2012. 34（11）：68－72.

[136]李煜伟，吕宗刚，彭海润，等．双相介质理论检测页岩裂缝及其油气［J］，成都理工大学学报（自然科学版），2013. 40（6）：648－656.

[137]林建东，任森林，薛明喜，等．页岩气地震识别与预测技术［J］．中国煤炭地质，2012. 24（8）：56－60.

[138]刘军，汪瑞良，舒誉，等．烃源岩 TOC 地球物理定量预测新技术及在珠江盆地的应用［J］．成都理工大学学报：自然科学版，2012. 39（4）：415－419.

[139]刘军迎．裂缝型油气藏叠前地震检测方法技术研究［D］．成都：成都理工大学，2012.

[140]刘振武，撒利明，板书晓，等．页岩气勘探开发对地球物理技术的需求［J］．石油地球物理勘探，2011. 46（5）：800－818.

[141]马海．Fillippone 地层压力预测方法的改进及应用［J］．石油钻探技术，2012，40（6）：56－61.

[142]马永生，张建宁，赵培荣，等．物探技术需求分析及攻关方向思考——以中国石化油气勘探为例［J］．石油物探，2016，55（1）：1－9.

[143]孙武亮，孙开峰．地震地层压力预测综述［J］．勘探地球物理进展，2007.30（6）：428－432.

[144]王鹏，纪有亮，潘仁芳，等．页岩脆性的综合评价方法——以四川盆地W区下志留统龙马溪组为例［J］．地质勘探，2013.33（12）：1－6.

[145]杨瑞召，赵争光，庞海玲，等．页岩气富集带地质控制因素及地震预测方法［J］．地学前缘，2012.19（5）：339－347.

[146]尹陈，刘鸿，李亚林．微地震监测定位精度分析［J］．地球物理学进展，2013，28（2）：800－807.

[147]张斌，杨佳玲，解琪，等．地应力分析在鄂西渝东地区页岩气开发中的应用［J］．天然气勘探与开发，2012，（03）：33－36＋83－84.

[148]赵剑，钱忠平，孙鹏远，等．利用叠前弹性参数反演进行储层含气性预测［J］．西安石油大学学报（自然科学版），2014.29（3）：15－19.

[149]宗兆云，印兴耀，张峰，等．杨氏模量和泊松比反射系数近似方程及叠前地震反演［J］．地球物理学报，2012.55（11）：3786－3794.

[150]Fan H, Peng JN, Mark T, et al. Corrigendum to "Lamellarins and Related Pyrrole－Derived Alkaloids from Marine Organisms". Chemical Reviews, 2010, 110（6）: 3850－3850.

[151]Gentzis, Thomas. A review of the thermal maturity and hydrocarbon potential of the Mancos and Lewis shales in parts of New Mexico, USA［J］. International Journal of Coal Geology, 2013, 113（Complete）: 64－75.

[152]Gentzis, Thomas. Review of the hydrocarbon potential of the Steele Shale and Niobrara Formation in Wyoming, USA: A major unconventional resource play?［J］. International Journal of Coal Geology, 2016: S0166516216303524.

[153]Curtis J B. Fractured shale－gas systems［J］. AAPG Bulletin, 2002, 86（11）: 1921－1938.

[154]Hill D G, Nelson C R. Reservoir properties of the upper cretaceous lewis shale, a new natural gas play in the San Juan Basin［J］. Aapg Bulletin, 2000, 84（8）: 1240.

[155]Warlic D N. Gas shale and CBM development in North America［J］. Oil and Gas Financial Journal, 2006, 3（11）: 1－5.

[156]Martini A M, Walter L M, Budai J M, et al. Genetic and temporal relations between formation waters and biogenic methane: Upper Devonian Antrim Shale, Michigan Basin, USA［J］. Geochimica et Cosmochimica Acta, 1998, 62（10）: 1699－1720.

[157]Martineau D F. History of the Newark East field and the Barnett Shale as a gas reservoir［J］. AAPG Bulletin, 2007, 91（4）: 399－403.

[158]Martini A M, Budai J M, Walter L M, et al. Microbial generation of economic accumulations of methane within a shallow organic－rich shale［J］. Nature, 1996, 383, 155－158.

[159]Martini A M, Walter L M, Ennifer C M. Identification of microbial and thermogenic gas components from Upper Devenian black shale cores Illinois and Michigan Basin［J］. AAPG Bulletin, 2009, 92（3）: 327－339.

[160]Montgomery S L, Jarvie D M, Bowker K A, et al. Mississippian Barnett Shale, Fort Worth basin, north－central Texas: Gas－shale play with multi－trillion cubic foot potential. AAPG Bulletin, 2005, 89（2）: 155－175.

[161]Pollastro R M, Jarvie D M, Hill R J, et al. Geologic framework of the Mississippian Barnett Shale, Barnett－Paleozoic total petroleum system, Bend arch－Fort Worth Basin, Texas［J］. AAPG Bulletin, 2007, 91（4）: 405－436.

[162]Pollastro R M. Total petroleum system assessment of undiscovered resources in the giant Barnett Shale continuous（unconventional）gas accumulation, Fort Worth Basin, Texas［J］. AAPG Bulletin, 2007; 91（4）: 551－578.

[163] Ross D J K, Bustin R M. Shale gas potential of the Lower Jurassic Gordondale Member, northeastern British Columbia, Canada [J]. Bulletin of Canadian Petroleum Geology, 2007, 55 (3): 51 -75.

[164] Ross D J K, Bustin R M. Characterizing the shale gas resource potential of Devonian – Mississippian strata in the western Canada sedimentary basin: Application of an integrated formation evaluation [J]. AAPG Bulletin, 2008, 92 (1): 87 -125.

[165] Dai J, Zou C, Liao S, et al. Geochemistry of the extremely high thermal maturity Longmaxi shale gas, Southern Sichuan Basin. Organic Geochemistry [J], 2014, 74: 3 -12.

[166] Loucks R G, Reed R M. Scanning – electron microscope petrographic evidence for distinguishing organic matter pores associated with in – place organic matter versus migrated organic matter in mudrocks [J]. Gulf Coast Association of Geological Societies Journal, 2014, 3: 51 -60.

[167] Nie H K, Jin Z J. Source rock and cap rock controls on the upper Ordovician Wufeng Formation – Lower Silurian Longmaxi Formation shale gas accumulation in the Sichuan Basin and its Peripheral Areas. Acta Geologica Sinica (English edition) [J]. 2016, 90 (3): 1059 -1060.

[168] Pommer M, Milliken K. Pore types and pore – size distributions across thermal maturity, Eagle Ford Formation, southern Texas [J]. AAPG Bulletin, 2015, 99 (9): 1713 -1744.

[169] Wang R, Hu Z, Long S, et al. Differential characteristics of the upper Ordovician – lower Silurian Wufeng Longmaxi Shale Reservoir and its implications for exploration and development of shale gas in/around the Sichuan Basin [J]. Acta Geologica Sinica – English Edition, 2019, 93: 520 -535.

[170] Xiao X M, Wei Q, Gai H F, et al. Main controlling factors and enrichment area evaluation of shale gas of the lower Paleozoic marine strata in south China [J]. Petroleum Science, 2015, (4): 573 -586.

[171] Backus G E. Long – wave elastic anisotropy produced by horizontal layering [J]. Journal of Geophysical Research, 1962, 67 (11): 4427 -4440.

[172] Bowker K A. Recent development of the Barnett Shale play, Fort Worth Basin [J]. West Texas Geological Society Bulletin, 2013, 42 (6): 1 -11.

[173] Chapman M, Liu E, Li X Y. The influence of abnormally high reservoir attenuation on the AVO signature [J]. The Leading Edge, 2005, 24 (11): 1120 -1125.

[174] Eaton B A . Graphical Method predicts geopressure worldwide [J]. World Oil, 1972: 51 -56.

[175] Hammes U, Hamlin H S, Ewing T E. Geologic analysis of the Upper Jurassic Haynesville Shale in east Texas and west Louisiana [J]. AAPG Bulletin, 2011, 95: 1643 -1666.

[176] Maultzsch S, Chapman M, Liu E R, et a1. Modelling frequency – dependent seismic anisotropy in fluid – saturated rock with aligned fractures: implication of fracture size estimation from anisotropic measurements [J]. Geophysical Prospecting, 2003, 51 (5): 381 -392.

[177] Russell B H, Gray D, Hampson D P. Linearized AVO and poroelasticity [J]. Geophysics, 2011, 76 (3): 19 -29.

[178] Schoenberg M, Sayers C M. Seismic anisotropy of fractured rock [J]. Geophysics, 1995, 60 (1): 204 -211.

[179] Sone H, Zoback M D. Mechanical properties of shale – gas reservoir rocks – Part 1: Static and dynamic elastic properties and anisotropy [J]. Geophysics, 2013, 78 (5): 087 -103.

[180] Varela I, Maultzsch S, Chapman M, et al. Fracture density inversion from a physical geological model using azimuthal AVO with optimal basis functions [J]. SEG Expanded Abstracts, 2009, 28, 2075 -2079.

[181] Yin X Y, Yang P J, Zhang G Z. A novel prestack AVO inversion and its application [J]. SEG Technical Program Expanded Abstracts, 2008, 27 (1): 2041 -2045.

[182] Zoback M D, Moos D, Mastin L, et al. Well bore breakouts and in situ stress [J]. Journal of Geophysicsl Research, 1985, 90: 5523 -5530.